安徽省生物工程专业综合改革试点教材

安徽省重大教学研究项目：应用型本科院校实践教学体系研究

生物工程综合实验实训教程

SHENGWU GONGCHENG ZONGHE SHIYAN SHIXUN JIAOCHENG

主编 钱立生 苗永美 主审 金光明

副主编 胡庆森 马忠友

编写人员 胡庆森 安徽科技学院

马忠友 安徽科技学院

苗永美 安徽科技学院

钱立生 安徽科技学院

汪 雁 安徽科技学院

徐荣华 安徽科技学院

赵 岩 安徽科技学院

何胜强 上海同科生物科技有限公司

武新春 通用生物系统(安徽)有限公司

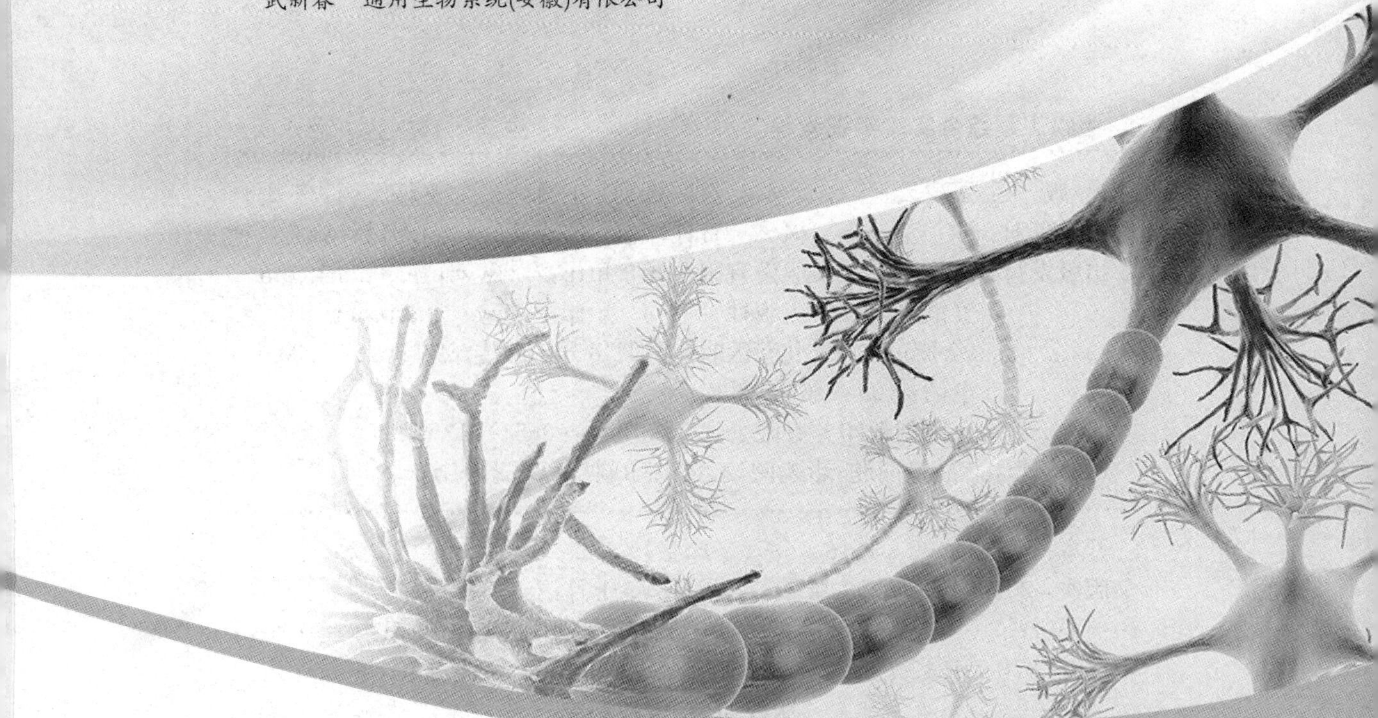

时代出版传媒股份有限公司
安徽科学技术出版社

图书在版编目(CIP)数据

生物工程综合实验实训教程 / 钱立生，苗永美主编. --合肥：安徽科学技术出版社，2018.1
ISBN 978-7-5337-7428-8

Ⅰ.①生… Ⅱ.①钱…②苗… Ⅲ.①生物工程-实验-高等学校-教材 Ⅳ.①Q81-33

中国版本图书馆 CIP 数据核字(2017)第 325631 号

生物工程综合实验实训教程　　主编　钱立生　苗永美

出 版 人：丁凌云　　选题策划：王菁虹　　责任编辑：王菁虹
责任校对：沙　莹　张　枫　　责任印制：廖小青　　封面设计：王　艳
出版发行：时代出版传媒股份有限公司　http://www.press-mart.com
安徽科学技术出版社　http://www.ahstp.net
(合肥市政务文化新区翡翠路 1118 号出版传媒广场，邮编：230071)
电话：(0551)63533330
印　　制：合肥创新印务有限公司　电话：(0551)64321190
(如发现印装质量问题，影响阅读，请与印刷厂商联系调换)

开本：787×1092　1/16　　印张：23.25　　字数：680 千
版次：2018 年 1 月第 1 版　　2018 年 1 月第 1 次印刷

ISBN 978-7-5337-7428-8　　定价：69.00 元

前　言

高校作为培养生物高科技人才的摇篮，肩负着艰巨的使命。随着现代科学技术和社会的不断发展，对人才的需求逐步向综合型、创新型、实践型转变，这对高等教育事业提出了新的更高的要求。现代生命科学的迅猛发展及生物科技产业化的突起，使得社会对生物工程人才的需求量不断增加。目前我国众多高校均设立了生物工程本科专业。生物工程是将生命科学领域科研成果转化为实际生产力的重要环节，是一门实践性很强的学科。社会要求生物工程本科毕业生不仅要具有较扎实的生物工程基础理论知识，同时更要具备一定的实验技能、动手能力以及结合实际拥有分析问题和解决问题的能力。综合实验课程将基础知识和专业知识有机结合，既体现了专业特色，又注意与实践应用接轨。开设综合性实验课程，使教学内容与科研相结合，可以使学生接受到更为直接、系统、全面的研究创新训练，从而提高其综合创新能力和工科实践能力，符合高等工科教育规律。通过综合性、设计性实践教学，增强了学生的实验兴趣，激发了学生的求知欲望和探索精神，提高了学生的动手能力和实践水平。

基于生物工程综合实验开设的重要性和必要性，我们组织多年从事生物工程专业教学和科学研究的同道，在查阅大量文献资料和研究成果的基础上，结合自己在教学和科研过程中的体验，完成了《生物工程综合实验实训教程》的编写任务。

全书分为综合实验篇和实训篇，共十四章，涵盖基因工程、细胞工程、发酵工程、蛋白质与酶工程、生物反应和生化分离工程、生物制药、药理学、药物化学和遗传学九大领域的实验技术内容。在本书编写的过程中，以学生的需求和专业培养目标为总的指导思想，力求理论联系实际，既保证本专业常规常用技术，又反映本领域新技术和新成就。因此，本教材具有综合性、全面性、系统性、前沿性等特点。本书适合高等院校生物工程、生物技术、生物科学等专业的大学本科实验教学使用，也可供从事相关专业的研究者和生产者等人员参考。

本书编写人员及分工：徐荣华（综合实验篇的第一章）、苗永美（综合实验篇的第二章、第七章和第八章）、钱立生（综合实验篇的第三章）、胡庆森（综合实验篇的第四章、第五章和第六章）、汪雁和何胜强（综合实验篇的第九章、第十章及实训篇的第十三章）、马忠友和武新春（综合实验篇的第十一章和实训篇的第十四章）、赵岩（综合实验篇的第十二章）。

生物工程理论知识在不断发展，新技术日新月异，尽管编者花了大量的心血和努力，由于水平有限，书中不妥和错误在所难免，敬请读者批评、指正，以便再版时修订。

本书的编写得到了编者单位的大力支持，在此表示感谢。此外，教材在编写过程中参考了大量国内外文献和相关教材，由于篇幅有限，未能一一列出全部参考文献，敬请谅解，在此一并致谢。

本书得到《安徽省生物工程专业综合改革试点项目》(2015ZY045)和《安徽省重大教学改革项目:应用型本科院校实践教学体系研究——以创新创业能力培养为导向》(2015ZDJY119)和安徽科技学院《生物工程综合实验》(XJ201539)质量工程项目的资助。

编　者

目　录

第一部分　综合实验篇

第二部分 实训篇

第一部分　综合实验篇

第一章　基因工程实验

实验 1-1　大肠杆菌质粒 DNA 的提取

一、实验目的

理解碱裂解法提取质粒 DNA 的原理，熟悉碱裂解法提取质粒的实验流程，掌握质粒 DNA 分离纯化的实验技术。

二、实验原理

（一）质粒的特性

在基因工程实验中，通常采用 DNA 重组技术将目的基因插入载体分子，然后送入宿主细胞进行复制、筛选和表达，使其按照人们的意愿生产目的基因的表达产物。实现携带外源基因进入受体细胞的工具被称为载体（vector）。质粒是基因工程中最常用的载体之一。质粒（plasmid）是细菌或真菌细胞内独立于染色体之外的能够自主复制的共价闭合环状 DNA 分子（covalently closed circular DNA，ccc DNA），大小从 1～200 kb 不等。根据质粒复制子类型的不同，通常将质粒分为严紧型（stringent）质粒和松弛型（relaxed）质粒。严紧型质粒的复制与染色体复制相关联，只在细胞周期的一定阶段进行复制，每个细胞只含有一个或几个质粒分子，又称为低拷贝质粒；而松弛型质粒在整个细胞周期中随时可以复制，因此具有多个拷贝，一般在 120 个以上，又称高拷贝质粒。在使用蛋白质合成抑制剂——氯霉素处理时，细胞内的蛋白质合成、染色体 DNA 复制和细胞分裂均受到抑制，此时，严紧型质粒复制停止，而松弛型质粒复制涉及的 DNA 聚合酶Ⅰ、RNA 聚合酶以及其他辅助蛋白因为半衰期较长的原因会继续松弛型质粒的复制，使得质粒的拷贝数扩增至 1 000～3 000 个/细胞，这种富集质粒的操作手法通常被称为氯霉素扩增。常见质粒的产量和拷贝数见表 1-1。

表 1-1　常见质粒的拷贝数与产量

质粒名称	来源	拷贝数/细胞	产量(μg/mL)
pSC101	pSC101	5	0.1～0.2
pACYC	P15A	10～12	0.4～0.6
pSuperCos	pMB1	10～20	0.4～1
pBR322	pMB1	15～20	0.6～1
pGEM^R	Muted pMB1	300～400	6～7
pBluescript^R	ColE1	300～500	6～8
pUC	Muted pMB1	500～700	8～12

(二)质粒的提取方法

基因工程实验中最常见的操作就是各种质粒(克隆、表达、测序)的构建,构建所选用的宿主通常为大肠杆菌(*Escherichia coli*)。本实验以大肠杆菌质粒提取为例介绍质粒提取方法,从其他细菌或真菌中分离质粒通常都是在大肠杆菌质粒抽提的基础上针对所抽提的宿主细胞进行修改而得。

从大肠杆菌中抽提质粒,需要面临基因组 DNA 污染、蛋白质污染、RNA 污染和其他污染的挑战,因此提取的过程就是去除这些杂质的过程。

碱裂解法是大肠杆菌质粒抽提过程中最常用的方法,既适合实验室级别的小量提取,也适合工业级的大量生产。碱裂解法提取质粒的过程包括以下三个步骤:①细菌培养物的生长;②细菌的收获和裂解;③质粒 DNA 的纯化。

细菌培养物的生长,通常的做法是从抗性平板上挑取一个带有质粒的单克隆,在液体抗性培养基中进行扩大培养,培养的时间与质粒的产量相关:培养时间不够,质粒复制不足,得率不高;培养时间太长,菌体衰老死亡,同样不利于质粒的提取。

细菌的收获,通常是采用离心收集的方法,裂解则是使用去污剂 SDS 和强碱 NaOH 的处理样品。在 SDS 和 NaOH 的处理下,大肠杆菌的膜脂会迅速溶解,从而释放胞内的各种组分。为了充分破膜,在碱裂解时通常会加入 0.05%溶菌酶,但在小量制备时则通常省略。

质粒 DNA 的纯化,则是充分利用质粒具有分子量较小和共价闭合环状的性质进行分离的过程。大肠杆菌基因组 DNA 大小为 4.7 M,为双链闭合环状的 DNA 分子,以紧密缠绕的不规则小体形式存在于细胞质中,称为拟核(nucleoid),其上结合类组蛋白和少量的 RNA 分子。大肠杆菌基因组远远大于质粒 DNA 分子量。当使用 NaOH 和 SDS 裂解大肠杆菌细胞时,胞内的基因组 DNA 和质粒 DNA 均被释放出来,但是两者变性与复性所依赖的溶液 pH 不同。在 pH 高达 12 的碱性溶液中,基因组 DNA 的氢键断裂,双螺旋结构解开而变性,质粒 DNA 也会发生变性,但两条互补链不完全分开。当用 pH 为 4.6 的 KAc 高盐溶液调节 pH 至中性时,质粒 DNA 分子能够迅速恢复共价闭环的超螺旋结构而溶于溶液中,而基因组 DNA 则难以复性,与变性的蛋白质缠连在一起形成絮状,离心时则沉淀下来,这一步通常会去除大部分的蛋白质污染。为了去除 RNA 的污染,在碱裂解的同时通常加入 100 μg/ml RNaseA。为了免除内源的核酸酶在分离的时候会损伤质粒分子，在裂解液中通常加入 10 mmol/L EDTA 以螯合 Ca^{2+} 和 Mg^{2+} 从而抑制内源 DNase 的活性。

离心后的上清液中除了质粒还有少量的其他污染，需要进一步的纯化。常见的质粒纯化方法有酚氯仿抽提、氯化铯梯度平衡离心、离子交换层析、硅胶层析、凝胶过滤层析和聚乙二醇分级沉淀等方法，然而这些方法都相对昂贵或耗时，或者是对人体有害。目前商业的高通量 DNA 纯化方法多数都是以硅珠或者硅膜为基础的，其基本原理在于核酸在高浓度或者高盐低 pH（氢氯酸胍、硫氰酸胍、碘化钠等）环境中，选择性地吸附在类似玻璃珠的硅支持物上，然后以低盐高 pH 的方式进行洗脱，得到纯净的 DNA。

三、实验材料及主要药品、器具

1. 材料

带有重组质粒的大肠杆菌菌株 DH5。

2. 药品

琼脂粉、氯化钠、蛋白胨、酵母提取物、葡萄糖、Tris 碱、浓盐酸、Na_2EDTA、NaOH、SDS、醋酸铵、醋酸钾、冰醋酸、乙醇、碘化钾、二氧化硅。

3. 仪器

灭菌锅、烘箱、pH 计、台式高速离心机。

4. 用具

2 mL 离心管、1.5 mL 离心管、三角瓶、培养皿、移液器、枪头、烧杯、量筒、容量瓶、parafilm。

四、实验步骤

(一)实验准备

1. LB 液体培养基

称取 1 g 蛋白胨，0.5 g 酵母提取物，1 g NaCl，置于三角瓶中，加入 100 mL 蒸馏水，121 ℃灭菌备用。

2. LB 固体培养基

按照 100 mL LB 液体培养基 1.5 g 琼脂粉的用量加入琼脂粉，121 ℃灭菌，在超净台上制备平板，11 cm 的培养皿每皿约倒 15 mL 的未固化的培养基，使用无菌风吹去表面水分，使用 parafilm 封口，储存在 4 ℃。如需制备带有抗生素的平板，则在液体琼脂培养基约为 60 ℃时，按照比例加入一定量的抗生素母液，再进行平板制作。

3. 1 mol/L Tris-HCl (pH 8.0)

准确称量 121.1 g Tris，置于 1 000 mL 烧杯中，加入约 800 mL 的去离子水，充分搅拌溶解，加入 46 mL 浓盐酸，定容到 1 000 mL。

4. 0.5 mol/L EDTA

准确称量 186.1 g $Na_2EDTA \cdot 2H_2O$ 或 146.1 g EDTA，置于 1 000 mL 烧杯中，加入约 800 mL 的去离子水，充分搅拌，此时应为浑浊液。用药匙加入固体 NaOH 粉末，边加边搅拌，EDTA 随着 NaOH 的加入而逐渐溶解，调节 pH 至 8.0(约 20 g NaOH)，定容到 1 000 mL。

5. 10 mol/L 醋酸铵

称量 7.71 g 醋酸铵置于 250 mL 烧杯中，加入约 30 mL 的去离子水搅拌溶解。加去离子水将溶液定容至 100 mL，用 0.22 μm 滤膜过滤除菌。密封瓶口于室温保存。注意:醋酸铵受热易分解，所以不能高温高压灭菌。

6. 20%(W/V)葡萄糖

称取 20 g 葡萄糖，置于 250 mL 烧杯中，加入 80 mL 的蒸馏水，搅拌溶解，定容到 100 mL，105 ℃灭菌 15 min，4 ℃保存，备用。

7. 10% SDS

称取 10 g 十二烷基硫酸钠，小心不要吸入鼻腔，慢慢转移颗粒于约 90 mL 水的烧杯中，磁力搅拌器加热搅拌直至完全溶解，蒸馏水定容到 100 mL。

8. 10 mg/mL RNaseA

可直接从生物技术公司购置。

9. 溶液 I

量取 2.5 mL 1 mol/L Tris-HCl (pH8.0)，2 mL 0.5 mol/L EDTA (pH 8.0)，4.5 mL 20%(W/V)葡萄糖，加入 91 mL 蒸馏水，105 ℃灭菌 15 min，加入 1 mL 10 mg/mL RNaseA 和 0.05 g 溶菌酶，4 ℃保存，备用。

10. 溶液 II

现配现用，取 2 mL 10% SDS 和 2 mL 2 mol/L NaOH，补灭菌水至 20 mL 室温保存备用，不要超过 1 个月。

11. 溶液 III

称 12.95 g 醋酸钾溶于 70 mL 水，用冰醋酸调节 pH 到 4.8，补灭菌水至 100 mL，4 ℃保存，备用。

12. 溶液 IV

称取 90 g 碘化钠，溶于 70 mL 水，定容到 100 mL，室温暗中储存。

13. DNA 漂洗液

取 100 μL 10 mol/L 醋酸铵，75 mL 无水乙醇，蒸馏水定容到 100 mL。

14. TE

取 1 mL 1 mol/L Tris-HCl(pH8.0)，200 μL 0.5 mol/L EDTA，蒸馏水定容 100 mL。

15. 硅悬浮液

称 1 g 二氧化硅(Sigma S5631，或使用研钵磨细国产的二氧化硅颗粒)，重悬于 10 mL 水中，室温静置 3 h，弃上清，将沉淀重悬于 10 mL 水，储存在 4 ℃备用。

(二)质粒提取

(1)从－80 ℃冰箱中取出带有质粒的大肠杆菌甘油菌，在超净工作台上对带有相应抗生素的平板培养基进行画线，37 ℃培养过夜。

(2)从平板培养基上挑取大肠杆菌的单个菌落接种到 20 mL 含有相应抗生素的液体培养基中，置于摇床上 37 ℃培养过夜，12～14 h。

(3)用 2 mL 离心管收集 2～4 mL 过夜培养的菌液(过夜培养的 OD_{600} 至少应在 2 以上)，12 000 r/min 离心 1 min，弃上清。

(4)加入 100 μL 的溶液Ⅰ，用旋涡器充分悬浮菌体(或者用移液器反复吸打)。

(5)加入 100 μL 的溶液Ⅱ，上下反转离心管 8 次以混匀溶液，室温静置 3 min，使菌体充分裂解形成透明溶液。

(6)加入 100 μL 的 4℃预冷的溶液Ⅲ，上下反转离心管 8 次，然后室温静置 2 min。

(7)室温 12 000 r/min 离心 10 min。

(8)取上清到一新的 1.5 mL 离心管中，加入 500 μL 溶液Ⅳ和 20 μL 硅悬浮液，涡旋混匀，静置 1 min。

(9)12 000 r/min 30 s 收集硅沉淀，弃上清。

(10)用 DNA 漂洗液洗涤沉淀 2 次，每次均悬浮后离心。

(11)置于烘箱中 65 ℃干燥 5 min。

(12)加入 50 μL 的 TE，涡旋后静置 2 min。

(13)12 000 r/min 离心 2 min，小心取 45 μL 上清转移至一新的 1.5 mL 离心管中，备用。

五、思考题

(1)碱裂解法提取质粒的原理是什么？需要战胜哪些挑战？

(2)在低拷贝质粒提取过程中如何提高得率？

实验 1-2 琼脂糖凝胶电泳

一、实验目的

理解琼脂糖凝胶电泳的原理，熟悉琼脂糖凝胶电泳的实验流程，掌握琼脂糖凝胶电泳检测 DNA 的实验技术。

二、实验原理

琼脂糖凝胶电泳操作简单快速，是分离、鉴定和纯化DNA片段常用的方法。在琼脂糖凝胶电泳中，琼脂糖主要作为一种固相支持物，琼脂糖凝胶的孔径取决于琼脂糖的含量。不同含量琼脂糖凝胶可以分离长度从100 bp至近50 kb的DNA片段。在电场中，琼脂糖凝胶中的DNA分子因为磷酸基团的电离带上负电荷，在电场力的作用下向正极发生泳动，利用DNA分子间泳动速度的差异，就可以分离、鉴定不同的DNA分子。DNA在琼脂糖凝胶中的电泳迁移速率主要取决于下面6个因素：

(1)DNA分子的大小：线性双链DNA分子在一定含量的琼脂糖凝胶电泳中的迁移速率与DNA分子量对数成反比，分子越大则所受的阻力越大，因而迁移得越慢。

(2)缓冲液的离子强度：电泳缓冲液的组成及其离子强度是支持DNA分子电泳的基础，在没有离子存在时，例如误用蒸馏水配制凝胶时，由于蒸馏水电导率较小，DNA分子几乎不能泳动；而在高离子强度的缓冲液中，例如误用10×TAE配制凝胶，则会因为溶液的电导率很高而发生发热熔胶现象。

(3)DNA分子的构象：相同分子量的线性质粒、开环质粒和超螺旋质粒在琼脂糖凝胶中的泳动速率是不一样的：超螺旋质粒因为分子空间构象紧密，迁移速度最快；其次为线性质粒；最慢的是开环质粒。

(4)琼脂糖浓度：通常凝胶浓度越低，则凝胶孔径越大，DNA分子泳动的速率越快，因此，相对分子质量越大，选用的凝胶浓度应越低。

(5)电场：低电压时，线性DNA片段的迁移速率与所加电压成正比，然而凝胶电泳分离DNA的有效范围会随着电压上升而减少。为了获得DNA片段的最佳分离效果，电场强度应小于5 V/cm。

(6)嵌入染料的影响：核酸染料会嵌入DNA分子中堆积的碱基之间，从而减缓DNA分子的迁移率。

三、实验材料及主要药品、器具

1. 材料

DNA溶液。

2. 药品

溴酚蓝、二甲苯青FF、甘油、琼脂糖、标准DNA分子量Marker。

3. 仪器

电泳仪、电泳槽、凝胶成像系统。

4. 用具

移液器、枪头、烧杯、量筒、三角瓶、容量瓶、parafilm。

四、实验步骤

(一)实验准备

1. 50×TAE

准确称量 242 g Tris 碱，置于 1 000 mL 烧杯中，加入 57.1 mL 的冰醋酸，加入 100 mL 0.5 mol/L EDTA，蒸馏水定容到 1 000 mL。

2. 1×TAE

取 20 mL 50×TAE，用蒸馏水稀释到 1 000 mL。

3. 6×上样缓冲液

准确称取 5 mg 的二甲苯青 FF，5 mg 的溴酚蓝，加入 8 mL 50%的甘油，加入 500 μL 0.5 mol/L EDTA，加入 1.5 mL 无菌水，涡旋混匀，分装到 1.5 mL 离心管中备用。

(二)琼脂糖凝胶制备

(1)称取 0.2 g 的琼脂糖，置于 50 mL 的三角瓶中，加入 20 mL 1×TAE 缓冲液，置于微波炉中用低火煮至琼脂糖完全熔化。

(2)加入 2 μL 核酸染料，倒入制胶模具，插上梳子，等待凝胶成型，一般 20～30 min。

(三)琼脂糖电泳

(1)拔下梳子，将成型的凝胶转移至水平电泳槽中，使得加样孔方向位于电泳槽的负极，倒入 1×TAE 缓冲液，没过凝胶即可。

(2)剪一条 2 cm 宽的 parafilm 膜，用移液器取制备的质粒 DNA 2 μL 置于其上，加入 1 μL 的 6×上样缓冲液，用移液器混合均匀，点入加样孔，同时点上标准 DNA 分子量 Marker。

(3)按照 5 V/cm 设置电压，开始电泳，经 10～20 min，停止电泳，取出凝胶置于凝胶成像系统中，开启紫外灯观察并拍照记录实验结果。

五、实验结果

以凝胶上的标准 DNA 分子量 Marker 为对照，对实验结果进行鉴定和分析，首先判断目的条带的有无，然后判断目的条带的大小，再根据目的条带和标准 DNA 分子量 Marker 中条带亮度的差异对目的条带的浓度进行估算。

六、思考题

(1)琼脂糖凝胶电泳分离和检测核酸的原理是什么?

(2)琼脂糖凝胶电泳能否用于检测 RNA?

实验 1-3　紫外吸收法检测核酸的浓度和纯度

一、实验目的

理解紫外吸收法测定核酸浓度的原理，熟悉紫外吸收法测定核酸浓度的基本流程，掌握核酸定量分析的实验技术。

二、实验原理

研究表明，核酸 DNA/RNA 在 260 nm 处有最大的吸收峰，而蛋白质在 280 nm 处有最大的吸收峰，盐和小分子的光吸收则集中在 230 nm 处，因而可以用 260 nm 的波长测定核酸的浓度。A_{260}的吸光度为 1 时相当于大约 50 μg/mL 双链 DNA，又或者是大约 40 μg/mL 单链 RNA。如用 1 cm 光径的比色皿，用 H_2O 稀释 DNA/RNA 样品 n 倍并以 H_2O 为空白对照，根据此时读出的 A_{260}值即可计算出样品稀释前的浓度：

DNA(μg/mL)＝50 μg/mL×A_{260}读数×稀释倍数/1 000。

RNA(μg/mL)＝40 μg/mL×A_{260}读数×稀释倍数/1 000。

三、实验材料及主要药品、器具

1. 材料

质粒溶液。

2. 药品

蒸馏水。

3. 仪器

分光光度计。

4. 用具

比色皿。

四、实验步骤

1. 仪器预热

将紫外分光光度计打开预热 20 min。

2. 测定 DNA 样品的浓度

(1)取 1 支 50 μL 的微量比色皿,加入 ddH_2O,置于分光光度计中样品槽的第一位置,用于调零。

(2)使用双蒸水对提取的质粒进行稀释,取 5 μL 质粒,加入 45 μL 的 ddH_2O,混匀备用。

(3)另取一支 50 μL 的微量比色皿,加入稀释好的质粒样品,置于分光光度计中样品槽的第二位置。

(4)分别调整分光光度计的波长至 260、280、230 等位置,调零,测定样品读数记录数值,填入下表,计算 A_{260}/A_{280} 和 A_{260}/A_{230} 的比值,以及样品的浓度。

	A_{260}	A_{280}	A_{230}	A_{260}/A_{280}	A_{260}/A_{230}	浓度
样品 1						
样品 2						

3. 测定 DNA 样品的纯度

(1)取 1 支 50 μL 的微量比色皿,加入 ddH_2O,置于分光光度计中样品槽的第一位置,用于调零。

(2)使用双蒸水对提取的质粒进行稀释,取 5 μL 质粒,加入 45 μL 的 ddH_2O,混匀备用。

(3)另取一支 50 μL 的微量比色皿,加入稀释好的质粒样品,置于分光光度计中样品槽的第二位置。

(4)点击紫外分光光度计的光谱扫描按钮,开始紫外光谱扫描,记录吸收峰的多少以及最大吸收峰的位置。

五、实验结果

对于 DNA 样品,A_{260}/A_{280} 的比值在 1.8 左右,说明 DNA 纯度较好。如果比值较高说明含有 RNA,比值较低说明有残余蛋白质存在。

对于 RNA 样品,A_{260}/A_{280} 的比值在 2.0 左右,说明 RNA 的纯度较好。如果低于 1.8,说明存在蛋白质或者 DNA 的污染。A_{260}/A_{280} 的读数受测定溶液的 pH 影响,同一个 RNA 样品,假定在 10 mmol/L Tris(pH7.5)溶液中测出的 A_{260}/A_{280} 读数在 1.8~2.1 之间,在水溶液中所测读数则可能在 1.5~1.9 之间,但这并不表示 RNA 不纯。

A_{260}/A_{230} 的比值应在 0.4~0.5 之间,如果过高说明有盐残留。

六、思考题

利用紫外吸收测定核酸的浓度比实际结果是偏高还是偏低?为什么?

实验 1-4 限制性内切酶消化

一、实验目的

理解 DNA 限制性内切酶消化的原理，熟悉 DNA 限制性内切酶消化的实验流程，掌握质粒 DNA 酶切消化的实验技术。

二、实验原理

限制性内切酶是可以识别特定核苷酸序列，并能够在 DNA 两条链中特定部位的两个核苷酸的磷酸二酯键中进行切割的一类酶。目前，已被发现的限制酶，根据其反应的必需因子和切断点等特性，可分为以下三大类：

类别	反应必需因子	切断点
Ⅰ型	S-腺苷基蛋氨酸、ATP、Mg^{2+}	识别部位和切点不同，切断部位不定
Ⅱ型	Mg^{2+}	切断识别部位或其附近的特定部位
Ⅲ型	ATP、Mg^{2+}	识别部位和切点不同，但切断特定部位

其中，类型Ⅱ的限制性内切酶因为识别和剪切的位置都是固定的序列，而且反应条件简单，因此在基因工程实验中最为常用。现在市场上销售的酶基本上都属于类型Ⅱ的限制性内切酶，这些限制酶由于其反应条件和底物 DNA 种类的不同，其切断状况及出现星活性的频率等各有不同，并且其剪切的效率也根据酶的不同而千差万别。因而在使用限制酶时，必须对这些要素充分注意，确保目标序列的剪切能顺利进行。

1. 甲基化的影响

从带有 DNA 甲基化酶基因的宿主菌中制备的 DNA，其碱基序列中的一部分碱基已经被甲基化，识别序列中如果存在甲基化，限制性内切酶是无法切断被甲基化的位点的。甲基化根据底物 DNA 及宿主种类的不同而不同。例如，在宿主菌为大肠杆菌的情况下，根据宿主的种类有以下两种情况：

$$\mathrm{GATC} \xrightarrow{\text{dam methylase}} \mathrm{G^{6m}ATC}$$

$$\mathrm{CC(A/T)GG} \xrightarrow{\text{dcm methylase}} \mathrm{C^{6m}C(A/T)GG}$$

在进行转化时，通常使用的菌株为 DH5α、HB101、JM109 等，因为都带有 dam、dcm 甲基化酶，所以使用这些菌株制备 DNA 时，必须特别注意。动物来源的 DNA，其中的 CG 序列多为

5mCG 甲基化修饰；植物来源的 DNA、CG 及 CNG 序列多为 5mCG 修饰和 5mCNG 修饰。此外，大肠杆菌中还存在 *Eco*KI 和 *Eco*BI 甲基化修饰，这是因为大多数大肠杆菌实验菌株来源于野生型菌株 K－12 和 B，*Eco*KI 或 *Eco*BI 位点修饰可能降低限制酶对目标 DNA 的切割效率。此外，在真核生物基因组的启动子区还存在 CpG 岛的甲基化修饰，同样可以影响限制性内切酶的酶切效率。因此在使用限制性内切酶之前必须清楚自己所使用的限制性内切酶的背景信息。

对于受到 dam、dcm 甲基化影响的限制性内切酶来说，可从 dam-、dcm-菌株（如全式金公司的 Trans110，宝生物公司的 HST04）中抽提质粒，再进行酶切。

2. 星活性

限制酶在一些特定条件下使用时，对于底物 DNA 的特异性可能降低，能够剪切所识别特定序列之外的序列，这种现象叫星活性（Star activity）。星活性出现的频率，根据酶、底物 DNA、反应条件的不同而不同，可以说几乎所有的限制酶都具有星活性。所以，为了极力抑制星活性，一般情况下，最好在标准的实验条件下进行酶切。

3. 部分酶切

在使用足量限制酶对底物 DNA 进行酶切消化时，在预计的时间内发现限制酶未能完全将目标 DNA 切断，这种实验现象就被称为部分酶切。内切酶的活性、DNA 的纯度、反应阻害物的影响、DNA 的种类等都会影响到酶切过程。特别是由于 DNA 的种类不同，它们的大小、切点数也不同，达到完全分解时，所需要的酶量也不同。例如，限制酶 Nae I 在切断 pBR322 DNA 时，就有着非常难以切断的部位。另外，因反应液组成变化（如添加精脒），也可以使切断顺序发生变化。

4. DNA 结合物质

酶切反应后进行电泳时，有时会发生电泳带无法确认、电泳带扩散、电泳带移动距离异常等问题，这是由于酶蛋白自身或其他杂蛋白与 DNA 结合在一起，使 DNA 没有进入电泳凝胶中，或 DNA 难以被溴乙啶染色而造成的，或者在电泳时发现酶切条带大于预期的条带。发生这些现象时，在试样中加入一些蛋白质变性剂（如 SDS，终浓度 0.1%左右），便可改善电泳效果。

5. 其他

限制酶的保质期一般是在检定日以后的三年内，但几乎所有的限制酶在超过保质期后都不会急剧失活，因此购入后即使是经过长时间保存的酶，也完全可以使用，但这些酶在使用前最好再测一次活性。另外，保存酶时即便让其冻结，大部分酶也不会急剧失活。

6. 酶切时间的问题

尽管大多数公司都推出快速酶切的 buffer，如 Fermentas 公司的 Fastdigest 系列和宝生物公司的 Quickcut 系列，但是在实际酶切的过程中，酶切的效率受到多种因素的影响。比如说你所使用酶的切点处于质粒超螺旋的内部，那么即使原来很好切的酶这时也很难切，最好重新提取质粒进行酶切或者换个克隆进行酶切。例如 Fermentas 公司的 Fastdigest 系列推荐 5 min 酶切，常规的限制性内切酶推荐 37 ℃ 1 h，在实际切割的过程可以适当将消化的时间延长。

7. 酶切体系的计算问题

比如说在 5 kb 质粒上酶切，要切下来 1 kb 的片段，而切胶回收的效率为 80%，切胶之后的洗脱体积通常为 30 μL，而如果能够进行有效的后续连接要求洗脱之后的浓度通常为 50 ng/μL，因而就可以按照下式计算：

$$X\text{ng}\times\frac{1k}{5k}\times 80\%=30\ \mu\text{L}\times 50\ \text{ng}/\mu\text{L}$$

因此就可以求得酶切的总量 $X=9.375$ μg，按照 50 μL 体系酶切体系中 DNA 样品量不超过 5 μg 计算，至少需要切两个 50 μL 体系。

三、实验材料及主要药品、器具

1. 材料

质粒溶液。

2. 药品

限制性内切酶（例如 *Kpn* Ⅰ 和 *Xho* Ⅰ）、ddH_2O。

3. 仪器

水浴锅或 PCR 仪、电泳仪、电泳槽、凝胶成像系统。

4. 用具

移液器、枪头、PCR 管。

四、实验步骤

1. 计算酶切所需质粒的量

(1)请按照实验 1-3 中操作步骤测定质粒的浓度。

(2)按照实验原理中的公式计算质粒酶切所需要的量。

2. 质粒酶切

(1)按照下表配制质粒酶切混合液，分别酶切插入片段和骨架质粒。

成分	样品 1	样品 2
10×fastdigest buffer	5 μL	5 μL
质粒 1	X μL(≤5 g)	
质粒 2		X μL(≤5 g)
Kpn Ⅰ	1 μL	1 μL
Xho Ⅰ	1 μL	1 μL
ddH_2O	至 50 μL	至 50 μL

(2)置于 37 ℃水浴 30 min。

3. 琼脂糖凝胶电泳

按照实验 1-2 中的步骤制备琼脂糖凝胶电泳，进行电泳检测。

五、实验结果

如果质粒被完全消化在电泳图谱上，可以出现与预期相符的电泳条带；如果未能完全消化则既存在消化后的条带，也存在消化前的条带。

六、思考题

简述酶切连接法构建质粒的原理和流程。

实验 1–5 DNA 产物的切胶纯化

一、实验目的

理解 DNA 产物切胶纯化的原理，熟悉 DNA 产物切胶纯化的实验流程，掌握 DNA 产物切胶纯化的实验技术。

二、实验原理

在质粒构建的过程中，其中重要的一步就是对质粒酶切的产物进行回收，通常采用的办法就是基于硅基质材料的切胶纯化。首先是利用 DNA 琼脂糖胶电泳技术使得不同大小的分子量的 DNA 片段分开，其次则是使用刀具在紫外投射台上将目的条带从琼脂糖胶上切下，然后使用缓冲液对胶块中的 DNA 进行融化和溶解，最后利用硅质材料对溶液中的 DNA 进行吸附、纯化和再溶解。

三、实验材料及主要药品、器具

1. 材料

酶切消化后质粒溶液。

2. 药品

琼脂糖、SiO_2、NaI、无水乙醇。

3. 仪器

水浴锅、高速台式离心机、电泳仪、电泳槽、凝胶成像系统。

4. 用具

移液器、枪头、离心管。

四、实验步骤

(一)实验准备

1. 溶液 IV(溶胶液)

称取 90 g 碘化钠，溶于 70 mL 水，定容到 100 mL，室温黑暗储存。

2. DNA 漂洗液

取 100 μL 10 mol/L 醋酸铵，75 mL 无水乙醇，蒸馏水定容到 100mL。

3. TE

取 1 mL 1 mol/L Tris-HCl(pH8.0)，200 μL 0.5 mol/L EDTA，蒸馏水定容至 100 mL。

4. 硅悬浮液

称 1 g 二氧化硅(Sigma S5631，或使用研钵磨细国产的二氧化硅颗粒)，重悬于 10 mL 水中，室温静置 3 h，弃上清，将沉淀重悬于 10 mL 水中。

(二)回收步骤

(1)使用 1× TAE 缓冲液制作 1%的琼脂糖凝胶，然后对酶切消化后的质粒溶液进行琼脂糖凝胶电泳。

(2)在紫外灯下切出含有目的 DNA 的琼脂糖凝胶，应注意尽量切除不含目的 DNA 部分的凝胶，尽量减小凝胶体积，提高 DNA 回收率。

(3)称取胶块的质量，按照每 100 mg 对应 300 μL 溶液Ⅳ的比例加入溶胶液，置于 70 ℃水浴 5 min 加热溶解。

(4)加入 10 μL 硅悬浮液，混匀置于室温 2 min。

(5)12 000 r/min 离心 1 min 以收集 SiO_2 沉淀。

(6)使用 DNA 漂洗液洗涤沉淀 1 次，12 000 r/min 离心 1 min。

(7)再次重复步骤(6)。

(8)用移液器去除上清，置于 70 ℃烘箱中烘干 2 min。

(9)使用 30 μL TE 溶液溶解 DNA 沉淀，斡旋，室温温育 2 min。

(10)12 000 r/min 离心 1 min，将上清转移到新的 1.5 mL 离心管中。

(11)取 2 μL 进行标准的琼脂糖凝胶电泳检测。

五、思考题

(1)简述切胶纯化 DNA 的基本步骤。
(2)利用互联网查阅硅基质材料吸附 DNA 的基本原理。

实验 1-6 DNA 片段和质粒大片段的连接

一、实验目的

理解 T4 DNA 连接酶催化 DNA 连接的原理,熟悉 T4 DNA 连接酶催化 DNA 连接的实验流程,掌握 T4 DNA 连接酶催化 DNA 连接的实验技术。

二、实验原理

在重组质粒的构建过程中,催化插入 DNA 片段和质粒大片段连接的酶是 DNA 连接酶。实验室中的日常连接反应中应用最多的就是来自 T4 噬菌体的 T4 DNA 连接酶,该酶以 ATP 为辅因子,催化相邻的 3′-羟基和 5′-磷酸基团形成磷酸二酯键,最终形成杂种的重组 DNA 分子。

三、实验材料及主要药品、器具

1. 材料

回收后的 DNA 插入片段、回收后的质粒大片段。

2. 药品

T4 DNA 连接酶。

3. 仪器

水浴锅、高速台式离心机、电泳仪、电泳槽、凝胶成像系统。

4. 用具

移液器、枪头、离心管。

四、实验步骤

1. 实验准备

请按照实验 1－3 中操作步骤测定插入 DNA 片段和质粒大片段的浓度。

2. 回收步骤

(1)在微量离心管中配制连接体系。

组分	体积
10×T4 DNA Ligase buffer	1 μL
DNA 片段	X μL
质粒 DNA 大片段	Y μL
T4 DNA Ligase	1 μL
ddH_2O	补足到 10 μL

DNA 片段的摩尔数应控制在质粒 DNA 大片段摩尔数的 3～10 倍。

(2)22 ℃连接 1 h。

(3)以不加连接酶的为对照，进行标准的琼脂糖凝胶电泳或者大肠杆菌转化以检查连接的效果。

五、思考题

通过互联网查阅，比较 T4 DNA Ligase 和 T4 RNA Ligase 以及 Taq DNA Ligase 的功能差异。

实验 1–7 大肠杆菌感受态的制备

一、实验目的

理解大肠杆菌感受态制备的原理，熟悉大肠杆菌感受态制备的实验流程，掌握大肠杆菌感受态制备的实验技术。

二、实验原理

(一)感受态细胞

转化(Transformation)是将外源 DNA 分子引入受体细胞，使之获得新的遗传性状的一种技术手段，它是基因工程中最常用的实验技术之一。

在自然条件下，很多质粒都可通过细菌接合作用从而转移到新的宿主细胞内，但在人工构建的质粒载体系统中，一般会删除此种转移所必需的 mob 基因，这是为了保证人工构建的重组质粒不会因为接合作用无限制的扩散而污染生态环境。此时，如需将质粒载体转移进受体细菌，需要采取措施处理受体细菌，从而使其产生一种短暂的易于接受外源 DNA 的状态，此种状态被称为感受态(Competent)，处于感受态的细胞称为感受态细胞(Competent cell)。

为了操作方便，基因工程所常用的大肠杆菌受体细胞一般是经过遗传修饰的突变株，与野生型大肠杆菌相比，具有多个基因突变，例如限制性内切酶和甲基化酶基因缺失(R^-，M^-)以保证转化的质粒能够稳定存在。

进入受体细胞的 DNA 分子能够使用宿主细胞的 DNA 复制系统进行复制扩繁，同时也可以利用宿主细胞的基因表达系统翻译成新的 mRNA 进而合成新的蛋白质，最终使受体细胞出现新的遗传性状。为了有效去除背景克隆，通常使用抗生素抗性基因作为筛选标记用于筛选重组克隆。即待转化的大肠杆菌细胞不具有某一抗生素的抗性，而重组质粒上则带有此抗生素抗性基因，只有带有重组质粒的转化子(Transformant)才能够在抗性平板上形成菌落，因此，用于转化的大肠杆菌菌株属于某种抗生素抗性缺失的菌株。

(二)感受态制备的方法

常用的感受态细胞制备方法有电击转化法和化学转化法。电击转化法的转化率高达每微克质粒 10^9～10^{10}转化子，主要用于基因文库的构建。化学转化法中常见的是 $CaCl_2$ 法。目前认为的 $CaCl_2$ 法制备感受态的原理为：在低温时，大肠杆菌细胞因为 $CaCl_2$ 的低渗作用膨胀成球形，转化混合物中的 DNA 可以形成抗 DNase 的羟基—钙磷酸复合物黏附于细胞的表面，经过 42 ℃的短暂热击处理，促使细胞吸收 DNA 复合物，形成转化子。Ca^{2+} 处理的大肠杆菌细胞其转化率一般能达到每微克质粒(5×10^6)～(2×10^7)转化子，转化效率完全可以满足一般实验的要求。如果制备出的感受态细胞暂时不用，可加入占总体积 15%的无菌甘油于－70 ℃保存半年。在 Ca^{2+} 基础上，使用 Mn^{2+}、Co^{2+}、Mg^{2+} 处理可进一步增加转化率。

三、实验材料及主要药品、器具

1. 材料

大肠杆菌菌株 TOP10。

2. 药品

琼脂粉、氯化钠、蛋白胨、酵母提取物、$CaCl_2$、甘油。

3. 仪器

摇床、电热恒温培养箱、台式高速冷冻离心机、超净工作台、低温冰箱、恒温水浴锅、分光光度计、微量移液枪。

4. 用具

2 mL 离心管、1.5 mL 离心管、三角瓶、培养皿、移液器、枪头、烧杯、量筒、容量瓶、parafilm。

四、实验步骤

(一)实验准备

1. LB 液体培养基

称取 1 g 蛋白胨，0.5 g 酵母提取物，1 g NaCl，置于三角瓶中，加入 100 mL 蒸馏水，121 ℃灭菌备用。

2. LB 固体培养基

按照 100 mL LB 液体培养基 1.5 g 琼脂粉的用量加入琼脂粉，121 ℃灭菌，超净台上倒平板备用。

3. 50 mmol/L $CaCl_2$ 溶液

称取 0.28 g $CaCl_2$(无水，分析纯)，溶于 50 mL ddH_2O，定容到 100 mL，高压灭菌 4 ℃保存备用。

4. 15%甘油(50 mmol/L $CaCl_2$)

称取 0.28 g $CaCl_2$(无水，分析纯)，溶于 50 mL ddH_2O 中，加入 30 mL 50%的甘油定容到 100 mL，高压灭菌 4 ℃保存备用。

(二)大肠杆菌感受态的制备

(1)从−80 ℃冰箱中取出的大肠杆菌 TOP10 的甘油菌，在超净工作台上对 LB 平板培养基进行画线，37 ℃培养过夜。

(2)从平板培养基上挑取大肠杆菌 TOP10 的单个菌落接种到 5 mL LB 液体培养基中，置于摇床上 37 ℃培养过夜。

(3)取 1 mL 过夜培养的大肠杆菌溶液按 1∶50 的比例接种到 50 mL LB 培养基中，37 ℃振荡培养 2～3 h，监测 OD_{600}。

(4)待 $0.4<OD_{600}\leqslant 0.5$ 时，停止培养，置于冰上。

(5)将培养液转入离心管中，冰上放置 10 min。

(6)4 ℃ 5 000 r/min 离心 10 min，弃去上清。

(7)使用 10 mL 预冷的 50 mmol/L $CaCl_2$ 轻轻悬浮菌体细胞，冰上放置 10 min。

(8)4 ℃ 5 000 r/min 离心 10 min，弃去上清。

(9)加入 4 mL 预冷的 15% 甘油(50 mmol/L $CaCl_2$)溶液，轻轻悬浮菌体细胞，按照每管 100 μL 的量分装于 1.5 mL 灭菌离心管中，即为感受态细胞，保存于−70 ℃的冰箱中。

五、思考题

化学转化法和电击转化法的原理有什么不同?

实验 1-8 大肠杆菌的转化

一、实验目的

理解大肠杆菌转化的原理，熟悉大肠杆菌转化的实验流程，掌握大肠杆菌转化和筛选的实验技术。

二、实验原理

大肠杆菌的转化是基因工程研究中最基础的实验之一，转化的好坏直接影响到下游实验是否能够顺利进行，因此获得尽可能多的单克隆才是转化实验的最终目的。影响转化效率的因素有：

1. 感受态

最好从−70 ℃或−20 ℃甘油保存的菌种中直接转接用于制备感受态细胞的菌液，不要用已经过多次转接及贮存在 4 ℃的培养菌液。因为此时的菌液因为长期的保存会衰老死亡，影响转化率。研究表明，快速生长时的细胞转化效果最好，因此在感受态制备的过程中经常选用对数期或对数生长前期的细菌，生长密度以每毫升培养液中的细胞数在 5×10^7 个左右为佳，密度过高或不足均会使转化率下降。

2. 质粒 DNA 的质量和浓度

用于转化的质粒 DNA 如果是超螺旋态，转化率与外源 DNA 的浓度在一定范围内成正比；但当加入的外源 DNA 的量过多或体积过大时，则会使转化率下降。一般地，DNA 溶液的体积不应超过感受态细胞体积的 5%，1 ng 的 cccDNA 即可使 50 μL 的感受态细胞达到饱和。

对于以质粒为载体的重组分子而言，分子量大的转化效率低。实验证明，大于 30 kb 的重组质粒将很难进行转化。重组 DNA 分子的构型与转化效率也密切相关，环状重组质粒的转化率较分子量相同的线性重组质粒高 10～100 倍，因此重组 DNA 大多构成环状双螺旋分子。此外，受体细胞一般应是限制－修饰系统缺陷的突变株，即不含限制性内切酶和甲基化酶的突变株，并且受体细胞还应与所转化的载体性质相匹配。

3. 防止杂菌和杂 DNA 的污染

整个操作过程均应在无菌条件下进行，所用器皿，如离心管、移液枪头等最好是新的，并经高压灭菌处理。所有的试剂都要灭菌，且注意防止被其他试剂、DNA 酶或杂 DNA 所污染，否则会影响转化效率或杂 DNA 的转入。整个操作均需在冰上进行，不能离开冰浴，否则细胞转化率将会降低。

三、实验材料及主要药品、器具

1. 材料

大肠杆菌菌株 TOP10、重组质粒。

2. 药品

琼脂粉、氯化钠、蛋白胨、酵母提取物、$CaCl_2$、甘油。

3. 仪器

摇床、电热恒温培养箱、台式高速冷冻离心机、超净工作台、低温冰箱、恒温水浴锅、分光光度计、微量移液枪。

4. 用具

2 mL 离心管、1.5 mL 离心管、三角瓶、培养皿、移液器、枪头、烧杯、量筒、容量瓶、parafilm。

四、实验步骤

(一)实验准备

1. LB 液体培养基

称取 1 g 蛋白胨,0.5 g 酵母提取物,1 g NaCl,置于三角瓶中,加入 100 mL 蒸馏水,121 ℃灭菌备用。

2. 氨苄抗性 LB 平板培养基

按照 100 mL LB 液体培养基 1.5 g 琼脂粉的用量加入琼脂粉,121 ℃灭菌,冷却到 50 ℃左右,加入氨苄青霉素储备液,终浓度为 50 μg/ml,超净台上制备平板备用。

(二)转化

(1)从−70 ℃的冰箱中取出感受态细胞,握在手心使其解冻,解冻后立即置于冰上,按照下表配制转化混合液。

	编号 1	编号 2	编号 3
	阴性对照组	实验组	阳性对照组
50 μL 感受态	不加质粒	重组质粒 5 μL	pUC19(50 ng/μl)1 μL

(2)冰上放置 10～30 min。

(3)42 ℃热击 90 s,迅速置于冰上 2 min,期间不要振荡离心管。

(4)加入 1 mL LB 液体培养基,37 ℃振荡培养 45 min 复苏质粒。

(5)12 000 r/min 离心 1 min,去除 900 μL 上清,重悬菌液取 50 μL 涂于氨苄抗性平板。

(6)用 parafilm 封好平板,37 ℃倒置培养 16 h。

(7)观察实验结果,计算转化率:转化子总数=菌落数×稀释倍数×转化反应原液总体积/涂板菌液体积。

五、实验结果

(1)阴性对照组的平板培养皿在培养 14 h 内,平板上应不出现菌落或者零星的菌落(少于 5 个);重组质粒组的平板培养皿在培养后平板上应出现少量的菌落;阳性对照组的平板培养皿在培养后应出现大量的菌落。

(2)如果在阴性对照组的平板上出现了大量的菌落,可能是抗生素失效或者是污染了杂菌,此时可以观察重组质粒组的平板或者阳性对照组的平板,如果在重组质粒组的平板和阳性对照组的平板上出现菌落连成一片的情况,则判定是抗生素失效。

(3)如果重组质粒组的平板上的菌落和阳性对照组的菌落均显示为正常情况,则阴性对照组平板上的大量的菌落就是因为污染了杂菌导致的。

(4)本实验是以 TOP10 为材料进行感受态制备的,如果使用其他类型的菌株,其制备感受态的条件可能需要做出调整。

(5)筛选平板中抗生素的类型和浓度取决于所转化质粒上抗生素的抗性,因此要根据所转化质粒的特点选择合适的抗生素配制合适的培养基进行筛选,有时可能需要进行多次筛选。

六、思考题

(1)请你谈一谈有哪些因素能够影响到转化的效率,如何影响?

(2)卫星菌落是不是真正的克隆?为什么?

实验 1-9 多聚酶链式反应

一、实验目的

理解多聚酶链式反应(Polymerase chain reaction,PCR)的原理,熟悉 PCR 的实验流程,掌握引物设计的实验技术。

二、实验原理

PCR 是由美国科学家 Mullis 于 1983 年发明的体外核酸扩增技术。PCR 的基本原理类似天然的 DNA 复制过程，以拟扩增的 DNA 分子为模板，以一对分别与模板链互补的寡聚核苷酸为引物，在 DNA 聚合酶的催化下，以四种脱氧核糖核苷三磷酸（dATP、dTTP、dGTP、dCTP）为底物，遵循半保留复制的原则进行 DNA 的复制。通过调整反应的温度，可以使得 DNA 分子高温变性和低温复性，从而结合引物引发复制。最初的 PCR 反应中应用的 DNA 聚合酶不耐热，使得每次循环时都要加酶，在当时 PCR 是一种操作复杂、成本高昂、“中看不中用”的实验室技术。后来，从黄石公园温泉中的嗜热杆菌 *Thermu aquaticus* 内分离得到耐高温的 DNA 聚合酶——Taq 酶，该酶可以耐受 90 ℃以上的高温而不失活，不需要每个循环加酶，使得 PCR 的扩增效率大大提高。1987 年 PCR 技术实现了自动化操作，1993 年，Mullis 因为发明“聚合酶链式反应”而获得诺贝尔化学奖。

（一）PCR 体系

1. 缓冲液

提供 PCR 反应的离子强度和缓冲能力，通常为 20 mmol/L Tris-HCl（pH8.0～9.0），20 mmol/L KCl，10 mmol/L $(NH_4)_2SO_4$，1.5 mmol/L $MgCl_2$。Mg^{2+} 是 DNA 聚合酶行使催化功能所必需的辅因子，因此 Mg^{2+} 浓度对于 PCR 反应影响很大。一般说来，高浓度的镁离子虽增加 PCR 的产量但降低 PCR 扩增的特异性，浓度过低则降低 PCR 的产量但可以保证 PCR 扩增的特异性。目前各大生物技术公司提供的 DNA 聚合酶套装中，Mg^{2+} 的浓度已经被优化，一般情况下无须调整。

2. dNTPs

dATP、dCTP、dTTP 和 dGTP 的混合物，通常每种浓度为 200 mmol。低浓度的 dNTPs 可以减少非特异性扩增，高浓度的 dNTPs 则易导致错误掺入，而浓度太低则势必降低 PCR 产物的产量。

3. 模板

模板可以为质粒 DNA，可以是基因组 DNA，也可以是 cDNA，单双链均可。对于模板用量来说，虽然 PCR 可以使用极其微量的模板起始，但为了保证反应的特异性，应使用纳克级别的模板，通常使用 5～30 ng 的质粒或 100 ng 的基因组 DNA 作为模板。使用质粒作为模板时，线性化的模板比环状的好，但在实际操作中，往往不需要线性化。如果需要线性化，则在酶切完成之后也无须纯化。只要通过热变性失活，内切酶即可直接进行 PCR 扩增。模板变性程度如何，影响着引物的结合效率，通常使用 94 ℃变性 2 min；然而对于复杂程度较高的模板（如基因组 DNA），则需要延长变性时间。高温变性的时间不能设置太长，否则会影响 DNA 聚合酶的活性，此时可以采用先变性再加酶的方式启动 PCR 反应。

4. 引物

引物为寡聚核苷酸，序列与待扩增的靶序列互补，引物之间的距离决定扩增片段的长度。引物在 PCR 反应中的浓度一般在 0.1～1 μM 之间，浓度过高容易形成引物二聚体（dimer），或者导致错误引发形成非特异性的扩增产物；浓度太低，则不足以支持 30 个循环的扩增反应，降低 PCR 的产量。

5. DNA 聚合酶

目前市场销售的DNA聚合酶主要分为四类：① 普通DNA聚合酶，此类DNA聚合酶多为Taq DNA聚合酶及其基因工程改进版，是有Taq酶基因的大肠杆菌经诱导表达后分离纯化得到的，其分子量为94 kD，在95 ℃的半衰期为40 min。Taq DNA聚合酶具有5′-3′ DNA聚合酶活性和5′-3′外切核酸酶活性，无3′-5′外切酶活性，所以在扩增时的保真性不好。Taq DNA聚合酶延伸速度为1～2 kb/min，产物3′端带A，可直接用TA载体克隆。Taq酶主要用于保真度不高的菌落PCR、突变PCR或者以定性检测为目的的PCR实验。②高保真DNA聚合酶，此类DNA聚合酶以分离自Pyrococcus furiosus的Pfu为代表，其在95 ℃的半衰期为120 min，具有5′-3′ DNA聚合酶活性和5′-3′外切核酸酶活性，同时具有3′-5′外切酶活性，所以在扩增时的保真性较好，但是扩增速度远远慢于Taq DNA聚合酶，延伸速度为0.5～1 kb/min，扩增产物为平滑末端，可进行平端克隆或者加A之后使用TA载体克隆。Pfu酶主要用于基因克隆、点突变、载体的构建等保真度要求较高的PCR实验。③普通Taq酶和高保真酶的混合物，例如NEB公司的OneTaq DNA聚合酶，是普通的Taq DNA聚合酶与保真性较好的Deep VentR DNA聚合酶的混合物，Deep Vent DNA聚合酶的3′-5′外切酶活性提升了Taq DNA聚合酶的保真性和聚合能力。④高速高保真酶，例如NEB公司的Q5超保真DNA聚合酶，Q5 DNA聚合酶是一种新型聚合酶，携带具有持续合成能力的Sso7d DNA结合域，能够提高反应速度、保真度和稳定性，扩增速度为6 kb/min，扩增产物平端，保真度为普通Taq DNA聚合酶的100倍。高速高保真酶主要用于基因克隆、点突变、载体的构建等保真度要求较高的PCR实验。

6. 其他成分

为增加PCR反应的效率和保真性，通常会在标准的PCR反应混合液中加入一些其他的成分，这些物质被称为PCR的共溶剂(cosolvent)。(表1-2)

表1-2　PCR共溶剂

Cosolvent	终浓度	作用
Betaine	1.0～1.7 mol/L	减少高GC导致的二级结构的形成
BSA	10～100 g/mL	非特异性的酶稳定剂
DMSO	2%～10%	增加高GC模板扩增的产量
Formamide	1%～5%	增加PCR的特异性
甘油	1%～10%	增加DNA聚合酶的热稳定性
非离子型去污剂NP40、Triton X-100、Tween 20	0.1%～1%	增加DNA聚合酶的稳定性，去除二级结构
氯化四甲基铵	15～100 mmol/L	减少错配，改善配对反应的严谨性
草酸四甲基铵	2 mmol/L	减少非特异性扩增，增加PCR产量

（二）PCR 的反应步骤

PCR 反应分为三个步骤：①高温变性，模板 DNA 经加热到 95 ℃维持一段时间后会因为吸收热量而打开双链间的氢键，转为单链；②低温退火，当温度降低到 60 ℃时，DNA 单链开始重新形成氢键进行复性，反应混合物的引物浓度远远高于模板 DNA 的浓度，而且序列又较短，所以更容易与模板 DNA 的单链形成互补配对；③适温延伸，当温度调整到 72 ℃时，DNA 聚合酶开始工作，合成新链。

（三）PCR 的反应动力学

PCR 的三个反应步骤反复进行，使 DNA 扩增量呈指数上升，反应最终的 DNA 扩增量可用 $Y=(1+X)^n$ 计算。式中 Y 代表 DNA 片段扩增后的拷贝数，X 代表平均每次的扩增效率，n 代表循环次数。平均扩增效率的理论值为 100％，但在实际反应中平均效率达不到理论值。反应初期，靶序列 DNA 片段的增加呈指数形式，随着 PCR 产物的逐渐积累，被扩增的 DNA 片段不再呈指数增加，而进入平台期。进入平台期的时间与循环数、PCR 扩增效率、DNA 聚合酶的类型和活性、非特异性产物的竞争等因素有关。常规 PCR 一般设置在 25～40 个循环，循环过多，非特异性扩增增加，循环太少则产量偏低。

（四）引物设计

引物设计有 3 条基本原则：①引物与模板的序列要紧密互补；②引物自身不要形成发卡结构（Hairpin）或者二体结构，上游引物与下游引物之间避免形成稳定的二聚体结构；③引物不能在模板的非目的位点引发 DNA 聚合反应（即错配）。

具体实现这 3 条基本原则需要考虑到诸多因素，如引物长度（primer length）、产物长度（product length）、序列 Tm 值（melting temperature）、引物与模板形成双链的内部稳定性（internal stability）、形成引物二聚体及发卡结构（duplex formation and hairpin）的倾向、在错配位点（false priming site）的引发效率、引物及产物的 GC 含量（GC composition）等。必要时还需对引物进行修饰，如增加限制性内切酶位点，引入突变等。

本实验以 RcFAH12 为例，介绍了如何从 NCBI 网站（美国国家生物信息中心）查找 RcFAH12序列，并使用 Primer Premier 5.0 软件设计 ORF 引物的过程。PCR 实验是进行菌落 PCR。

三、主要药品及器具

1. 药品

上游引物、下游引物、Taq DNA 聚合酶、10×PCR 缓冲液、dNTPs（2.5mmol/L each）、超纯水、琼脂糖、核酸染料、6×DNA 上样缓冲液、50×TAE、去离子水。

2. 仪器

计算机（Windows XP 系统或者 Win7 SYSTEM）、PCR 仪、电泳仪、电泳槽、凝胶成像系统。

3. 用具

PCR 管、移液器、枪头。

四、实验步骤

(一)使用 Primer Premier 5.0 进行引物设计

1. Primer Premier 5.0 软件的使用介绍

“Primer Premier 5.0”是一个常用的引物设计软件，其安装包可以在各大分子生物学网站下载，其主要功能分四大块，其中有三种功能比较常用，即引物设计、限制性内切酶位点分析和DNA 基元(motif)查找。“Primer Premier 5.0”软件启动界面如下：

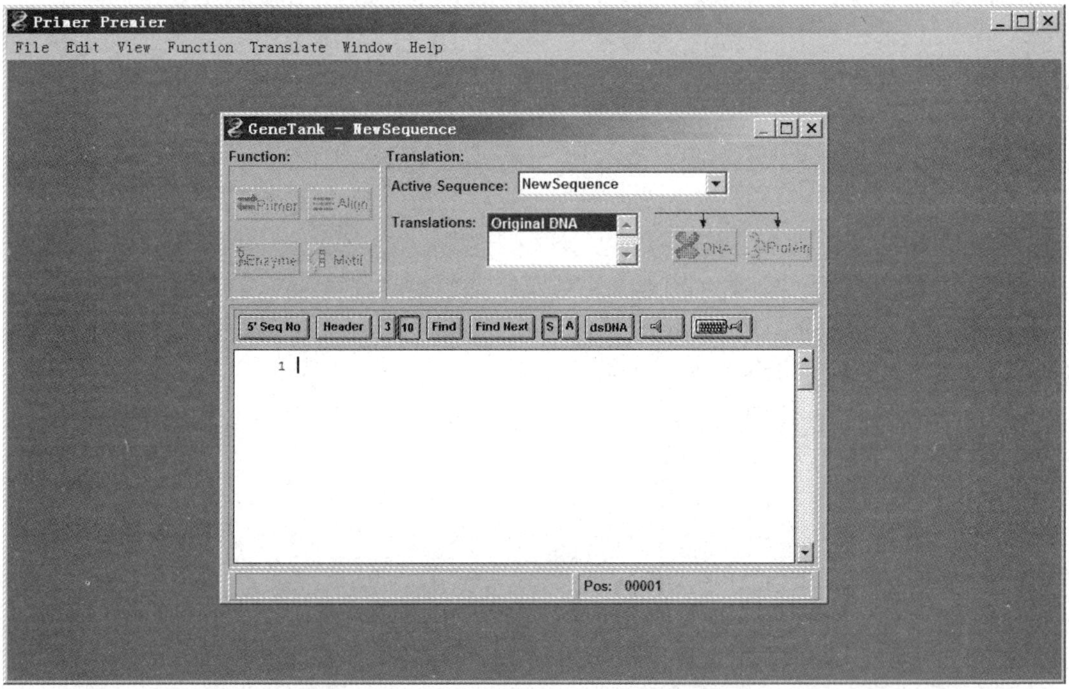

其主要功能在主界面上一目了然(按钮功能如上述)。限制性酶切点分析及基元查找功能比较简单，点击该功能按钮后，选择相应的限制性内切酶或基元(如-10 序列，-35 序列等)，按确定即可。常见的限制性内切酶和基元一般都可以找到。你还可以编辑或者添加新限制性内切酶或基元。

在输入序列之后，点击

按钮，界面如下：

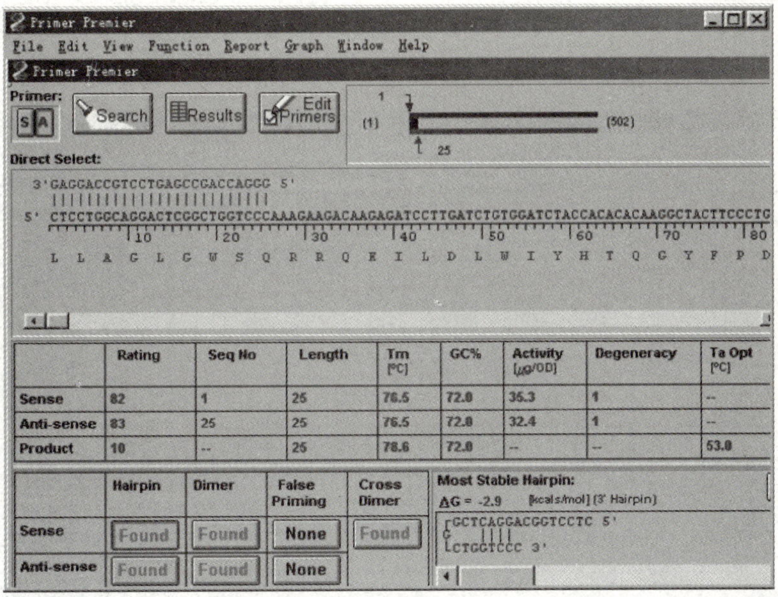

进一步点击 Search 按钮，出现“search criteria”窗口，有多种参数可以调整。搜索目的(Seach For)有三种选项，PCR 引物(PCR Primers)、测序引物(Sequencing Primers)、杂交探针(Hybridization Probes)。搜索类型(Search Type)可选择分别或同时查找上、下游引物(ense/Anti-sense Primer，或 Both)，或者成对查找(Pairs)，或者分别以适合上、下游引物为主(Compatible with Sense/Anti-sense Primer)。另外，还可改变选择区域(Search Ranges)、引物长度(Primer Length)、选择方式(Search Mode)、参数选择(Search Parameters)等。使用者可根据自己的需要设定各项参数。如果没有特殊要求，建议使用默认设置。然后按 OK ，随之出现的 Search Progress 窗口中显示 Search Completed 时，再按 OK ，这时搜索结果以表格的形式出现，有三种显示方式，上游引物(Sense)、下游引物(Anti-sense)、成对显示(Pairs)。默认显示为成对方式，并按优劣次序(Rating)排列，满分为 100，即各指标基本都能达标(如下图)。

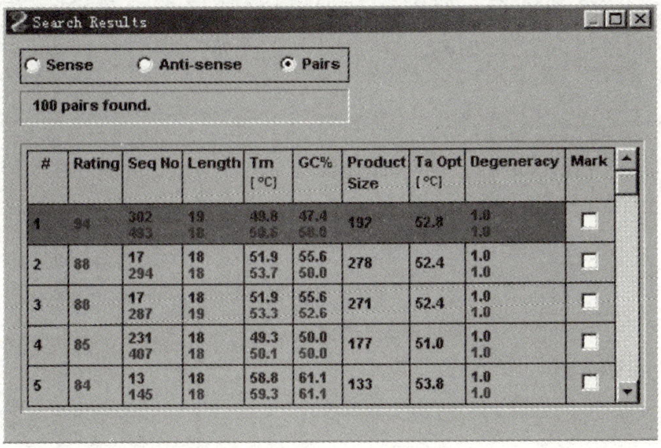

点击其中一对引物，如第1#引物，并把上述窗口挪开或退出，显示“Primer Premier”主窗口，如图所示：

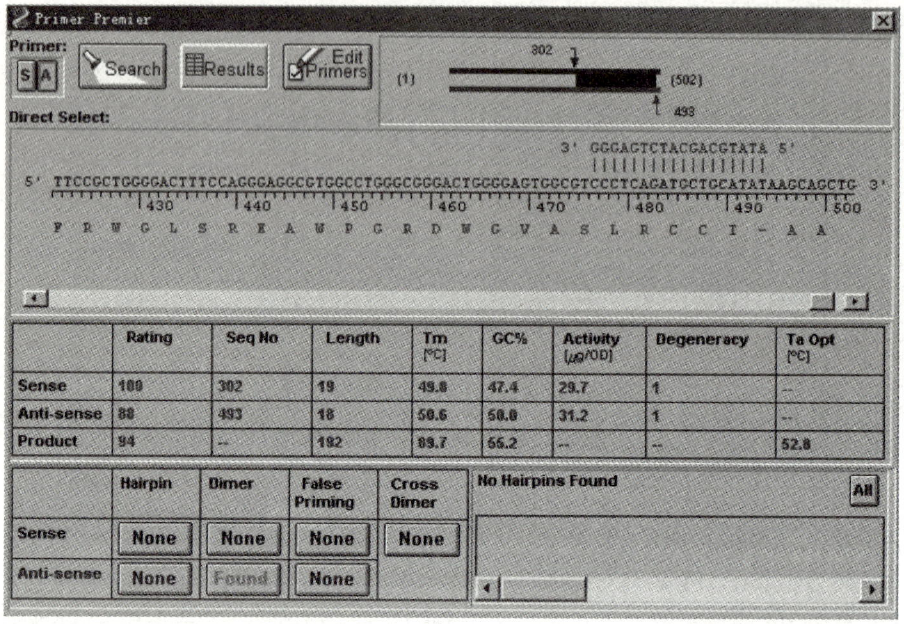

该图分三部分，最上面是图示PCR模板及产物位置，中间是所选的上、下游引物的一些性质，最下面是四种重要指标的分析，包括发卡结构、二聚体(Dimer)、错误引发情况(False Priming)，及上、下游引物之间二聚体形成情况(Cross Dimer)。当所分析的引物有这四种结构的形成可能时，按钮由 None 变成 Found ，点击该按钮，在左下角的窗口中就会出现该结构的形成情况。一对理想的引物应当不存在任何一种上述结构，因此最好的情况是最下面的分析栏没有 Found ，只有 None 。值得注意的是，中间一栏的末尾给出该引物的最佳退火温度，可参考应用。

在Primer 5窗口中，若觉得某一对引物合适，可以在搜索结果窗口中，点击该引物，然后在菜单栏，依次选择File-Print-Current pair，使用PDF虚拟打印机，即可转换为PDF文档，里面有该引物的详细信息。

2. ORF引物设计

下面以RcFAH12(Ricinus communis oleate 12-hydroxylase)的序列为例介绍ORF引物设计的情况，首先从NCBI网站(http://www.ncbi.nlm.nih.gov/)下载RcFAH12的序列。

首先打开NCBI主页，在搜索框键入“RcFAH12”，点击Search，开始搜索。

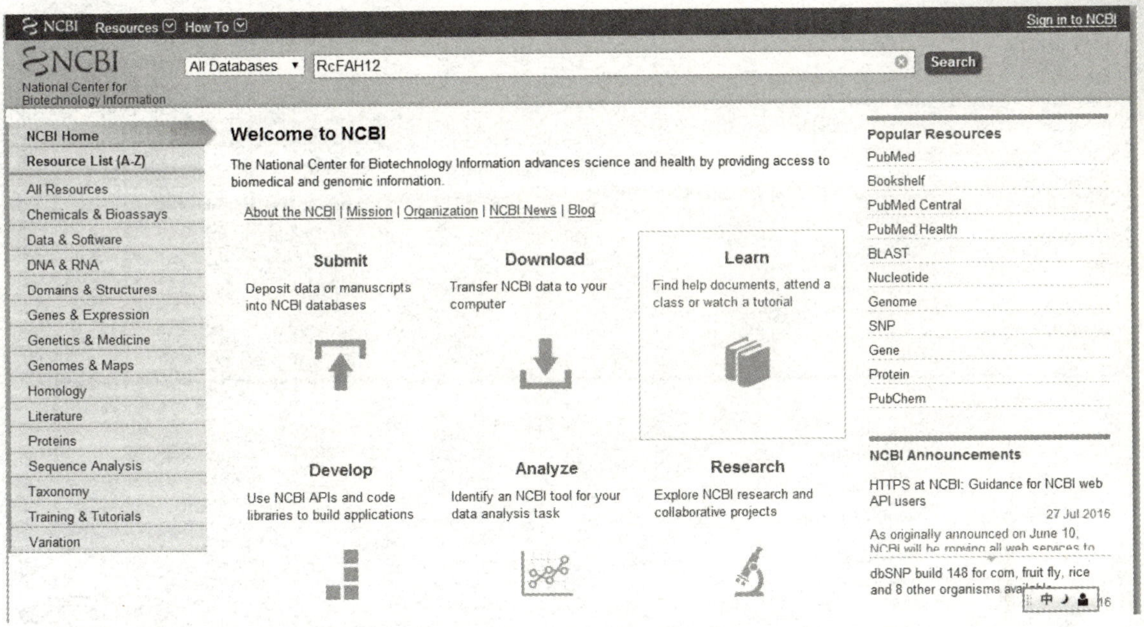

浏览搜索结果，如下图所示。

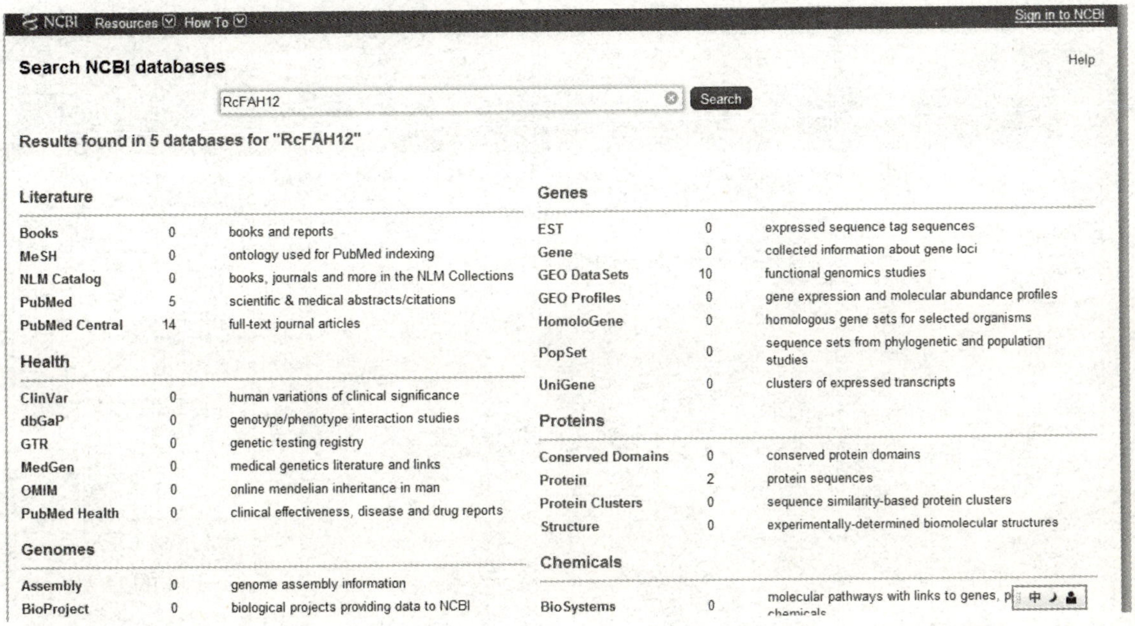

移动右边的下拉条，选择 Neocleotide，旁边显示“3”，说明 RcFAH12 在 NCBI 中有三条对应的核酸序列，如下图所示。

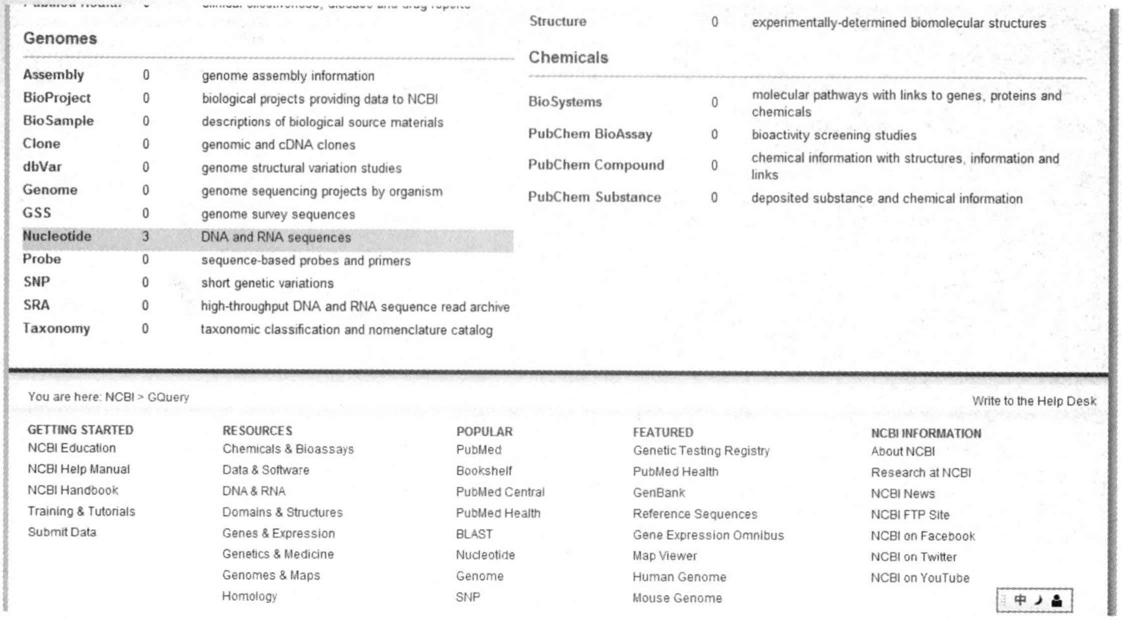

点击“3”,弹出新的页面,如下图所示。

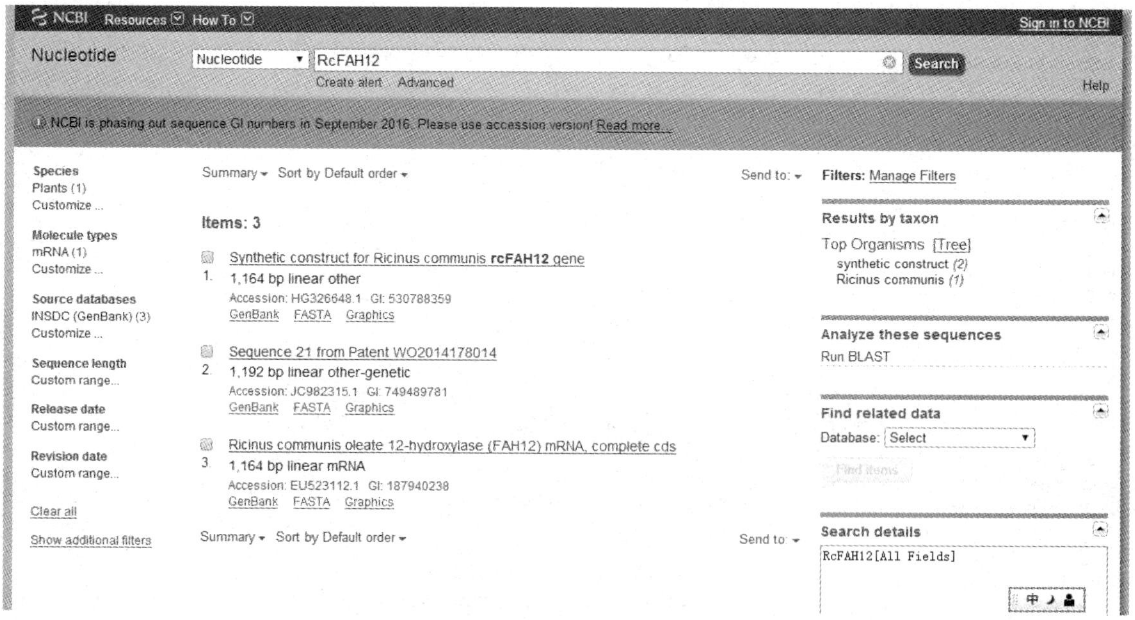

选择第三个序列,点开新页面,第一个序列 synthetic construct 意为合成的基因,第二个序列为 Patent(专利)序列,第三个序列则为 RcFAH12 的基因序列。

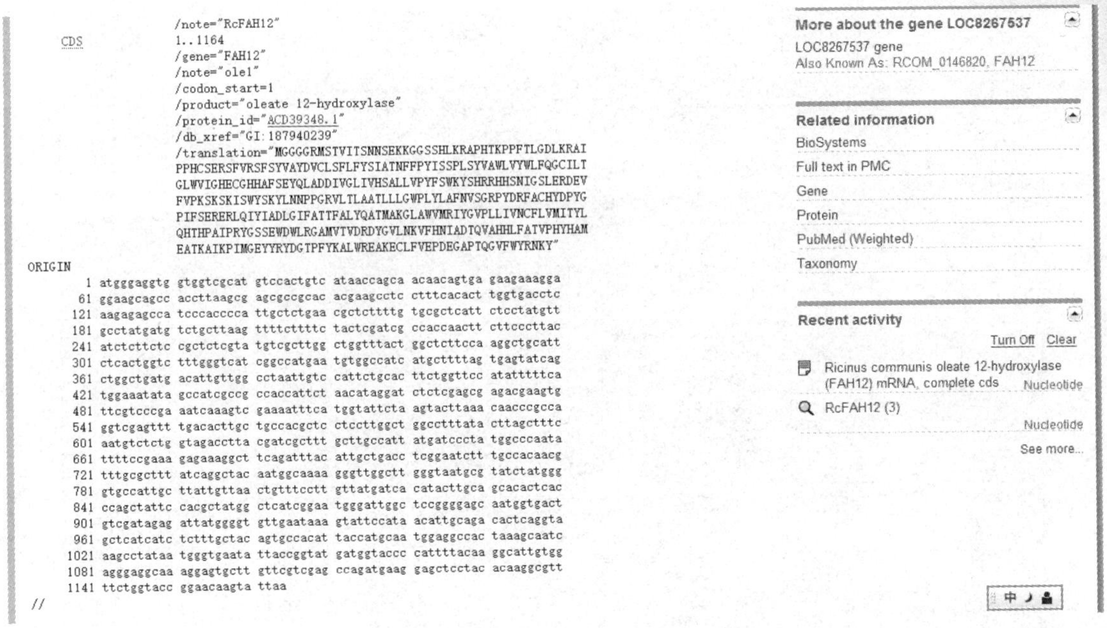

此页面上的 ORIGIN 下面的序列就是 RcFAH12 的 ORF 序列。

将 FAH 12 的 ORF 序列导入 Primer Premier 5.0 中:依次点击 File-New-DNA sequence,出现输入序列窗口,将目的序列拷贝在输入框内(选择 As),如下图所示。

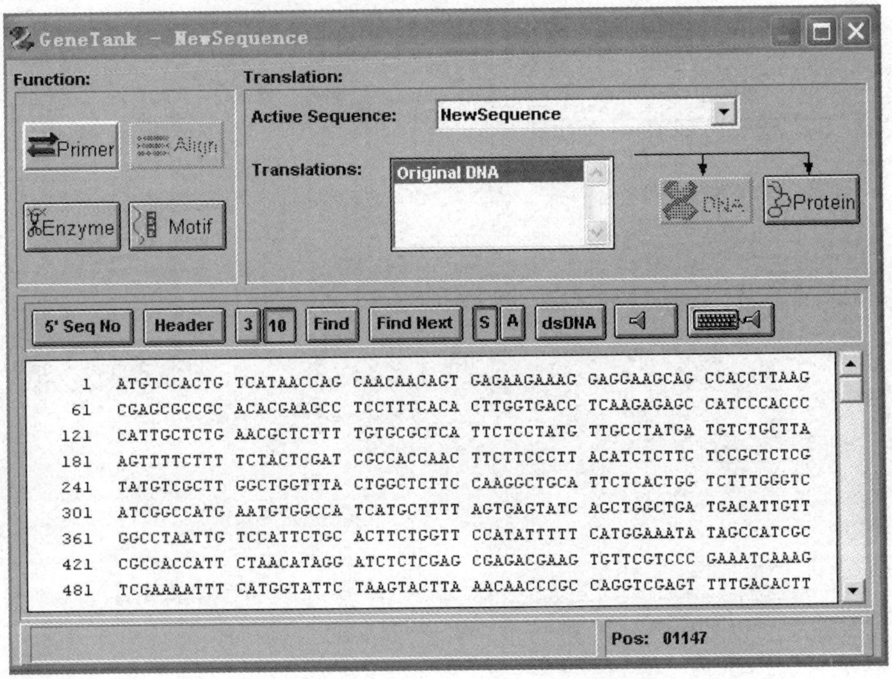

点击

出现引物设计窗口,如下图所示。

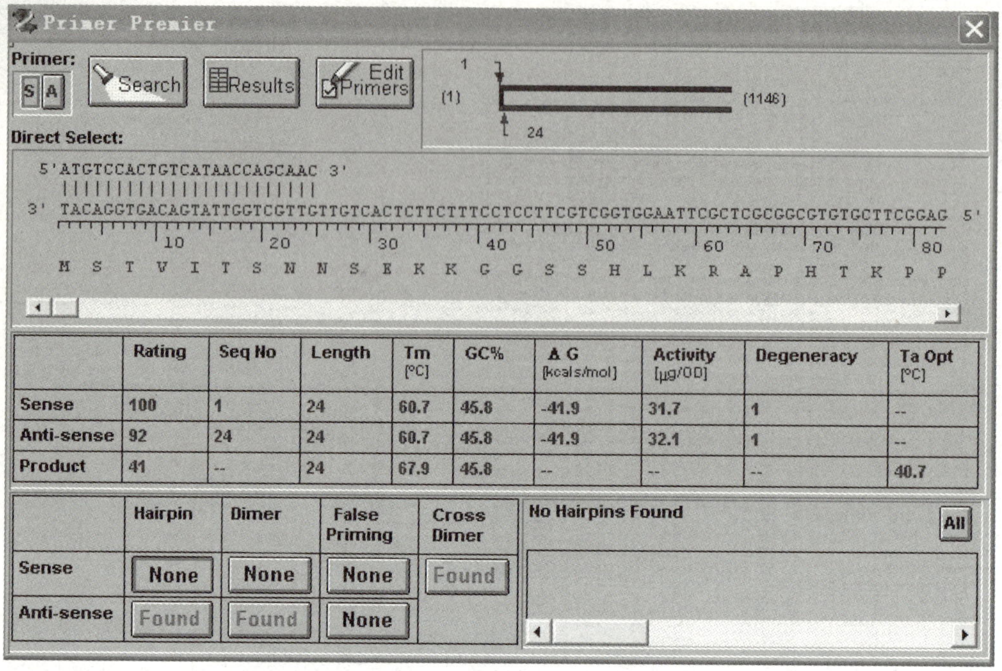

将鼠标移至 Direct Select 窗口进行手动引物设计。点击左上角中的 S 设计正向引物，从序列的两端设计引物，根据自己的需要改变引物参数，找到合适的正向引物。

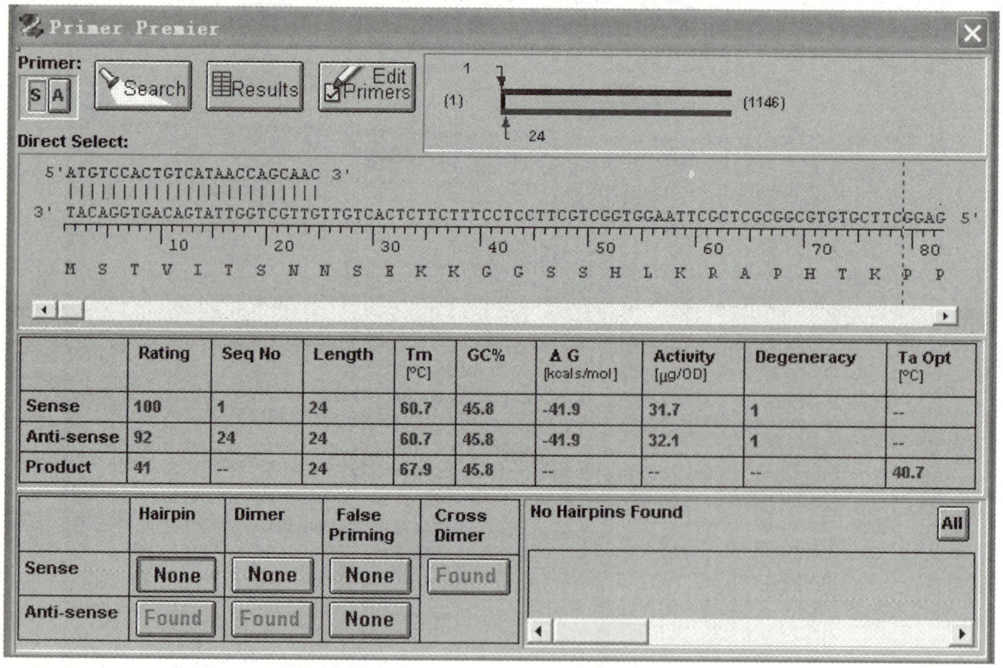

再点击左上角中的 A 设计反向引物，出现以下窗口。

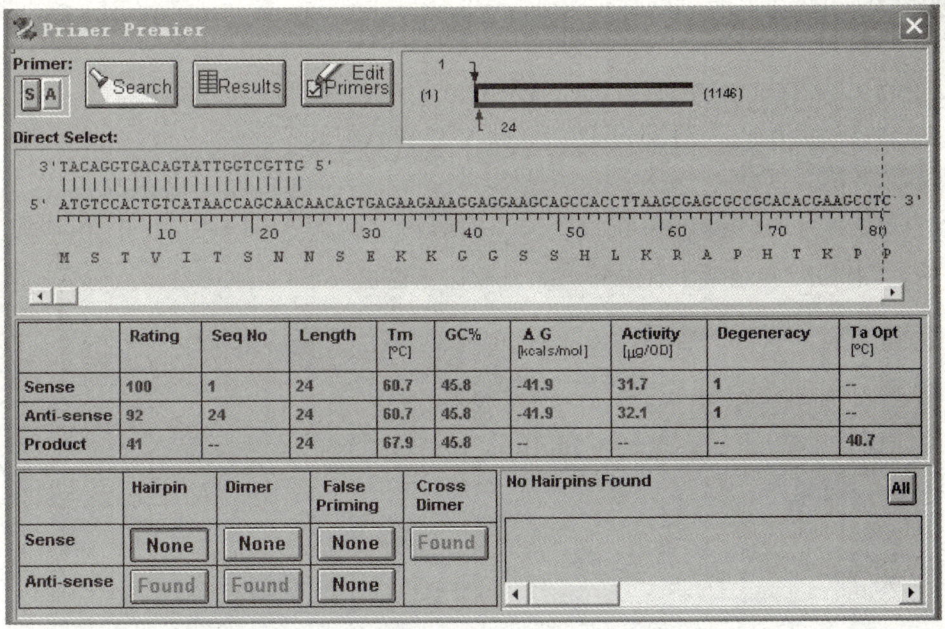

通过移动序列下的标尺找到序列的末端,然后在3′端点击后出现反向引物,因为ORF需要扩增的是序列的全长,所以需要保证反向引物的5′端在模板序列的3′末端,此时可以发现设计的反向引物含有各种二级结构。但由于引物与模板结合的自由能为-42.5 kcals/mol,反向引物形成稳定的发夹结构的自由能是-0.4 kcals/mol,由于自由能越低越稳定,所以相比之下,引物更容易与模板结合,因此可以不考虑引物自身形成发卡结构的情况。

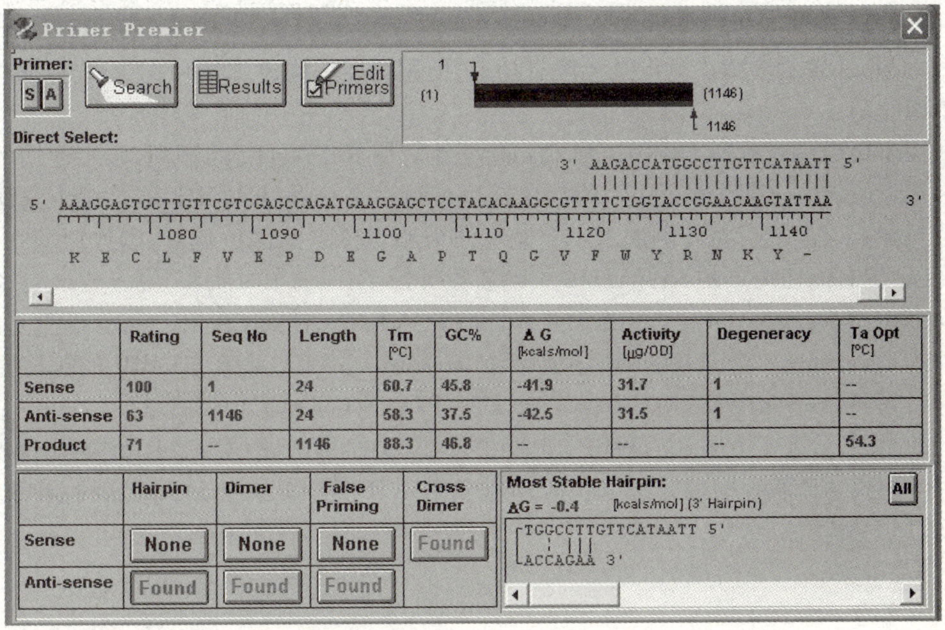

找到所需的引物后点击 Edit-copy-sense primer，Edit-copy-antisense primer 导出所设计的引物。

正向引物：5′-ATGTCCACTGTCATAACCAGCAAC-3′

反向引物：5′-TTAATACTTGTTCCGGTACCAGAA-3′

增加和选择酶切位点

点击引物设计界面的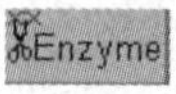

，将自己要加的酶切位点从 All Enzymes 中 Add 到 Selected Enzyme 中，点击 OK，在结果中点击

，出现以下窗口。

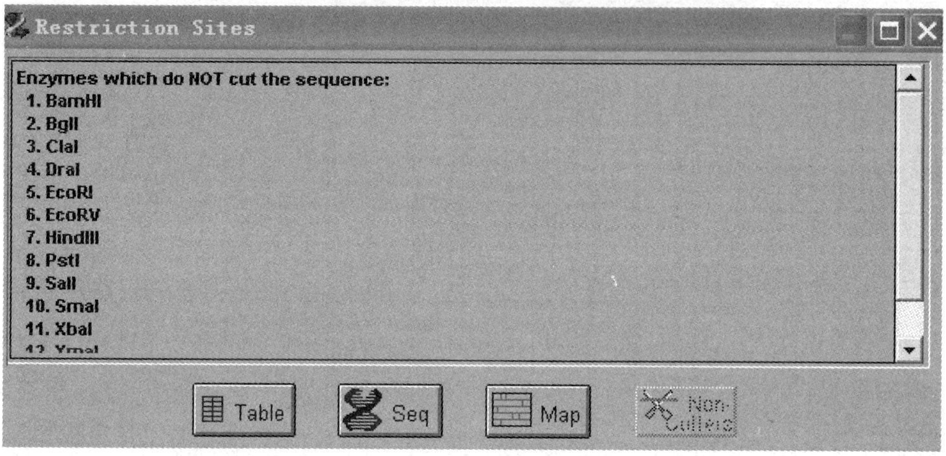

以上窗口中包含的酶切位点即可加的酶切位点，在其中选择两个质粒载体多克隆位点中能够使用的酶，进行酶切位点添加。

【注意事项】

Non-Cutters 表示该酶在模板链上没有切点，使用酶切法构建质粒时，不能选择那些能够切断目的基因的酶。

在上面窗口中可以看到 *Hin*dIII 和 *Eco*RI 不能剪切 RcFAH12 的序列，假定使用的骨架载体上的多克隆位点中这两个酶也可以用，在这里就可以考虑将 *Hin*dIII 和 *Eco*RI 分别添加在上、下游引物的 5′端，然后在外侧加入 4 个碱基作为酶切位点的保护碱基，以方便酶切 PCR 产物，如此一来带有酶切位点的 *RcFAH*12 引物就设计好了：

正向引物：5′-cgcgAAGCTTATGTCCACTGTCATAACCAGCAAC-3′

小写的 cgcg 示意 4 个碱基的酶切位点保护碱基，AAGCTT 示意 *Hin*dIII 的酶切位点。

反向引物：5′-cgcgGAATTCTTAATACTTGTTCCGGTACCAGAA-3′

小写的 cgcg 示意 4 个碱基的酶切位点保护碱基，GAATTC 示意 *Eco*RI 的酶切位点。

请同学们模仿此教程中的方法，在 NCBI 中查找 RcDGAT1 或 RcDGAT2 的 ORF 序列，并设计引物，加上酶切位点，填入下表。

	名称	序列 5′-3′	Tm
引物 1			
引物 2			

(二)合成引物

填写引物合成订单(可以在一些提供引物合成的生物技术公司的网站上下载),发往相应的生物技术公司,进行引物合成。

	A	B	C	D	E	F	G	H	I	J
1										
2			引物合成订购表							
3										
4	订购日期									
5	客户姓名			订单编号				常用兼并碱基代码		订单要求： 1.此表格仅针对E-mail订单，传真订单请勿使用。 2.为方便订单的处理，请您详细填写表格中的信息。
6	负责人姓名			总碱基数		0				
7	客户单位			Tel: 0550-3121666				M:(A/C)	V:(A/C/G)	
8	客户电话			Fax 0550-3721086				R:(A/G)	H:(A/C/T)	
9	E-mail			sales@generalbiol.com				W:(A/T)	D:(A/G/T)	
10	客户地址			www.generalbiol.com				S:(C/G)	B:(C/G/T)	
11	发票抬头			安徽省滁州市经济技术开发区永阳路6号				Y:(C/T)	N:(A/G/C/T)	
12	温馨提示：	为防止漏单而耽搁您的实验，若您在一天内没有收到本公司的确认回复邮件，请及时电话查询。						K:(G/T)		
13	序号	Primer名称	序列(5'to3')	碱基数	合成总量（OD）	分装管数	纯化方式	引物用途	修饰	备注
14	1			0						
15	2			0						
16	3			0						
17	4			0						
18	5			0						
19	6			0						
20	7			0						
21	8			0						
22	9			0						

上图某公司的引物订单,在相应的位置填上对应的信息,需要说明的是:

合成总量(*OD*),如果该引物需要应用的量较大,可以考虑 5*OD*,引物合成公司 2～5*OD* 是一样的价格,超过 5*OD* 则是另一个价格,多数情况下合成 2*OD* 就足够用了。

纯化方式,多数公司提供的纯化方式有 RPC、PAGE 和 HPLC 三种方式。RPC 表示引物纯化的方式为普通脱盐,普通 PCR 即可使用此种方式;PAGE 表示引物纯化方式为切胶纯化,构建克隆,反转录 PCR,基因定点突变可以考虑这种方式;HPLC 表示引物纯化方式为高压液相纯化,Realtime PCR 引物可以考虑这种方式。

(三)配制引物储存液和工作液

阅读引物合成单,按照引物合成单的说明配制引物储存液和工作液。

(四)PCR

(1)按照下表在 1.5 mL 离心管中配制可以用于 10 份 PCR 的反应混合液,分装到 10 个 PCR 管中。

组分	体积
10× Taq DNA 聚合酶缓冲液	2.5 μL
2.5 mmol/L dNTPs	2 μL
引物 1	0.5 μL
引物 2	0.5 μL
模板	
Taq	0.5 μL
H_2O	14 μL

(2)将混有菌体的 PCR 混合物置于 PCR 仪进行 PCR 扩增,反应程序如下:

95 ℃ 10 min	1 个循环	裂解菌体,释放质粒模板
95 ℃ 20 s	35 个循环	模板变性
55 ℃ 20 s		引物退火
72 ℃ 1 min		
72 ℃ 2 min	1 个循环	确保 PCR 产物充分延伸

(3)将 PCR 结果进行标准的 PCR 电泳,检测是否出现目的片段。如果某泳道出现目的大小的条带,说明该号克隆为阳性克隆。

五、实验结果

(1)如果 PCR 的过程顺利,那么在琼脂糖胶上可看到清晰的预期大小的条带。

(2)即便是使用高保真酶进行扩增,使用公司合成的引物,在表达载体构建过程中也要进行测序。因为公司合成的引物序列并不是百分百的正确,也存在错误的情况。高保真酶只意味该酶的保真度较好而已,并不是代表该酶不会出错。

(3)对于发生突变的克隆,如果蛋白质编码没有改变,可以继续实验。如果突变后蛋白编码发生灾难性的改变,需要重新选取克隆进行测序。

六、思考题

(1)基于你所学习的引物设计知识,谈一谈设计引物需要遵守的原则。

(2)简述 PCR 的基本原理和过程。

(3)基于互联网学习如何使用 NCBI 网站。

实验 1-10　菌落 PCR

一、实验目的

理解重组克隆鉴定的理论基础，熟悉重组克隆鉴定的操作方法，掌握菌落 PCR 的实验技术。

二、实验原理

筛选和鉴定阳性的重组子是基因工程研究的日常工作之一。使用抗性平板筛选是鉴定阳性重组子的第一步。载体和目的片段进行连接后，连接混合物中除了重组 DNA 分子，还混有未连接的载体分子以及未连接的 DNA 片段、载体自连产物以及插入错误片段的重组 DNA 分子。未连接的线性分子对于转化筛选都不会造成什么影响，自连的载体、插入正确片段的重组 DNA 分子、插入错误片段的重组 DNA 分子都可以在转化后细胞内进行正常的复制，因此需要采取一定的技术手段将插入正确片段的重组 DNA 分子筛选和鉴定出来。

菌落 PCR 是重组子鉴定中最常用的手段，以转化平板上的菌落为 PCR 的模板，不需要分离质粒，方便易行。为保证扩增的特异性，通常在插入片段设计上游引物，在载体上设计下游引物，进行跨插入片段和载体片段的特异性 PCR 扩增(图 1-1)

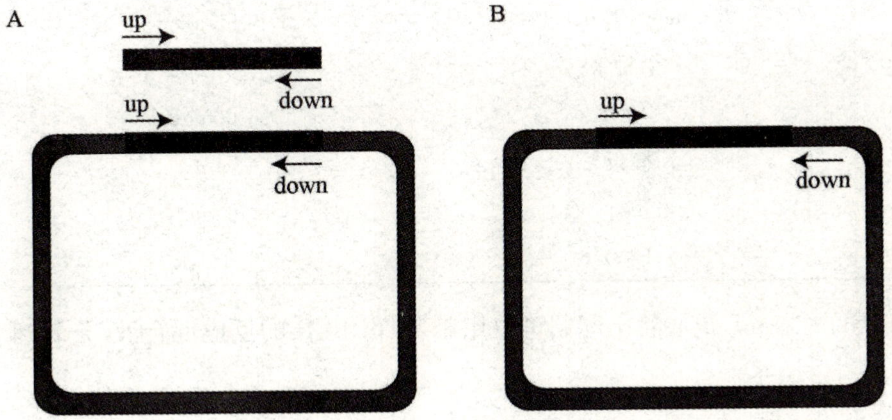

图 1-1　菌落 PCR 时引物的选择

(1)使用插入片段的上游引物和下游引物进行扩增，无论是重组质粒还是插入片段都可以作为模板扩增出条带。如果转换液中插入片段的浓度很高，在菌落 PCR 时，平板上微量的插入片段就会导致 PCR 假阳性的结果出现。

(2)上游引物为插入片段的上游引物，下游引物位于载体上，扩增的特异性较高，只有重组克隆才能正确 PCR 得到条带。

三、实验材料及主要药品、器具

1. 材料

重组转化大肠杆菌的筛选平板。

2. 药品

上游引物、下游引物、Taq DNA 聚合酶、10×PCR 缓冲液、dNTPs(2.5mmol/L each)、超纯水、琼脂糖、核酸染料、6×DNA 上样缓冲液、50×TAE、去离子水。

3. 仪器

PCR 仪、电泳仪、电泳槽、凝胶成像系统。

4. 用具

PCR 管、移液器、枪头。

四、实验步骤

1. 配制 PCR 反应混合物

组分	体积
10× Taq DNA 聚合酶缓冲液	2.5 μL
2.5 mmol/L dNTPs	2 μL
引物 1	0.5 μL
引物 2	0.5 μL
模板	1 μL
Taq	0.5 μL
H_2O	14 μL

按照上表在 1.5 mL 离心管中配制可以用于 10 份 PCR 的反应混合液，分装到 10 个 PCR 管中。

2. 构建备份平板

取一块新的氨苄抗性平板，画线绘制方格，进行数字标记(1＃，2＃，3＃……)，用 10 μL 枪头从重组质粒转化的抗性平板上随机挑 1 个克隆，在新的抗性平板上轻点一下进行接种，做一拷贝，然后将沾有菌体的枪头置于相应的 PCR 反应液中来回吸打几下，进行接种。如果平板上点的是1#方格，此时PCR管的标记也应标记为1#，重复以上操作，挑取10个克隆。

3. PCR扩增

将混有菌体的PCR混合物置于PCR仪进行PCR扩增，反应程序如下：

95 ℃ 10 min	1个循环	裂解菌体，释放质粒模板
95 ℃ 20 sec 55 ℃ 20 sec 72 ℃ 1 min	35个循环	模板变性 引物退火
72 ℃ 2 min	1个循环	确保PCR产物充分延伸

4. 电泳

将PCR结果进行标准的PCR电泳，检测是否出现目的片段。如果某泳道出现目的大小的条带，说明该号克隆为阳性克隆。

五、思考题

(1)简述菌落PCR的基本原理和过程。

(2)基于互联网发现其他的重组克隆鉴定方法。

实验1-11　重组蛋白在大肠杆菌中的诱导表达

一、实验目的

理解重组蛋白在大肠杆菌中诱导表达的理论基础，熟悉使用阻遏物调控操纵基因从而控制外源基因表达的操作方法，掌握重组蛋白在大肠杆菌中诱导表达的实验技术。

二、实验原理

大肠杆菌表达是基因工程生产重组蛋白最为常用的实验方法，也是生物工程专业学生必须掌握的实验技能。

(一)大肠杆菌基因工程的优缺点

大肠杆菌表达外源基因的优点：①大肠杆菌全基因组已经测序，470万碱基对(bp)，内含4 405个ORF，遗传背景清楚；②大肠杆菌基因克隆表达系统成熟完善，有多种类型的表达载体可供选择;③大肠杆菌繁殖迅速,培养简单,操作方便,遗传稳定;④诱导表达时可获得大量的重组蛋白,重组蛋白可占细菌总蛋白的50%左右;⑤大肠杆菌已经被美国FDA批准为安全的基因工程受体生物,现在市场上很多的基因工程重组蛋白都是利用大肠杆菌生产出来的。

大肠杆菌表达外源基因的劣势:①大肠杆菌缺乏真核生物蛋白质的翻译后加工系统,如表达产物的功能和蛋白质的糖基化以及高级结构的正确折叠有关,必须慎重考虑。②大肠杆菌缺乏真核生物蛋白质的复性功能,外源基因在大肠杆菌中高效表达时,表达产物往往在胞浆聚集,形成包涵体。包涵体的形成有利于保护表达产物不被胞内的蛋白酶降解,而且可以通过包涵体和胞内其他蛋白质密度不同来纯化包涵体蛋白。但包涵体蛋白不具有该蛋白的所有生物学活性,往往需要通过变性、复性的方法恢复活性,有时只能恢复部分活性。③大肠杆菌内源性蛋白酶会降解空间构象不正确的异源蛋白。④大肠杆菌细胞质内含有种类繁多的内毒素,需要纯化后方可使用。

(二)外源基因在大肠杆菌中高效表达的原理

原核细胞有其固有的RNA聚合酶,识别原核基因的启动子。因此,在用原核细胞表达目的基因(无论是真核基因还是原核基因)时,一般应使用原核启动子。根据启动子起始mRNA合成效率的不同,可分为强、弱启动子,但是启动子的强弱是相对于不同基因而言的。有些启动子的活性可以通过物理或化学的方法诱导调控,在大肠杆菌表达系统通常采用可调控的强启动子。常用的原核启动子:由异丙基-D-硫代半乳糖苷(IPTG)诱导的lac启动子、由3-吲哚乙酸(IAA)诱导的trp启动子、由温度诱导的PL和PR启动子等。噬菌体T7 RNA聚合酶启动子是一个很强的启动子,近年来在原核表达中得到广泛应用。

SD序列是原核表达中翻译水平的重要调控因素,而在真核基因上则缺乏该序列。SD序列和16S RNA3'端的互补程度、SD序列和目的基因间的距离在很大程度上影响蛋白的合成量。因此,一些商品化原核表达载体上设计有SD序列,以方便真核基因的表达。原核细胞没有mRNA转录后加工的能力,在原核细胞中表达真核基因时,应使用cDNA为目的基因,避免使用带有内含子的基因序列。

密码子的偏爱性是影响外源基因在原核细胞中高效表达的一个重要因素。实验证明同一密码子在不同生物体之间被使用的频率不同,来自一种生物的DNA序列在异种生物细胞中表达蛋白时并不能够同等强度的翻译。引起这种偏爱性差异的原因是不同类型生物内与密码子相匹配的tRNA分子间存在差异,因此表达异源蛋白时最好对表达宿主细胞所使用的密码子频率进行分析,根据分析出的高频密码子对外源蛋白的cDNA序列进行重编译,进而人工合成优化后基因序列,用于宿主细胞的表达。

(三)异源蛋白的表达方式

外源基因在原核细胞中可以以非融合蛋白、融合蛋白和分泌型表达等不同形式进行表达,具体要根据表达产物使用的目的和操作方法进行选择。非融合蛋白表达所使用的外源基因必须具有从起始密码子到终止密码子的完整读框,非融合表达的蛋白和天然蛋白质相同,但是非融合蛋白在原核细胞内不稳定，易被降解，而且不易纯化。

融合蛋白指的是在表达产物的 N 端或 C 端加上非目的蛋白的氨基酸残基序列。无论是 N 端融合还是 C 端融合，其读码框都必须注意与读码框相符合。融合蛋白在大肠杆菌内较稳定，不易被降解。而且，作为融合蛋白一部分的原核多肽往往是用于纯化，或是作为检测该融合蛋白的“标签(tag)”。随着基因工程技术的不断发展，目前已开发出了具有各种不同功能的蛋白标签，下表为常用蛋白质标签的基本信息。

标签	蛋白序列	DNA 序列
His	HHHHHH	CATCATCATCATCATCAT
Flag	DYKDDDDK	GATTACAAGGATGACGACGATAAG
Myc	EQKLISEEDL	GAGCAGAAACTCATCTCTGAAGAGGATCTG
HA	YPYDVPDYA	TACCCATACGATGTTCCAGATTACGCT

分泌型表达指的是在细胞浆内合成的多肽进入原核细胞内膜和外膜的周间质。进行分泌型表达时，要将一段原核或真核的信号肽序列连接在待表达基因的上游。常用的信号肽有 ompT、phoA、pelB 等，在表达的蛋白进入细胞周间质时，信号肽被蛋白酶水解，产生游离的表达产物。因此，分泌型表达可以保护外源蛋白不被细胞内的蛋白酶降解，增加表达产物的稳定性；同时，表达蛋白的生物活性较好，易于纯化，但表达量往往比较低。

(四)乳糖操纵子的调节机制

操纵子是原核细胞基因表达的协调单位，通常由两个以上功能相关的结构基因以及一些调节序列(如启动子序列、操纵序列等)组成。乳糖操纵子由三个结构基因 Z、Y、A 和操纵序列、启动子、CAP 结合位点等调节序列组成。

乳糖操纵子的调节包括乳糖(或 IPTG)的诱导效应和葡萄糖的降解物阻遏效应。当没有乳糖存在时，调节基因 lacI 表达，转录的 mRNA 翻译成阻遏蛋白。阻遏蛋白与操纵序列 lacO 结合，阻碍了结合在旁边启动子的 RNA 聚合酶向前移动，使目的基因不能转录，也就不能翻译出目的蛋白。当有乳糖存在时，乳糖转化为异乳糖，异乳糖作为诱导物与阻遏蛋白结合，使阻遏蛋白的构象发生改变，而不能结合到操纵序列上，RNA 聚合酶可以从启动子向 3′端移动。于是，结构基因可以转录出 mRNA，然后翻译出蛋白质。IPTG 是异乳糖的结构类似物，由于 IPTG 不会被大肠杆菌分解，它的诱导作用是持久的。

三、实验材料及主要药品、器具

1. 材料

BL21(DE3，带有重组质粒)。

2. 药品和试剂

100 mL LB 培养基、氨苄抗性平板、100 mmol/L IPTG、2×SDS PAGE 上样缓冲液、过硫酸

铵、TEMED、30％丙烯酰胺凝胶储备液、分离胶缓冲液（1.5 mol/L Tris-HCl，pH8.8）、浓缩胶缓冲液（1.0 mol/L Tris-HCl，pH6.8）、5×Tris-甘氨酸电泳缓冲液、考马斯亮蓝染色液、脱色液（甲醇：水：冰醋酸＝45：45：10）、标准蛋白质分子量 Marker。

3. 仪器

超净工作台、恒温振荡器、台式高速离心机、高速冷冻离心机、低温摇床、高压破碎仪或超声破碎仪等。

4. 用具

50 mL 小三角瓶、PCR 管、移液器、枪头。

四、实验步骤

1. 大肠杆菌诱导表达

（1）从－70 ℃冰箱中取出工程菌 BL21(DE3)，在氨苄抗性平板上画线，置于 37 ℃培养过夜。

（2）从过夜培养的平板上挑取单菌落接种到 5 mL LB 液体培养基（内含 100 μg/mL 氨苄霉素）上，置于 37 ℃，160 r/min 培养过夜（12～14 h）至对数生长期。

（3）取三个灭菌 50 mL 小三角瓶，分别加入 5 mL LB 液体培养基（内含 100 μg/mL 氨苄霉素），分别编号为 1＃，2＃，3＃。

（4）分别取 100 μL 过夜培养的菌液，分别接种到 1＃，2＃，3＃培养瓶中，37 ℃、250 r/min 培养 2～3 h，测定 OD_{600}，记录。

（5）向 2＃培养瓶中加入 5 μL 100 mmol/L IPTG 至终浓度为 0.1 mmol/L。

（6）向 3＃培养瓶中加入 10 μL 100 mmol/L IPTG 至终浓度为 0.2 mmol/L。

（7）向 4＃培养瓶中加入 50 μL 100 mmol/L IPTG 至终浓度为 0.5 mmol/L。

（8）向 5＃培养瓶中加入 100 μL 100 mmol/L IPTG 至终浓度为 0.5 mmol/L。

（9）置于 37 ℃ 160 r/min 培养过夜。

2. SDS-PAGE

（1）制备 SDS-PAGE 凝胶电泳，从 1＃，2＃，3＃，4＃和 5＃培养瓶中各取 0.5 mL 菌液，12 000 r/min 离心 1 min，使用 100 μL 的蒸馏水重悬沉淀，加入等体积的 2×SDS PAGE 上样缓冲液，煮沸 5 min，12 000 r/min 离心 1 min，取 20 μL 上清点样电泳，同时点上标准的蛋白质分子量 Marker。

（2）电泳结束后，进行考马斯亮蓝染色，通过对比胶图上不同浓度 IPTG 诱导（2＃～5＃）的蛋白条带与未诱导 1＃的蛋白条带变化来了解不同浓度的 IPTG 对重组蛋白表达的影响。

五、实验结果

（1）1＃样品是未加 IPTG 的对照，按照理论来说未加 IPTG 诱导不应该表达蛋白，但在实际实验的过程中也能检测到淡淡的条带，这是由于启动子泄漏导致的。

(2)理论上随着 IPTG 浓度的增加，诱导表达的重组蛋白也逐渐增加，但是实际表达的过程中温度、IPTG 的浓度以及营养状态都会影响到重组蛋白的量及活性，因此何种条件下表达的蛋白最多、活性最好需要多次实验以确定最佳条件。

六、思考题

(1)为什么诱导表达的大肠杆菌要在其 OD_{600} 浓度约为 0.5 mmol/L 时加入 IPTG？

(2)大肠杆菌的诱导表达常受哪些因素的影响？

实验 1-12　酿酒酵母的转化和重组蛋白表达

一、实验目的

理解酿酒酵母转化的原理，熟悉酿酒酵母转化和重组蛋白表达的实验流程，掌握酿酒酵母转化和重组蛋白表达的实验技术。

二、实验原理

酿酒酵母作为一种单细胞生物，它具有一切真核细胞生命活动最基本的重要特征，又有实验微生物所具备的背景清楚、生长迅速、易于操作等优点。现今遗传学、生物化学和细胞生物学中的许多规律性认识都是以酵母为研究材料得出的。酵母菌是世界上首个被测序的真核生物，在其 6 607 个可读框中已有 4 752 个得到证实，其中许多基因是与细胞基本生命活动密切相关的重要基因，在结构和功能方面与高等真核生物有很强的进化保守性，因此酿酒酵母的研究可以为医学研究提供一定的参考。

酿酒酵母不光是一种科研上的模式生物，也是一种用于生产酒精的工业微生物，同时也被用于其他具有重要工业价值代谢产物的发酵。因此对酵母菌种进行基因工程改造或者使用筛选培养基进行定向进化是酵母分子育种中常用的手段。

酵母的遗传转化和同源重组非常容易，转化细胞的 DNA 既可以是自主复制质粒分子，也可以是整合到基因组上的线性片段。与其他多数生物相比，酵母中转化 DNA 的整合重组主要是通过同源重组的方式，这样可以有目的、高效率地将 DNA 序列整合到基因组中。同源重组结合高水平的基因转化已经使得用基因工程 DNA 序列直接置换正常染色体基因座得到广泛的发展。通过基因置换，目前已经构建了全系列的酿酒酵母缺失突变体，见欧洲法兰克福酵母研究中心的网页(http://web.uni-frankfurt.de/fb15/mikro/euroscarf/)和美国斯坦福大学的网页(http://www-sequence.stanford.edu/group/yeast_deletion_project/project_desc.htmL)。

PEG/ssDNA/LiAc 法是酿酒酵母转化过程中最常用的方法，每微克质粒 DNA 大约能产生 10^5 个阳性克隆。LiAc 可使酵母细胞产生一种短暂的感受性状态，此时它们能够摄取外源性 DNA。在高浓度醋酸锂环境中，PEG 可以保护细胞膜，减少醋酸锂对细胞膜结构的过度损伤，同时促进质粒与细胞膜接触更紧密。研究表明，分子量为 3 350 的 PEG 促转化效果最佳。ssDNA 为鲑鱼精担体 DNA，为短的线形单链 DNA，在转化实验中主要是保护质粒免于被酵母细胞内源的 DNA 酶所降解。

酿酒酵母中所用的质粒表达载体通常都是穿梭载体，因此具有在大肠杆菌中进行复制和筛选的元件，例如 pBR322 ori 和 Amp+。酿酒酵母表达载体所使用的筛选标记通常为两种，一种是显性标记(dominant marker)，例如 G418 抗性基因 *KanMX*4；另一种为营养缺陷型标记(auxotrophic marker)，这些标记通常编码合成某种酵母生长所必需物质代谢途径中的关键酶，缺少这些基因，酵母不能合成相应的营养物质，故无法生长。常用的营养缺陷合成标记基因有尿嘧啶合成基因 *URA3*、组氨酸合成基因 *HIS3*、亮氨酸合成基因 *LEU2*、色氨酸合成基因 *TRP1*，相对应的酿酒酵母突变为 *ura3-52*、*his3-Δ1*、*leu2-Δ1*、*trp1-Δ1*。

根据载体复制的方式将酿酒酵母表达载体分为三种类型：

(1)整合型载体(integrative vectors，YIp)。YIp 不能自我复制，但在线性化之后可以和酵母基因组中特定的整合位点发生重组，整合酿酒酵母的基因组，随基因组的复制而复制。YIp 整合时通常为单拷贝整合，但也有多拷贝整合的情形出现，但频率较低。YIp 整合之后的菌株比较稳定，即使没有选择压力存在也非常稳定，质粒丢失的频率为 10^{-4}～10^{-3}。

(2)高拷贝自主复制型载体(autonomously replicating high copy-number vectors，YEp)。YEp 载体含有一个可以在酿酒酵母中进行自主复制的 2μori，该 ori 来自野生型酵母中高拷贝的 2 质粒，因此 YEp 载体可以在酿酒酵母中以高拷贝的形式存在。通常每个细胞有 10～40 个拷贝，但是每个细胞中的数目却不尽相同。多数 YEp 质粒不太稳定，丢失的频率约为 10^{-2}，即使在选择压力存在的情况下，也会有 5%～40%的酵母细胞会丢失质粒。

(3)低拷贝自主复制型载体(autonomously replicating low copy-number vectors，YCp)。YCp 质粒带有着丝粒序列(centromere sequences，CEN)和自主复制序列(autonomously replicating sequences，ARS)，通常以极低的拷贝存在于细胞中，每个细胞有 1～3 个拷贝，在没有选择压力的时候以每代 10^{-2} 的频率丢失质粒。一般认为 YCp 质粒在细胞分裂时所表现的复制行为类似酵母的染色体。YCp 质粒较为稳定，常用于构建酵母基因组文库。

三、实验材料及主要药品、器具

1. 材料

质粒 pWXY3.1、酿酒酵母菌株 *INVSc*1。

2. 药品

琼脂粉、氯化钠、蛋白胨、酵母提取物、葡萄糖、Tris 碱、浓盐酸、Na_2EDTA、NaOH、SDS、醋酸铵、醋酸钾、冰醋酸、乙醇、碘化钾、二氧化硅、溴酚蓝、二甲苯青 FF、甘油、琼脂糖。

3. 仪器

涡旋仪、离心机、烘箱、水浴锅、高压灭菌锅、摇床。

4. 用具

2 mL 离心管、1.5 mL 离心管、三角瓶、培养皿、移液器、枪头、烧杯、量筒、容量瓶、parafilm。

四、实验步骤

(一)实验准备

1. SCU⁻ 筛选平板配制

精确称取 0.02 g 的硫酸腺嘌呤、精氨酸、半胱氨酸、亮氨酸、赖氨酸、苏氨酸、色氨酸，0.01 g 的天冬氨酸、组氨酸、异亮氨酸、甲硫氨酸、苯丙氨酸、脯氨酸、丝氨酸、酪氨酸、缬氨酸，置于 500 mL 的烧杯中，加入 4 g 葡萄糖，1.34 g 的不含氨基酸但含有硫酸铵的酵母含氮碱基(yeast nitrogen without Amino Acids with ammonium sulfate)，加入 180 mL 水搅拌溶解，调 pH 至 6.0，定容到 200 mL，加入 3 g 琼脂粉，115 ℃灭菌 15 min，超净工作台上配制平板，备用。

2. SCU⁻ 液体培养基

配方同上，不加琼脂，115 ℃灭菌 15 min，备用。

3. 裂解液

50 mmol/L 磷酸钠缓冲液(1 mmol/L EDTA，5%甘油，1 mmol/L PMSF)

(二)酵母转化

(1)从－80 ℃冰箱中取出酿酒酵母的甘油菌 *INVSc*1，画线接种到 YPD 平板上，28 ℃培养 2 d。

(2)从 YPD 平板上挑起一个较大的单克隆接种到 5 mL YPD 培养基中，振荡培养过夜。测定过夜培养菌液的 OD_{600}，记录。

(3)取 1 个新的 50 mL 小三角瓶，向其中接入 10 mL YPD，再接入适量过夜培养的菌液，使得初始 OD_{600} 为 0.2。

(4)置于 28 ℃培养 2 h 即可转化。

(5)使用 2 支 2 mL 离心管，1 500 r/min 5 min 离心，分别收集 1 mL 酵母菌体。

(6)弃去上清，加入 1 mL 0.1 mol/L LiAc 重悬沉淀。

(7)1 500 r/min 5 min 离心弃去上清，备用。

(8)在超净工作台上配制转化液，见下表。

50% PEG3350	800 μL
1 mol/L LiAc	100 μL
β-巯基乙醇	7 μL
灭菌 H_2O	100 μL

(9)将 2 mg/mL 的鲑鱼精 DNA 置于 PCR 仪,99 ℃处理 10 min,冰上冷却备用。

(10)向酵母沉淀中加入 10 μL 2 mg/mL 的鲑鱼精 DNA,5 μL 质粒,300 μL 转化液,涡旋混匀,置于 30 ℃温育 1 个小时,每 10 min 斡旋一次,彻底振荡至菌体悬浮。

(11)同时制备一个不含质粒的转化对照,作为阴性对照。

(12)同时转化一个仅含有空质粒的转化,用于后续蛋白质表达分析的对照。

(13)8 000 r/min 离心 1 min 收集菌体,用枪洗去上清,使用 100 μL 灭菌的生理盐水悬浮,取 50 μL 涂相应的平板。

(14)封好平板,置于 28 ℃培养 2 d。

(三)重组蛋白表达

(1)从平板上挑取单克隆,接种到 5 mL SCU^- 液体培养基中,置于 28 ℃,150 r/min 培养 24 h。

(2)从 SCU^- 液体培养基中取出 1 mL,接种到 50 mL 新倒 SCU^- 液体培养基中,置于28 ℃,150 r/min 培养,在培养到 12 h、24 h 时分别收集 5 mL 菌液,备用。

(3)加入 500 mL 的裂解液和 500 mL 的玻璃珠,置于斡旋器上,以最大速度斡旋 10 min,裂解细胞。

(4)4 000 r/min 离心 10 min,取上清液进行标准的 SDS 电泳,以未表达重组蛋白的克隆为对照。

五、实验结果

(1)如果质粒转化酵母成功,在 48 h 培养后,在筛选平板上可以见到清晰的酵母菌落。

(2)如果表达成功,在 SDS-PAGE 凝胶上可以见到清晰的蛋白质条带。

(3)本实验选用的质粒为带有营养筛选标记 URA3 的质粒,能够互补尿嘧啶的合成,所以配制 SCU^- 筛选平板,如果进行实验的质粒带有其他的营养筛选标记,则需根据营养筛选标记基因的不同,配制不同的营养缺失平板。

六、思考题

(1)基于你所学习的酵母转化方法,谈一谈如何能够提高酵母转化的效率。

(2)基于互联网,谈一谈还有哪些酵母转化的方法。

实验 1-13　基因组 DNA 的提取和分离

一、实验目的

理解基因组 DNA 分离纯化的基本原理，掌握 CTAB 法分离纯化 DNA 的实验技术。

二、实验原理

基因组 DNA 是一切生物遗传和进化的分子基础，因此分离和分析基因组 DNA 是分子生物学研究的常用实验手段。

CTAB 法是分离纯化基因组 DNA 中常用的实验方法，既可以用于从植物组织中分离纯化基因组 DNA，也可以用于从动物组织和真菌中分离纯化基因组 DNA。CTAB(Cetyl trimethyl ammonium bromide)的中文名称为十六烷基三甲基溴化铵，是一种阳离子去污剂，可溶解细胞膜，且能与核酸形成复合物，具有从低离子强度溶液中沉淀核酸的特性。当降低溶液盐浓度到一定程度(0.3 mol/L NaCl)时，CTAB-核酸的复合物从溶液中沉淀，通过离心就可将其与蛋白、多糖类物质分开。再经过有机溶剂酚：氯仿抽提，可以去除蛋白、多糖、酚类等杂质，最后通过乙醇或异丙醇沉淀 DNA，其中的 CTAB 溶于乙醇或异丙醇经离心而除去。因为 CTAB 溶液在低于 15 ℃时会形成沉淀析出，所以在使用前要进行 65 ℃的预热，同时在提取过程中也应避免使用低温离心而应换成室温离心。此外，CTAB 还可以保护 DNA 不受内源核酸酶的降解。

在分离植物 DNA 时，通常会使用 1%的聚乙烯吡咯烷酮(PVP)和巯基乙醇用于抵抗酚类物质的氧化，同时，巯基乙醇还可抑制核酸酶的活性，尽量保证 DNA 的完整性。在提取液中通常会使用 Tris-HCl 提供缓冲环境，加入 EDTA 同样是为了抑制核酸酶的活性。最后则使用异丙醇(0.6～1 倍体积)或乙醇(2.5 倍体积)沉淀的办法进行 DNA 纯化。

有时也会采用高氯酸盐和硅纯化的办法纯化 DNA，具体原理为：核酸在高浓度或者高盐例如氢氯酸胍、硫氰酸胍、碘化钠和高氯酸钠环境中，选择性地吸附在类似玻璃珠的硅支持物上，然后以低盐高 pH 的方式进行洗脱，得到纯净的 DNA。

三、实验材料及主要药品、器具

1. 材料

烟草、水稻的叶片或酵母培养物。

2. 药品

PVP、β-巯基乙醇、1M Ttris (pH8.0)、0.5 mol/L EDTA、Tris-饱和酚、氯仿、异戊醇、异丙

醇、无水乙醇、RNase A、1×TE、50×TAE、1×TAE、6×DNA 上样缓冲液。

3. 仪器

灭菌锅、烘箱、电泳仪、电泳槽、pH 计、台式高速离心机、凝胶成像系统。

4. 用具

2 mL 离心管、1.5 mL 离心管、三角瓶、移液器、枪头、烧杯、量筒、容量瓶、parafilm。

四、实验步骤

(一)实验准备

1. DNA 提取液

称取 2 g CTAB,8.181 g NaCl,加入 10 mL 1 mol/L Tris-HCl 缓冲液,加入 2 mL 0.5 mol/L EDTA,加入 1 g PVP,补加去离子水至 100 mL,高温高压灭菌后备用。

2. 氯仿∶异戊醇(24∶1)

取 24 份体积的氯仿和 1 份体积的异戊醇混合后,置于棕色瓶中备用。

(二)DNA 提取

(1)称取 0.5 g 植物叶片,洗净,放入灭菌后的研钵,加入 5 mL CTAB 提取液后迅速研磨成匀浆。

(2)转移 1 mL 植物匀浆到 2 mL 离心管中,置于 65 ℃水浴 60 min,每隔 10 min 翻转离心管混匀一次。

(3)加入 500 μL Tris-平衡酚和 500 μL 氯仿∶异戊醇(24∶1),涡旋混匀,静置 2 min。

(4)12 000 r/min 室温离心 10 min,此时抽提液会分为三层:上层水相,中间蛋白带,下层氯仿相(内含抽提的酚)。

(5)取上层水相到一新的 1.5 mL 离心管中,加入 10 μL 10 mg/mL RNase A,涡旋混匀,37 ℃温育 30 min 以消化 RNA。

(6)加入 500 μL Tris-平衡酚和 500 μL 氯仿∶异戊醇(24∶1),涡旋混匀,静置 2 min。

(7)12 000 r/min 室温离心 10 min,此时抽提液会分为三层:上层水相,中间蛋白带,下层氯仿相(内含抽提的酚)。

(8)取上层水相到一新的 2 mL 离心管中,加入等体积的异丙醇进行 DNA 沉淀,室温放置 10 min。

(9)12 000 r/min 离心 10 min,可见贴在离心管壁上的沉淀,弃上清。

(10)加入 1 mL DNA 漂洗液,涡旋洗涤沉淀,12 000 r/min 离心 1 min。

(11)重复步骤(10)。

(12)用枪吸干净上清,置于 65 ℃烘箱中 3 min 以干燥 DNA 沉淀。

(13)加入 50~100 μL TE 溶解沉淀,即为提取的 DNA 溶液。

按照实验 1－3 中方法测定 DNA 溶液的浓度和纯度，填入下表：

	A_{260}	A_{280}	A_{230}	A_{260}/A_{280}	A_{260}/A_{230}	浓度
样品 1						
样品 2						

(14)制备琼脂糖凝胶电泳，进行 DNA 的检测。

五、实验结果

(1)如果提取成功，在琼脂糖凝胶上可以看见清晰的 DNA 条带，泳道上也很干净，几乎不见弥散或者有少量的弥散。

(2)如果提取成功，DNA 样品的 A_{260}/A_{280} 应该集中在 1.8 左右，过高说明有 RNA 的污染，过低说明有酚或者蛋白质的污染。

六、思考题

(1)思考一下 CTAB 能否用于 RNA 的提取。

(2)请你谈一谈在 DNA 提取过程中如何提高得率。

实验 1-14　RNA 的提取和分离(Trizol 法)

一、实验目的

理解 RNA 提取和分离的原理，熟悉 Trizol 法提取和分离 RNA 的实验流程，掌握 Trizol 法提取和分离 RNA 的实验技术，掌握琼脂糖甲醛电泳分析 RNA 的实验技术。

二、实验原理

研究基因的表达和调控时常常要从组织和细胞中分离和纯化 RNA，RNA 质量的高低常常影响 cDNA 库、RT-PCR、Realtime PCR、Northern Blot 等分子生物学实验的成败。从细胞和组织中分离 RNA，需要去除 DNA、蛋白质等其他污染。针对 RNA 的分离手段和技术都是围绕着 RNA 区别于其他生物大分子的性质而设计的，所使用的技术手段也都是分子生物学所常用的手段，如离心、电泳等，改变条件溶解，改变条件沉淀，在多次抽提中逐渐纯化 RNA 去除杂质。

细胞内的 RNA 包括信使 RNA（message RNA，mRNA）、转运 RNA（tranfer RNA，tRNA）、核糖体 RNA（ribosomal RNA，rRNA）、小 RNA（small RNA，sRNA）、微型 RNA（micro RNA，miRNA）等。研究这些 RNA 的功能都要求分离纯化总 RNA（total RNA），然后在总 RNA 的基础上分离纯化目的 RNA。

真核细胞总 RNA 的分离提纯的目的是获得高纯度的完整的 RNA 分子。RNA 分离的关键是尽量减少 RNA 酶（RNase）的污染。RNase 非常稳定，难以失活，仅在一些极端的条件下暂时失活，但限制因素去除后又迅速复性。常规的高温高压蒸气灭菌方法和蛋白抑制剂都不能使 RNase 完全失活。除细胞内源的 RNase 之外，人的皮肤和唾液都含有 RNase。因此在从事与 RNA 有关的分子生物学实验时，必须戴手套和口罩。

实验中一般采用 RNA 的强力抑制剂 RNasin 和强力蛋白变性剂盐酸胍或异硫氰酸胍抑制内源的 RNase，而对于外源性的 RNase（枪头、离心管）则使用焦碳酸二乙酯（DEPC）处理去除。

TRIzol 法是 RNA 抽提和纯化中最常用的办法。在匀质化或溶解样品中，TRIzol 试剂内含的异硫氰酸胍可以裂解细胞并使得核蛋白复合体解离，将 RNA 释放到溶液中。异硫氰酸胍和酚可使得释放的蛋白质变性，经过氯仿抽提离心后，裂解液分为水相和有机相。低 pH 的酚使得 RNA 进入水相，而蛋白质和 DNA 仍留在有机相。水相中的 RNA 可以通过异丙醇沉淀回收。移去水相后，可用乙醇沉淀从中间相回收 DNA，可用异丙醇沉淀从有机相回收蛋白质。TRIzol 法广泛用于少量人类、动物、植物或细菌来源的组织（50～100 mg）和细胞（5×10^6）总 RNA 的提取，方法简单，允许同时处理大量样本，整个过程可在一小时内完成。而且用 TRIzol 提取的总 RNA 基本避免了蛋白质和 DNA 污染，可用于 Northern blot 分析、斑点杂交、poly(A)＋选择、体外翻译、RNA 酶保护分析和分子克隆。

紫外分光光度法可以用来测定 RNA 的纯度和浓度，A_{260} 和 A_{280} 的比值可以表示 RNA 的纯度，如果 A_{260}/A_{280} 比值在 2.0 以上（2.0～2.2 之间），说明 RNA 的纯度较好。

三、实验材料及主要药品、器具

1. 材料

烟草。

2. 药品

TRIzol 试剂、DNA 标准分子量 Marker、氯仿、异丙醇、无水乙醇、琼脂糖。

3. 仪器

灭菌锅、烘箱、电泳仪、电泳槽、台式高速冷冻离心机、凝胶成像系统。

4. 用具

2 mL 离心管、1.5 mL 离心管、三角瓶、培养皿、移液器、枪头、烧杯、量筒、容量瓶、parafilm。

四、实验步骤

(一)实验准备

1. 塑料制品的处理

尽可能使用无菌的一次性塑料制品例如 AXYGEN 公司生产的 RNase free 的离心管和枪头，但每次分装时都要戴上新的 PE 手套。对于国产的塑料制品，原则上都必须处理后方可使用。处理步骤如下：

(1)在 2.5 L 的玻璃瓶中注入去离子水，加入 DEPC 使其终浓度为 0.1%，封上瓶口，磁力搅拌过夜方可使用。DEPC 为剧毒物，活性很强，小心在通风柜中使用。

(2)将需要处理的塑料制品放入一个可以高温灭菌的容器中，注入 DEPC 水溶液，使塑料制品的所有部分都浸泡到溶液中，在通风柜中室温处理过夜。

(3)将 DEPC 水溶液小心倒入废液瓶中，将枪头装盒，离心管装入铝制饭盒，收集部分 DEPC 处理的水(灭菌后即为 RNase free 的水)，所有物品高温高压蒸气灭菌至少 30 min 去除 DEPC。

(4)将灭菌后的塑料制品放入烘箱，烘干置于干净处备用。

2. 玻璃制品和金属物品

实验中涉及的玻璃制品和金属物品烘烤 3 h。

3. 75%的乙醇

用 RNase free 的水和新开瓶的无水乙醇配制。

4. 6×RNA 上样缓冲液

配方同 6×DNA 上样缓冲液，使用 DEPC 水配制，内含 1%的甲醛。

(二)RNA 提取

(1)将植物组织洗净，放入灭菌后的研钵，加入液氮后迅速研磨成粉末；动物细胞培养物和真菌培养物直接离心去除上清液。

(2)迅速转移 100 mg 的植物粉末到 1.5 mL 离心管中，加入 1 mL TRIzol 试剂，剧烈涡旋，室温温育 5 min。

(3)4 ℃ 20 000 r/min 5 min，小心取上清到一新的 1.5 mL 离心管中，加入 0.2 mL 的氯仿，剧烈振荡，至溶液呈现乳白色，室温温育 5 min。

(4)4 ℃ 20 000 r/min 15 min，此时溶液应分为三层，即无色上清、乳白色的中层及带有颜色的下层，小心转移上清到一新的 1.5 mL 离心管中。

(5)加入等体积的异丙醇，上下颠倒离心管，室温沉淀至少 10 min。

(6)4 ℃ 20 000 r/min 10 min，此时在试管底部会出现白色沉淀。

(7)弃上清，使用 75%乙醇洗涤沉淀两次，每次均沿试管壁缓缓加入，均轻弹混匀和离心。

(8)用枪吸干上清，一定要用小枪头，耐心操作，不然需要干燥很长时间。

(9)在空气中干燥 10～15 min 后，加入 RNase free 的水溶解 RNA。

(三)琼脂糖甲醛胶电泳

(1)用 0.1 mol/L NaOH 浸泡制胶模具、电泳槽和所有的电泳器具，自来水冲净。

(2)称取 0.2 g 的琼脂糖，置于 50 mL 的三角瓶中，加入 20 mL 1×TAE 缓冲液，微波炉中用低火煮至琼脂糖完全熔化，加入 200 μL 的甲醛，加入 2 μL 核酸染料正常制胶。

(3)拔下梳子，将成型的凝胶转移至水平电泳槽中，使得加样孔方向位于电泳槽的负极，倒入 1×TAE 缓冲液，没过凝胶即可。

(4)取部分 RNA 样品与适量 6×RNA 点样缓冲液混合，70 ℃处理 10 min，点样电泳。

(5)按照 5 V/cm 设置电压，开始电泳，10～ 20 min，停止电泳，取出凝胶置于凝胶成像系统中，开启紫外灯观察并拍照，记录实验结果。

(四)分光光度法测定 RNA 含量和纯度

按照实验 1－3 中方法测定 RNA 的纯度和含量，填写下表：

	A_{260}	A_{280}	A_{230}	A_{260}/A_{280}	A_{260}/A_{230}	浓度
样品 1						
样品 2						

五、实验结果

(1)如果提取过程未出现什么意外，在琼脂糖胶电泳的胶图上应该能够看到 RNA 样品的 28S 和 18S 的条带，且二者条带明亮，边缘清晰，且 28S 条带的亮度应该在 18S 条带亮度的两倍以上，即可认为 RNA 的质量较好。

(2)多数实验室在琼脂糖电泳时都是采用点染法，即将核酸染料加入琼脂糖胶液中进行制胶，核酸在电泳的过程中即可与染料分子结合进行染色，以区别泡染，即琼脂糖电泳结束之后将整块胶泡在染色液中进行染色。在采用点染的方式中，28S 条带和 18S 条带着色的速率是截然不同的，18S 条带因为分子量小可以很快着色；而 28S 条带因为分子量大，着色的速度慢，所以在未充分着色时会出现 18S 条带亮于 28S 条带，或是二者一样亮的现象。实验人员会认为提取的 RNA 质量不够好，此时，只要采取泡染的方法即可得到 28S 亮于 18S 的图像。

六、思考题

思考 Trizol 法提取过程中各种试剂的作用是什么。

实验 1-15　逆转录 PCR

一、实验目的

理解逆转录(Reverse transcription,RT)PCR 的原理,熟悉逆转录 PCR 的实验流程,掌握 RT-PCR 克隆基因的实验技术。

二、实验原理

RT-PCR 将以 RNA 为模板的 cDNA(complement DNA)合成同以 cDNA 为模板的 PCR 扩增结合在一起的技术。由于 cDNA 包括了编码蛋白的完整序列而且不含内含子,只要略经改造便可直接用于基因工程表达和功能研究,因此 RT-PCR 成为目前获得目的基因的一种重要手段。同时,因为 RT-PCR 是着眼于 RNA 反转录 cDNA 的直接扩增,因此也被用于检测细胞中基因表达水平,因为 PCR 是属于指数级扩增的技术,所以 RT-PCR 要求起始的模板量远远小于其他常规的 RNA 分析技术(Northern 印迹、RNase 保护分析、原位杂交及 S1 核酸酶分析),因而 RT-PCR 比这些技术更灵敏,更易于操作。

RT-PCR 的基本原理如下图所示,首先是在逆转录酶的作用下由 RNA 合成 cDNA,然后再以 cDNA 第一链为模板进行 PCR 扩增。

RT-PCR 可以用一步法或两步法的形式进行。两步法 RT-PCR 比较常见,在使用一个样品进行多个基因表达检测或克隆多个基因时比较有用。在两步法 RT-PCR 中,首先进行 cDNA 的合成,然后再取出 1/10 的反应产物进行 PCR。在一步法 RT-PCR 中,cDNA 合成和扩增反应在同一管中进行,即不需要打开管盖和转移,有助于减少污染,最高可以达到 1 μg 总 RNA,主要用于基因表达的检测。

在 RT 时,有 3 种引物可选择:基因特异性引物(Gene specific primer,GSP)、oligodT 引物和随机引物(Random primer)。GSP 对于逆转录步骤是特异性最好的引物,只会引发特异性目的基因 cDNA 的合成,主要用于一步法 RT-PCR 中。oligodT 引物可以同大多数真核细胞 mRNA 3′ 端的 poly(A)进行互补,从而引发反转录反应,因为 oligodT 引物所引发的 cDNA 合成是细胞中所有带有 poly(A)尾巴的 mRNA 的拷贝,因此 oligodT 引物适用于两步法 RT-PCR。

随机引物法是三种引物中特异性最低的,随机引物可以在整个转录本的多个位点退火,产生短的、部分长度的 cDNA。这种方法经常用于获取 5′末端序列及从带有二级结构区域或带有逆转录酶不能复制的终止位点的 RNA 模板获得 cDNA。

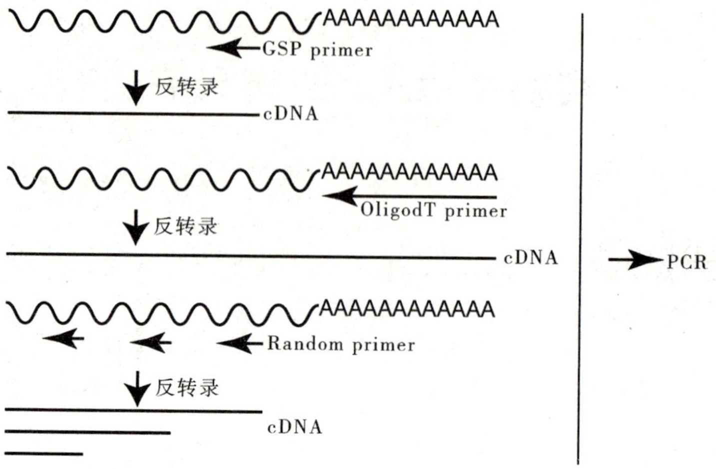

三、实验材料及主要药品、器具

1. 材料

实验 1－14 提取的 RNA。

2. 药品

M-MLV 反转录试剂盒、琼脂糖、核酸染料、Taq 酶、dNTP、引物。

3. 仪器

灭菌锅、烘箱、电泳仪、电泳槽、pH 计、台式高速离心机、凝胶成像系统、PCR 仪。

4. 用具

移液器、枪头、PCR 管。

四、实验步骤

1. 实验准备

在进行反转录之前，需要进行电泳以检测 RNA 的完整性。

2. 反转录

在 PCR 微管中配制下列模板 RNA/引物混合液。

试剂名称	使用量
模板 RNA	1 ng～1 μg
Oligo(dT)12-18 Primer(50 μmol/L) 或 Random Primers(25 μmol/L) 或 Specific Primer(10 μmol/L)	1 μL
RNase free dH_2O	up to 6 μL

【注意事项】

(1) Total RNA 的使用量一般为 1 ng～1 μg；mRNA 的使用量一般为 10 pg～1 μg。

(2) 70 ℃保温 10 min，迅速置于冰上。

(3) 离心数秒钟使模板 RNA/引物的变性溶液聚集于 PCR 微管底部。

(4) 在上述 PCR 微管中配制下列反转录反应液。

试剂名称	使 用 量
上述模板 RNA/引物变性溶液	6 μL
5×M - MLV Buffer	2 μL
dNTP Mixture(各 10 mmol/L)	0.5 μL
RNase Inhibitor(40 U/μL)	0.25 μL
RTase M - MLV(RNase H^-)(200 U/μL)	0.25～1 μL
RNase free dH_2O	up to 10 μL

(5) 42 ℃保温 1 h，然后置于 70 ℃ 15 min，得到的 cDNA 可以直接用于后续的 PCR 或者冻存在冰箱中。

(6) 按下列组成配制 PCR 反应液，全量 50 μL。

试剂名称	使 用 量
上述 cDNA 溶液	2 μL
dNTP Mixture(各 2.5 mmol/L)	8 μL
Forward Primer(10 μmol/L)	1 μL
Reverse Primer(10 μmol/L)	1 μL
10×TAQ PCR Buffer(Mg^{2+} Plus)	5 μL
Taq®(5 U/μl)	0.5 μL
dH_2O	32.5 μL
Total Volume	50 μL

(7) 置于 PCR 仪上进行 PCR 反应。

(8) 进行标准的琼脂糖凝胶电泳检测。

五、实验结果

如果反转录实验成功，那么在完成 PCR 和电泳后可在紫外灯下泳道上见到清晰的 PCR 条带。

六、思考题

(1) 基于你所学习的 RT-PCR，谈一谈 RT-PCR 和普通 PCR 的区别。

(2) 基于互联网，了解市面上常见的反转录酶的特性。

实验 1-16 Southern Blot

一、实验目的

理解 Southern Blot 的原理，熟悉 Southern Blot 的实验流程，掌握 Southern Blot 检测 DNA 的实验技术。

二、实验原理

Southern Blot 是基因工程中一种常用的转基因检测方法，主要检测转入的基因是否插入宿主细胞的基因组，还可以通过 Southern Blot 知道转基因插入是单拷贝事件还是多拷贝事件。此外，Southern Blot 还可以用来检测内源基因的拷贝数，进行疾病诊断和法医鉴定。

Southern Blot 检测的原理在于核酸的分子杂交，即具有一定同源性的核酸单链在一定的条件下(适宜的温度和离子强度)能够进行碱基互补退火，重新形成双链的过程。如果探针为 DNA 与目标 DNA 链之间的杂交，则称为 DNA 和 DNA 的分子杂交；如果探针是 DNA 与目标 RNA 链之间的杂交，则称为 DNA 和 RNA 的分子杂交；如果探针是 RNA 与目标 RNA 链之间的杂交，则称为 RNA 和 RNA 的分子杂交。因此探针可以是 DNA，也可以是 RNA。在实际的检测过程中，通过采用一定的技术手段将待检测的 DNA 样品或 RNA 样品进行电泳分离并固定在一定的固相支持物上，通常是膜，然后再与探针进行杂交，最终检测信号在膜上显示为杂交点或杂交带，故称为膜上印记杂交。根据被检测的对象不同分为：

Southern Blot：DNA 片段经电泳分离后被固定在硝酸纤维膜或尼龙膜上，然后与探针进行杂交，被检测对象为 DNA，探针为 DNA 或 RNA。

Northern Blot：RNA 片段经电泳分离后被固定在硝酸纤维膜或尼龙膜上，然后与探针进行杂交，被检测对象为 RNA，探针为 DNA 或 RNA。

Southern Blot 的基本流程：基因组 DNA 的抽提和限制性内切酶酶解，琼脂糖凝胶电泳，使酶切后 DNA 片段按分子量大小排列在琼脂糖凝胶上；使用碱处理凝胶，使得 DNA 变性(使双链 DNA 变成单链)，通过具有一定盐离子浓度溶液的虹吸作用，将凝胶中变性的单链 DNA 片段原位地吸印到硝酸纤维素滤膜或尼龙膜上；经过干燥或紫外线照射处理，单链 DNA 片段的极性基团与支持膜上的基团结合而使 DNA 分子牢固地固定到转移膜上；转移后的单链 DNA 分子与标记的 DNA 探针按互补原理进行杂交；经抗体抗原反应对特定位置上显现的特异 DNA 片段进行分析。

三、实验材料及主要药品、器具

1. 材料

烟草叶片。

2. 药品

限制性内切酶、标准分子量 DNA marker(DNA HindIII)、琼脂糖、核酸染料、10×DNA 上样缓冲液、10×TAE、1×TAE、TE。

3. 仪器

灭菌锅、烘箱、电泳仪、电泳槽、台式高速冷冻离心机、凝胶成像系统、水浴锅。

4. 用具

2 mL 离心管、1.5 mL 离心管、三角瓶、培养皿、移液器、枪头、烧杯、量筒、容量瓶、parafilm。

四、实验步骤

1. DNA 提取

基因组 DNA 的提取前面章节已有介绍，Southern Blot 的 DNA 要求量大，而且纯度很高，无蛋白质、RNA、酚类、醌类和乙醇等杂质的污染。基因组 DNA 在酶切前需要进行电泳检测，泳道上非常干净，只有基因组 DNA 的条带，而且浓度也满足要求即可进行限制性内切酶的消化。

【注意事项】

因为在电泳的时候一般每孔要求 DNA 总量为 10～20 μg，所以在剪切的时候为保证体积不能过大，要求基因组 DNA 的浓度要≥0.5 μg/μL。

2. 限制性内切酶消化

(1)按照下表配制基因组 DNA 酶切体系。

组分	体积
10×Fastdigest 酶切缓冲液	5 μL
Fastdigest 限制性内切酶	5 μL
DNA 样品	X μL
超纯水	补至 50 μL

(2)在 37 ℃温育过夜。

(3)从酶切体系中取 2 μL 进行 0.8%的琼脂糖电泳，使用没有酶切的 DNA 样品作为对照。如果电泳结果中已完成消化的基因组 DNA 呈现弥散状，则认为酶切完全。选用何种限制性内切酶进行基因组 DNA 的消化取决于实验的目的，如果是仅仅检测转基因是否存在于基因组中，仅用一种酶消化即可；如果是检测是否多拷贝插入，则最少选择两种限制性内切酶。酶 I 在待检测的片段上存在切点，而酶 II 在待检测的片段上不存在切点，而且探针序列要跨越酶 I 的切点才好。

3. 琼脂糖电泳和转膜

(1)在酶切反应混合液中加入 1/10 体积的 3M 醋酸钠和 1 倍体积的异丙醇，振荡混匀，置于−20 ℃沉淀 30 min。

(2)4 ℃ 12 000 r/min 离心 30 min。

(3)小心移除上清，使用 70%的乙醇洗涤沉淀，真空干燥。

(4)加入 25 μL TE，重新溶解 DNA 沉淀。

(5)加入 3 μL 10×DNA 上样缓冲液，涡旋混匀，短暂离心，65 ℃温育 10 min，备用。

(6)清洗制胶模具、电泳槽和所有的电泳器具，制备 0.9 %的琼脂糖凝胶。

(7)点样，以 λ-DNA HindIII 为电泳 marker，电泳，条件为 20 V 10 mA，待 λ-DNA HindIII 500 bp 的条带迁移到琼脂糖胶底部时停止电泳。

(8)电泳结束后置于紫外透射台上拍照记录，并使用刀片切除多余的胶块，并切下一角以方便记录方向和位置。

(9)将凝胶置于脱嘌呤溶液中室温振荡 10～20 min，然后转移至变性缓冲液中振荡 15 min，更换溶液重复一次。

(10)使用去离子水冲洗变性后的凝胶，置于中和缓冲液中振荡 15 min，更换溶液重复一次。

(11)按照凝胶的大小裁剪一块大小差不多的尼龙膜和 4 张 3 mm 的 Whatman 滤纸。

(12)另剪一张较长的 3 mm 的 Whatman 滤纸用于制作滤纸桥，使用 2×SSC 溶液浸泡。

(13)搭建印迹装置，将玻璃板(自己加工，使长度长于保鲜盒，宽度小于保鲜盒，面积要大于所要转移的凝胶)置于塑料盒(方形保鲜盒)上，将较长的 3 mm 的 Whatman 滤纸铺在玻璃板上，两端垂在保鲜盒内，加入 20×SSC 溶液，淹没滤纸桥的两端，并使此溶液润湿滤纸，赶出滤纸和玻璃界面中的气泡，即为搭建的滤纸桥。

(14)铺上两张 3 mm 的 Whatman 滤纸，去除气泡。

(15)铺上凝胶，去除气泡，在凝胶上铺上 2 张滤纸，使用保鲜膜封住四周，使得液体只能通过滤纸桥和铺在上面的滤纸向上运动，在滤纸上铺上一打吸水纸，最好为平整的吸水纸，高度 10～15 cm，而不要使用卷纸，放上玻璃板，压上重物，放置过夜。

(16)为充分转移，中间可以更换吸水纸两次。

(17)转移结束，移去吸水纸和滤纸，将尼龙膜浸泡在 2×SSC 中 5 min 以去除琼脂糖碎块。

(18)将膜放置于一张干燥的新鲜滤纸上。

(19)在紫外灯下观察凝胶和尼龙膜，以了解 DNA 转移的情况。此时，如果转移完全，在紫外灯下凝胶不显示荧光，尼龙膜呈橘红色，并可见到条状的 DNA 带。

(20)把尼龙膜置于 80 ℃烘烤 2 h 以固定 DNA，此尼龙膜既可直接用于杂交，亦可用塑料薄膜密封，置−20 ℃冰箱保存备用。

4. 地高辛标记探针的制备

(1)以质粒为模板，进行 PCR 扩增探针序列，然后切胶回收 DNA 条带，并计算浓度。

(2)取一只 PCR 管,加入取 1 μg 回收产物,加入超纯水,至终体积为 16 μL。

(3)PCR 仪上 99 ℃反应 10 min,进行变性处理,变性后立即将 PCR 管置于冰上。

(4)从冰箱中取出DIG-High Prime,握住手中待其融化,涡旋混匀后短暂离心,取 4 μL DIG-High Prime 加入变性 DNA 中,混匀后短暂离心,37 ℃温育 1 h 或过夜,温育时间的延长可增加 DIG 标记 DNA 探针的得率,得率计算参考下表。调整探针的浓度为 25 ng/mL,备用。

表 1-3　DIG-High Prime 不同反应时间的标记反应得率

DNA 模板量	1 h	20 h
10 ng	45 ng	600 ng
30 ng	130 ng	1 050 ng
100 ng	270 ng	1 500 ng
300 ng	450 ng	2 000 ng
1 000 ng	850 ng	2 300 ng
3 000 ng	1 350 ng	2 650 ng

(5)在 DIG-High Prime 标准反应体系中(1 μg DNA 模板),反应 1 h 后,15%的核苷酸掺入新合成的探针,DIG 标记的探针约为 0.8 μg;反应 20 h 后,38%的核苷酸掺入新合成的探针,DIG 标记的探针约为 2 μg。

5. 杂交与洗膜

(1) 配制地高辛杂交液:用 64 mL 的无菌超纯水分两次加入 DIG Easy Hyb Granules(vial 7)中,迅速于 37 ℃振荡 5 min 至溶解。(因为试剂盒中 vial 7 是用大约 75 mL 的小瓶装的,原试剂是冻干粉样,配制杂交工作液需加入 64 mL ddH_2O。若一次加入会产生大量气泡至溢出,需要先少量加入 ddH_2O,待其溶解后再加入剩下的部分。)

(2)将事先加入杂交液(DIG Easy Hyb,vial7,10 mL/100 cm^2)的杂交瓶预热至 42 ℃,固定好的尼龙膜轻轻卷成圆柱状放入杂交瓶中,42 ℃预杂交 30 min,以封闭非特异性位点。

(3)将标记好的探针(25 ng/mL)置于 PCR 仪中 99 ℃处理 5 min,4 ℃ 5 min,将变性的探针加入 10 mL 预热到 42 ℃的 DIG Easy-Hyb 溶液中,混匀,用注射器和 0.45 mm 的乙酸纤维膜过滤。

(4)在预杂交完成后,倒出预杂交液,加入含有探针的杂交液,42 ℃杂交 16～20 h,杂交过程避免有气泡。杂交液冷后会凝,可回收保存在−20 ℃用于下次实验;不凝则探针浓度少,则无须回收,一般情况下杂交液可以重复使用四次。

(5)杂交后将膜取出,置于加有 150 mL 低严谨型洗膜液(2×SSC,0.1% SDS)的浅盘中,42 ℃振荡 5 min。

(6)重复步骤(5)。

(7)倾倒去低严谨型洗膜液,加入 250 mL 高严谨型洗膜液(0.5×SSC,0.1% SDS),置于摇床上,68 ℃反应 15 min。

(8)重复步骤(7)。

6. 检测

(1)封闭液1×工作液的配制:取12 mL的10×blocking solution(vial 6),用马来酸buffer稀释至120 mL。

(2)抗体溶液的配制:每次使用前将Anti-Digoxigenin-AP(vial 4)10 000 r/min离心5 min,吸取4 μL上清液加入20 mL封闭液(1×工作液)中。

(3)显色液的配制:加200 μL的NBT/BCIP储存液(vial 5)(上清液)于10 mL的Detection buffer中(避光)。

(4)将杂交膜置于盛有100 mL封闭液(Blocking solution)的培养皿中,室温,缓慢摇动30 min。转到盛有20 mL抗体溶液(Antibody solution)的培养皿中,室温,缓慢摇动30 min。

(5)在100 mL的Washing buffer中洗膜15 min,缓慢振荡,重复操作一次。

(6)在20 mL检测缓冲液(Detection buffer)中平衡2~5 min,缓慢摇动。

(7)将膜置于新配制的10 mL显色液温育,黑暗静置(37 ℃培养箱)至出现明显条带(3~20 h)。

(8)用50 mL TE buffer洗膜5 min停止显色,白光拍照记录。

五、实验结果

正常情况下,杂交完成后可在尼龙膜上检测到特异性的杂交条带,信号的强弱取决于DNA的质量、转膜的效果、探针的标记效率、封闭和洗膜的程度等因素。

六、思考题

(1)简述Southern blot所包括的主要步骤。

(2)简述变性、转移和烤膜的目的。

(3)为什么要进行Southern blot? Southern blot主要解决了什么问题?

实验1-17 Northern Blotting

一、实验目的

理解Northern Blotting的原理,熟悉Northern Blotting的实验流程,掌握Northern Blotting的实验技术。

二、实验原理

Northern Blotting 是基因工程中一种常用的转基因检测方法，与 Southern Blotting 相对，主要检测转入的基因是否转录成 mRNA，转录的丰度如何，而且对于同一份 RNA 样品还可以重复检测，只要使用不同的探针与膜再次杂交即可。Northern Blotting 的检测流程与 Southern Blotting 类似，主要区别在于所检测的样品由酶消化后基因组 DNA 换成了总 RNA 样品，其余步骤基本相同。此外，不使用碱性溶液变性，因为碱性条件会导致 RNA 样品的水解，而是换成甲醛进行变性电泳。

三、实验材料及主要药品、器具

1. 材料

植物样品。

2. 药品

琼脂糖、核酸染料、10×RNA 上样缓冲液、甲醛、甲酰胺、乙醇、MOPS、NaCl、柠檬酸三钠、PVP、SDS、BSA、NaAc、鲑鱼精。

3. 仪器

同 Southern blotting。

4. 用具

同 Southern blotting。

四、实验步骤

1. 实验准备

实验所涉及的溶液配制同 Southern blotting，区别在于需要使用 DEPC 水进行配制，实验所涉及的枪头等塑料制品需要使用 DEPC 水浸泡，灭菌后使用。

2. RNA 提取

RNA 的提取前面章节已有介绍，Northern Blot 的 RNA 要求量大，而且纯度很高，无蛋白质、DNA、酚类、醌类和乙醇等杂质的污染。在电泳的时候一般每孔要求 RNA 总量为 10～20 μg，所以在提取时最后溶解 RNA 的时候体积不能过大。

3. 转膜

(1)在琼脂糖甲醛电泳后，先使用 DEPC 处理的双蒸水淋洗凝胶，以除去甲醛，然后置于 2×SSC 中浸泡 20 min。

(2)转膜操作同 Southern blotting。

(3)转移结束，移去吸水纸和滤纸，将尼龙膜浸泡在 2×SSC 中漂洗，然后使用吸水纸轻轻拭去缓冲液。

(4)将膜置于紫外交联仪中,用紫外光照射 2 min 进行交联。

4. 地高辛标记探针的制备

同 Southern blotting。

5. 杂交与洗膜

同 Southern blotting。

6. 检测

同 Southern blotting。

五、实验结果

正常情况下,杂交完成后可在尼龙膜上检测到特异性的杂交条带,信号的强弱取决于 RNA 的质量、转膜的效果、探针的标记效率、封闭和洗膜的程度等因素。

六、思考题

(1)简述 Northern 印迹所包括的主要步骤。

(2)基于互联网分析放射性 Northern 印迹和非放射性 Northern 印迹的优缺点。

实验 1-18 Western Blotting

一、实验目的

理解 Westhern Blotting 的原理,熟悉 Westhern Blotting 的实验流程,掌握 Westhern Blotting检测目标蛋白质的实验技术。

二、实验原理

Western blotting 也称蛋白质印迹(Protein blotting),是指把 SDS - PAGE 电泳分离后的蛋白质组分转移到固定化基质上再进行特异性抗体检测的一种方法,既可以鉴别目标蛋白质是否存在,也可以对目标蛋白质进行定量。目前,Western blotting 实验已经成为分子生物学最常用的实验技术之一。

一个典型的蛋白质印迹实验包括四个步骤:①固定:蛋白质在固定化基质上固定,即通过自然吸附力、电场力及其他外力作用，使蛋白质从凝胶上转移到膜上。②封阻：用特异性、非反应活性分子封阻固定化基质膜上未吸附到蛋白质的区域。③杂交：即用特异的探针与固定于膜上的目的蛋白质结合和杂交，这是一个多步过程，其中，至少有一步带有用于检测目的蛋白的报告基团或标记物。④鉴定：通过适当的方法使报告基团或标记物显现。

三、实验材料及主要药品、器具

1. 材料

烟草叶片。

2. 药品

Tris、甘氨酸、SDS、甲醇、NaCl、Tween 20、一抗、二抗。

3. 仪器

转膜电泳槽、凝胶成像系统。

4. 用具

硝酸纤维素膜(nitrocellulose filter membrane，简称 NC 膜，PALL 货号：66485)、滤纸(3 mm)。

四、实验步骤

1. 实验准备

(1)转膜液：称取 5.8 g Tris 和 2.9 g 甘氨酸，加入 200 mL 甲醇，加入去离子水定容至 1 000 mL。

(2)TBST 缓冲液：称取 4.4 g NaCl，取 1 mol/L Tris-HCl (pH 8.0) 10 mL，加入 300 mL 的去离子水，溶解后加入 0.25 mL Tween 20 后充分混匀，使用去离子水定容至 500 mL 后，4 ℃保存。

2. SDS 聚丙烯酰胺凝胶电泳

制备 SDS 聚丙烯酰胺凝胶，进行标准的 SDS 聚丙烯酰胺电泳。

3. 转膜

(1)提前将裁切好的 NC 膜、4 张 3 mm 滤纸和 2 块海绵浸泡于转移缓冲液中，浸泡 2～5 min。

(2)转膜夹黑色面(负极)在下，依次铺上海绵、2 张 3 mm 滤纸、凝胶、NC 膜、2 张 3 mm 滤纸、海绵，扣紧夹板。不要有气泡，有气泡的话可用玻璃棒赶出去。

(3)将转膜夹板放到转膜槽里面，加满转移缓冲液，100 mA 恒流 2 h。

(4)转膜完毕后，看看膜上的预染蛋白 Marker 条带是否清晰(胶上是否还残留有 Marker)。如果清晰，说明转膜已经完成。

4. 封闭

(1)称取 5 g 脱脂奶粉，溶于 100 mL 1×TBST 溶液中，即为封闭液。

(2)把膜放入装有 TBST 洗涤液的盒中，放在振荡器上洗脱 2 次，每次 15 min。

(3)将5%脱脂奶粉封闭液倒入避光盒中,将洗涤后的膜放入,室温封闭1 h或者4 ℃过夜。

(4)将封闭后的膜取出置于TBST洗涤液的盒中,放在振荡器上洗脱2次,每次15 min。

5. 结合一抗

(1)将膜放入含一抗的Western一抗稀释液中,室温孵育1 h。

(2)将结合一抗的膜取出置于TBST洗涤液的盒中,放在振荡器上洗脱2次,每次15 min。

6. 结合二抗

(1)将膜放入含二抗的Western二抗稀释液中,室温孵育1 h。

(2)将结合一抗的膜取出置于TBST洗涤液的盒中,放在振荡器上洗脱2次,每次15 min。

(3)使用20 mL ddH$_2$O洗涤一次。

7. 显色

(1)等量混合Super ECL A和B,将混合液加到膜上(通常2 mL就够了,最多配4 mL)。

(2)室温放置2 min,用镊子夹住膜的一个角,让膜上的ECL发光液流淌干净。

(3)搭在卫生纸上面吸干。

(4)进行压片子或扫描。

五、实验结果

(1)正常情况下,显色之后可以见到清晰的蛋白质条带。

(2)进行湿转时,确保膜处于负极,而NC膜处于正极。

(3)显色液现配现用。

六、思考题

(1)简述Northern Blot包括的主要步骤。

(2)简述Northern Blot的用途。

第二章　细胞工程实验

实验 2-1　培养基母液的配制与保存

一、实验目的

了解植物培养基成分需要配制成母液的原因，掌握培养基母液的类型和配制方法及母液保存方式。

二、实验原理

在植物离体培养过程中配制培养基是常规工作。植物组培培养基营养成分种类较多，主要包括无机营养物质、碳源、维生素、植物生长物质和有机附加物等五类物质。为了使用方便和用量准确，常将培养基的成分配制成比培养基配方浓缩若干倍的母液，即浓缩液。当使用时只需按相应的倍数稀释即可，这种浓缩液称为准备液或母液。

培养基的母液包括三种类型：第一种是基本培养基的母液；第二种是植物生长调节物质；第三种是有机附加成分的母液。

配制母液的方法有两种：一种是配制单一成分的母液；另一种是将几种成分配成混合母液。前一种适用于多种培养基需要同一种成分时，该方法的一个明显优点是配制成单一成分时可以配制成更高倍数的母液，如大量元素混合母液一般配成 10 倍或 20 倍，单一母液时可以提高到 50～100倍；后一种适用于配制大量同一种培养基（胡桂兵，2010）。植物生长调节物质和有机附加成分通常单独配制。

三、主要药品及器具

1. 药品

NH_4NO_3、KNO_3、$CaCl_2 \cdot 2H_2O$、$MgSO_4 \cdot 7H_2O$、KH_2PO_4、KI、H_3BO_3、$MnSO_4 \cdot 4H_2O$、$ZnSO_4 \cdot 7H_2O$、$Na_2MoO_4 \cdot 2H_2O$、$CuSO_4 \cdot 5H_2O$、$CoCl_2 \cdot 6H_2O$、$FeSO_4 \cdot 7H_2O$、Na_2-EDTA·$2H_2O$、肌醇、烟酸(维生素 PP)、盐酸吡哆醇(维生素 B_6)、盐酸硫胺素(维生素 B_1)、甘氨酸、HCl、NaOH、蔗糖、琼脂、0.1%升汞、酒精、无菌水、磷酸、6-苄氨基嘌呤(6-Benzylaminopurine,6-BA)、6-糠基氨基嘌呤(kinetin,KT)、苯基噻二唑基脲(thidiazuron,TDZ)、玉米素(zeatin,ZT)、吲哚-3-乙酸(indole-3-acetic acid,IAA)、α-萘乙酸(α-Naphthaleneacetic acid,NAA)、3-吲哚丁酸(3-indolebutyric acid,IBA)、2,4-二氯苯氧乙酸(2,4-dichlorophenoxyacetic acid 2,4-D)、赤霉素(gibberellic acid,GA_3)、脱落酸(abscisic acid,ABA)。

2. 仪器

电子分析天平(感量为 0.000 1 g)、扭力天平(感量为 0.01 g)、台秤(感量 0.5 g)、电炉。

3. 用具

烧杯、容量瓶、试剂瓶、量筒、玻璃棒、药匙、pH 试纸、标签纸等。

四、实验步骤

1. MS 大量元素母液的配制

各成分按照表 2-1 培养基浓度含量扩大 10 倍,用感量至少为 0.01 g 的电子天平称取五种药品相应的量,用蒸馏水分别溶解,按顺序逐个转入 1 000 mL 容量瓶中,蒸馏水定容至刻度,即为 10 倍的大量元素母液。倒入试剂瓶,贴好标签保存于 4 ℃冰箱中。配制培养基时,每配 1 L 培养基取该母液 100 mL。

表 2-1 MS 培养基大量元素母液的制备

序号	药品名称	培养基浓度(mg/L)	扩大 10 倍称量(mg)	
1	NH_4NO_3	1 650	16 500	蒸馏水定容至 1 000 mL
2	KNO_3	1 900	19 000	
3	KH_2PO_4	170	1 700	
4	$MgSO_4 \cdot 7H_2O$	370	3 700	
5	$CaCl_2 \cdot 2H_2O$	440	4 400	

【注意事项】

(1)配制大量元素母液时,倍数不宜过大,一般配制成 10 倍或 20 倍。因为倍数过大容易形成沉淀,一旦形成沉淀须弃之,不能使用。

(2)实际应用中氯化钙有 $CaCl_2 \cdot 2H_2O$ 和 $CaCl_2$ 两种存在形式。MS 基本培养基中要求的量是 $CaCl_2 \cdot 2H_2O$ 的,若实验时提供的是无水 $CaCl_2$,在计算时应扣掉结晶水含量。

(3)某些无机成分如 Ca^{2+}、SO_4^{2-}、Mg^{2+}、PO_4^{3-} 和 $H_2PO_4^-$ 等在一起可能发生化学反应，产生沉淀物。为避免此现象发生，母液配制时要用纯度高的蒸馏水溶解，药品采用等级较高的分析纯，各种化学药品必须先以少量蒸馏水使其充分溶解后才能混合，混合时应注意先后顺序。特别应将 Ca^{2+}、SO_4^{2-}、Mg^{2+} 和 $H_2PO_4^-$ 等离子错开混合，防止形成微溶的 $CaSO_4$ 和 $Ca_3(PO_4)_2$，$CaCl_2$ 宜最后加入，速度宜慢，边搅拌边混合。

(4)$CaCl_2 \cdot 2H_2O$ 要在最后单独加入，在溶解 $CaCl_2 \cdot 2H_2O$ 时，蒸馏水需加热沸腾，除去水中的 CO_2，以防沉淀。另外，$CaCl_2 \cdot 2H_2O$ 放入沸水中易沸腾，操作时要防止其溢出。

(5)如果把 $CaCl_2 \cdot 2H_2O$ 单独配，其他四种配在一起，那么母液倍数可适当提高，如 50 倍或 100 倍。

2. MS 微量元素母液的配制

MS 培养基的微量元素无机盐有 7 种化合物(除 Fe)。微量元素用量较少，特别是 $CuSO_4 \cdot 5H_2O$、$CoCl_2 \cdot 6H_2O$ 两种成分，因此在配制中分微量 I、II 配制。按照表 2-2、表2-3 配方，用感量为 0.000 1 g 的分析天平称量，其他步骤及方法同大量元素母液的配制。配制培养基时，每配制 1 L 培养基，取微量 I 10 mL，微量 II 1 mL。也可以在微量元素 I 定容之前取 100 mL加入容量瓶，再定容至 1 L，即为 100 倍的微量元素母液。

表 2-2 MS 培养基微量 I 的配制

序号	化合物名称	培养基浓度(mg/L)	扩大 100 倍称量(mg)	
1	$MnSO_4 \cdot 4H_2O$	22.3	2 230	蒸馏水定容至 1 000 mL
2	$ZnSO_4 \cdot 7H_2O$	8.6	860	
3	H_3BO_3	6.2	620	
4	KI	0.83	83	
5	$Na_2MoO_4 \cdot 2H_2O$	0.25	25	

表 2-3 MS 培养基微量 II 的配制

序号	化合物名称	培养基浓度(mg/L)	扩大 1 000 倍称量(mg)	
1	$CuSO_4 \cdot 5H_2O$	0.025	25	蒸馏水定容至 1 000 mL
2	$CoCl_2 \cdot 6H_2O$	0.025	25	

【注意事项】

如果微量元素 II 扩大 1 000 倍称量仍然十分困难，可在此基础上再扩大 100 倍溶解于 100 mL 蒸馏水中，然后从中取 1 mL 稀释 1 000 倍即可。

3. MS 铁盐母液的配制

铁盐并不是都需要单独配成母液，如柠檬酸铁，只需和大量元素一起配成母液即可。目前常用的铁盐是硫酸亚铁和乙二胺四乙酸二钠的螯合物，必须单独配成母液。这种螯合物使用起来方便，又比较稳定，不易发生沉淀。具体成分见表 2-4。直接用蒸馏水加热搅拌溶解，混合后再加热充分螯合，转入容量瓶，冷至室温后定容至刻度。配制 1 L 培养基，取此液 10 mL。

表 2－4　MS 培养基铁盐母液的配制

序号	化合物名称	培养基浓度(mg/L)	扩大 100 倍称量(mg)	
1	Na_2-EDTA	37.3	3 730	蒸馏水定容至 1 000 mL
2	$FeSO_4 \cdot 7H_2O$	27.8	2 780	

【注意事项】

(1)$FeSO_4 \cdot 7H_2O$ 在空气中遇热会逐渐风化失去一部分结晶水，同时易被氧化，变成黄褐色的 Fe(OH)SO_4。实验中，应避免使用已被氧化的硫酸亚铁，同时称量时动作要迅速。

(2)Fe^{2+} 为植物材料吸收的有效形态，由于易被氧化，为保证铁素的稳定供应，培养基中常用 $FeSO_4$ 和 Na_2-EDTA 配合成有机螯合铁供植物吸收和利用。

(3)在配制铁盐时，如果加热搅拌时间过短，会造成 $FeSO_4$ 和 Na_2-EDTA 螯合不彻底，此时若将其冷藏，$FeSO_4$ 会结晶析出。为避免此现象发生，配制铁盐母液时，$FeSO_4$ 和 Na_2-EDTA 应分别加热溶解后再混合，并置于加热搅拌器上不断搅拌至溶液呈金黄色(加热 20～30 min)，调 pH 至 5.5。因为 Fe^{2+} 在酸性溶液中较稳定，碱性溶液中易被氧化。若溶液颜色变深为黄棕色、棕色甚至棕红色，说明 Fe^{2+} 易被氧化成 Fe^{3+}，不能再使用。

(4)铁盐母液需要贮存在棕色试剂瓶中，低温避光保存。

4. MS 有机物母液的配制

一般配成 100 倍，按表 2－5 用电子天平分别称取各成分，分别溶解后定容，配制 1 L 培养基取此液 10 mL。(表 2－5)

表 2－5　MS 培养基有机物质母液的配制

序号	化合物名称	培养基浓度(mg/L)	扩大 100 倍称量(mg)	
1	甘氨酸	2	200	蒸馏水定容至 1 000 mL
2	肌醇	100	10 000	
3	盐酸硫胺素(V_{B1})	0.4	40	
4	盐酸吡哆素(V_{B6})	0.5	50	
5	烟酸	0.5	50	

【注意事项】

由于有机物母液营养丰富，贮藏时极易染菌。被菌类污染的维生素母液，有效浓度降低，并且易给后期培养造成伤害，不宜再用。避免此现象发生的方法是：配制母液时用无菌重蒸馏水溶解维生素，并贮存在棕色无菌瓶中，或缩短贮藏时间。

5. 常用植物生长调节剂母液的配制(夏海武等，2009)

植物组织培养中使用的生长调节物质的种类及含量需要根据不同的研究目的而定。一般激素母液配制的终浓度以 0.5 mg/mL 为好，但配制浓度要以用起来方便为主。各种调节物质的溶解方式不同，具体如下。

生长素类，例如 IAA、NAA、2，4-D、IBA，应先用少量的 95％乙醇或无水乙醇充分溶解，或者用 1 mol/L 的 NaOH 溶解，然后用蒸馏水定容到一定的浓度。由于 IAA 见光氧化分解，必须用棕色玻璃瓶存放。

细胞分裂素，6-BA，难溶于水，应先用少量95%乙醇或无水乙醇或加3～4滴1 mol/L的盐酸溶解，也可用NaOH溶解，再用蒸馏水定容，6-BA遇光、热不易分解；KT，易溶于稀酸、稀碱，难溶于水、醇、醚和丙酮，耐热；TDZ用乙醇或NaOH溶解，耐热；ZT用乙醇溶解，再用蒸馏水定容，高温易分解。

GA_3 水溶性小，用前先用少量酒精溶解，再加水稀释至所需浓度，遇光、热会分解。

ABA易溶于甲醇、乙醇、丙酮、氯仿、乙酸乙酯与三氯甲烷等，难溶于醚、苯等，水溶解度3～5 g/L(20 ℃)。脱落酸的稳定性较好，常温下放置两年，有效成分含量基本不变，但高温灭菌时易分解。脱落酸水溶液对光敏感，属强光分解化合物，因此应在干燥、阴凉、避光处密封保存。

生物素，又称维生素H、辅酶R，是水溶性维生素，较易溶于热水和稀碱液，不溶于其他常见的有机溶剂，遇强碱或氧化剂则分解，可用稀氨水溶解，然后定容。

【注意事项】

所有的母液配好后立即装入试剂瓶，贴好标签，信息标注清楚。培养基母液还要注明基本培养基名称、母液名称和倍数等信息，保存在0～4 ℃冰箱中。若母液出现沉淀或霉团则不能继续使用。

五、实验结果

观察所配制的培养基母液及生长调节剂母液的颜色、澄清度如何。若出现浑浊、絮状物，试分析原因。

六、思考题

(1)配制培养基前，为什么要将各成分先配制成母液？

(2)植物生长调节剂的母液为什么要单独配制？

(3)配制各种母液的注意事项有哪些？

实验2-2 MS培养基的配制与灭菌

一、实验目的

(1)了解培养基的组成，掌握植物培养基配制的流程及方法。

(2)掌握有菌和无菌的概念及范畴，掌握培养基及有效成分的灭菌原理及方法。

二、实验原理

植物细胞表现出全能性的前提是脱离母体及合适的生长条件。用于离体培养的对象可以是植物的器官、组织或细胞。在植物细胞脱分化和再分化的过程中，需要的营养成分由培养基提供，培养基成分由无机营养物、碳源、维生素、生长调节物质和有机附加物等五类物质组成，培养基好比土壤，是组织培养中离体植物材料赖以生存和发展的基地。但不同植物材料及不同培养阶段对培养基中各种营养成分尤其生长调节物质的要求不同，适当地选择培养基种类并调整其含量，对植物离体培养取得成功至关重要。另外，培养物的脱分化、再分化及次生物质生产的调控受培养基成分的影响巨大(夏海武等，2008)。

培养基按成分可分为基本培养基和完全培养基。基本培养基就是我们平时称呼的培养基，如 MS、B5、N6 等，包括无机成分、有机成分和碳源等；完全培养基是在基本培养基的基础上添加植物生长调节物质或有机附加成分(土豆汁、香蕉泥、椰乳、各种提取物等)。培养基根据物理状态分为液体培养基和固体培养基；根据培养目的，还可以分为诱导培养基、增殖培养基和生根培养基；根据无机盐浓度，又可分为高无机盐培养基、中等无机盐培养基和低无机盐培养基。

植物离体培养属于无菌培养，所有植物材料接触到的物品、培养基都需严格灭菌，杀死微生物，保证无菌。有菌的范畴：凡是暴露在空气中的物体，至少其表面都是有菌的。如植物的表面、超净工作台的台面、未处理的工具和手等。无菌的范畴：高压高温处理(工具、器皿、培养基等)、物理或化学处理、火烤后的物体、健康的动植物未与内外部表面接触的组织、内部可能是无菌的(有时也有内生菌，但不会影响培养)。灭菌的方式有物理方法和化学方法，物理方法包括干热灭菌、湿热灭菌、过滤灭菌、射线灭菌和酒精灯火焰灼烧等；化学方法采用化学试剂对培养材料、接种室、培养室的灭菌。培养基采用高压蒸汽灭菌法(湿热灭菌法)，对于高温下易分解的物质如 IAA、ZT、GA 等采用过滤灭菌法。培养基高压灭菌后冷却至 40 ℃时，过滤灭菌的试剂按事前计算好的量在无菌条件下加入培养基中，轻轻摇晃使其混匀，待其凝固后使用。

三、主要药品及器具

1. 药品

培养基的各种母液、植物生长调节物质母液、琼脂粉、蔗糖、HCl、NaOH。

2. 仪器

电子天平(感量为 0.01 g)、电炉或电磁炉、微波炉、高压灭菌锅。

3. 用具

烧杯、量筒、移液管、玻璃棒、药匙、医用瓷缸、组培瓶、培养皿、pH 试纸、滤纸、牛皮纸。

四、实验步骤

1. 培养基的配制

(以配制 1 000 mL 的 MS+6－BA 0.6 mg/L+NAA 0.2 mg/L+0.6%琼脂粉+3%蔗糖+0.5 g/L 活性炭，pH=6.0 为例，该培养基适合铁皮石斛培养，诱导不定芽分化)

(1)计算：根据配制培养基的量和母液的浓度计算需要吸取母液的量，计算公式：母液吸取量（mL)=所配培养基体积(mL)/母液倍数，激素吸取量(mL)=培养基要求浓度(mg/L)×培养基体积/母液浓度(mg/mL)。

(2)移液：按照计算结果，依次吸取各培养基母液和激素母液置于烧杯中备用。

【注意事项】

①在使用提前配制的母液时，在量取各种母液之前，轻轻摇动盛放母液的瓶子。如果发现瓶中有沉淀、悬浮物或被微生物污染，应立即淘汰这种母液，重新配制。

②用量筒或移液管量取培养基母液之前，必须用所量取的母液将量筒或移液管润洗两次，同时移液管不能混用。

(3)称取：称取 6 g 琼脂粉，30 g 蔗糖备用。

(4)融化：取 1 000 mL 医用搪瓷缸一只，加入 700～800 mL 的蒸馏水放在电炉上，加入琼脂粉，边加热边用玻璃棒搅拌，直到液体呈半透明状将其取下，加入蔗糖。

【注意事项】

在加热琼脂、制备培养基的过程中，操作者千万不能离开，否则沸腾的琼脂外溢，就需要重新称量和熬煮。此外，如果没有搪瓷量杯，可用大烧杯代替。但要注意，大烧杯底的外表面不能沾水，否则加热时烧杯容易炸裂，使溶液外溢，造成烫伤。

(5)定容：将前面所移取的母液倒入搪瓷缸中，蒸馏水洗涤烧杯数次，洗涤液一起倒入搪瓷缸中，最后用蒸馏水定容到 1 000 mL，并充分搅拌至均匀。

(6)调 pH：用 1 mol/L 的 NaOH 或 HCl 溶液调 pH，用滴管吸取溶液逐滴滴入融化的培养基中，边滴边搅拌，并随时用精密的 pH 试纸(5.4～7.0)测培养基的 pH，一直到培养基的 pH 达到要求为止(在调制时要比目标 pH 偏高 0.2～0.5 个单位，因为培养基在灭菌过程中由于糖等物质的降解，pH 会下降 0.2～0.5 个单位)。

(7)分装：融化的培养基应该趁热分装。分装时，先将培养基倒入烧杯中，然后将烧杯中的培养基倒入组培瓶。注意不要让培养基沾到瓶口。组培瓶中培养基的量为组培瓶容量的 1/5～1/4。1 L 培养基，可分装 25～30 瓶。

(8)封口：用封口膜封口或盖上瓶盖，并写上培养基的代号。

【注意事项】

培养基中的部分成分在高温灭菌时易发生化学变化，致使培养基 pH 降低，从而使琼脂凝固力下降，出现培养基灭菌前凝固、灭菌后不凝固现象。避免此现象发生的方法是：调整培养基 pH，一般不低于 5.6。若需酸性较强的培养基，可适当增加琼脂用量。

2. 培养基的灭菌

培养基中含有大量的有机物质，特别是较高的含糖量，易滋生各种微生物。而接种材料需要在无菌条件下培养很长时间，如果培养基被污染，则达不到培养的预期结果。因此，培养基的灭菌，是植物组织培养中十分重要的环节。常用的灭菌方法是高压蒸汽灭菌和过滤除菌。

(1)高压蒸汽灭菌法：把分装好的培养基及所需灭菌的各种器具、蒸馏水等，放入高压蒸汽灭菌锅的消毒桶中，外层锅内加水，水位高度不超过支架高度，盖好锅盖，拧紧把手。锅上压力表指针开始移动，当指针移至 0.5 kg/cm^2 时，打开放气阀排除冷空气，使压力表指针回复零位。当指针移至 0.1 MPa 时，即 121 ℃时，维持一定的时间。由于容器的体积不同，瓶壁的厚度不同，所以灭菌的时间也要适当考虑，具体可以参考表 2-6。灭菌后要趁热取出培养基，不可久不放汽，让压力锅自行冷却，这样易将棉塞等闷得太湿，引起后来长霉污染、培养基成分分解或不凝固等现象。培养基自然冷却凝固，放置 1 d 后再使用。现在市场上出现的灭菌锅型号较多，操作说明也各异，但灭菌原理是一样的。冷空气一定要排尽，保持一定压力适当时间。

表 2-6　培养基高压蒸汽灭菌所必需的最少时间

容器的体积(mL)	在 121 ℃下最少灭菌时间(min)
20～50	15
75～150	20
250～500	25
1 000	30
1 500	35
2 000	40

【注意事项】

①锅内冷空气必须排尽，否则压力表指针虽达到一定压力，但由于锅内冷空气的存在，事实上达不到应有的温度，因而影响灭菌效果。当达到一定压力后，注意在保持压力过程中，严格遵守灭菌时间，时间过长会使一些化学物质遭到破坏，影响培养基成分，时间短则达不到灭菌效果。对蒸馏水，各种器具灭菌时，灭菌时间要适当延长，压力也要提高，一般在 126 ℃维持 30 min到 1 h。

②消毒后的培养基不能立即用于接种，而应放置 24～72 h。放置后如果培养基中没有出现菌落，则说明培养基是无菌的，可以用于接种。另外，做好的培养基一般应在 1～2 周内用完，短时间可存放于室温条件。如不能尽快用完，应放在 4 ℃条件下。

(2)过滤除菌法(夏海武等，2009)：培养基中某些成分是热不稳定的，即在高温湿热灭菌中可能会降解。这类物质需要进行过滤灭菌。一些生长因子，如吲哚乙酸(IAA)、玉米素(ZT)、赤霉素(GA)、脱落酸(ABA)、某些维生素和血清等是不耐热的，不能用高压灭菌处理，通常采用过滤灭菌方法。先将除去了不耐热物质的培养基的其他成分经高压灭菌后置于超净工作台上冷却至 40 ℃，再将过滤灭菌后的该化合物按计划用量依次加入，摇匀，凝固后即可使用。如果是液体培养基，没有凝固这个问题，则可在冷却到室温后再加入。

除菌滤膜其孔径尺寸一般要小于或等于 0.4 μm。过滤灭菌的原理是溶液通过滤膜时，细菌的细胞和孢子等因大于滤膜孔径而被阻。滤膜的吸附作用力也不容忽视，往往小于滤膜孔径的细菌等亦不能透过。在需要过滤灭菌的液体量大时，常使用抽滤装置。液量少时可用注射过滤器，它由注射器、滤器（可更换）、滤膜和针管等几部分组成。注射器不必先经高压灭菌，而后面几部分要预先用铝箔或牛皮纸等包扎好，最好放在有螺旋盖的玻璃罐中，经高压灭菌，滤器灭菌不应超过 121 ℃。滤器的上下部件为螺旋式连接，中间夹一层微孔滤膜（孔径有 0.22 μm 和 0.45 μm），滤器上部的进液口可直接接在注射器上。在使用前按无菌操作要求将注射过滤灭菌器的几个部分装配在一起，把吸有需要过滤灭菌溶液的注射器插入细菌过滤器与之相配合的插接口，推压注射器活塞杆，将溶液压过滤膜，从针管部分滴出的溶液就是无菌溶液了（图 2－1），但是滤膜不能阻挡病毒粒子通过。在一般情况下，人工配制的溶液不会含有使植物致病的病毒。更严格的实验研究中，这一点仍不容忽视。毫无疑问，过滤过的溶液要按无菌操作要求尽快加入培养基中，以免重新遭到污染。

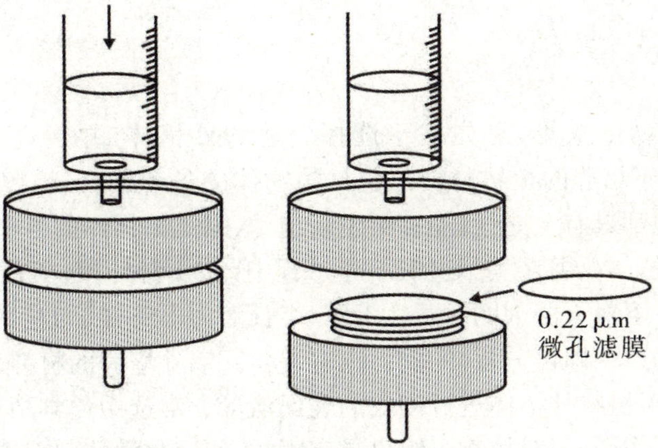

图 2－1　针头式滤器

五、实验结果

（1）观察配制的培养基经过灭菌后的凝固和软硬情况，若出现不正常现象，分析原因。
（2）灭过菌的培养基放置一周后，是否出现污染？若出现污染，分析污染的环节及原因。

六、思考题

（1）简述无菌和有菌的概念及范畴、灭菌的方法及适用范围。
（2）简述培养基配制与灭菌的过程。
（3）培养基成分中，遇热易分解的激素及有机物质有哪些？应如何灭菌？

实验 2-3 植物外植体的选择、灭菌及初代培养

一、实验目的

培养的植物材料的灭菌与接种是组织培养过程中一个重要的环节。通过培养材料的灭菌与接种实验，领会离体无菌培养对实验材料消毒、接种的要求，掌握植物取材的注意事项及培养材料表面灭菌和无菌操作技术。掌握初代培养材料对激素的反应及出现的脱分化情况。

二、实验原理

植物离体培养成功的关键，首先在于选择合适的外植体，并建立起无菌材料。外植体(explant)是指初次用于培养的植物材料。包括植物体的各个器官、组织、细胞和原生质体等。从理论上讲，植物细胞都具有全能性，能够再生新植株，因此植物体的各个器官、组织、细胞及原生质体都可以作为外植体。但在实际组织培养过程中，需要对外植体进行选择，因为不同来源的外植体，在离体条件下对灭菌剂的敏感性不同、生长潜力不一样、细胞恢复分裂(即脱分化)的能力或愈伤组织再次分化(即再分化)的能力也有差异。室外培养的材料表面都是有菌的，建立无菌培养物的前提是对植物外植体进行彻底的表面消毒。常选用化学药剂为表面消毒剂，药剂对微生物有害，起致死作用，但对植物组织也是有害的，使用化学药剂消毒就是利用植物组织和微生物耐药性的差异。因此，应选用合适的消毒剂，考虑处理浓度和时间，既起到良好的杀菌消毒作用，又不损伤或只是轻微损伤植物组织和细胞，且容易被蒸馏水冲洗掉或能自行分解。经过表面灭菌的材料在无菌超净工作台上，经过修剪，按照外植体的类型和要求切割成合适大小，插入或平放到培养基上，这个过程称为接种(inoculation)。在合适的光、温条件下进行无菌培养，建立起的无菌培养材料可为后期继续培养提供无菌的组织、器官。从植物体上切取下来的外植体进行的首次培养称为初代培养(preculture)，初代培养的材料比较容易受污染。污染源主要是植物材料本身，表面消毒不彻底、含内生菌是造成污染的首要因素。另外，培养基、操作器具、操作过程、培养环境等都是造成污染的环节或因素。因此，在进行植物组织培养时，要严格按照无菌操作程序进行，尽量减少或避免污染(胡桂兵，2010)。

植物的生长和分化除需要基本的营养外，生长调节剂的调控更加重要，常用的调节剂有生长素和细胞分裂素两类。生长素常用的有 IAA、IBA、NAA、2,4-D 等，是启动细胞分裂的重要激素，在细胞脱分化、形成愈伤组织及生根的过程中都是必不可少的；细胞分裂素常用的有 6-BA、KT、TDZ、ZT 等，主要是促进细胞分裂，能使已经脱分化的细胞保持持续的有丝分裂的作用。生长素和细胞分裂素对于细胞生长和分化有协同作用，它们的浓度和比例的不同组合，对

细胞分化起着重要的调节作用。根据 Skoog 和 Miller(1957)的经典实验,当培养基中激动素(KT)的浓度高于吲哚乙酸(IAA)的浓度时,烟草茎段培养物形成芽而不形成根;当二者浓度大致相等时,只诱导产生愈伤组织,基本上没有器官发生;当培养基中 IAA 浓度高于 KT 时,培养物分化出根,但不形成芽。大量实验都已证实,生长素和细胞分裂素的浓度和比例是控制植物离体培养细胞生长模式和器官发生的最重要的手段(杨淑慎,2009)。

在外植体进行离体培养时,不同植物种类和不同部位的外植体对营养的要求及对外源激素的种类和配比的要求都有差异,培养条件还会决定植物器官发生方式。因此,通过选取合适的外植体,调节培养基成分和培养条件来调控组织培养物的器官发生途径,从而建立植株再生体系,以实现快繁。初代培养根据外植体类型及培养条件,可能产生愈伤组织、不定芽胚状体或类原球茎(兰科植物),这三种都称为中间繁殖体,可以用来继代增殖或再分化,进行材料的扩繁或器官的分化,形成完整植株。

三、实验材料及主要药品、器具

1. 材料

石斛盆栽苗。

2. 试剂及药品

已灭菌的培养基、0.1%氯化汞、75%酒精、无菌水、吐温－80。

3. 仪器

天平、超净工作台。

4. 用具

酒精灯、烧杯、接种器具(镊子、手术剪刀、刀柄、刀片)、酒精棉球、无菌滤纸。

四、实验步骤

1. 外植体的选择

进行植物组织培养时,必须选择合适的外植体以确保组织培养工作的顺利进行。如果选择不好,就很难获得培养的成功。选择外植体时需要考虑以下四个方面:①外植体来源。裸子植物、蕨类植物和苔藓植物诱导较难,被子植物对外界培养条件较敏感,易脱分化和再分化;双子叶植物比单子叶植物容易诱导成功;草本比木本植物容易产生愈伤组织及以后的器官形态建成。②外植体类型。对于大多数植物而言,叶片、茎尖和茎段是常选用的外植体,尤其是叶片因其来源丰富最常被选用,但培养效果不如茎尖和茎段。而有些植物如石蒜、百合等靠分球茎繁殖的植物,在组培中一般选用鳞茎为外植体,其他部位难以分化。在对石斛的研究过程中,发现茎段是最佳外植体,而叶片培养难以成功。③外植体的生理状态和取材时期。一般情况下,幼年组织比老年组织具有更高的形态发生能力,生理年龄越老的组织或器官,越接近发育上的成熟,其再生能力逐渐减弱甚至完全失去再生能力。不同植物的取材季节要求各有不同。对于大多数植物而言，应在其生长开始的季节采样，在旺盛季节取材，不仅成活率高，而且增殖率也大。在生长末期或已进入休眠期时取样，外植体则可能对诱导反应迟钝或无反应，较难成活。④外植体大小。通常情况下，叶片切割成 0.5～1.0 cm^2，茎段 1～2 cm，茎尖用于快繁多为 0.1～1 cm，用于脱毒应小于 0.1 cm，鳞片 1 cm^2，过大容易污染，过小存活率低。为了提高培养效率，有时通过加强对植物材料的水肥管理，移入温室栽培，喷杀虫剂、杀菌剂以降低污染。采得的样品尽量使其保持新鲜，迅速带回实验室，尽早做表面消毒工作及接入培养基中。

2. 外植体的分割、清洗及表面灭菌处理

(1)外植体的分割：选取田间或室内正常生长的植物材料，为方便随后的表面灭菌，需要除去材料上不用的部位，并把需要的材料分割成适当大小。

【注意事项】

依材料不同，花蕾需要去掉萼片，茎段需要去掉叶片，剪成 3～5 cm 长，鳞茎需去掉外层损伤鳞片。

(2)外植体的清洗：从室外取得材料，要用自来水冲洗数分钟，对表面不光滑或长有绒毛等结构不容易洗净的材料，冲洗时间要长，必要时要用毛刷刷洗。可加入洗洁净于烧杯中浸泡几分钟，冲洗干净后用滤纸吸干水分备用。

(3)准备工作

① 超净工作台和接种室的消毒：将培养基、无菌水、培养皿及接种工具放置于接种台上，打开超净工作台上的紫外灯开关，同时打开接种室内的紫外灯，用紫外灯照射至少 25 min，然后关闭室内的紫外灯，开风机开关，关闭台内的紫外灯，通风 10 min 后，再开日光灯进行无菌操作。

② 准备：操作人员进入无菌操作室前用肥皂洗手，特别是将手指洗净，同时将清洗好的植物材料带入接种室。

③ 台面、手的消毒：进入接种室，穿上工作服和拖鞋，戴上卫生帽，用 70%～75%酒精棉球擦拭双手、台面培养瓶等，并将接种器械浸泡在 70%～75%酒精中，同时把无菌水、表面消毒的烧瓶、无菌纸放在台面的右侧，培养基放在台面左侧。

④ 器具的灭菌：将接种用的镊子、剪刀、手术刀在酒精灯上灼烧灭菌(也可用电加热接种器具杀菌器)，充分灼烧后放在无菌支架上冷却备用。

【注意事项】

因刀片容易生锈、用久了容易变钝，要及时更换新刀片。

(4)外植体的表面灭菌：将石斛茎剪成 3～4 节长度，置于灭过菌的广口瓶或三角烧瓶中，用 75%的酒精溶液浸泡 30 s，无菌水冲洗 3 次，然后用 0.1%升汞溶液(加入吐温 2 滴)浸泡 3 min、5 min、10 min，期间不断摇动溶液，倒掉消毒液，用无菌水洗涤 5 遍待用。若营养器官污染严重，可先进行种子培养，得到无菌种苗，然后用其各个部分建立组织培养。

【注意事项】

① 植物材料的表面灭菌剂种类较多(表 2-7)，效果各异。在不同情况下选用其中 1～2 种即可。

表 2-7　植物组织培养中常用的消毒剂使用浓度及效果比较

消毒剂名称	使用浓度(%)	消毒难易	灭菌时间(min)	消毒效果
乙醇	70～75	易	0.1～3	好
氯化汞	0.1～0.2	较难	2～15	最好
漂白粉	饱和溶液	易	5～30	很好
次氯酸钙	9～10	易	5～30	很好
次氯酸钠	2	易	5～30	很好
过氧化氢	10～12	最易	5～15	好

② 表面消毒剂对植物组织是有害的，应正确选择消毒剂的浓度和处理时间，以减少组织的死亡。外植体消毒剂的选择要综合考虑消毒效果。由于不同植物、同一植物的不同部位或不同组织都有其各自特点，它们对不同种类、不同浓度灭菌剂的耐受力不同，因此要进行预实验，以达到最佳的消毒效果。最好选用两种消毒剂交替浸泡，初次实验的灭菌时间要设置一定的时间梯度来确定最佳的灭菌时间。由于 70%酒精的穿透力强，使用时应根据材料的成熟度严格掌握好处理时间，避免造成材料损伤；$HgCl_2$ 效果最好，但对人的危害最大，使用时注意避免沾到手上。消毒用的容器可预先经过高压湿气灭菌，这样可减少污染率。在表面消毒后，必须用无菌水漂洗材料 3 次以上以除去残留杀菌剂。

③ 灭菌溶液要充分浸没材料，宁可多用些灭菌溶液，切勿勉强在一个体积偏小的容器里灭菌很多材料。否则，污染会大幅度增加。

④ 吐温－80 作为表面活性剂主要使药剂更易于展布，更容易浸润到材料表面，因此加用吐温后灭菌剂活力大为提高，但对材料的伤害也在增加，使用时应注意吐温的用量和灭菌时间。通常每 100 mL 灭菌溶液加 1～15 滴不等，多加吐温灭菌效果好，时间要缩短些。

3. 材料的切割与接种

(1)将灭菌处理后的茎段用镊子小心地夹到垫有无菌滤纸的接种盘里，吸干水分，将升汞接触的切口端切去一小段，保留新鲜切口，并剪成单节或 1～2 cm 长度。与消毒剂接触过的切面在接种前将其切除，因为消毒剂会阻碍植物细胞对基质中营养物质的吸收。

(2)解除组培瓶上捆扎的线绳，有必要的话可以用沾有 75%的酒精的棉球把组培瓶表面擦一下，把组培瓶按培养基编号整齐排列在接种台左侧，然后用 75%酒精擦洗接种台表面。

(3)将接种用的镊子插入 75%的乙醇溶液中，使用前镊子应在酒精灯上灼烧灭菌，冷却后待用。也可以插入培养基边缘促使其冷却。

(4)左手持瓶，在酒精灯火焰旁揭去封口膜(拧开盖子)，将瓶口倾斜接近水平方向，用火焰灼烧瓶口。灼烧时应不断转动瓶口(靠手腕的动作，使试管口沾染的少量菌得以烧死)，右手将烧过的镊子触动培养基部分，使其冷却，夹取茎段，将其平放在培养基表面上，用镊子轻轻按一下，使其部分浸入培养基。每瓶可放 5～6 个外植体。

(5)转动瓶口灼烧，将封口膜从酒精灯火焰上过一下，盖上封口膜(盖子)，扎好绳子，标上接种日期、材料名称、姓名等。

(6)将接种材料移到培养室培养，建立无菌材料。温度一般应控制在(23±2)℃。每日光照

12 h，光强以 2 000 lx 为宜。经 30 d 左右，从分节处分化出不定芽。若接种的是单节茎段，培养后茎段变粗、变短，形成类原球茎。接种后 2～5 d 调查污染情况，60 d 后统计分化率和平均分化芽数以及类原球茎的诱导率，填入表 2－8。

表 2－8　初代培养结果调查

处理号	接种数	污染率（%）	主要污染菌种类	成活率（%）	芽分化率（%）	平均分化芽数	类原球茎诱导率（%）

（7）接种完之后关闭超净工作台，并及时清理工作台和用具，用 70%酒精棉球擦拭台面，将各种用具拿出接种室，清洗干净。

【注意事项】

① 为了保证无菌培养的顺利进行，接种室和培养室除了在接种前使用紫外灯照射灭菌外，应该每年进行 1～2 次熏蒸灭菌，尤其是高温高湿季节。熏蒸的方法可以采用 70%酒精喷雾消毒，还可以采用甲醛结合高锰酸钾熏蒸。具体的做法是：按每平方米 10 mL 计算甲醛用量 $10x$ mL，按甲醛毫升数的一半数称取高锰酸钾 $5x$ g，把称好的高锰酸钾倒入玻璃烧杯，并在烧杯底部铺上一张展开的报纸。高锰酸钾和甲醛反应会沸腾，有时会有反应物溅出来，把甲醛倒入高锰酸钾容器内，立即退出，封闭房门，24 h 后通风，通风至少 1 周后方可使用培养室。

② 工作台接种时，应尽量避免做明显扰乱气流的动作（比如说、笑、打喷嚏），以免影响气流，造成污染。另外，操作过程中要不时地用 75%的酒精擦拭双手。

③ 接种前培养基若出现大量污染现象，菌类只存在于培养基表面，且主要是真菌时，可能是因培养瓶密封不严或放置培养基的环境不洁净、菌类种群密度过大所致。若菌类存在于培养基内部，则可能是使用污染的贮藏母液引起。另外，培养瓶不洁净、灭菌不彻底也是导致接种前培养基污染的原因。避免此现象发生的方法是保持环境洁净，杜绝使用污染的母液，严格高压蒸汽灭菌程序，保证灭菌时间。

④ 接种后培养基出现大面积污染、菌落分布不匀，此种情况主要是接种过程中发生的污染所致。也可能是接种室不洁净、菌类孢子过多、镊子带菌、操作人员手未彻底消毒、操作不规范及超净工作台出现故障等原因引起。避免此现象发生的方法：保持无菌接种室洁净，并定期用甲醛等熏蒸灭菌；在接种前无菌室用紫外灯灭菌时间不低于 20 min；用 75%酒精喷雾杀菌降尘，超净台开启 15～20 min 后方可使用；镊子等接种工具严格彻底灭菌，且接种时使用一次灼烧灭菌一次；操作过程中经常用 75%酒精等消毒剂擦洗手部。

⑤ 接种后外植体周围发生菌类污染，可能因外植体表面灭菌不彻底所致。解决方法：外植体用饱和洗涤剂浸泡 10～15 min，自来水冲洗 0.5～2 h 后，再选择适宜的灭菌剂消毒，一般用 0.1%～0.2%的升汞灭菌最好。对于一些凹凸不平或有茸毛的外植体，采用灭菌剂中加吐温－80 等湿润剂的办法，增加其渗透性，以提高杀菌效果。

⑥ 接种后从外植体切口处慢慢出现菌类污染，而有的材料是经过几次继代才表现相同菌

类的污染，这可能是材料有内生菌。对于这种情况的解决方法是尽可能取不带内生菌的材料培养，甚至取较小的茎尖离体培养。

五、实验结果

(1)接种培养1周后，观察接种材料的污染情况、成活情况并分析出现污染或死亡的原因。

(2)对于未污染的材料，接种培养一段时间后观察材料的脱分化和器官再分化情况。

六、思考题

(1)在植物离体培养过程中，造成培养材料污染的途径有哪些？应采取哪些措施降低或避免污染？

(2)怎样对植物进行消毒处理，处理时应考虑哪些因素？

(3)对外植体进行消毒剂处理时有时会在消毒溶液中加入1～2滴的表面活性物质，例如吐温—80或吐温—20，为什么？消毒后，为什么要用无菌水漂洗？

(4)根据激素调控理论，分析培养的植物材料其分化是怎样受激素调控的？

(5)植物离体器官发生的方式有哪几种？影响器官发生的因素有什么？

实验2-4 石斛的继代和生根培养及驯化移栽

一、实验目的

了解植物继代培养的目的及在整个组培体系中的作用，学会继代培养基的设计和配制，学会中间繁殖体的分割方式并掌握石斛生长对环境条件的要求及驯化移栽的方法。

二、实验原理

初代培养一段时间以后，培养基营养成分枯竭，水分散失，并积累了一些代谢产物；初代培养物如愈伤组织、类原球茎和不定芽等可能较多，生长受到空间限制；另外，在初代培养过程中，有些外植体虽然未污染，但有些外植体死亡，或有些未分化，死亡的材料影响其他材料的生长。基于以上原因，需要按时将中间繁殖体（初代培养后的产物）接种到适宜的增殖培养基中并放在适宜条件下培养，以繁殖出更多中间繁殖体，这个过程称之为继代培养。继代培养是植物组织培养的关键步骤，直接关系到快繁效率和变异频率的高低。根据外植体分化和生长的方式，继代培养物的增殖方式有腋生枝型增殖、丛生芽增殖、愈伤组织(有些已分化出芽)增殖、类原球茎增殖、胚状体增殖,这5种增殖方式的增殖系数及遗传稳定性存在差异。一种植物的增殖方式不是固定不变的,有些植物可以通过多种方式进行离体快繁。石斛的茎段经过初代培养,可以直接分化出不定芽,有些还可以分化形成类原球茎,对类原球茎进行增殖或再分化培养,得到再生石斛植株。影响继代培养效果的因素有培养基、培养条件、培养方法、切割方式和繁殖方式等,继代培养所需的条件与初代培养的条件不完全一致,尤其是生长调节剂的种类和浓度,因此需要根据材料和繁殖方式确定培养基的成分。

三、实验材料及主要药品、器具

1. 材料

石斛初代培养分化出的苗。

2. 培养基配方

石斛不定芽增殖培养基配方:MS+6-BA0.25 mg/L+NAA0.4 mg/L+0.7%琼脂粉+3%蔗糖+1.0 g/L 活性炭+100 g/L 土豆;生根培养基配方:1/2MS+NAA 0.8 mg/L+0.7%琼脂粉+3%蔗糖+1.0 g/L 活性炭+100 g/L 土豆。

3. 仪器

天平、电炉、电磁炉、高压灭菌锅、超净工作台。

4. 用具

酒精灯、接种器具(镊子、手术剪刀、刀柄、刀片)、酒精棉球、无菌滤纸、组培瓶。

四、实验步骤

1. 培养基的配制

按照实验2-2的方法,配制石斛继代培养基和生根培养基。

2. 继代培养

无菌操作前的准备工作见实验2-3。无菌条件下,用无菌镊子将初代培养分化形成的芽丛小心夹出,放在灭过菌的滤纸上,剔除掉发白、发黄的芽苗,用手术刀按3~5芽分成芽丛,然后将一丛芽作为一个整体插入新鲜的培养基中,芽苗继续生长,基部不断分蘖出新芽苗。

【注意事项】

根据编者的试验研究结果,继代培养时,不要分成单株接种,将芽丛一起接入培养基中,单株接种后,植株容易白化死亡。此外,由于石斛原球茎相对独立,形成的芽丛可以不需要手术刀或剪刀,直接用镊子可以分开。

3. 生根培养

经过2.5~3个月的继代培养,选取茎大于2 cm以上的石斛苗,接入生根培养基中。注意接种时最好将石斛苗按一丛丛接入,单株接种成活率降低,生根培养大概需要两个月。

4. 驯化移栽

移栽前先经炼苗培养，逐步打开瓶盖以降低湿度、增强光照，驯化 4～6 d。轻轻拔出瓶苗，洗净根部，用 0.3%的多菌灵水溶液浸泡 1～2 min，然后移栽，移栽苗置于弱光条件下培养，需常喷雾保持湿度。

【注意事项】

基质可选用青苔、树皮，经过消毒灭菌，将石斛再生苗栽入盆钵或苗床上。移栽苗用遮阳网遮阳，置于散射光下生长，定期喷雾，保持空气湿度，基质用营养液喷湿，基质忌积水、过湿，温度控制在 20～25 ℃之间。石斛喜散射光，怕强光直射，要求空气湿度大，基质疏松透气。因此在石斛的生长过程中，需长期遮阳，喷雾。

五、实验结果

(1)继代培养过程中，统计石斛分化的芽苗数并计算增殖倍数、植株大小、生物量等。

(2)统计石斛的发根时间及生根率。

(3)统计石斛移栽后的成活率。

六、思考题

(1)在植物组培过程中，评价离体快速繁殖的指标有哪些？

(2)在组培苗移栽过程中，就移栽条件方面需要注意哪些环节？

实验 2-5　胚状体诱导技术

一、实验目的

了解胚状体发生的途径及发育时期，掌握影响胚状体诱导的因素及激素调控关键，学会胚状体诱导培养基的设计。

二、实验原理

胚状体是指离体条件下没有经过受精过程，但经过了胚胎发育过程所形成的胚的类似物，也称为体细胞胚(somatic embryo)。胚状体具有以下 7 个特点：①具有双极性；②存在生理隔离；③遗传特性相对稳定；④发育初期，没有真正胚柄；⑤子叶不规范；⑥体积小于合子胚；⑦没有休眠。与茎芽或根的分化一样,体细胞胚的发生也是一种重要的离体再生途径。胚状体的发生可以从培养的下胚轴、鳞片、子叶、叶片、花粉、细胞等外植体上直接发生。花粉诱导形成的胚常称为花粉胚,为生殖细胞胚,是单倍体。胚状体也可以从愈伤组织或单细胞上发生,无论以哪种方式发生,首先是细胞在培养基上胚性化,产生胚性细胞。这些细胞具有体积小、胞质浓、细胞核大且位于细胞中央,中央大液泡消失,细胞质中出现了许多小液泡、原质体和淀粉体等。这些胚性细胞在培养基上按照类似于植物合子胚发育方式进行胚胎发育,经过多细胞原胚、球形胚、心形、鱼雷形、子叶形五个发育时期。胚状体结构完整,类似一颗种子。体细胞胚发生途径其萌发率和转化率都远远高于器官发生途径。因此,体细胞胚发生还具有诱导数量多、速度快、遗传稳定性高等特点,而且为研究植物细胞的分化、胚胎发育和细胞全能性提供了良好的基础,是遗传转化、基因表达和突变体筛选的良好受体。体细胞胚在实际应用中主要是用来制作人工种子。

三、实验材料及主要药品、器具

1. 材料

草莓的花蕾。

2. 试剂

75%的酒精、0.1% $HgCl_2$、吐温、无菌水。

3. 培养基配方

MS+6-BA 2.0 mg/L+IAA1.0 mg/L+3%蔗糖+0.6%琼脂粉,pH 5.8。

4. 仪器

天平、电炉、电磁炉、高压灭菌锅、超净工作台。

5. 用具

酒精灯、接种器具(镊子、手术剪刀、刀柄、刀片)、酒精棉球、无菌滤纸、组培瓶。

四、实验步骤

1. 培养基的配制

按照实验 2-2 的方法,配制“丰香”草莓胚状体诱导的培养基。

2. 材料的选择处理与接种

选择胚状体诱导能力相对较强的花蕾外植体,要考虑植株生理状态和发育时期。从生长旺盛的植株上选取 0.1~0.3 cm 的未开放的花蕾,剥掉花萼。用洗洁净洗涤后,自来水下冲洗一段时间,将剥取的花蕾放于 200 mL 的广口瓶中,用 75%的酒精溶液浸泡 30 s,无菌水冲洗,然后用 0.1% $HgCl_2$ 溶液(加入吐温 2 滴)浸泡 3 min、5 min、10 min,期间不断摇动溶液,用无菌水洗涤 5 遍待用。滤纸吸干水分,按无菌操作要求接种于胚状体诱导培养基上(颊艳红,2003)。

3. 花蕾培养

接种好的材料于光照强度 2 000~3 000 lx,光周期 12 h/12 h,培养温度 25±2 ℃的条件下培养。

4. 结果观察

接种后定期观察，记录愈伤组织和胚状体的发生过程，统计胚性愈伤组织(EC)和体细胞胚(SE)的发生率，对不同发育阶段的胚状体用 Motic 数码解剖镜显微照相。胚性愈伤组织与非胚性愈伤组织用 FAA 固定液固定，石蜡切片(10 μm)，苏木精染色，观察拍照。

五、实验结果

(1)接种后，统计花蕾的污染率、成活率。
(2)观察花蕾接种后的变化及胚胎发生的时间及生长发育情况。

六、思考题

(1)胚状体的发育阶段有哪些?
(2)胚状体的发生方式及影响发生的因素有哪些?

实验 2-6　马铃薯茎尖脱毒与病毒检测

一、实验目的

掌握马铃薯茎尖脱毒的原理、马铃薯脱毒的技术流程和方法及脱毒植株病毒检测的方法，了解茎尖剥离大小对脱毒效果和培养效果的影响。

二、实验原理

目前世界各国都有很多植物受到病毒的侵染，包括大田农作物、蔬菜、花卉、林木和果树等。各类植物皆会受到危害，造成减产、品质变劣等严重后果。尤其无性繁殖的植物在受病毒侵染后，病毒可经繁殖用的营养器官代代相传，导致品种退化直至死亡。此外，病毒还可经昆虫媒介或其他途径传播，因此染病比较普遍。由此可见，脱除植物体内的病毒是生产上亟待解决的问题。美国科学家 White(1943)首先发现了感染烟草花叶病毒的烟草植株的生长点附近病毒浓度很低。Fulton(1951)在研究烟草花叶病毒时发现，花叶的深绿部分的细胞无病毒侵染。Morel 等(1953)从感染花叶病毒的大丽花分离出了茎尖，经过离体培养，获得了无病毒植株。以后，相继通过茎尖离体培养方法，获得了马铃薯、菊花、兰花、百合、草莓、柑橘、苹果、枣等脱毒植株。马铃薯是人们日常生活中的一种主要食物，由于长期无性繁殖，马铃薯病毒病较严重，造成品种退化、产量和品质都大幅度下降，因此生产脱毒薯成了马铃薯生产过程中的关键环节。最常用的马铃薯脱毒是热处理结合茎尖离体培养脱毒法。

热处理法脱去植物体内病毒的依据是：病毒和寄主细胞对高温的耐受性不同，利用这个差异，选择合适的温度和处理时间，就可以使寄主体内病毒失活而寄主仍然存活，从而达到脱毒的目的。茎尖培养脱毒的原理是：病毒在植物体内分布是不均匀的，茎尖(或根尖)等分生组织不含或很少含有病毒颗粒，其原因是病毒在植物体内主要是随维管系统(筛管)转移，植物分生组织内没有维管束组织；病毒通过胞间连丝扩散转移缓慢且困难，因而造成植物顶端分生组织及其附近的病毒浓度较低，或无病毒，因此，通过植物分生组织离体培养可获得无病毒植株。对于脱毒的植物需要经过严格的检测，只有检测无病毒的植株才能回归大田进行大面积生产。病毒检测的方法有指示植物法、免疫学法、电子显微镜检查法及分子生物方法。所谓的指示植物是对某种或某些特定病毒非常敏感的植物，它们一旦感染病毒就会表现特有的病理症状，因此将被检测植物的汁液进行人工接种，根据指示植物的生长表现来判断脱除病毒的效果。酶联免疫鉴定法(Enzyme-Linked Immuno Sorbent Assay，ELISA)是指采用酶标记抗原或抗体的定量测定法。将抗体包被于固相载体上形成免疫吸附剂，经洗涤后加入含有抗原的待检样品。如果待测样品中含有相应的抗原存在，可与固相载体上的特异性抗体结合，经过保温孵育洗涤后，即可加入酶(过氧化物酶或碱性磷酸酶)标记的特异性抗体与待测抗原结合，再经保温孵育洗涤后，加入底物显色测定，底物降解的量即为预测抗原的量。用酶标仪测定，此法是现在灵敏度较高且常使用的方法。ELISA 法具体又可分为几种方法，在马铃薯病毒检测中用得最多的就是双抗体夹心法(DAS-ELISA)。

马铃薯脱毒就是先经过热处理，在无菌条件下剥取小于 0.3 mm 的茎尖生长点进行离体培养，基本可以达到脱去病毒的作用，从而恢复产量及品种特性(盖琼辉，2005；周璨林，2006)。

三、实验材料及主要药品、器具

1. 材料

马铃薯。

2. 试剂

75%的酒精、0.1% $HgCl_2$、吐温、无菌水。

3. 培养基配方

马铃薯茎尖培养基配方：MS+6-BA 0.5 mg/L+ NAA 0.1 mg/L+GA_3 0.1 mg/L+蔗糖3%+琼脂 0.6%，pH5.8。

4. 仪器

天平、电炉、高压灭菌锅、超净工作台、解剖镜。

5. 用具

镊子、解剖刀、解剖针、培养皿、酒精灯、滤纸。

四、实验步骤

1. 催芽处理

将预脱毒的表面光滑的马铃薯切块埋在湿润的沙土中，在室温下催芽（最好是经过休眠后的种薯）。

2. 高温处理

待芽长至 2 cm 时，将发芽块茎放入 37 ℃的光照培养箱，光照时间 12 h/d，处理时间28 d 左右。

3. 材料的剪取

待芽长到 4 cm 左右未充分展开叶时，将芽剪下，剥去外面多层的叶片，放于烧杯中，用纱布封扎杯口，在自来水下漂洗，然后在超净工作台上进行严格的消毒。

4. 材料的灭菌

灭菌的方法是将漂洗好的茎尖用镊子夹住，先用 75%的酒精浸 15 s，无菌水冲洗 2 次，然后放到浓度为 5%的漂白粉溶液中浸泡 5～10 min（或者放入浓度为 0.1%的升汞液中消毒 10 min）。取出后用无菌水冲洗 3～5 次，再用消毒滤纸吸去水分，然后放在灭过菌的培养皿中待用。

【注意事项】

通过预试验确定最佳的消毒剂浓度和消毒时间，如果茎尖在消毒时变褐，说明消毒剂浓度和时间需要调整。

5. 茎尖的剥离

在超净台上，把装有已消毒茎尖的培养皿放在解剖镜下，取经灭菌处理后的茎尖，以无菌镊子固定，在 30～40 倍解剖镜下进行茎尖分生组织剥离。用解剖刀小心地除去茎尖周围的叶片组织，当一个闪亮半圆球的顶端分生组织充分暴露出来之后，用解剖针细心切取所需的茎尖分生组织。一般切取茎尖的长度为 0.1～0.3 mm，带有 1～2 个叶原基。

【注意事项】

解剖时使茎尖暴露的时间越短越好，因为超净台的气流和酒精灯发出的热都会使茎尖迅速变干。另外，为防止解剖镜近距离灯光烤伤茎尖分生组织，解剖镜光源要选用冷光源灯。在材料下垫一块湿润的无菌滤纸，也可达到保持茎尖新鲜的目的。

6. 茎尖的接种

切取的茎尖分生组织随即接种到马铃薯茎尖培养基上：MS＋6-BA0.5 mg/L＋NAA 0.1 mg/L＋$GA_3$0.1 mg/L＋蔗糖 3%＋琼脂 0.6%，接种时以切面接触培养基，置于培养室进行离体培养。茎尖分生组织培养的容器以 15 cm×2 cm 的试管为宜，每管分装 10 mL 培养基，接种一个茎尖，并做好标记。

7. 茎尖的培养

将接种好的茎尖置于培养室中，可先黑暗或弱光培养，3～4 d 后转入光下培养，5～7 d 茎尖转绿,30～40 d 后即可看到试管中明显伸长的小茎,叶原基形成可见的小叶,此时可将小苗转到无生长调节剂的培养基中,小苗继续生长并形成根系。

8. 病毒检测

试管苗长有 5～6 片叶时单节切段,每节带有 1 个叶片,分别接种于 3 个组培瓶中,成苗后其中 1 瓶保留,另外 2 瓶用于病毒检测。常用于病毒鉴定的方法有指示植物检测法和 ELISA 血清法,结果全为阴性时,保留的一瓶用于扩繁;如反应为阳性时,则将保留的那瓶苗淘汰。

(1)指示植物检测法:取脱毒马铃薯试管苗的叶片置于研钵中,加入少量的水和等量的 0.1 mol/L磷酸缓冲液(pH 7.0),磨成匀浆,将其涂抹在指示植株叶片上,在指示植物的叶片撒上金刚砂,通过轻轻摩擦使汁浸入叶片表皮细胞而又不损伤叶片。5 min 后用清水清洗叶面。将指示植株放于防蚜虫网罩的温室内,然后视其病斑的有无,来判断是否脱除了病毒。马铃薯常见病毒及其在主要指示植物上的症状见表 2-9。

表 2-9 马铃薯常见病毒及其在主要指示植物上的症状*(参考徐洁,2002)

马铃薯病毒	传染方式	接种指示植物及症状
PVX	接触	毛曼陀罗:接种 20 d 后,叶片出现局部病斑,心叶花叶; 千日红:接种 5～7 d,接种叶片出现紫红环斑; 白花刺果曼陀罗:接种 10 d 后,心叶出现花叶病状; 尖椒:接种 10～12 d,接种叶片出现坏死斑点,以后系统坏死
PVY	接触或昆虫(桃蚜)	普通烟草:接种 7～10 d 感病,初期叶片明脉,后期沿叶脉绿带状; 洋酸浆:室温 16～18 ℃接种 10～15 d,接种叶片出现黄褐色枯斑,以后脱落; A6:接种 5～10 d,接种叶片出现褐色环状坏死枯斑,初期绿色圆环斑,渐坏死
PVS	接触	千日红:接种 14～25 d,接种叶片出现略微凸出圆环红色小斑点; 毛曼陀罗:出现轻微花叶症; 苋色藜:接种 20～25 d,接种叶片出现局部黄色斑点; 德伯尼烟:初期明脉,以后是暗绿块斑花叶
PVM	接触或昆虫	千日红:接种 12～24 d,接种叶片出现橘红色小圆枯斑; 毛曼陀罗:接种 10 d 后,接种叶片出现失绿病至褐病斑
PVA	接触或昆虫	A6:接种叶片出现褐色星状斑点; 香料烟:接种叶片出现微明脉
PVG	接触或昆虫	心叶烟:接种 20 d 后,出现系统明显花叶病或白斑
PLRV	昆虫	白花刺果曼陀罗:蚜虫接种后,系统卷叶
PSTV	接触、昆虫、种子	鲁特格尔斯番茄:27～35 ℃强光 16 h/d 条件下,接种 20 d 后,上部叶片变窄而扭曲,并发展至全株

*注:非特别指出,表中“接种”均指“摩擦接种法”接种。

(2) DAS-ELISA 检测法:使用 DAS-ELISA 试剂盒检测脱毒率,所用试剂盒购于山东省农科院。具体步骤如下:

① 加入包被抗体：分别向包被缓冲液（Na_2CO_3 0.4 g，$NaHCO_3$ 0.73 g，NaN_3 0.05 g，50 mL 蒸馏水）中加入 4 种抗体（IgG）各 0.05 mL，轻轻混匀。再向每个样品孔中加入 150 μL 包被抗体，然后用塑料袋包好平板，于 37 ℃下温育 4 h。最后用磷酸缓冲液（PBS-Tween）冲洗平板 4 次，每次 3 min。

② 加入待测样品：取茎尖培养脱毒的试管苗叶片 0.2 g 放于研钵中，加入 1 mL 提取缓冲液（PBST-PVP），然后研磨直到将样品完全磨碎。最后向每个样品孔中加入 130 μL 样品上清液，准备阳性对照与阴性对照，用塑料袋包好平板，放入 4 ℃冰箱过夜。

③ 加入酶标抗体：分别向酶标缓冲液（12 mL PBS-Tween 中溶解一包 4# 缓冲液 PVP-40＋白蛋白）中加入 4 种抗体（IgG）各 0.04 mL，轻轻混匀。用磷酸缓冲液（PBS-Tween）冲洗平板 4 次，每次 3 min，再向每个样品孔中加入 120 μL 酶标抗体，然后用塑料袋包好平板，于 37 ℃下温育 4 h。最后再用磷酸缓冲液（PBS-Tween）冲洗 4 次，每次 3 min。

④ 加入底物：取底物对硝基苯磷酸盐，用底物缓冲液稀释，以每孔 100 μL 的量加入酶联板中，加入后开始计时，40～60 min 内，根据阳性对照和阴性对照的反应来判断样品是否感染病毒。

⑤ 结果判断：感病的样品（阳性反应）表现为黄色，颜色的深浅与样品中病毒的含量成正比，在 1.5 h 内记录结果。计算脱毒率（%）＝无病毒植株株数/检测株数×100%。

9. 脱毒试管苗的扩繁与生根培养

无菌条件下，将马铃薯脱毒苗切割成带一腋芽的茎段接种到扩繁培养基上培养，培养至苗高 3～5 cm 时，转接进行生根培养。扩繁培养基：MS＋6-BA 1.0 mg/L 培养基＋蔗糖 3%＋琼脂 0.6%；生根培养基：1/2MS＋IAA0.3～0.5 mg/L＋蔗糖 3%＋琼脂 0.6%。

10. 试管苗的驯化与移栽

移栽前，将长有 3～5 片叶、高 3～4 cm 的试管苗在不开瓶口的状态下，从培养室移至温室进行炼苗。炼苗室温：白天 23～27 ℃，夜间不低于 14 ℃。试管苗具有 5～7 个浓绿色的小叶时进行开盖炼苗，4～5 d 后即可移栽。移栽时取出苗，洗净根部培养基，将其移入珍珠岩基质。移栽时用镊子将基质压割成 1～2 cm 深的槽沟，覆上基质，用水浇湿，以便根部与土壤密接。遮光保湿 2～3 d，温室内的相对湿度保持在 85%以上，气温白天控制在 25～28 ℃，夜间保持在 15 ℃以上，光照应当充足，当植株高度达到 10～15 cm，具有 5 片左右完全展开深绿的复叶时移入田间。

五、实验结果

马铃薯茎尖接种后，定期观察其生长、分化及污染情况，及时统计并详细记录有关接种、培养、脱毒检测、试管苗移栽等过程中的相关数据。根据记录，按照以下公式计算出污染率、脱毒率、移栽成活率等，并将实验结果统计填写于下表。

污染			脱毒			移栽		
接种茎尖总数	污染数	污染率	检测株数	脱毒株数	脱毒率	移栽株数	成活株数	成活率

污染率＝污染瓶数／总接种瓶数×100％；

脱毒率＝检测出的无毒苗植株数／被检测的试管苗总株数×100％；

移栽成活率＝移栽成活的植株数／移栽试管苗的总株数×100％。

六、思考题

(1)病毒感染植物后，会给植物造成哪些危害？

(2)植物脱毒的方法有哪些？其中茎尖脱毒的原理是什么？

(3)植物茎尖脱毒的技术方法流程有哪些？影响脱毒效率的因素有哪些？

(4)对脱毒植株进行脱毒效率检测的方法有哪些？其使用范围是什么？

实验 2-7 花药和花粉培养

一、实验目的

了解花药和花粉培养的意义和区别，巩固无菌操作方法，掌握花药和花粉培养技术流程及方法。

二、实验原理

花药属花的雄性器官，花药培养(anther culture)属于器官培养；花粉是单倍体细胞，花粉培养(pollen culture)属于细胞培养，也称为“小孢子培养”。植物的花粉是花粉母细胞经减数分裂形成的，其染色体数目只有体细胞的一半，称为单倍体细胞(haploid cell)。在离体培养条件下的植物花药和花粉，改变其正常的配子体发育途径和花粉细胞雄性发育，并转向孢子体发育途径形成花粉植株。由于花粉植株的起始细胞来自单核花粉粒，通过这一途径再生的植株为单倍体植株(杨淑慎，2009)。Guha 和 Maheshwari 等(1964)首次成功培养了毛叶曼陀罗的花药，获得了单倍体植株，随后 Bourgin 和 Nitsch(1967)从烟草的花药培养中成功诱导出了单倍体植株，由此，开辟了植物单倍体育种的先河。日本、法国、英国、丹麦、德国、美国、加拿大和澳大利亚等国家相继开展了这方面的研究。目前已有300多种高等植株的花药培养获得成功，其中水稻、玉米、小麦、黄瓜、白菜、萝卜、杨树等50多种植物通过这一技术获得了具有重要育种价值的单倍体植株。单倍体植株只有一套染色体，所以高度不孕。如果单倍体植株经染色体数目加倍，即可获得纯合二倍体植株或纯系。因此，单倍体育种具有快速、高效、基因型一次纯合等优点，在作物育种上具有广泛应用价值。

影响花药培养和花粉培养的因素很多。

(1)培养材料。不同植物材料的花药培养力大小不同；老龄树比幼龄树培养的成功率低，处在生殖生长的花药培养容易获得单倍体；花粉的发育时期也是影响培养效果的重要因素。花粉的发育时期包括四个时期，其细胞学特征如下：①四分孢子期：减数分裂后，花粉的形成连在一起的4个小孢子，镜检时常看到一个平面上3个小孢子及小孢子核。②单核期：又可分为早、中、晚三个时期。早期时，核大居中，细胞体积小，没有液泡；核开始往边缘移动，体积正常，开始液泡化，为单核中期；核靠近细胞壁，胞质液泡化，称为晚期或单核靠边期。③双核期：细胞核经过第一次有丝分裂后，形成两个大小不一致的核，一个营养核，一个为生殖核。④ 三核期：生殖核继续进行第二次有丝分裂，形成两个生殖核，淀粉积累，花粉成熟。

(2)预处理。花药和花粉离体培养是抑制花粉细胞正常发育成配子体而转变入孢子体发育阶段，使雄核生殖的异常发育得以实现，形成单倍体植株。对培养材料(植株、花穗、花蕾或花药)进行一定的预处理，可增强雄核的诱导效应。常用的预处理方法包括温度预处理、化学预处理和物理预处理等。

(3)培养条件。基本培养基的成分、有机物、培养方式和光温外界条件。不同的植物需要的培养基不同，H培养基适合烟草花药培养、FHG适合大麦小孢子培养、C_{17}适合小麦花药培养、N6适合水稻花药培养；铵态氮和硝态氮的浓度及比值也是影响花粉细胞分化的重要因素。外源激素如2,4-D能有效促进花粉启动分裂，但有些禾谷类作物的花药培养过程不需要添加外源激素，花粉也能分裂分化。因此，在进行花药花粉培养时，应进行科学合理的试验设计，更注重参考应有的研究成果。光、温等条件也是影响花药培养效率的重要因素。一般植物花药花粉培养适宜温度为24～28 ℃，光强稍弱，1 000～2 000 lx。实际研究中，根据不同的植物的生长习性，给予培养条件的调整。

三、实验材料及主要药品、器具

1. 材料

水稻各发育时期的稻穗。

2. 试剂

聚甲醛、戊二醛、磷酸缓冲液、醋酸洋红、次氯酸钠、吐温—20、无菌水、秋水仙碱、2%二甲基亚砜(DMSO)。

3. 培养基配方

粳稻花药愈伤组织诱导培养基配方：N6＋2,4-D 1～2 mg/L＋NAA 2～4 mg/L＋KT

0.5～1.0 mg/L＋3％蔗糖＋0.6％琼脂粉，pH5.8；愈伤组织分化培养基配方：MS＋6-BA 2 mg/L＋KT 2 mg/L＋NAA 0.5 mg/L＋3％蔗糖＋0.6％琼脂粉＋0.1％活性炭；茄子花药预培养基配方：MS＋2,4-D 0.2 mg/L＋KT 1 mg/L＋5％葡萄糖＋0.6％琼脂粉，pH5.8；茄子小孢子液体培养基配方：KM＋2,4-D 0.2 mg/L＋KT 1 mg/L＋6-BA 1 mg/L＋5％葡萄糖，pH5.8；茄子花粉愈伤组织分化培养基配方：MS＋ NAA 0.01 mg/L＋6-BA 2.0 mg/L＋2％蔗糖＋0.6％琼脂粉＋0.5％活性炭，pH5.8；茄子单倍体植株生根培养基配方：1/2MS＋ IBA 0.2 mg/L＋3％蔗糖＋0.5％琼脂粉＋0.5％活性炭，pH5.8。

4. 仪器

天平、电炉、高压灭菌锅、超净工作台、解剖镜。

5. 用具

镊子、解剖刀、解剖针、酒精灯、培养皿、广口瓶、载玻片、滤纸。

四、实验步骤

(一)水稻的花药培养

1. 花粉发育时期的鉴定

(1)取材：晴天上午8:00—10:00或下午16:00—18:00采集水稻各发育时期的稻穗，并量取剑叶与倒叶二叶的距离。

(2)固定：取各不同发育时期穗中部的一次枝梗上的小穗，每组取小穗20个左右，切去小穗稃端及小穗梗，迅速投入3％聚甲醛＋1.5％戊二醛(磷酸缓冲液配制，pH6.9)固定液中，室温固定2 h。

(3)染色、检查：取固定液中花药一个，置于载玻片上，吸水纸吸去固定液，滴上一滴醋酸洋红染色液，用解剖针大头一端，在染色液中将花药轻轻压碎，使花粉从药囊中游离出来。然后弃去药壁残渣，盖上盖玻片。酒精灯火焰上迅速来回轻烤几次，目的是破坏染色质，使细胞核着色，同时驱赶气泡，注意不可过热或煮沸，待制片冷却后，可在显微镜下检查发育时期。观察花粉发育时期与稻穗外部形态的相关性。

2. 花药培养

(1)取材：晴天上午8:00—10:00或下午16:00—18:00进行，此时花粉发育正处于分裂盛期。田间选取植株健壮、无病斑的主茎或一级分蘖，一般认为水稻剑叶与倒二叶叶枕间距5～10 cm是花药培养取材的外部形态指标，此时花粉发育处于单核靠边期，最适宜花药培养。剪取材料，贴上标签，湿纱布包裹，装袋带回实验室。

(2)低温处理：将装有稻穗的塑料袋置于8～10 ℃冰箱进行低温预处理8～10 d。

(3)消毒处理：幼穗需要次氯酸钠消毒5～10 min，蒸馏水冲洗3次。当叶枕间距8～10 cm时，消毒、水洗后幼穗颖壳还保持相对硬度，利于剪颖壳，抖出花药。

(4)花药愈伤组织的诱导：通过大量试验及比较，迄今已获得适合各种不同类型水稻花培材料的培养基，如适合粳稻的 N6、籼稻的合 5、籼粳杂种的 SK3 以及对籼、粳稻都有较好效果的通用 M8 培养基等。根据水稻类型选用相应的培养基，附加 2,4-D 1～2 mg/L＋NAA 2～4 mg/L＋KT 0.5～1.0 mg/L＋6%蔗糖＋3%琼脂粉，将花药接种在固体平板上，25 ℃条件下暗培养 60 d，观察愈伤组织的诱导情况。

【注意事项】

镊子夹取花药时，用力要轻，避免药壁受伤形成愈伤组织。

(5)分化培养及生根培养：将上面诱导出的愈伤组织接种在分化培养基上，先 27 ℃条件下暗培养 3 d，再转入光照培养，2 000 lx，12 h/d。一周后可见愈伤组织上长出许多绿色和白色芽丛，等 2～3 叶时可转入生根培养中进行生根，也可不转，直接在原来分化培养基上生根形成植株。

(6)驯化移栽：驯化炼苗 5～7 d 后，洗净琼脂，取花粉植株栽植于盆钵中，移栽后精细管理，直至成活。

(7)鉴定：取根尖进行解离、固定、染色、显微镜鉴定染色体，得到单倍体植株。

(8)加倍处理：待鉴定为单倍体再生植株长至 20 cm，挖起洗掉泥土，剪去老根，留下新根约 1 cm，并分成单株。将水稻苗移入 1.25 mmol/L 秋水仙碱附加 2% DMSO 溶液中，使分蘖节处于溶液面下 3 cm 左右，在 25 ℃、光照(14 h/8 h)条件下处理 24 h。处理后经流水冲洗 6 h，然后栽回土壤，可获得纯合的二倍体植株。

(二)茄子的花粉培养

(1)花粉的采集及保存：上午 9:00—10:00 采集门茄花蕾开始，采集标准为花冠与萼裂处平齐或略高(2 mm 以内)，花冠包裹紧密，持续采集两个月。用牛皮纸包好后，置于 4 ℃冰箱中保存。

(2)花蕾的消毒：将花蕾放入三角烧瓶中，每瓶滴加 2 滴吐温—20，自来水冲洗 5 min 以清洁花蕾表面灰尘。在超净工作台上用 75%酒精浸泡 30 s 后，用 5%次氯酸钠浸泡 20 min，再用无菌水漂洗 4 次。灭菌后的花蕾用无菌滤纸吸干表面水分备用。

(3)花蕾的预培养：在超净工作台上用镊子剥开花冠，取出花药接种在预培养基的表面，每皿接种两个花蕾的花药，封口膜封口移至 36 ℃培养箱中暗培养 6 d。

(4)小孢子培养：挑取预培养结束后未污染的膨大的花药接种在液体培养基中，用无菌刀从花药中部切成两段，用镊子挤压游离小孢子后将花药挑出，封口膜封口培养。

(5)愈伤组织的分化：当液体培养基中花药顶端和中部出现愈伤组织时，直径长至 2 mm 以上时即可转至分化培养基上，置于光强 1 500～2 000 lx、光照 14 h/d、温度为 25 ℃条件下培养。每 15 d 切割继代一次，直至分化芽苗。

(6)生根培养：当绿色芽苗长至 1～3 cm 高时即可转入生根培养基中，置于 2 000 lx、光照 14 h/d、温度为 25 ℃条件下培养，20 d 左右可长成带根小植株。

五、实验结果

统计水稻和茄子花药、小孢子离体培养中愈伤组织的诱导率、成苗率，植株的形态生长情况。

六、思考题

(1)植物花药培养和小孢子培养的区别及在育种中的意义。

(2)通过压片镜检,了解花粉发育各发育时期的形态特征及其与花蕾花药外形的相关性。

(3)总结影响花药培养和小孢子培养效果的因素有哪些。该怎样把握?

(4)简述花药培养和小孢子培养的技术流程。

实验 2-8 植物胚胎拯救技术

一、实验目的

了解胚胎拯救技术在植物育种中的意义和作用,掌握植物胚胎培养的基本原理和操作技术要领。

二、实验原理

植物胚胎培养是指在离体条件下使胚或具胚器官发育成幼苗的技术,包括胚培养、胚珠培养、子房培养、胚乳培养和离体授粉、受精等,其中胚培养包括幼胚培养和成熟胚培养。幼胚是指子叶期以前的幼小胚,从母体中分离出来放在人工培养基上,使其发育成苗。首次胚胎培养在 1904 年,Haning 成功培养了萝卜和辣椒的胚,并萌发形成小苗。1925—1929 年,Laibach 通过培养亚麻种间杂种幼胚,成功获得了种间杂种,首次证实了这种方法具有重要的实用价值。20 世纪 30 年代把兰科植物的胚培养成小植株;40 年代进行苹果、桃、柑橘、梨、葡萄、山楂、马铃薯、甘蓝与大白菜的种间杂种的胚胎培养、胚乳培养及子房与胚珠培养。

幼胚培养是植物有性杂交育种,特别是远缘杂交育种、倍性育种的重要辅助手段,能克服远缘杂交不育而获得种间和属间杂种,缩短育种周期。植物的胚是完整植株的雏形,正常适宜条件下,胚能发育成熟,并且可以直接播种生长成完整植株。但是,由于营养和生理原因,有些胚在发育早期就败育或退化,不能形成有萌发力的种子。对于这些未成熟的、处于异养的幼胚从母体中分离出来,进行离体培养的技术称为胚拯救。由于幼胚是异养的,需要从母体组织或胚乳中吸收各种营养物质或活性物质,因此,幼胚培养对培养基要求比较严格,需要提供适宜的培养条件。不仅要求培养基具有完全的营养成分,而且对培养基的渗透压、激素水平及附加成分都有一定的要求:胚龄越小,要求的渗透压越高,如球形胚一般要求蔗糖 8%～12%,而心形胚至鱼雷性胚则要求蔗糖浓度4%～6%;幼胚自身合成的内源激素较少,难以维持其正常生长发育,因此,培养时需要添加少量的生长素、细胞分裂素和赤霉素等生长调节剂;有些附加物对幼胚培养有一定作用,常用的氨基酸有谷氨酰胺、甘氨酸、谷氨酸等,一些天然提取物如CM(椰子汁)、酵母提取物、麦芽提取物和胚乳汁、番茄汁和马铃薯提取物等也常用于幼胚培养。有些植物的低龄幼胚直接培养很难成活,此时,可采用胚珠培养,使幼胚在胚珠中长大,再将胚取出培养。需要注意的是不同植物、不同胚龄对渗透压、调节剂种类和比例及附加成分的种类、浓度的要求和反应不同。

幼胚离体培养常见的生长发育方式有三种:①胚性发育,是指离体后接种到培养基上,仍按照在活体内发育方式发育形成成熟胚,最后再按种子萌发途径出苗形成完整植株。②早熟萌发,是指幼胚接种后,不再继续生长,而是在培养基上迅速萌发成幼苗。通过这种方式形成的幼苗往往细弱、畸形,难以成活。因此,幼胚培养中应防止早熟萌发。通过提高培养基中渗透压或加入ABA、CH等对早熟萌发有一定的抑制作用。③愈伤组织,幼胚在培养基上经过脱分化、细胞分裂形成愈伤组织,大多为胚性愈伤组织,很容易分化成苗。

三、实验材料及主要药品、器具

1. 材料

结球白菜授粉18～25 d的角果。

2. 试剂

75%酒精、0.1%的升汞、无菌水。

3. 培养基配方

愈伤组织分化培养基配方:MS+6-BA 1.5 mg/L+NAA 0.6 mg/L+蔗糖3%+琼脂0.6%,pH5.8;生根培养基配方:1/2MS+NAA 0.3 mg/L+蔗糖3%+琼脂0.6%,pH5.8。

4. 仪器

天平、电炉、高压灭菌锅、超净工作台、解剖镜。

5. 用具

镊子、解剖刀、解剖针、酒精灯、培养皿、广口瓶、滤纸。

四、实验步骤

1. 取材

晴天上午摘取开花后18～25 d的角果。

【注意事项】

胚龄越大,越容易培养。但以拯救幼胚为目的的胚培养时,其取材应充分了解胚退化衰退的时期,以便在此之前取出幼胚进行培养。幼胚退化衰退越早,抢救工作就越困难。

2. 消毒

用75%酒精将角果表面消毒30 s后,置于0.1%的升汞溶液中灭菌10 min,无菌水冲洗

3～4 次。

【注意事项】

幼胚包被在种子内，一般是不带菌的，只需要将果实或种子彻底消毒，无菌条件下分离出的幼胚一般不会被污染。

3. 接种培养

用镊子剥取角果内胚珠，置于灭过菌的培养皿内，然后用解剖针挑出幼胚，将幼胚接入培养基中。先暗培养 5 d 后转入光下培养。培养条件为光照强度 2 000 lx，每天光照 14 h，温度 25 ℃。15 d 左右，幼胚变绿长成幼苗。

【注意事项】

剥取幼胚时一定要注意保湿、无菌，且操作迅速。

4. 生根培养

选取 3～5 cm 丛生芽，转接至生根培养基中，培养条件同上。

五、实验结果

(1)统计幼胚在培养基的萌发情况及生长表现。

(2)观察幼胚形成的芽在生根培养基上的生根情况，统计生根率、根数、根长等指标。

六、思考题

(1)植物胚胎培养的范围有哪些？胚胎培养在植物育种上的意义及用途有哪些？

(2)幼胚在离体培养中的生长发育方式有哪三种？其特点是什么？

(3)简述幼胚培养的基本程序和影响幼胚培养的因素。

实验 2-9 烟草的遗传转化及转化株的筛选鉴定

一、实验目的

烟草是遗传转化的模式植物，已经建立了一套完善的转化再生体系，可用于基因功能验证。本实验以烟草为实验材料，通过农杆菌的侵染将外源基因导入受体烟草中。通过本次实验，学生可以巩固根癌农杆菌介导法的基本原理和一般步骤，掌握遗传转化的基本操作技术。

二、实验原理

农杆菌是普遍存在于土壤中的一种革兰阴性细菌，它能在自然条件下趋化性地感染大多数双子叶植物和裸子植物的受伤部位(受伤处的细胞会分泌大量酚类化合物，从而使农杆菌移向这些细胞)，并诱导产生冠瘿瘤或发状根。农杆菌有根癌农杆菌和发根农杆菌两种，分别含有Ti(Tumour inducing)质粒和Ri质粒，其上有一段T-DNA(Transferring DNA)。农杆菌通过侵染植物伤口进入细胞后，在vir区基因的作用下，可将T-DNA插入植物基因组中，并且可以通过减数分裂稳定地遗传给后代，这一特性成为农杆菌介导法进行植物遗传转化的理论基础。

遗传转化中所用的载体是在野生型载体的基础上进行改造，将致瘤基因删除，插入选择标记和多克隆位点。pBI121载体是常用的植物表达载体，载体的骨架是pUC18，以CaMV35S启动子驱动的新霉素磷酸转移酶基因、NPTII卡那霉素(kan)抗性选择标记基因、β-葡萄糖苷酶基因*gus*作为报告基因，转化获得的转基因细胞、组织或植株具有抗kan的特性，经组织化学染色呈蓝色。

三、实验材料及主要药品、器具

1. 材料

烟草组培苗、农杆菌菌株EHA105、载体pBI121。

2. 试剂

卡那霉素(Kan)、利福平(Rif)、羧苄青霉素(Carb)。

3. 培养基配方(简兴等,2015)

农杆菌固体和液体培养基配方：YEB+kan 50 mg/L+Rif 50 mg/L；MS_0液体培养基；叶片不定芽分化培养基M1配方：MS+6-BA 1.0 mg/L+NAA 0.1 mg/L+蔗糖30 g/L+琼脂粉6 g/L，pH5.8；抗性芽筛选培养基M2配方：M1+kan 100 mg/L+Carb 200 mg/L+蔗糖30 g/L+琼脂粉6 g/L，pH5.8。

4. 仪器

天平、电炉、高压灭菌锅、超净工作台、解剖镜。

5. 用具

镊子、解剖刀、解剖针、酒精灯、培养皿、广口瓶、载玻片、滤纸。

四、实验步骤

1. 培养基的配制

配制菌体培养、叶片不定芽分化和抗性芽筛选等培养基。

2. 叶盘预培养

材料为“本氏”烟草的组培苗(常用于基因遗传转化)，取新展开的幼嫩叶片，将叶片剪成

0.5～1 cm^2 的叶盘，远轴面接触培养基，每瓶接 4～6 个外植体，进行预培养 2 d。

3. 农杆菌的活化及摇菌

将工程菌株 EHA105（内有 pBI121）从超低温冰箱中取出，画线在固体 YEB＋Rif 50 mg/L＋Kan 50 mg/L 平板上，28 ℃培养直至长出单菌落。挑取单菌落接种在液体 YEB＋Rif 50 mg/L＋Kan 50 mg/L 上，28 ℃，200 r/min 振荡培养至 *OD*＝0.6，离心收集菌液。

4. 侵染

用 MS_0 液体培养基重悬，调整 *OD* 值至 0.6，将预培养 2 d 的叶盘置于菌液中侵染5 min，取出用无菌滤纸吸干表面的菌液，接入 M1 上共培养 4 d，培养条件为暗培养。

5. 选择培养

将共培养过的叶盘无菌条件下转入 M2 选择培养基上进行选择培养，筛选抗性芽，每15 d 转接 1 次，30 d 统计抗性芽分化率。培养条件为光照强度 2 000～3 000 lx，光周期 12 h/12 h，培养温度(25±2)℃。

6. 成苗培养

将抗性芽分成单芽，接入 MS_0 ＋Carb 200 mg/L＋蔗糖 30 g/L＋琼脂粉 6 g/L，pH5.8 上进行芽苗伸长和生根培养，得到完整的抗性植株。

7. 转化植株的 PCR 鉴定

生根良好的抗性苗经过炼苗、驯化移栽，15 d 后等到长出新叶，用 CTAB 法提取 DNA。以转化烟草植株 DNA 为模板，野生型为阴性对照，重组表达载体为阳性对照，根据外源基因或 CaMV35S 启动子的序列设计特有引物，进行 PCR 扩增，琼脂糖凝胶电泳检测，出现阳性条带的为转基因植株。

五、实验结果

烟草再生能力强，叶盘边缘伤口处会同时分化出不定芽和愈伤组织，经过侵染、抗生素压力筛选后，有些叶盘黄化死亡，有些叶盘分化出少量的不定芽，称为抗性芽。本次实验结果需观察抗性芽分化情况、生长情况、PCR 鉴定情况，并将统计结果列入下表中。

接种数	抗性芽块数	抗性芽分化率/%	抗性芽数	阳性植株数	转化率/%

六、思考题

(1)利福平、卡那霉素、头孢青霉素在培养过程中各起什么作用？

(2)简述农杆菌介导途径进行基因转化的机制及操作步骤。

(3)影响转化率的因素有哪些？

实验 2-10 植物原生质体的分离、纯化与培养

一、实验目的

(1)学习掌握原生质体制备的方法,了解影响原生质体得率的因素。原生质体是细胞工程育种、转基因受体及开展遗传理论研究的重要材料,因此要想进行上面的一系列研究,获得完整纯净的原生质体是一项必需的工作。在原生质体的制备过程中,有很多因素都会影响得率,如材料种类、预处理方法、酶的种类和浓度、酶解条件、渗透压稳定剂、分离纯化的方法等。只有充分掌握了其影响因素,才能选择和创造好的制备条件,得到完整纯净的原生质体。

(2)学会原生质体的活性鉴定、计数及培养原生质体方法。在分离纯化原生质体的过程中,总有一些破裂死亡,通过一些染色法可判断原生质体成活率高低。原生质体同单细胞一样,培养时要求接种密度达到一定的临界值,因此需要原生质体的计数并调整其密度。原生质体的培养是在单细胞培养的基础上发展起来的,但比单细胞培养要求高。通过学习原生质体培养以了解原生质体活性鉴定的原理,并掌握血细胞计数板使用的方法、原生质体对营养和环境的要求及培养的具体操作技术。

二、实验原理

植物原生质体(protoplast)是除去细胞壁后所包围的“裸露细胞”。虽然没有了细胞壁,但原生质体仍然保持着植物细胞全能性,而且仍能进行植物细胞的各种生命活动,包括蛋白质和核酸的合成、光合作用、呼吸作用、通过膜和外界进行物质交换等,因此原生质体是许多基础理论研究的理想材料。另外,原生质体还可以与异源原生质体融合,而且在离体培养条件下能够再生细胞壁,并启动细胞持续分裂,直至形成细胞团,长成愈伤组织或胚状体,直至分化和发育成苗,最终再生成完整植株,从而能有效克服不同物种之间有性杂交的不亲和障碍,为实现远缘物种间的体细胞杂交、培育新种开辟了新途径。因此,原生质体研究在理论和实践上都具有重要意义。

实验表明,几乎植物体的每一部分都可分离得到原生质体。叶肉组织细胞排列疏松,酶液比较容易到达细胞壁,从叶片中可以分离出大量的比较均一的原生质体;叶肉原生质体有叶绿体,为选择杂种细胞提供了天然的标记,再加上取材方便,来源丰富,因此叶片是最常用的材料。单子叶植物,特别是禾谷类植物的叶表面通常含有硅质,不易被酶液降解,常用愈伤组织或悬浮培养的细胞制备原生质体。用愈伤组织或悬浮培养的细胞制备原生质体时,细胞系建立时间的长短、继代培养的时间或培养基的成分等都会影响原生质体的得率和质量。选用结构疏松并处

于对数生长期的细胞培养分离原生质体效果最好。如采用胚性愈伤组织及由其建立的胚性悬浮细胞系更容易获得高质量的原生质体，且在培养中容易得到持续的细胞分裂。无菌幼苗的子叶、下胚轴和根等也可用于原生质体的分离。尤其是下胚，由于该部位细胞具有较强的分裂能力，分化的程度不高，分离的原生质体经培养后很容易分裂。

由于供体材料的年龄、生理状态和生长环境等都可能影响原生质体的得率、质量以及以后的培养和再生，同时也影响试验的重复性，因此一般选用生长旺盛、生命力强的组织作为分离原生质体的材料。无论采用哪一种材料，保持其培养条件的相对稳定是十分重要的。在制备原生质体前对供体材料进行预处理往往有助于获得优质的原生质体，并且对材料进行预处理能提高原生质体的分裂频率；也可以逐步提高植物材料的渗透压，以适应培养基中的高渗环境。这些处理包括暗处理、预培养、低温处理等。把豌豆的枝条取下后，在分离原生质体前，先让材料在黑暗中的一定湿度条件下放 1～2 d，这样得到的原生质体存活率高，并能继续分裂；马铃薯试管苗叶片需在黑暗下处理 48 h 后分离原生质体，才会获得较高的原生质体产量；在羽衣甘蓝叶肉组织原生质体的分离和培养中，先去掉叶片的下表皮，再在诱导愈伤组织的培养基中预培养 7 d，然后再去壁，这样得到的原生质体分裂频率显著提高；龙胆试管苗的叶片只有用 4 ℃低温处理后分离得到的原生质体才能分裂。然而在很多情况下材料不必经过专门的预处理。

分离植物原生质体的方法有机械分离法和酶解分离法。机械法是早期研究中借助利器或机械磨损等措施使细胞壁破损，促使原生质体释放的方法。1892 年，Klercker 首次用此法获得藻类原生质体。这种方法的操作步骤是先使细胞质壁分离，再用微刀切破细胞壁，让原生质体释放出来。采用机械法分离原生质体可避免酶制剂对原生质体的破坏；但是操作难度大，费时费力，获得量少，不能大量制备。酶解法分离原生质体是一个常用的技术。1960 年，Cocking 首次应用酶解法制备番茄原生质体获得成功。其原理是植物细胞壁主要由纤维素、半纤维素和果胶质组成，因而分离原生质体主要使用纤维素酶、半纤维素酶和果胶酶，除去细胞壁，即可得到原生质体。该法可大量制备，得率高；制得的原生质体完整性好、活力高。纤维素酶是从绿色木霉中提取的一种复合酶制剂，主要含有纤维素酶 C；作用于天然的和结晶的纤维素，具有分解天然纤维素的作用，还含纤维素酶 CX，作用于定形的纤维素，可分解短链纤维素，另含有纤维素二糖酶、木聚糖酶、葡聚糖酶、果胶酶、脂肪酶、磷脂酶、核酸酶、溶菌酶等，总体作用是降解纤维素，得到裸露的原生质体。果胶酶是从根霉中提取的，使细胞间的果胶质降解，把细胞从组织内分离出来。半纤维素酶制剂可以降解半纤维素为单糖或单糖衍生物。此外，还有蜗牛酶，主要用于花粉母细胞和四分体细胞。EA3－867 纤维酶是上海植物生理研究所从野生型绿色木霉菌种中提取制成的，粗制品是多种酶的复合物，含有纤维素酶（包括 C1、CX、B-葡萄糖苷酶等）、果胶质酶及半纤维素酶等，分离细胞壁的效果较好。这种复合酶使用时不需加半纤维素酶和果胶酶等，就可以分离出植物原生质体。日本产的 Onozuka 纤维素酶常和果胶酶结合使用，可先用果胶酶降解果胶，使细胞分开，再用纤维素酶处理降解细胞壁，即二步法降解。酶制剂的种类和用量因材料和其酶活力高低不同而异。应该注意，任何酶制剂都不是绝对纯的，一般都不同程度地混有对原生质体不利的脂酶、蛋白酶甚至核酸酶，因此使用酶制剂时所应遵循的原则是：用最少的酶制剂种类、最少的量，但能分离得到完整、健康的原生质体为准。为防止粗酶制剂中杂酶对原生质体的不利影响，在有些情况下，使用之前需要对酶进行纯化。

植物细胞壁对细胞有良好的保护作用。去除细胞壁之后如果溶液中的渗透压和细胞内的渗透压不同，原生质体有可能涨破或收缩。因此酶液、洗液和培养液中的渗透压应大致和原生质体内的相同，或者比细胞内渗透压略大些。渗透压大些有利于原生质体的稳定，但也有可能阻碍原生质体的分裂。因此，在分离原生质体的酶溶液内，需加入一定量的渗透稳定剂，其作用是保持原生质体膜的稳定，避免破裂。常用的渗透稳定剂有两种系统：①糖溶液系统：包括甘露醇、山梨醇、蔗糖和葡萄糖等，其中以甘露醇最为常用，浓度在 0.40～0.80 mol/L。本系统还可促进分离的原生质体再生细胞壁并继续分裂。②盐溶液系统：包括 KCl、$MgSO_4$ 和 KH_2PO_4 等。其优点是获得的原生质体不受生理状态的影响，因而材料不必在严格的控制条件下栽培，不受植株年龄的影响，使某些酶有较大的活性使原生质体稳定。另外，添加牛血清蛋白可减少或防止降解壁过程中对细胞器的破坏。近年来多采用在盐溶液内进行原生质体分离，再用糖溶液做渗透稳定剂的培养基中培养。也可以混用，将合适浓度的甘露醇溶于 CPW 盐溶液中作为稳定剂，已成功从十字花科植物、番茄和大豆等植物中分离得到原生质体并分别培养成愈伤组织或再生植株。渗透压稳定剂使用的浓度范围随植物材料的不同而异，一般为 0.35～0.80 mol/L。此外，为了防止质膜破裂，提高原生质体的稳定性与活性，促进细胞壁形成、细胞分裂，还需要质膜稳定剂。常用质膜稳定剂有葡萄糖硫酸钾，能抑制某些杂酶和 RNA 酶的活性；2-N-吗啉乙烷磺酸(MES)，不但具有质膜稳定作用，还具有缓冲 pH 作用。

制备原生质体时除了考虑取材、酶的种类和纯度、酶液的渗透压等因素外，另外酶液的 pH、浓度、酶解时间及温度等因素也会对原生质体的质量和产量有影响。酶溶液的 pH 对原生质体的产量和生活力影响很大。一般在 pH5.4～7.0，不同材料对酶液的 pH 要求有差别。用菜豆叶片做培养材料时，发现原始 pH 为 5.0 时，原生质体产生得很快，但损坏较严重，并且培养后大量破裂。当 pH 提高到 6.0 时，最初原生质体却产生少，但与 pH 为 5.0 时处理同样时间后相比，原生质体数量显著增加。原始 pH 提高到 7.0 时生活的原生质体数量进一步增加，损伤的原生质体也少得多。材料和酶液的体积比一般为 1∶10，酶解所需时间因材料和酶浓度不同而异，以原生质体游离下来为准。但是，时间过长对原生质体有害，所以一般不应超过 24 h。酶解温度要从原生质体和酶活性两方面考虑。对于这几种酶来说，最佳处理温度在 40～50 ℃。但这个温度对植物细胞来说太高，所以一般都在 25～30 ℃进行酶解。由于光照可能造成原生质体活力下降，所以酶解应该在黑暗或弱光条件下进行。酶解过程一般静止进行，但每隔一段时间应轻轻摇动几下，也可将其置于 50 r/min 的摇床上轻轻振荡来分离原生质体(陈欣佳等，2006)。

酶解后的混合物包括原生质体、有破碎细胞的细胞器等、也有未解离的组织或细胞。酶解后的混合物用尼龙网或镍丝网(50～70 μm)过滤以清除较大碎屑。对于原生质体里混有的较小的杂质可采用离心沉淀法、漂浮法、界面法进行纯化。采用离心沉淀法时转速的控制以将原生质体沉淀而细胞碎片等杂质仍悬浮在上清液中为准，一般于 500～800 r/m 的转速下离心 3～5 min。用吸管小心吸掉上清液，再把沉淀物重新悬浮于 CPW 清洗培养基中，反复 3 次。而漂浮法根据原生质体来源不同，利用比重大于原生质体的高渗蔗糖溶液，离心后使原生质体漂浮其上，残渣碎屑沉到管底。界面法是利用高分子聚合物混合液产生两相水溶液的原理，通过离心可使原生质体处于两液相的界面之间，该法可获得大量的纯净的原生质体(陈汝民等，1996)。

测定原生质体的活性有多种方法。有TTC(2，3，5-氯化三苯基四氮唑)染色法、0.1%酚番红染色法、Evans蓝染色法，其中荧光素双醋酸酯(FDA)染色是常用的一种方法，FDA本身无荧光，无极性，可透过完整的原生质膜。一旦进入原生质体后，由于受到酯酶分解而产生具有荧光的极性物质荧光素。它不能自由出入原生质膜，因此有活力的细胞能产生荧光，无活力的原生质体不能分解FDA，无荧光产生(夏海武等，2009)。

一般来说，原生质体培养基的基本成分与培养细胞的培养基成分相似，但一般做适当调整。如无机盐中提高钙离子，降低氨离子，并增加有机成分；如KM8p培养基就是一种适合培养原生质体的培养基。培养原生质体时应注意渗透压稳定剂种类和浓度的选用，因不同植物的原生质体对渗透压稳定剂的要求是不同的。另外植物生长物质的种类和浓度对原生质体培养的成败也很关键。现在常用的原生质体培养方法有液体浅层培养法、双层培养法、琼脂糖包埋法、琼脂糖珠培养法以及使用条件培养基或饲养层培养等。液体浅层培养法是将含有原生质体的培养液在培养皿底部铺一薄层，封口后进行培养。一般直径3 cm加1～1.5 mL培养液，直径6 cm加2～3 mL培养液。双层培养法即在培养皿底部铺一层琼脂糖固体培养基，再将原生质体液体悬浮液滴于固体培养基表面。琼脂糖珠培养法是将包埋有原生质体的琼脂糖珠或琼脂糖平板切块于液体培养基中悬浮培养。饲养层培养是将饲养层细胞(经过一定处理过的细胞)与原生质体共培养的技术。

三、实验材料及主要药品、器具

1. 材料

烟草无菌苗。

2. 主要药品及试剂

MS培养基各种母液、DPD培养基、2-N-吗啉乙烷磺酸(MES)、纤维素酶(Cellulase Onozuka R-10，Japan)、离析酶(MacerozymeR-10)、$CaCl_2 \cdot 2H_2O$、$KH_2PO_4 \cdot H_2O$、KNO_3、$MgSO_4 \cdot 7H_2O$、KI、$CuSO_4 \cdot 5H_2O$、甘露醇、葡萄糖、蔗糖、琼脂、75%的酒精、0.1%升汞、FDA、丙酮。

3. 仪器

超净工作台、恒温摇床、离心机、高压蒸汽消毒锅、倒置显微镜、普通显微镜。

4. 用具

微孔滤膜过滤器、血细胞计数板、培养皿、200目网筛、400目网筛、离心管、吸管、载玻片、接种工具。

四、实验步骤

(一)原生质体的分离

1. 培养基及试剂的配制

(1)培养基的配制。

烟草种子萌发培养基:MS+蔗糖 30 g/L+琼脂糖 6 g/L,pH5.8。

烟草原生质体培养基:DPD 液体培养基。以上培养基按实验 2-2 操作步骤进行配制和灭菌。

(2)CPW 溶液的配制。

由于 CPW 溶液中药品需要量相差较大,为了方便和准确,一般按表 2-10 和表 2-11 配成两种不同倍数的母液。

表 2-10 CPW 母液 I 的配制

序号	药品名称	CPW 溶液浓度(mg/L)	扩大 100 倍称量(mg)	
1	KH_2PO_4	27.2	2 720	蒸馏水定容至 1 000 mL
2	KNO_3	101	10 100	
3	$MgSO_4 \cdot 7H_2O$	240	24 000	

各成分按照表 2-10 培养基浓度含量扩大 100 倍,用感量为 0.001 g 的天平称取,用蒸馏水分别溶解,按顺序逐步混合。用蒸馏水定容到 1 000 mL 的容量瓶中,即为 100 倍的 CPW 溶液 I 的母液。倒入试剂瓶,贴好标签保存于冰箱中。配制 CPW 溶液时,每配 1 L 溶液取此液 10 mL。

表 2-11 CPW 母液 II 的配制

序号	药品名称	CPW 溶液浓度(mg/L)	扩大 1 000 倍称量(mg)	
1	KI	0.16	160	蒸馏水定容至 1 000 mL
2	$CuSO_4 \cdot 5H_2O$	0.025	25	

各成分按照表 2-11 培养基浓度含量扩大 1 000 倍,用感量为 0.000 1 g 的天平称取,用蒸馏水分别溶解后混合。后用蒸馏水定容到 1 000 mL 的容量瓶中,即为 1 000 倍的 CPW 溶液 II 的母液。倒入试剂瓶,贴好标签保存于冰箱中。配制 CPW 溶液时,每配 1 L 溶液取此液 1 mL。

$CaCl_2 \cdot 2H_2O$ 溶液可单独配制,称取 14 800 mg $CaCl_2 \cdot 2H_2O$,溶解于煮开的蒸馏水中,最后用蒸馏水定容到 1 000 mL 的容量瓶中,即配成 10 倍母液。配制 CPW 溶液时,取母液 I 10 mL、母液 II 1 mL,$CaCl_2 \cdot 2H_2O$ 溶液 100 mL,蒸馏水定容至 1 L,用 pH 计调 pH 至 5.6。

(3)细胞壁酶解液:1% Cellulase Onzuka R-10、0.5% MacerozymeR-10、10%甘露醇,三种质膜稳定剂 pH 5.2。$CaCl_2 \cdot 2H_2O$ 5 mmol/L、KH_2PO_4 0.35 mmol/L、MES 2.5 mmol/L,pH5.8~6.0,过滤灭菌。

(4)洗涤液 CPW-10M 的配制：CPW-10M 即含有 10%甘露醇的 CPW 溶液，称取 10 g 甘露醇，CPW 溶液加热溶解，最后用 CPW 溶液定容至 100 mL。

(5)洗涤液 CPW-21 S 的配制：洗涤液 CPW-21 S 即 CPW 盐附加 21%蔗糖溶液，称取 21 g 蔗糖，用 CPW 溶液定容至 100 mL。

2. 无菌苗的获得

烟草种子放入 75%的乙醇中浸泡 30 s，用无菌水冲洗 2～3 次，0.1%升汞消毒 8 min 后，再用无菌水冲洗 2～3 次，培养于 MS 培养基上。经过 50～90 d 的发芽生长获得无菌苗。

3. 组培苗的预处理及酶解处理

将烟草无菌苗进行黑暗培养 1 d，在超净化工作台上取 0.5 g 叶片剪细后，加在已装有 5 mL 酶解液的培养皿(直径为 6 cm)中，使叶片与酶解液充分接触、混匀，用封口膜封口后置于气浴恒温振荡器内暗酶解(26～28 ℃、40～45 r/min 回旋振荡)6～8 h。

4. 分离纯化

用 300 目不锈钢筛过滤，滤液经 700 r/min 离心 5 min 后，去掉上清液，加 CPW-10M 溶液，700 r/min 离心 5 min，弃上清液洗去酶液，预留 1～2 mL 原生质体溶液，缓慢加入 5 mL CPW-21 S 溶液，500 r/min 离心 5 min，吸取中间层纯净原生质体入另一试管，用 CPW-10M 洗涤 2 次，再用 DPD 培养基洗涤 1 次。

(二)原生质体活力检测及密度调整

1. 原生质体活力检测

取 1 滴原生质体提取液在载玻片上，加入相同体积的 0.02% FDA 稀释液，静置 2 min 后，于荧光显微镜下观察，发绿色荧光的为有活力的原生质体，没有产生荧光的原生质体无活力。计算百分率。

2. 密度测定与调整

将原生质体溶解在液体培养基中，用血细胞计数板记数，用融化的培养基将原生质体密度调整为 5×10^4/mL。

血细胞计数板也称细胞计数仪，用于细胞或原生质体的计数。计数板的构造见图 2－2。使用方法如下所述：

① 先在显微镜下检查计数板上的计数室是否干净，若有污物，则需要用酒精棉轻轻擦净，再以蒸馏水洗净，用吸水纸吸干。

② 将盖玻片盖在计数室上面。

③ 将细胞悬液滴在盖玻片一侧边缘，使其渗入计数室，直到充满计数室为止。

④ 在显微镜逐个计数中央计数格内的细胞。

⑤ 结果计算：以高度为 0.1 mm 的计数板为例(计数室面积为 1 mm^2，分为 400 小格)，先计算出每小格(即 1/4 000 mm^3)平均细胞 n，则每毫升细胞悬液中的总细胞数为 $n\times4\,000\times1\,000\times$稀释倍数。

⑥ 清洗计数板。勿用硬物洗刷，冲洗干净后晾干即可。

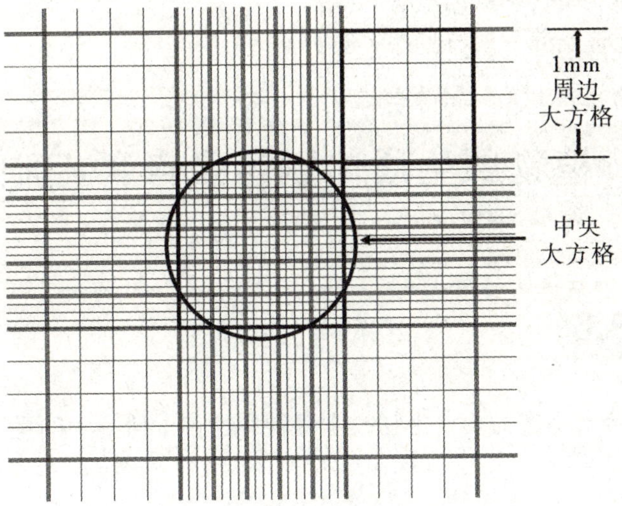

图 2－2　血细胞计数板计数室的构造

(三)原生质培养

1. 采用琼脂糖珠包埋培养方法

将调整好密度的原生质体溶液(按接种密度 2 倍)与温度为 30 ℃左右的 DPD 琼脂糖培养基等量混合，使琼脂糖浓度达 0.6%。将含原生质体的液体琼脂糖培养基用吸管以大约 50 μL 一滴滴于直径 6 cm 的培养皿中，待其固化后添加 3 mL 液体培养基，置于(26±1)℃黑暗培养，在培养至第 7 d、14 d、21 d 时除去旧液，加入新培养基(蔗糖含量为 20 g/L，葡萄糖 10 g/L，其他成分与 MS 相同)。培养一周后能见到几个细胞以上的细胞团，继续培养细胞团形成愈伤组织。

2. 液体浅层培养

将调整好密度的(接种密度)原生质体悬液用移液器分装在培养皿中，每皿放 2 mL，用石蜡膜封口，置于(26±1)℃进行黑暗培养。

五、实验结果

(1)FDA 法检查有活力的原生质体，按公式暗视野下发荧光的原生质体/明视野下原生质体总数来计算原生质体活力。

(2)接种培养后，统计原生质体的形成愈伤组织的百分率，愈伤组织诱导率＝愈伤组织块数/接种细胞数。

六、思考题

(1)原生质体制备与培养过程中要注意哪些问题?

(2)影响原生质体制备得率的因素有哪些？

(3)常用的原生质体培养方法有哪些？

实验 2-11　植物原生质体融合及杂种细胞的培养、鉴定

一、实验目的

了解原生质体融合技术作为一种生物技术育种和遗传学研究中的重要性，掌握原生质体融合的方法及操作技术。

二、实验原理

原生质体融合(protoplast fusion)是指通过人为的方法，使遗传性状不同的两个细胞的原生质体进行融合，借以获得兼有双亲遗传性状的稳定重组子的过程，主要研究对象是不同来源的体细胞的原生质体，因此，又称为体细胞杂交。1972 年，Carlson 首次获得粉蓝烟草和郎氏烟草的细胞杂种。1978 年，Melchers 获得了第一个属间细胞杂种(番茄＋马铃薯)。自此，体细胞杂交已在许多植物的种内、种间、属间甚至科间成功实现。在早期研究中，研究兴趣和重点集中在亲缘关系较远的植物之间的体细胞杂交，在许多系统发育上无关的种间进行了大量的原生质体融合实验，但成效不大。随后，人们的研究兴趣转向近缘植物间的体细胞杂交，主要是经济类作物、果树、蔬菜、花卉等，已成功用于多个物种的抗逆性状改良或创造新的种质。目前至少有 400 多种植物的原生质体成功培养获得再生植株，并且已通过原生质体融合获得多种植物种间、属间甚至是科间的体细胞杂种。近 40 年来，研究者对植物原生质体融合技术(包括融合方法和融合方式)进行了不断的改进和完善，通过体细胞杂交成功转移有益性状，从而实现品种改良。

植物原生质体融合的方法主要有聚乙二醇(PEG)-高 Ca^{2+}-高 pH 诱导融合法和电融合法。PEG 诱导融合的机制是由于 PEG 分子具有轻微的负极性，在具有正极性基团的水、蛋白质和 Ca^{2+} 的连接下与带负电荷的原生质体形成静电键。当 PEG 分子链足够长时，在相邻原生质体之间形成分子桥，其结果是使原生质体发生粘连。与膜相连的 PEG 分子被高 pH-高 Ca^{2+} 洗掉时，膜上电荷发生紊乱而重新分配，可能使一种原生质体上的带正电荷基团连接到另一种原生质体的带负电荷基团上，进而促使原生质体的融合；另外 PEG 能增加质膜的流动性。PEG 通过 Ca^{2+} 起作用，PEG、高 Ca^{2+}、高 pH 对融合起了协同作用。该融合方法优点是成本低，无须特殊设备，融合子产生的异核率较高；缺点是融合过程烦琐，PEG 可能对细胞有毒害(聂琼等，2012)。

1979年，Senda首次报道脉冲场可实现植物原生质体融合，Zimmemenn又发展了动植物细胞融合的方法和仪器。电融合的原理是当原生质体置于电导率很低的溶液中时，电场通高频交流电后，电流即通过原生质体而不是通过溶液，其结果是原生质体在电场作用下极化而产生偶极子，从而使原生质体聚集，排列成串珠状；然后给予短暂的高压直流电脉冲，引起细胞膜的穿透，从而导致两个紧密接触的细胞融合在一起。该法的优点是融合频率高，是PEG的100倍，重复性强，操作简便、快速，对细胞无毒，缺点是须专用的细胞电融合设备。

三、实验材料及主要药品、器具

1. 材料

烟草原生质体。

2. 试剂及培养基配方

PEG6000、NaOH、$CaCl_2$、DPD液体培养基、电融合介质(0.7 mol/L甘露醇+0.25 mmol/L，pH5.8，高压灭菌后备用)。

3. 仪器

天平、电炉、高压灭菌锅、超净工作台、电融合仪。

4. 用具

移液枪、培养皿、酒精灯、滤纸。

四、实验步骤

1. PEG法诱导融合

(1)将两种烟草的原生质体密度调整为4×10^5个/mL，等量混合。

(2)将混合的原生质体悬液滴在直径为30 mm的平皿中，每皿滴7～8滴，每滴约0.1 mL。然后静置10 min，使原生质体形成一薄层。

(3)将等量的PEG(30%，6 000)溶液缓慢地加在原生质体液滴上，静置10～15 min，倒置显微镜上观察原生质体间的粘连。

(4)向原生质体液慢慢地加入高pH(10.5)、高钙(0.1M)稀释液。第一次加0.5 mL，第二次加1 mL，第三和第四次各加2 mL，每次间隔5 min。

(5)将平皿稍微倾斜，吸去上清液，再缓缓加入4 mL稀释液，5 min后，再倾斜平皿，吸去上清液。注意勿使原生质体漂浮起来。

(6)用DPD培养基如上法换洗二次。

(7)每平皿中加培养基2 mL，轻轻摇动平皿。

(8)用parafilm膜密封平皿，暗培养24 h，然后转到弱光条件下培养。

2. 电融合

(1)用融合介质(FM)洗涤烟草原生质体两次，然后悬于FM中。洗涤细胞时，1 000 r/min

下离心 3 min，弃去上清液，将细胞悬于新鲜 FM 介质中。

(2)将混合均匀的细胞转移到相应的融合室内。

(3)启动介电电泳场，其振幅通常小于 200 V/cm，频率在 2 MHz 以内。用显微镜检测细胞是否排成一条链，调节振幅和频率以达到最佳效果。

(4)介电电泳场开约 1 min 后关掉，立即应用融合脉冲，其振幅数量级为 1 kV/cm。脉冲宽度小于 1 ms。在进行融合脉冲后立即再次启动介电电泳场，常规让其开启约 2 min。

(5)关掉介电电泳场，让细胞在样品池中静置 10 min。

(6)去掉 FM，用 DPD 培养基再次洗涤细胞。

(7)将细胞转移到培养皿，每平皿中加培养基 2 mL，轻轻摇动平皿。

(8)用 parafilm 膜密封平皿，暗培养 24 h，然后转到弱光条件下培养。

五、实验结果

(1)观察细胞融合过程并绘图。

(2)计算用倒置显微镜观察到的双核、异核融合频率。

六、思考题

(1)PEG 法诱导植物原生质体的机制是什么？

(2)电诱导融合的机制是什么？

实验 2-12 石斛的离体化学诱变技术

一、实验目的

了解植物离体诱变育种在植物育种中的作用及意义，诱变育种的方法及特点。掌握 EMS 和 NaN_3 诱变植物发生变异的机制及离体诱变的操作技术。

二、实验原理

植物离体诱变育种是指将离体培养技术与诱变相结合，利用各种诱变方法处理离体培养的材料(叶片、愈伤组织等)以诱发遗传物质的突变，利用细胞全能性获得突变细胞的再生个体，然后根据育种目标，对这些变异进行鉴定、培育和选择，最终育成新品种。诱变育种比自然突变具有突变率高、扩大突变谱、性状稳定快、育种年限短等特点。诱变方法有物理辐射诱变育种和化学试剂诱变育种。育种工作者常用的物理方法主要有紫外线、X 射线、γ 射线和中子。化学诱变最早在 1948 年，Gustafsson 等用芥子气处理大麦获得突变体。1967 年，Nilan 用硫酸二乙酯处理大麦种子育成了矮秆、高产品种 Luther。此后，化学诱变剂的研究和应用就逐步发展起来。目前发现的化学诱变剂较多，但公认的最有效和应用较多的是烷化剂和叠氮化物两大类。烷化剂中仍以甲基磺酸乙酯（ethylmethane sulfonate EMS）、硫酸二乙酯（diethvl-sulfonate，DES）和乙烯亚胺（ethyleneimine，EI）等类型的化合物应用较多，叠氮化物则以叠氮化钠研究和应用较多。与物理诱变剂相比，化学诱变剂的特点有：①诱发突变率较高，而染色体畸变较少。主要是诱变剂的某些碱基类似物与 DNA 的结合而产生较多的点突变，对染色体损伤轻而不致引起染色体断裂产生畸变。②对处理材料损伤轻，有的化学诱变剂只限于 DNA 的某些特定部位发生变异。③大部分有效的化学诱变剂较物理诱变剂的生物损伤大，容易引起生活力和可育性下降。此外，使用化学诱变剂所需的设备比较简单，成本较低，诱变效果较好，应用前景较广阔。

1953 年，遗传学家首次报告了 EMS 对突变诱导的有效性。EMS 是一种改变 DNA 结构的烷化剂，烷化剂的作用主要发生在 DNA 的鸟嘌呤 N-位置上，由于 G 上 N7 的烷基化，使 G 不再与 C 配对而与 T 配对，从而造成 G-C 与 A-T 之间的转换，改变 DNA 结构发生突变。

NaN_3 是一种安全、高效的化学诱变剂，自 1965 年 Spence 首先发现 NaN_3 的诱变作用以来，目前已被广泛应用于农作物诱变育种，如大豆、大麦、水稻、玉米、小麦等，在园艺作物苹果、兰、菊上也有应用。NaN_3 是点突变剂，作用复制中的 DNA，作用方式是碱基替换，使 DNA 断裂，等电点是 pH＝4.18，在 pH＝3 时 NaN_3 磷酸缓冲液溶液中主要产生呈中性的分子 HN_3，易透过膜进入细胞内，以碱基替换方式影响 DNA 的正常合成，从而导致点突变的产生。也是一种呼吸抑制剂，可以被浓硫酸破坏。植物组织培养技术与化学诱变相结合可提高细胞突变率的 10～100 倍，具有便于操作和控制、周期短等优点。

三、实验材料及主要药品、器具

1. 材料

石斛原球茎或肉质茎。

2. 试剂及培养基配方

EMS、NaN_3、MS 培养基母液、HCl、NaOH、蔗糖、琼脂、酒精、6-BA、NAA、KH_2PO_4、KOH。

3. 仪器

分析天平、电炉、高压灭菌锅、超净工作台、摇床。

4. 用具

镊子、酒精灯、三角瓶、搪瓷缸、接种工具。

四、实验步骤

1. 培养基的配制

按实验 2－2 的方法配制石斛不定芽分化培养基：MS＋6-BA 0.25 mg/L＋NAA 0.4 mg/L＋0.5 g/L 活性炭＋土豆汁 100 g/L＋0.7%琼脂粉＋3%蔗糖，pH＝6.5。

2. 相关试剂的配制

(1)0.1 mol/L、pH7.0 的 PBS 配制：取 50 mL 的 0.1 mol/L KH_2PO_4，加 29.1 mL 的 0.1 mol/L KOH 溶液，加水使混合溶液的总体积为 100 mL，就得到 pH 为 7.0 的磷酸盐缓冲溶液，灭菌备用。

【注意事项】

① 0.1 mol/L 的磷酸二氢钾溶液的配制方法：准确称取分析纯磷酸二氢钾 13.609 g，加水 100 mL，搅拌使其完全溶解，定容到 1 000 mL。

② 0.1 mol/L 的氢氧化钾溶液的配制方法：准确称取分析纯氢氧化钾 5.611 g，加水 100 mL，搅拌使其完全溶解，定容到 1 000 mL。

(2)EMS 工作液的配制：工作液浓度设置为 0%、0.2%、0.4%、0.6%、0.8%、1.0%(v/v)六个浓度梯度，每个浓度配 200 mL 工作液。工作台上分别取 EMS 原液 0 μL、400 μL、800 μL、1 200 μL、1 600 μL、2 000 μL，用灭过菌的 0.1 mol/L、pH7.0 的 PBS 定容至 200 mL，倒入 500 mL 三角烧瓶。

(3)0.02 mol/L、pH3.0 的 PBS 配制：KH_2PO_4 的分子量为 136.09，称取 2.721 8 g KH_2PO_4，置于1 000 mL 的烧杯中，加蒸馏水至 1 000 mL 溶解，接着用磷酸调至 pH 为 3.0。

(4)NaN_3 原液配制：称取 6.5 g NaN_3，用 0.02 mol/L、pH3.0 的 PBS 溶解定容至 100 mL，得 1 mol/L NaN_3 原液。

(5)NaN_3 工作液的配制：工作液浓度设置为 0 mmol/L、1 mmol/L、2 mmol/L、3 mmol/L、4 mmol/L、5 mmol/L、6 mmol/L 七个浓度梯度，每个浓度配 200 mL 工作液，分别取原液 0 μL、200 μL、400 μL、600 μL、800 μL、1 000 μL、1 200 μL，用 0.02 mol/L、pH3.0 的 PBS 定容至 200 mL，倒入 500 mL 三角瓶，灭菌备用。

3. 石斛的诱变处理

(1)材料的修剪

无菌条件下，将石斛苗剪去根和叶片，肉茎剪成长 1 cm 的小段。若提供的材料为原球茎，将早期的原球茎团切成黄豆大小的团块，备用。

【注意事项】

接种的原球茎块不能切得过小，因为原球茎在振荡处理时容易碎，不易于后期的清洗、接种和培养。

(2)诱变处理

① EMS 诱变处理：将石斛茎段或原球茎团块放入 EMS 诱变工作液中，每瓶处理 20～30 个，

摇床振荡进行诱变处理，温度 25 ℃，转速为 150 r/min，处理时间可以设置 2 h、4 h、6 h、8 h、10 h。

② NaN_3 诱变处理：将石斛茎段或原球茎团块放入 NaN_3 诱变工作液中，每瓶处理 20～30 个，摇床振荡进行诱变处理，温度 25 ℃，转速为 150 r/min，处理时间可以设置 2 h、4 h、6 h、8 h、10 h。

4. 材料的清洗与接种培养

(1)材料的清洗：倒掉诱变剂，无菌水漂洗 4～5 次，充分洗除材料上的诱变剂。

(2)接种培养：将材料小心夹出，放在无菌滤纸上吸干水分，茎段两端切口处稍切除一小部分，将处理后的材料按无菌操作要求接入培养基，进行无菌培养，培养条件温度 25 ℃，光强 2 500 lx，光周期 12 h/12 h。

【注意事项】

在材料清洗时，用镊子挡住材料防止被洗出，一旦不小心有材料掉出，则弃之不要。漂洗时充分摇晃，洗掉诱变剂，否则对材料造成伤害。切口处可能受诱变剂的伤害大，需切除一小部分，露出新鲜伤口，否则影响组织的营养吸收和存活。

五、实验结果

(1)1 周后统计污染率、成活率，分析出现污染的原因，并估算半致死浓度 LD_{50}。

(2)1 个月后统计不定芽的分化情况，如分化率和分化芽数。

(3)3 个月后统计 M_0 代植株的形态表现。

六、思考题

(1)什么是植物离体诱变育种？有哪些方法，具有什么特点？

(2)EMS 和 NaN_3 诱变植物发生变异的机理是什么？

(3)利用 EMS 和 NaN_3 诱变植物离体变异的实验步骤有哪些？

实验 2-13　动物细胞的原代及传代培养

一、实验目的

了解动物细胞体外培养的特点、环境要求，动物细胞体外培养的基本形态类型；并了解原代培养和传代培养在现代生物制药中的作用及意义。掌握原代培养及传代培养的特点及操作技术。

二、实验原理

原代培养(Primary Culture)也称初始培养，是指直接从机体取得细胞、组织或器官在体外培养直至第一次传代为止。要求在严格无菌的条件下对动物进行切割或经消化液使组织分解、游离为单个细胞，然后在人工配制的营养液内使其不断生长和繁殖，最常用的原代培养有组织块培养和分散细胞培养。培养时间短，1～4 周；细胞呈活跃的移动；可见细胞分裂、形态结构和功能活动上与体内原组织相似；多呈二倍体核型，细胞群是异质的，细胞克隆形成率很低，即独立生存性差(杨淑慎，2009)。组织块培养就是用锋利的剪刀或手术刀将组织切成小块，直接接种在扁瓶底，可采用薄层培养法或翻转干涸法进行培养，组织块周围细胞形成的单层细胞(生长晕)可以进行传代，此法适合真皮细胞、骨骼肌细胞和牙髓细胞等的培养。分散细胞是通过机械法或酶消化法制备细胞悬浮液，进行细胞培养。该法适用于大量细胞的培养，细胞产量高，但步骤烦琐、易污染。

传代培养(secondary culture)是指原代培养的细胞增殖到一定密度后，从原培养瓶中取出，按 1∶2 或其他比例稀释并接种到新培养容器内继续扩大培养的过程，简称传代。开始传代后的细胞称为细胞系，由于细胞系来源于原代培养，而原代培养物中所含的细胞种类较多，故一个细胞系往往由多个生物学性状不同的细胞群体组成。细胞株是利用单细胞分离培养法或克隆形成法从原代培养物或细胞系中选择出的细胞群体，一个细胞株往往具有特殊的生物学性状或标记并可持续存在。传代培养持续时间最长，增殖旺盛，维持二倍体核型。传代 10～50 次，然后细胞增殖缓慢进入衰退期。动物细胞在体外培养时有些以单层细胞方式生长，靠细胞分泌的黏蛋白或外附加的基质黏附在生长表面，不同的细胞系附着于表面的黏附程度有差异，不同状态的细胞这种黏附也有差异，比如衰老的二倍体细胞通常比年轻的二倍体细胞黏附得更牢固。绝大多数贴壁型细胞需要用胰蛋白酶来消化分解与赖氨酸或精氨酸相连接的肽键，除去细胞间黏蛋白及糖蛋白，影响骨架，从而使细胞分离脱落；有些细胞贴壁不强，只要用吸管吹打即可使细胞脱落分散，而不需要使用胰蛋白酶；还有些细胞贴壁能力很强，需要使用其他的蛋白酶，比如用弹性蛋白酶等。胰蛋白酶一般用无 Ca^{2+}、Mg^{2+} 及血清的溶液配制。胰蛋白酶使用不当时，处理不够时会酶解不彻底，细胞难脱落；过度的处理又会导致细胞的裂解或活力丧失。对于悬浮生长的细胞的传代相对较为简单，一般只需离心收集细胞，用新鲜的培养液稀释重新分瓶即可。

三、实验材料及主要药品、器具

1. 材料

鸡蛋、MCF-7 细胞或 Hela 细胞。

2. 试剂及培养基配方

Hank's 液(简称 H 液)、DMEM 培养液 20 mL(内含犊牛血清 5%，双抗 1% mL，pH7.2)、

0.25%胰蛋白酶(w/v,PBS 缓冲液或 D-Hanks 缓冲液配制,调 pH7.6)、7%$NaHCO_3$、95%酒精、新洁尔灭、碘酒、青霉素、链霉素、RPMI-1640 培养基。

3. 仪器

分析天平、高压灭菌锅、超净工作台、水浴锅、CO_2 培养箱、恒温培养箱、倒置显微镜。

4. 用具

手术剪、镊子、灭菌的培养皿、血细胞计数板、三角瓶、烧杯、不锈钢网筛、移液器、小试管、过滤器及滤膜。

四、实验步骤

(一)鸡胚细胞的原代培养

1. 相关试剂的配制

(1)在无菌的 H 液中加青霉素和链霉素,使其含量为青霉素 100 IU/mL、链霉素 100 μg/mL,用 7%$NaHCO_3$ 调整 pH 至 7.2~7.4。

(2)将胰蛋白酶调整 pH7.6(玫瑰红色),置 37 ℃水浴锅中预热备用。

2. 取材

(1) 孵蛋:将种蛋用新洁尔灭擦洗干净,放在 38.5~39.5 ℃的恒温恒湿孵化箱中孵化 9~10 d,定时翻蛋、照蛋。

(2)消毒:取 9~10 d 发育正常鸡蛋,无菌条件下用 2%的新洁尔灭擦拭,75%的酒精擦拭,再用 5%的碘酒擦拭气室部分。

(3)鸡胚处理:用剪刀环形剪除气室端蛋壳,切开蛋膜,倒掉壳内液体;暴露出鸡胚,用弯头玻璃棒伸入蛋中轻轻挑起鸡胚,放入装有 H 液的无菌培养皿中,去除头、四肢、内脏后,然后用镊子小心拔掉鸡胚的毛,拔完毛的鸡胚放入小烧杯中,用 H 液洗去体表血液。

3. 组织块培养法

(1) 组织块的制备:在烧杯中,用小剪刀剪碎成 1 mm^3 大小的组织块,加入 H 液轻摇,静止 1~2 min,使组织块下沉。吸去上层悬液,依同法再洗 2 次,至上悬液不浑浊为止,吸干 H 液清洗。

(2)接种:用弯头吸管吸取组织块送入培养瓶底部,均匀排列。

(3)添加培养液:翻转培养瓶后,将适量 DMEM 培养液加到非细胞生长面上,静置培养 2~6 h,再轻轻地将培养瓶翻转过来,组织块浸在培养液中继续培养。用记号笔标上细胞名称、日期等,置于 37 ℃、5%的 CO_2 培养箱中静止培养。

(4)培养与观察:培养 3 d 后开始观察,在倒置相差显微镜下将组织小块逐个移入视野,可见组织块周围有不规则形态的游走细胞,再向外则是一些贴壁的成纤维细胞或上皮样细胞。当细胞增殖旺盛时,在组织块周围可见到生长晕。此后呈放射状向外扩展逐渐连成片,经 10~15 d 便可形成细胞单层,期间如培养液变酸发黄,应注意更换。

4. 分散细胞培养法

(1)消化:消化液放置于37 ℃水浴锅中预热,按组织块3～5倍量加入三角瓶中,三角瓶加塞,以免CO_2挥发及污染。37 ℃水浴约20 min,每隔5 min轻摇1次,待液体变混而此时再轻摇可见组织块悬浮在液体内而不易下沉时,则需终止消化;如再继续消化下去可破坏细胞膜而不易贴壁生长,如果消化不够,则细胞不易分散。

(2)过滤:消化液通过100目不锈钢网过滤,除掉未消化的大块组织。

(3)离心:将过滤后的细胞悬液移入无菌的离心管中,做好标记,平衡后放入离心机中以1 000 r/min的速度离心5 min,除去胰蛋白酶,用H液按上述方法反复清洗3次。

(4)计数:离心清洗完成后,将离心管拿回超净工作台内,吸去上清,再加入3 mL DMEM培养液吹打使细胞分散混匀。用吸管吸取少量的细胞悬液滴入血细胞计数板的小室中,在光镜下计数,计算细胞密度。用DMEM培养液将细胞浓度调整至5×10^5/mL的接种密度。

(5)接种:调整好细胞浓度后,向每只培养瓶(25 mL)中接入1 mL细胞悬浮液,另添加培养液4 mL,拧好瓶盖,用记号笔标上细胞名称、日期等,置于37 ℃、5%的CO_2培养箱中静止培养。

(6)培养与观察:对培养中的细胞每天都应做常规性检查,主要观察细胞生长状态、是否出现细菌等微生物的污染、培养液的酸碱度。如果没有发生污染,24 h后在光镜下便可见到许多细胞贴壁,培养至3～4 d时,可见细胞增殖后在瓶中形成许多细胞岛并逐渐扩展。一般培养至7～10 d时细胞可基本铺满整个瓶壁,形成致密单层,其间如果培养液变黄(pH下降),可换液一次。

(二)动物细胞的传代培养

(1)检查:倒置显微镜下观察培养细胞(MCF-7细胞或Hela细胞)的长势及密度,确定是否需要传代。

(2)消化:对于细胞已铺满培养瓶底部的培养瓶,吸出培养瓶内旧培养液,加入5～8滴0.25%胰蛋白酶和0.02%EDTA(1∶1)混合液润洗一下,立即倒掉,再次加入胰蛋白酶和EDTA混合液盖满瓶底;2～5 min后检查,翻转培养瓶使其底部朝上,用肉眼观察细胞单层,如有细胞单层出现空隙(约针孔大小),细胞质回缩现象,终止消化;若未见空隙,说明消化程度不够,可将消化时间稍延长;如果发现细胞出现大片脱落,说明消化过度,在这种情况下不能倒出消化液,而直接接入含血清的培养液终止酶消化。

(3)终止消化:吸出消化液,加入H液,轻轻转动以免细胞流失,洗去残留的消化液;如果单用胰蛋白酶,可直接加入RPMI-1640培养液。用吸管吸取瓶内的培养液轻轻吹打瓶壁,使细胞脱落,轻轻混匀制成悬液。

(4)计数:用吸管吸取少量的细胞悬液滴入血细胞计数板的小室中,在光镜下计数,计算细胞密度。用RPMI-1640培养液将细胞浓度调整至5×10^5/mL。(该步骤可省去)

(5)传代:按比例稀释进行扩大培养,一般按1∶2或1∶3进行稀释,转移到新的培养瓶中,拧好瓶盖,用记号笔标上细胞名称、日期等,置于37 ℃、5%的CO_2培养箱中静止培养。

(6)观察:传代后每天对培养的细胞进行观察,若细胞贴壁存活继续培养直至铺满再继续传代，若培养液变黄变酸要及时更换。

【注意事项】

① 在整个细胞培养过程中，要始终保持无菌的概念，保证实验中的无菌操作。特别注意一些操作上的细节，如培养液不要过早开瓶，吸管勿碰到培养瓶口，要勤过火焰尤其是瓶口，超净台中物品的摆放要合理，勤用酒精擦拭双手等，严防细菌的污染，否则将导致细胞培养的失败。

② 培养用品的清洗消毒工作需认真对待。实验中所需的玻璃器皿(如培养瓶、离心管、吸管、小瓶等)和器械(如剪刀、镊子等)应彻底清洗干净，干燥后用牛皮纸包好置高压蒸汽消毒锅中消毒灭菌(蒸汽压力为 103 kPa，20 min)。而培养液、PBS 液、胰蛋白酶液、Hank's 液、细胞冻存液等应利用抽滤法除菌。

③ 在传代培养时，防止消化过度对细胞造成伤害，使细胞不能贴壁生长。

④ 根据细胞密度、生长速度及实验周期的要求等适当调整细胞的接种密度。因为细胞接种密度过低，也会造成细胞生长极为缓慢甚至停止生长。

五、实验结果

(1)观察鸡胚细胞原代培养的污染情况、生长情况及贴壁铺展情况。

(2)观察 MCF-7 细胞或 Hela 细胞传代培养的生长情况及培养基的颜色变化。

六、思考题

(1)简述动物细胞在体外培养的形态特征及其生长阶段。

(2)动物细胞原代培养有哪些方法?

(3)简述动物细胞原代及传代培养中的注意事项。

实验 2-14 动物细胞的冷冻及复苏

一、实验目的

了解动物细胞冷冻保存及复苏在动物细胞工程中的意义，掌握超低温液氮保存细胞的原理及冻存方法，掌握细胞慢速冷冻、快速复苏的原理及实验过程。

二、实验原理

动物细胞体外培养的传代及维持在培养用具、培养液、无菌操作及准备工作等方面均需花费较多的人力和物力，而且细胞在体外培养过程中所传的代数往往是有限的，一般繁殖到50～60代就会老化衰亡。另外，在传代的过程中细胞的表型会发生改变，因此，在体外培养过程中，常需要对细胞进行冷冻保存以减少工作量，防止细胞因传代过多发生变异甚至死亡。冻存的细胞可为某方面研究的重复实验提供永久的材料来源，也便于细胞运输和交流。

细胞的保存根据温度分为非冷冻保存和冷冻保存。非冷冻保存法指低于室温，但还达不到冷冻阶段的温度，一般在0～10 ℃，由于低温，可以抑制物质代谢的速度和细胞分裂的速度，可以延长细胞的保存。当细胞在－70 ℃时，细胞内的酶活性降低，代谢处于完全停止的状态，因此可长期保存。现在各实验室所采用的细胞冻存温度是液氮温度（－196 ℃），这是大多数细胞样品的最佳储存温度，在如此超低温度下，细胞可暂时脱离生长状态而将其特性保存起来，在需要时再复苏细胞用于实验。例如人的红细胞在液氮中储存12年而未表现明显的生化及生理功能改变。细胞超低温保存的技术关键在于通过－20～0 ℃阶段的处理过程，在此温度范围内，已造成细胞的严重损伤。如果在不加任何保护剂的情况下直接冷冻细胞，活细胞内外可出现对细胞有机械损伤作用的冰结晶，而且随着冰结晶数量的增多，会导致细胞的脱水电解质浓度升高、渗透压上升、pH改变、蛋白质变性、机械损伤等后果，最终导致细胞死亡。为了避免冷冻时出现细胞损伤，研究者们发明了在培养液中添加保护剂的方法，使冰点降低，在缓慢的降温过程中，细胞内的水分在冻结前透出细胞外，减少细胞内冰晶的形成。根据冷冻保护剂是否透过细胞膜分为两大类：第一类是渗透性保护剂，如甘油、二甲基亚砜（DMSO）、葡萄糖、乙二醇和丙三醇等，其作用是通过渗透到细胞内，在细胞内外产生一定的摩尔浓度，降低细胞内外未结冰溶液中电解质的浓度，从而保护细胞免受高浓度电解质的损伤；同时，细胞内水分也不会过分外渗，避免了细胞过分脱水皱缩。第二类是非渗透性保护剂，如乳糖、蔗糖、麦芽糖、聚乙二醇、甘露醇和山梨醇等，能降低溶液中自由水的含量，降低冰点，减少冰晶的形成；同时，由于其分子量大，使溶液中电解质浓度降低，从而减轻溶质损伤。目前广泛应用的是丙三醇和DMSO两种，它们对细胞无明显毒性，分子量小，溶解度大，易穿透细胞，提高细胞膜对水的通透性，而对细胞内的酶和蛋白质等具有一定的保护作用，可使细胞在冷冻时免受由于冰晶形成和渗透压改变而导致的损伤，使用浓度一般为5%～15%。甘油需要灭菌，而DMSO无须灭菌处理，因为DMSO本身对细菌有毒性作用，可自身灭菌。

为了减少冰晶对细胞的伤害，保证冻存效果，选择最佳的降温程序和速度也很重要。细胞在冷冻过程中会发生以下变化：当细胞被冷至－50 ℃时，因溶液中加有冷冻保护剂而降低溶液的冰点，细胞内外溶液仍未结冰；被冷至－150 ℃时，细胞外溶液先出现结冰而细胞内仍保持未结冰状态。细胞内未结冰的水分子会比细胞外部结冰溶液中的水分子具有更高的化学能。为了保持化学能的平衡，会向细胞外流动。冷冻速度不同，细胞内水分向外流动的情况也不相同：如果冷冻速度慢，细胞内水分外渗多，细胞脱水，体积缩小，细胞内溶质浓度增高，细胞内不会发生结冰；当冷冻速度过慢时，细胞脱水严重，细胞体积严重收缩，超过一定程度时即失去活性；同时冷冻速度过慢，还会引起细胞外溶液部分结冰，从而使细胞外未结冰溶液中溶质浓度增高，产生溶质损伤；如果冷冻速度快，细胞内水分没有足够的时间外渗，结果随着温度的下降而发生细胞内结冰；如果冷冻速度非常快（即超快速冷冻），则细胞内形成的冰晶非常小或不结冰而呈玻璃状态(玻璃化冷冻)。所以细胞的降温都采用慢速降温,且多采用的降温程序是分段降温法,即利用不同温级的冰箱或液氮贮存罐,将活细胞在不同的温度段分段降温冷却,例如从室温降至 4 ℃,再依次降至 −40 ℃、−80 ℃、−196 ℃(在各温度段持续时间视细胞的类型而定)。关于最佳降温的速度,不同类型的细胞相差较大,与细胞的性质特别是质膜的渗透率有关。一般来说,以每分钟下降 1～10 ℃的速度可得到良好的效果。

冷冻保存细胞时,除了必须有最佳的冷冻速率、合适的冷冻保护剂和冻存温度外,在复苏时也必须有最佳的复温速率,这样才能保证最后获得最佳冷冻保存效果。复温速率是指在细胞复苏时温度升高的速度,复温速率不当也会降低冻存细胞存活率。一般来说,复温速度越快越好。常规的做法是,在 37 ℃水浴中,于 1～2 min 内完成复苏。复温速度过慢,细胞内往往重新形成较大冰晶而造成细胞损伤。复温时造成的细胞损伤非常快,往往在极短的时间内发生。

三、实验材料及主要药品、器具

1. 材料

培养的细胞。

2. 试剂及药品

培养基(RPMI1640 或 DMEM)、小牛血清、0.25%胰蛋白酶、甘油、DMSO、液氮。

3. 仪器

4 ℃冰箱、−70 ℃冰箱、超净工作台、离心机、水浴锅、液氮容器。

4. 用具

冻存管、离心管、三角瓶、搪瓷缸、75%酒精棉球、胶布、移液器。

四、实验步骤

1. 细胞悬液的准备

(1)将所需工具及用品放入超净工作台,紫外灯照射 15～20 min。

(2)取对数生长的细胞,将培养液倒出,向培养瓶中加入 0.3 mL 的 0.25%胰蛋白酶消化液,轻摇,消化适当时倒出消化液,用培养基将细胞冲洗下来。800 r/min 离心 5 min,弃上清收集细胞。如果是悬浮生长的细胞,则可直接离心收集细胞。

2. 细胞冻存

(1)加入适量冻存液(10%甘油+90%培养基,或者 10% DMSO+90%培养基)制成细胞悬液。细胞浓度宜大,3×10^6 个/mL 左右,并可适量增加牛血清浓度至 20%。

(2)将细胞悬液按每管 0.5～1.5 mL 分装入细胞冻存管内,密封,在管上做好标记,放在小试管架上。

(3)冻存管在 4 ℃下存放 30 min,使冷冻保护剂充分渗入细胞内;随后转放 −20 ℃下 1.5～2 h,再转入 −70 ℃ 处理 4～12 h 后,快速放入液氮罐的试管托内,沉入液氮内

(−196 ℃)，注意进行登记。

3. 细胞复苏

(1)从液氮罐中取出细胞冻存管，迅速放入 36～40 ℃的恒温水浴中，并轻轻摇动，使之尽快融化。如为安瓿瓶或无螺帽冷冻管，应防突然爆裂而伤及皮肤和眼睛；如非螺旋盖冷冻管，则要用镊子夹住冷冻管，防止水进入而造成污染。

(2)取出冻存管，用 75%酒精清洁管口，在超净工作台上打开瓶盖。

(3)离心去上清收集细胞，用无血清培养基洗 1 次，加入 3 mL 新鲜培养基，于小培养瓶中培养。

(4)每日观察细胞生长情况，如果死细胞较多，复苏次日应换液。待细胞长满后可进行传代培养。

【注意事项】

① 实验操作人员在冻存复苏细胞过程中，要有自我保护意识，避免被液氮冻伤。操作时应戴好眼镜和手套。

② 冻存时，应仔细检查细胞冻存管是否密封，以免复苏时因受热发生爆炸。

③ DMSO 在常温下对细胞的毒性较大，而在 4 ℃时，其毒性作用大大减弱，但仍能以较快的速度渗透到细胞内。所以，冻存时 DMSO 平衡多在 4 ℃下进行，一般需要 30～60 min。

④ 冻存液一旦溶解后，尽快弃除冷冻保护液，因为 DMSO 在常温下会对细胞产生毒性。

五、实验结果

统计经过冷冻复苏后细胞的存活和生长情况。

六、思考题

(1)什么是超低温冷冻保存？其保存原理是什么？

(2)应如何运用“缓慢冻存，快速复苏”的原理保存细胞？

(3)为什么细胞在冷冻时需要加入冷冻保护剂？其起什么作用？

(4)近年来，细胞冷冻的方法有哪些？简述其原理及特点。

实验 2-15 动物单克隆抗体的制备

一、实验目的

了解单克隆抗体的特点及在临床医学上的使用价值，掌握通过杂交瘤技术生产单克隆抗体的原理及生产技术过程。

二、实验原理

抗体(abtibody)是机体在抗原刺激下产生的能与该抗原特异性结合的免疫球蛋白。常规的抗体制备是通过对动物免疫并采集抗血清的方法产生的。一般的抗原分子大多含有多个不同的抗原决定簇,所以常规抗体是针对多个不同抗原决定簇抗体的混合物。即使是针对同一抗原决定簇的常规血清抗体,由不同效应 B 细胞产生的抗体也不同,因此常规的血清抗体称为多克隆抗体(polyclonal antibody,PcAb),简称多抗。多抗本身的混合性质,再加上抗体质量批次差异,给常规多抗在免疫化学试验中带来许多麻烦。单克隆抗体(monoclonal antibody,McAb),简称单抗,是由淋巴细胞杂交瘤产生的,只针对复合抗原分子上某一单个抗原决定簇的特异性抗体,具有高度均一、特异性强、效价高、少或无交叉反应、重复性好且能持续无限量供应等特点。杂交瘤技术又称为单克隆技术,最早于 1975 年由德国科学家 G. KÖhler 和英国科学家 Milstein 创立。

利用杂交瘤技术生产单抗的原理是选用小鼠脾细胞和小鼠骨髓瘤细胞作为融合亲本细胞,在 PEG 作用下发生细胞融合,融合后细胞将以多种形式出现,如融合的脾细胞和瘤细胞、融合的脾细胞和脾细胞、融合的瘤细胞和瘤细胞、未融合的脾细胞和瘤细胞以及细胞的多聚体形式等。正常的脾细胞在培养基中仅存活 5～7 d,无须特别筛选,细胞的多聚体形式也容易死去。要从上述五种细胞中筛选出杂交瘤细胞,一般使用 HAT 培养基培养进行筛选,而未融合的瘤细胞或自身融合的瘤细胞不能在 HAT 培养基上生长。HAT 培养基中含有次黄嘌呤(H)、氨基喋呤(A)和胸腺嘧啶(T)三种成分。细胞的 DNA 合成有内源性途径(从头合成途径)和外源性途径(补救途径)两种方式。内源性途径就是利用谷氨酰胺或单磷酸尿苷酸在二氢叶酸还原酶的催化下合成 DNA,而外源性途径则是利用 H 或 T 在次嘌呤鸟嘌呤磷酸核糖转移酶(Hypoxanthine guznine phosphoribosyl transferase,HGPRT)或胸腺嘧啶激酶(thymidine kinase,TK)的催化下来补救合成 DNA。HAT 培养基中氨基嘌呤是二氢叶酸还原酶的抑制剂,能有效阻断 DNA 从头合成的途径。B 淋巴细胞具有 HGPRT 和 TK 这两种酶,因此在从头合成途径被阻断后仍能利用 HAT 培养基中的 H 和 T 来合成 DNA,可在 HAT 培养基中存活,但 B 淋巴细胞是正常细胞,寿命有限,故不能长期存活。杂交瘤技术中所使用 SP2/0-Ag14 骨髓瘤细胞为 $HGPRT^-$ 的 TK^- 缺陷型,在从头合成途径被阻断后由于缺乏 HGPRT 酶和 TK 酶不能进行 DNA 的旁路合成,故不能在 HAT 培养基中存活。杂交瘤细胞由于继承了 B 淋巴细胞和骨髓瘤细胞的双重特性,能够合成 HGPRT 酶和 TK 酶,故在 HAT 培养基中能通过旁路途径合成 DNA 并长期存活。因此将融合后的混合细胞在 HAT 培养基中培养两周后,只有杂交瘤细胞能存活下来,成为制造单克隆抗体的细胞源。

三、实验材料及主要药品、器具

1. 材料

6～10 周龄的 BALB/c 小鼠、骨髓瘤细胞 SP2/0、抗原。

2. 试剂及药品

培养基(RPMI1640 或 DMEM、HT 培养基)、HAT 培养基、小牛血清、PEG、台盼蓝染液、HRP 标记的抗小鼠类及亚类 Ig 的抗体试剂、PBS、醋酸缓冲液、降植烷、液状石蜡、辛酸-硫酸铵。

3. 仪器

4 ℃冰箱、超净工作台、离心机、CO_2 培养箱、倒置显微镜、酶标仪。

4. 用具

离心管、三角瓶、注射器、手术刀、眼科剪、96 孔板、透析袋、75%酒精棉球、移液器。

四、实验步骤

(一)动物免疫

根据抗原的特性选择合适的免疫方案,对于可溶性抗原免疫性弱的,一般要加佐剂。常用的佐剂为福氏完全佐剂和福氏不完全佐剂。要求抗原和佐剂等体积混合在一起,研磨成油包水的乳糜状。免疫动物是用目的抗原免疫小鼠,使小鼠产生致敏 B 淋巴细胞的过程。一般选用 6~8 周龄雌性 BALB/c 小鼠。

(1)初次免疫,抗原 Ag50 μg/只,加福氏完全佐剂皮下多点注射,一般 1.5 mL,间隔 3 周。

(2)第二次免疫,剂量途径同上,加福氏不完全佐剂,间隔 3 周。

(3)第三次免疫,剂量同上,不加佐剂,腹腔注射,7 d 后采血测其效价,检测免疫效果,间隔 3 周。

(4)加强免疫,剂量 50 μg,腹腔注射。

(5)3 d 后,取脾脏制备 B 淋巴细胞。

(二)细胞融合

1. 饲养细胞的制备

在细胞融合后选择性培养过程中,由于大量骨髓瘤细胞和脾细胞相继死亡,此时单个或少数分散的杂交瘤细胞多半不易存活,通常必须加入其他活细胞使之繁殖。这种被加入的活细胞称为饲养细胞,常用饲养细胞为小鼠腹腔巨噬细胞。准备过程如下:

(1)用 6~10 周龄的 BALB/c 小鼠。

(2)拉颈处死小鼠,浸泡于 75%的酒精,消毒 3 min,用无菌剪刀剪开皮肤,暴露腹膜。用吸管注入 6 mL 培养液,反复冲洗,吸出冲洗液。

(3)放入 10 mL 离心管,1 200 r/min 离心 5 min.

(4)用 20%小牛血清的培养液混悬,调整细胞数为 10^5/mL。加入 96 孔板,100 μL/孔。放入 37 ℃孵箱培养。

2. 骨髓瘤细胞的准备

(1)于融合前 36~48 h,将骨髓瘤细胞扩大培养。

(2)融合当天,用弯头滴管将细胞从瓶壁轻轻吹下,收集于50 mL离心管或融合管内。

(3)1 000 r/min离心5～10 min,弃去上清。

(4)加入30 mL不完全培养基,离心洗涤一次。然后将细胞重悬浮于10 mL不完全培养基,混匀。

(5)取骨髓瘤细胞悬液,加0.4%台盼蓝染液做活细胞计数后备用。

3. 脾细胞的准备

取已经免疫的BALB/c小鼠,摘除眼球采血,并分离血清作为抗体检测时的阳性对照血清。同时通过颈脱位致死小鼠,浸泡于75%酒精中5 min,于培养皿上固定后掀开左侧腹部皮肤,可看到脾脏,在超净台中用无菌手术剪剪开腹膜,取出脾脏置于已盛有10 mL不完全培养基的平皿中,轻轻洗涤,并细心剥去周围结缔组织。置平皿中不锈钢筛网上,用注射器针芯研磨使脾细胞进入平皿中的不完全培养基。用吸管吹打数次,制成单细胞悬液并计数。通常每只小鼠能制备1～2.5×10^8个脾细胞。

4. 细胞融合

(1)将1×10^8脾细胞与1×10^7骨髓瘤细胞SP2/0混合于一支50 mL融合管中,补加不完全培养基至30 mL,充分混匀。

(2)1 000 r/min离心5～10 min,将上清尽量吸净。

(3)在手掌上轻击融合管底,使沉淀细胞松散均匀。

(4)用吸管在30 s内加入预热的50% PEG 1 mL,边加边轻轻搅拌。

(5)吸入吸管静置1 min。

(6)加入预热的不完全培养液,终止PEG作用,连续每2 min内分别加入1 mL、2 mL、3 mL、4 mL、5 mL、10 mL。

(7)800 r/min,5 min,弃去上清。

(8)加入5 mL完全培养基,轻轻吹吸沉淀细胞,使其悬浮并混匀,然后补加完全培养基至50 mL。分装96孔细胞培养板,每孔100 μL,然后将培养板置37 ℃,5% CO_2培养箱内培养。

(9)6 h后补加选择培养基,每孔50 μL。3 d后用选择培养基更换液。

(10)经常观察杂交瘤细胞生长情况,待其长至孔底面积1/10以上时吸出上清供抗体检测。

5. 杂交瘤细胞的克隆化(有限稀释法)

(1)制备小鼠腹腔细胞为饲养细胞。

(2)制备待克隆的杂交瘤细胞悬液,用含20%血清的HAT培养基稀释至每毫升含5个、10个和20个细胞3种不同的稀释度。

(3)按每毫升加入(5～10)×10^4细胞的比例,在上述杂交瘤细胞悬液中分别加入腹腔巨噬细胞。

(4)每种杂交瘤细胞分装96孔板一块,每孔量为100 μL。

(5)37 ℃、5% CO_2培养6 d,出现肉眼可见的克隆即可检测抗体;在倒置显微镜下观察,标出只有单个克隆生长的孔,取上清做抗体检测。

6. 杂交瘤阳性细胞的筛选

(1)抗原用包被液稀释至10 μg/mL,以100 μL孔量加入酶标板孔中,置4 ℃过夜或37 ℃吸附 2 h。

(2)弃去孔内的液体,同时用洗涤液洗 3 次,每次 3 min,拍干。

(3)每孔加 100 μL 封闭液 37 ℃封闭 1 h。

(4)洗涤液洗 3 次。

(5)每孔加 100 μL 待检杂交瘤细胞培养上清,同时设立阳性、阴性对照和空白对照;37 ℃孵育 1 h;洗涤,拍干。

(6)加酶标第二抗体,每孔 100 μL,37 ℃孵育 1 h,洗涤,拍干。

(7)加底物液,每孔加新鲜配制的底物使用液 100 μL,37 ℃、20 min。

(8)以 2 mol/L H_2SO_4 终止反应,在酶联免疫阅读仪上读取 *OD* 值。

(9)结果判定:以阳性血清与阴性血清之比(P/N)≥2.1,或阳性血清大于等于阴性平均值加 3 倍标准差($P \geq N+3SD$)为阳性。若阴性对照孔无色或接近无色,阳性对照孔明确显色,则可直接用肉眼观察结果。

(10)取抗体检测阳性孔的细胞扩大培养,并冻存。

(三)单克隆抗体的 Ig 类与亚类的鉴定

(1)以 10 μg/mL 浓度的抗原包被酶标板,50 μL/孔,4 ℃过夜。

(2)洗涤后,加入待检的单抗样品,100 μL/孔,37 ℃保温 1 h;设阴性、阳性对照孔。

(3)洗涤后,加入 HRP 标记的抗小鼠类及亚类 Ig 的抗体试剂,100 μL/孔,37 ℃避光显色 20 min;用 2 mol/L H_2SO_4 终止反应后,根据颜色判断抗体的亚型。

(四)单克隆抗体的生产及纯化

1. 动物体内生产单抗

(1)成年 BALB/c 小鼠腹腔接种降植烷或液状石蜡,每只小鼠 0.3～0.5 mL。

(2)7～10 d 后腹腔接种用 PBS 或无血清培养基稀释的杂交瘤细胞,每只小鼠 5×10^5/0.2 mL。

(3)间隔 5 d 后,每天观察小鼠腹水产生情况。如腹部明显膨大,以手触摸时皮肤有紧张感,即可采集腹水。通常每只小鼠可采 3 mL 腹水。

(4)将腹水离心(2 000 r/min,5 min),除去细胞成分和其他的沉淀物,收集上清,测定抗体效价,分装,−70 ℃冻存备用。

2. 单克隆抗体的纯化(辛酸—硫酸铵沉淀法)

(1)腹水 4 ℃ 12 000 r/min 离心 15 min,去除杂质。

(2)取 1 份腹水加 2 份 0.06 mol/L pH5.0 醋酸缓冲液,按每毫升稀释腹水加 33 μL 辛酸的比例,室温搅拌下逐滴加入辛酸,室温混合 30 min。

(3)4 ℃静置 2 h,取出 12 000 r 离心 30 min,弃沉淀。

(4)上清经尼龙筛过滤,于 50 倍体积的 0.01 mol/L pH7.4 PBS 中 4 ℃透析 6 h。

(5)在透析后的上清中加入等体积饱和硫酸铵溶液。

(6)4 ℃静置 1 h 以上，12 000 r/min 离心 30 min，弃上清。

(7)沉淀溶于适量 PBS(含 137 mmol/L NaCl，2. 6 mol/L KCl，0. 2 mmol/L EDTA)中，于 50～100 倍体积的 PBS 中透析过夜。

(8)取少量透析后样品适当稀释后，以紫外分光光度计检测蛋白含量，SDS-PAGE，WB 检测抗体纯度。

五、实验结果

观察杂交瘤细胞的生长筛选情况、分泌抗体的能力。

六、思考题

(1)单克隆抗体与多克隆抗体的区别，其优势是什么？

(2)利用杂交瘤技术生产单克隆抗体的原理。

(3)简述利用杂交瘤技术生产单克隆抗体的技术过程。

第三章　蛋白质分离纯化实验

一、实验目的

(1)掌握凝胶过滤层析的原理,掌握凝胶柱装柱效率测定的方法。

(2)熟悉凝胶层析的一般过程。

(3)了解凝胶介质的选择原则和应用领域。

(4)掌握测定蛋白质标准曲线的制作方法。

(5)能针对不同的目标产物选择恰当的初级分离方法,锻炼应用生物分离技术知识分析、解决实际问题的能力。

(6)学习考马斯亮蓝(Coomassie Brilliant Blue)法测定蛋白质浓度的原理和方法。

(7)掌握离子层析的原理以及离子交换层析的操作方法。

(8)掌握离子交换树脂的再生和保存。

(9)掌握比色法测定酶活。

(10)理解 SDS-聚丙烯酰胺凝胶(PAGE)测定蛋白质纯度与分子量的原理与依据。

(11)掌握电泳原理以及 SDS-PAGE 垂直板电泳分离蛋白质技术。

(12)熟悉垂直板电泳操作原理和方法、凝胶染色与脱色方法、凝胶图谱的绘制与计算。

(13)了解在聚丙烯酰胺电泳中分子量标准物的使用。

二、实验原理

(一)蛋白质分离纯化的一般程序

1. 沉淀法

沉淀法也称溶解度法。其纯化生命大分子物质的基本原理是根据各种物质的结构差异性来改变溶液的某些性质,进而导致有效成分的溶解度发生变化。沉淀法大致可以分为以下两种类型。

盐析法:盐析法的根据是蛋白质在稀盐溶液中,溶解度会随盐浓度的增高而上升,但当盐浓度增高到一定数值时,水活度降低,进而导致蛋白质分子表面电荷逐渐被中和,水化膜逐渐被破坏，最终引起蛋白质分子间互相凝聚并从溶液中析出。

有机溶剂沉淀法：有机溶剂能降低蛋白质溶解度的原因有二：其一，与盐溶液一样具有脱水作用；其二，有机溶剂的介电常数比水小，导致溶剂的极性减小。

(1)蛋白质沉淀剂：蛋白质沉淀剂仅对一类或一种蛋白质沉淀起作用，常见的有碱性蛋白质、凝集素和重金属等。

(2)聚乙二醇沉淀作用：聚乙二醇和右旋糖酐硫酸钠等水溶性非离子型聚合物可使蛋白质发生沉淀作用。

(3)选择性沉淀法：根据各种蛋白质在不同物理化学因子作用下稳定性不同的特点，用适当的选择性沉淀法，即可使杂蛋白变性沉淀，而欲分离的有效成分则存在于溶液中，从而达到纯化有效成分的目的。

2. 吸附层析

吸附柱层析是以固体吸附剂为固定相，以有机溶剂或缓冲液为流动相构成柱的一种层析方法。

薄层层析是以涂布于玻板或涤纶片等载体上的基质为固定相，以液体为流动相的一种层析方法。这种层析方法是把吸附剂等物质涂布于载体上形成薄层，然后按纸层析操作进行展层。

聚酰胺对极性物质的吸附作用是由于它能和被分离物之间形成氢键，这种氢键的强弱就决定了被分离物与聚酰胺薄膜之间吸附能力的大小。层析时，展层剂与被分离物在聚酰胺膜表面竞争形成氢键。因此，选择适当的展层剂使分离在聚酰胺膜表面发生吸附、解吸附、再吸附、再解吸附的连续过程，就能导致分离物质达到分离目的。

3. 离子交换层析

离子交换层析是在以离子交换剂为固定相、液体为流动相的系统中进行的。离子交换剂是由基质、电荷基团和反离子构成的。离子交换剂与水溶液中离子或离子化合物的反应主要以离子交换方式进行，或借助离子交换剂上电荷基团对溶液中离子或离子化合物的吸附作用进行。

(1)离子交换树脂：离子交换树脂是具有网状结构的复杂的有机高分子聚合物。网状结构的骨架部分很稳定，不溶于酸、碱和一般溶剂。在网状结构的骨架上有许多可被交换的活性基团。根据活性基团的不同，离子交换树脂可分为阳离子交换树脂和阴离子交换树脂两大类。

阳离子交换树脂具有酸性基团，如葡聚糖凝胶型、琼脂糖凝胶型以及强酸性磺酸型聚苯乙烯树脂等。这种树脂的化学性质很稳定，具有耐强酸、强碱、氧化剂和还原剂的性质，因此应用非常广泛。各种阳离子交换树脂含有不同的活性基团，常见的有磺酸基($-SO_3H$)和羧基($-COOH$)等。根据活性基团离解出 H^+ 能力的大小不同，阳离子交换树脂分为强酸性和弱酸性两种。例如含$-SO_3$ 的为强酸性阳离子交换树脂，常用 $R-SO_3H$ 表示(R 表示树脂的骨架)；含$-COOH$ 的弱酸性阳离子交换树脂，分别用 $R-COOH$ 表示。强酸性阳离子交换树脂应用较广泛，弱酸性阳离子交换树脂的 H^+ 不易电离，所以在酸性溶液中不能应用，但它的选择性较高而且易于洗脱。

离子交换反应和其他化学反应一样，完全服从质量作用定律。树脂对离子亲合力的大小，与离子的水合离子半径大小和带电荷的多少有关。实验证明，在低浓度、常温下，离子交换树脂对不同离子的亲合力顺序有一定规律。对于在弱酸性阳离子交换树脂中具有相同价态离子的亲合力顺序为：$Ag^+ > Cs^+ > Rb^+ > K^+ > NH_4^+ > Na^+ > H^+ > Li^+$。

根据这些原理，我们利用在此条件下溶菌酶的亲和力大于 H^+，所以弱酸性阳离子交换树脂的活性基团在离子交换过程中可吸附溶菌酶，再采用亲和力更大的 Na^+ 进行洗脱就可得到相对纯化的溶菌酶。

同时，为了监测分离纯化的效果，我们必须对相应的结果进行检测。对于酶而言，主要通过其催化特异的反应进行监测。溶菌酶对革兰阳性菌的细胞壁有明显的破坏作用，可利用这一特性进行溶菌酶活性的监测。

类似的采用 DEAE－纤维素对抗体进行精制，特别是经过初步纯化后的免疫球蛋白的纯化，效果尤为显著。IgG 的等电点为 pI 8.0，IgM、IgA 的等电点为 pI 7.0、pI 7.4，在 pH 8.0 时 IgG 带正电荷，不能被 DEAE－纤维素吸附而被洗脱下来。被 DEAE－纤维素吸附的其他球蛋白，可用逐渐增加洗脱液中 PO_4^{3-} 浓度的方法将其逐一洗脱，或降低 pH 使之洗脱出来。

(2)离子交换层析：蛋白质进入离子交换柱后，与离子交换树脂无亲和力的蛋白质被洗脱下来。余下的蛋白质均结合在树脂上，利用其蛋白质表面电荷性质的不同，与树脂的亲和力也各不相同，利用不同强度的离子溶液，将其分别洗脱下来达到分离、纯化蛋白质的目的。以下对操作过程的要点进行说明。

① 离子交换剂预处理和装柱：对于离子交换纤维素要用流水洗去少量碎的不易沉淀的颗粒，以保证有较好的均匀度，对于已溶胀好的产品则不必经过这一步骤。溶胀的交换剂使用前要用稀酸或稀碱处理，使之成为带 H^+ 或 OH^- 的交换剂型。阴离子交换剂常用“碱—酸—碱”处理，使最终转为 OH^- 型或盐型交换剂；对于阳离子交换剂则用“酸—碱—酸”处理，使最终转为 H^+ 型交换剂。洗涤好的纤维素使用前必须平衡至所需的 pH 和离子强度。已平衡的交换剂在装柱前还要减压除气泡。为了避免颗粒大小不等的交换剂在自然沉降时分层，要适当加压装柱，同时使柱床压紧，减少死体积，有利于分辨率的提高。柱子装好后再用起始缓冲液淋洗，直至达到充分平衡方可使用。

② 加样与洗脱：加样，层析所用的样品应与起始缓冲液有相同的 pH 和离子强度，所选定的 pH 应落在交换剂与被结合物有相反电荷的范围，同时要注意离子强度应低，可用透析、凝胶过滤或稀释法达此目的。样品中的不溶物应在透析后或凝胶过滤前，以离心法除去。为了达到满意的分离效果，上样量要适当，不要超过柱的负荷能力。柱的负荷能力可用交换容量来推算，通常上样量为交换剂交换总量的 1%～5%。加样蛋白浓度低于 20 mg/mL，上样体积小于柱体积的 1/3。洗脱，已结合样品的离子交换前，可通过改变溶液的 pH 或改变离子强度的方法将结合物洗脱，也可同时改变 pH 与离子强度。为了使复杂的组分分离完全，往往需要逐步改变 pH 或离子强度，其中最简单的方法是阶段洗脱法，即分次将不同 pH 与离子强度的溶液加入，使不同成分逐步洗脱。由于这种洗脱 pH 与离子强度的变化大，使许多洗脱体积相近的成分同时洗脱，纯度较差，不适宜精细的分离。最好的洗脱方法是连续梯度洗脱：两个容器放于同一水平上，第一个容器盛有一定 pH 的缓冲液，第二个容器含有高盐浓度或不同 pH 的缓冲液，两容器连通，第一个容器与柱相连；当溶液由第一容器流入柱时，第二容器中的溶液就会自动来补

充，经搅拌与第一容器的溶液相混合，这样流入柱中的缓冲液的洗脱能力即成梯度变化。

【注意事项】

a. 洗脱时洗脱液体积应足够大，一般要几十倍于柱床体积，从而使分离的各峰不致太拥挤。

b. 梯度的上限要足够高，使紧密吸附的物质能被洗脱下来。

c. 梯度不要上升太快，要恰好使移动的区带在快到柱末端时达到解吸状态。目的物过早解吸，会引起区带扩散；而目的物过晚解吸会使峰形过宽。

d. 流速：1 mL/cm^2 · min，过快会吸附不完全，分离不清，洗脱峰平坦。

③ 洗脱馏分的分析：按一定体积（5～10 mL/管）收集的洗脱液可逐管进行测定，得到层析图谱。依实验目的的不同，可采用适宜的检测方法（生物活性测定、免疫学测定等）确定图谱中目的物的位置，并回收目的物。

④ 离子交换剂的再生与保存：离子交换剂可在柱上再生。如离子交换纤维素可用 2 mol/L NaCl 淋洗柱，若有强吸附物则可用 0.1 mol/L NaOH 洗柱；若有脂溶性物质则可用非离子型去污剂洗柱后再生，也可用乙醇洗涤。保存离子交换剂时要加防腐剂。对阴离子交换剂宜用 0.002%氯己定（洗必泰），阳离子交换剂可用乙基硫柳汞（0.005%）。有些产品建议用 0.02%叠氮化钠。

离子交换层析法是以具有离子交换性能的物质作固定相，利用它与流动相中的离子能进行可逆的交换性质来分离离子型化合物的一种方法。

4. 凝胶过滤层析

凝胶过滤层析也称分子筛层析、排阻层析。如附录 4 所示，是利用具有网状结构的凝胶的分子筛作用，根据被分离物质的分子大小来进行分离。相对分子质量大的生物分子由于不能进入或不能完全进入凝胶内部的网孔，沿着凝胶颗粒间的空隙或大的网状孔通过，大分子相对于小分子迁移的路径短，保留值小，所以在层析过程中迁移速度最快，先从柱中流出；反之，分子量小的生物分子保留值大，后从柱中流出。

凝胶层析常用于分离纯化蛋白质（包括酶类）、核酸、多糖、激素、病毒、氨基酸和抗生素等生物大分子，也可用于样品的浓缩和脱盐及测定生物大分子的分子质量等方面。以下对凝胶层析的使用进行具体介绍。

(1)层析柱：层析柱是凝胶层析技术中的主体，一般用玻璃管或有机玻璃管，柱的直径与长度各不相同。组别分离时，大多采用 20～30 cm 长的层析柱；分级分离时，一般需要 100 cm 左右长的层析柱，其直径在 1～5 cm 范围内，小于 1 cm 产生管壁效应，大于 5 cm 则稀释现象严重。由于层析柱的直径大小不影响分离度，所以样品量大时可用大直径的层析柱（一般制备用凝胶柱，直径大于 2 cm，但在加样时应将样品均匀分布于凝胶柱床面上）。分离度取决于柱高，为分离不同组分，凝胶柱床必须有适宜的高度。分离度与柱高的平方根相关，但由于凝胶柱过高挤压变形阻塞，一般不超过 1 m。①分组分离时用短柱，一般凝胶柱长 20～30 cm，柱高与直径的比为(5∶1)～(10∶1)，样品溶液体积应小于凝胶床体积的 20%。②分级分离时柱高与直径之比为(20∶1)～(100∶1)(层析柱滤板下的死体积应尽可能地小，如果支撑滤板下的死体积大，被分离组分之间重新混合的可能性就大，其结果是影响洗脱峰形，出现拖尾现象，降低分辨力。在精确分离时，死体积不能超过总床体积的 1/1 000)，样品溶液体积应小于凝胶床体积的 5%。③脱盐：高分子(如蛋白质、核酸、多糖等)溶液中的低分子量杂质，可以用凝胶层析法除去，这一操作称为脱盐。适用的凝胶为 S 离心管 hadexG-10、hadexG-15、hadexG-25 或 Bio-Gel-p-2、Bio-Gel-p-4、Bio-Gel-p-6。柱长与直径之比为 5～15，样品体积可达柱床体积的 25%。为了防止蛋白质脱盐后溶解度降低会形成沉淀吸附于柱上，一般用醋酸铵等挥发性盐类缓冲液使层析柱平衡，然后加入样品，再用同样缓冲液洗脱，收集的洗脱液用冷冻干燥法除去挥发性盐类。

(2)凝胶的类型：常用凝胶有葡聚糖凝胶、聚丙烯酰胺凝胶和琼脂糖凝胶。具体的种类、型号及性能如附录 5。

(3)凝胶的选择：根据所需凝胶体积，估计所需干胶的量。一般葡聚糖凝胶吸水后的凝胶体积约为其吸水量的 2 倍，例如 S 离心管 hadexG-200 的吸水量为 20 倍，1 g S 离心管 hadex G-200 吸水后形成的凝胶体积约 40 mL。凝胶的粒度也可影响层析分离效果。粒度细分离效果好，但阻力大，流速慢。一般实验室分离蛋白质采用 100～200 号筛目的 S 离心管 hadex G-200 效果好；脱盐用 S 离心管 hadex G-25、hadex G-50，用粗粒，短柱，流速快。

(4)凝胶的制备：商品凝胶是干燥的颗粒，使用前需直接在欲使用的洗脱液中膨胀。为了加速膨胀，可用加热法，即在沸水浴中将湿凝胶逐渐升温至近沸，这样可大大加速膨胀，通常在 1～2 h 内即可完成。特别是在使用软胶时，自然膨胀需 24 h 至数天，而用加热法在几小时内就可完成。这种方法不但节约时间，而且还可消毒，除去凝胶中污染的细菌和排除胶内的空气。

(5)样品溶液的处理：样品溶液如有沉淀应过滤或离心除去，如含脂类可高速离心或通过 S 离心管 hadexG-15 短柱除去。样品的黏度不能太大，否则影响分离效果。上柱样品液的体积根据凝胶床体积的分离要求确定。

(6)防止微生物的污染：交联葡聚糖和琼脂糖都是多糖类物质，防止微生物的生长，在凝胶层析中十分重要。常用的抑菌剂有：①叠氮钠(NaN_3)。在凝胶层析中只要用 0.02%的叠氮钠就足够防止微生物的生长，叠氮钠易溶于水，在 20 ℃时溶解度约为 40%。叠氮钠不与蛋白质或碳水化合物相互作用，因此叠氮钠不影响抗体活力；不会改变蛋白质和碳水化合物的层析特性，但可干扰荧光标记蛋白质。②可乐酮[$Cl_3C-C(OH)(CH_3)_2$]，在凝胶层析中使用浓度为 0.01%～0.02 %。在微酸性溶液中它的杀菌效果最佳，在强碱性溶液中或温度高于 60 ℃时易引起分解而失效。③乙基汞代巯基水杨酸钠。在凝胶层析中作为抑菌剂使用浓度为 0.05%～0.01%。在微酸性溶液中最为有效。重金属离子可当乙基代巯基的物质结合，因而包含巯基的蛋白质可在不同程度上降低它的抑菌效果。④苯基汞代盐。在凝胶层析中使用浓度为 0.001%～0.01%。在微碱性溶液中抑菌效果最佳，长时间放置时可与卤素、硝酸根离子作用而产生沉淀；还原剂可引起此化合物分解；含巯基的物质亦可降低或抑制它的抑菌作用。

(7)凝胶回收：如果不再使用可将其回收，一般方法是将凝胶用水冲洗干净后滤干，依次用 70%、90%、95%乙醇脱水平衡至乙醇浓度在 90%以上，滤干，再用乙醚洗去乙醇、滤干、干燥保存。湿态保存方法是在凝胶浆中加入抑菌剂或用水冲洗到中性，密封后高压灭菌保存。

5. 聚丙烯酰胺凝胶电泳

(1)聚丙烯酰胺凝胶电泳：聚丙烯酰胺凝胶(polyacrylamide gel)是由单体(monomer)丙烯

酰胺(acrylamide,简称 Acr)和交联剂(crosslinker)N,N'-甲叉双丙烯酰胺(N,N'-methylenebisacrylamide,简称 Bis)在催化剂和加速剂作用下聚合交联而成的三维网状结构的凝胶。用此凝胶为支持物的电泳称为聚丙烯酰胺凝胶电泳(polyacrylamide gel electrophorsis,简称 PAGE)。

聚丙烯酰胺凝胶的优点:孔径大小与生物大分子具有相似的数量级,具有良好的分子筛效应。根据待分离的大分子的相对分子质量,通过改变凝胶浓度及交联剂浓度来调节凝胶的孔径,使大分子得到较好的分离。在一定浓度范围内,凝胶透明,有弹性,机械性能好;带电基团,所以凝胶性能稳定,电渗作用小,无吸附,化学惰性强;与生物大分子不发生化学反应,电泳过程中不受温度、pH 变化的影响;具有高分辨率和灵敏度,尤其在不连续电泳系统中,集浓缩、分子筛和电荷效应为一体,样品不易扩散;并有多种染色方法提高电泳条带显色的灵敏度,分离蛋白质的灵敏度可达 10 g;单体纯度高,在相同的实验条件下,电泳结果具有很好的重复性;凝胶杂质少,在很多溶剂中不溶,可适用于少量样品的制备,不致污染样品。

以聚丙烯酰胺凝胶为支持物发展起来的电荷聚丙烯酰胺凝胶电泳、SDS-聚丙烯酰胺凝胶电泳、聚丙烯酰胺梯度凝胶电泳、等电聚焦及双向电泳等电泳技术,不仅能分离、小量制备生物大分子,而且可以用来研究生物大分子的性质如电荷、相对分子质量、等电点以及构象等。

① 聚丙烯酰胺凝胶的聚合方式:聚丙烯酰胺凝胶聚合机理是通过提供氧游离基(free radicals)的催化,使体系发生氧化还原作用(catalyst-redox systems)来完成的。催化体系主要有化学催化(AP-TEMED)和光化学催化(维生素 B_2-TMTED)体系。

化学聚合(AP-TMTED 催化体系):TMTED 是一种脂肪族叔胺,它的碱基可催化溶液中的 AP 使其形成游离氧自由基,激活 Acr 单体形成单体长链,同时在交联剂 Bis 的作用下长链彼此交联聚合成凝胶。化学聚合通常是加入催化剂过硫酸铵(AP)以及加速剂四甲基乙二胺(TEMED),四甲基乙二胺催化过硫酸铵产生自由基:

$$S_2O_8^{2-}+e^- \rightarrow SO_4^{2-}+SO_4^{-\cdot}$$

以 R^* 代表自由基,M 代表丙烯酰胺单体,则聚合过程可以表示为:

$$R^\cdot+M \rightarrow RM^\cdot$$
$$RM^\cdot+M \rightarrow RMM^\cdot$$
$$RMM^\cdot+M \rightarrow RMMM^\cdot$$

这样由于乙烯基"$CH_2=CH-$"一个接一个的聚合作用就形成丙烯酰胺长链,同时甲叉双丙烯酰胺在不断延长的丙烯酰胺链间形成甲叉键交联,从而形成交联的三维网状结构。氧气对自由基有清除作用,所以通常凝胶溶液聚合前要进行抽气。

光聚合:催化剂是维生素 B_2,维生素 B_2 在光照下能够产生自由基,催化聚合反应。一般光照 2~3 h 即可完成聚合反应。

② 凝胶总浓度及交联度与凝胶的性质:

凝胶总浓度及交联度:聚合后的聚丙烯酰胺凝胶的强度、弹性、透明度、黏度和孔径大小均取决于两个重要参数——凝胶总浓度 T 和交联度 C,T 是丙烯酰胺和甲叉双丙烯酰胺两个单体的总百分浓度。C 是与 T 有关的交联百分浓度。T 与 C 的计算公式是:

$$T=\frac{a+b}{m}\times 100(\%) \qquad C=\frac{b}{a+b}\times 100(\%)$$

式中：a 为丙烯酰胺的克数，b 为甲叉双丙烯酰胺的克数，m 为水或缓冲液体积(mL)。

式中 a 与 b 的比例很重要。富有弹性，且完全透明的凝胶，a 与 b 的重量比应在 30 左右。选择 T 和 C 的经验公式是：

$$C=6.5-0.3T$$

当 C 保持恒定时，凝胶的有效孔径随着 T 的增加而减小；当 T 保持恒定，C 为 4%时，有效孔径最小；C 大于或小于 4%时，有效孔径均变大，C 大于 5%时凝胶变脆，不宜使用。实验中最常用的 C 是 2.6%和 3%。

凝胶总浓度与凝胶的分子筛效应：凝胶的三维网状结构具有分子筛效应，在凝胶中生物大分子的分离取决于它的净电荷和分子大小。分子筛效应的大小取决于凝胶孔径大小与生物大分子大小相接近的程度。凝胶浓度不同，平均孔径也不同，不同大小和形状的大分子通过孔径时所受的阻滞力也不同，加上大分子的电荷效应，使各种大分子迁移率不同得以分离。

在实际工作中，常依据待分离蛋白质已知相对分子质量的大小来选择所合适的凝胶浓度，使蛋白质混合物得到最大限度的分离。大多数蛋白质在 7.5%凝胶中能得到满意的结果，所以这个浓度的凝胶称为标准胶。当分析一个未知样品时，常用标准胶或梯度凝胶来测试，而后确定适宜的凝胶浓度。

聚丙烯酰胺凝胶电泳的种类很多，有不连续凝胶电泳、制备凝胶电泳、SDS-聚丙烯酰胺凝胶电泳等。

(2)不连续凝胶电泳：PAGE 根据其有无浓缩效应，分为连续系统和不连续系统两大类，连续系统电泳体系中缓冲液 pH 及凝胶浓度相同，带电颗粒在电场作用下，主要靠电荷和分子筛效应。

所谓不连续是指孔径大小、缓冲液成分及其 pH 均为不连续，并在电场中形成电位梯度的不连续性。①样品胶，也可用蔗糖溶液或甘油代替。②浓缩胶(又名成层胶或积层胶)。以上两种胶的缓冲液、pH 和孔径大小完全一致。③分离胶(又名电泳胶)，其孔径一般比浓缩胶小，pH 也不同。样品胶和浓缩胶 $T=3\%$、$C=20\%$的单体溶液在 Tris-HCl 缓冲液中，由维生素 B_2 催化合成大孔胶，其 pH 为 6.7。而分离胶是由 $T=7\%$、$C=2.5\%$的单体溶液，在 Tris-HCl 缓冲液(pH8.9)中，通过过硫酸铵催化聚合成的小孔胶。电泳槽内的缓冲液是 Tris-甘氨酸缓冲液(pH8.3)。

浓缩效应：样品在电泳开始时，通过浓缩胶被浓缩成高浓度的样品薄层(一般能浓缩几百倍)，然后再被分离。当通电后，在样品胶和浓缩胶中，解离度最大的 Cl^- 有效迁移率最大，被称为快离子；解离度次之的蛋白质则尾随其后，解离度最小的甘氨酸离子(pI=6.0)泳动速度最慢，被称为慢离子。由于快离子的迅速移动，在其后边形成了低离子浓度区域，即低电导区。电导与电势梯度成反比，因而可产生较高的电势梯度。这种高电势梯度使蛋白质和慢离子在快离子后面加速移动，因而在高电势梯度和低电势梯度之间形成一个迅速移动的界面。由于样品中蛋白质的有效迁移率恰好介于快、慢离子之间，所以，也就聚集在这个移动的界面附近，逐渐被浓缩，在到达小孔径的分离胶时，已形成一薄层。

电荷效应：当各种离子进入 pH8.9 的小孔径分离胶后，甘氨酸离子的电泳迁移率很快超过蛋白质,高电势梯度也随之消失。在均一电势梯度和 pH 的分离胶中,由于各种蛋白质的等电点不同,所带电荷量不同,在电场中所受引力亦不同,经过一定时间电泳,各种蛋白质就以一定顺序排列成一条条蛋白质区带。

分子筛效应:由于分离胶的孔径较小,分子量大小或分子形状不同的蛋白质通过分离胶时,所受阻滞的程度不同,因而迁移率不同而被分离。此处分子筛效应是指样品通过一定孔径的凝胶时,受阻滞的程度不同,小分子走在前面,大分子走在后面,各种蛋白质按分子大小顺序排列成相应的区带。

(3)SDS-聚丙烯酰胺凝胶电泳(SDS-PAGE):SDS-聚丙烯酰胺凝胶电泳是最常用的定性分析蛋白质的电泳方法,特别是用于蛋白质纯度检测和测定蛋白质分子量。SDS-PAGE 要在电泳的样品中加入含有 SDS 和 β-巯基乙醇的样品处理液。SDS 即十二烷基磺酸钠[$CH_3-(CH_2)_{10}-CH_2OSO_3-Na^+$],是一种阴离子表面活性剂即去污剂,它可以断开分子内和分子间的氢键,破坏蛋白质分子的二级和三级结构。强还原剂 β-巯基乙醇可以断开半胱氨酸残基之间的二硫键,破坏蛋白质的四级结构。电泳样品加入样品处理液后,要在沸水浴中煮 3~5 min,使 SDS 与蛋白质充分结合,以使蛋白质完全变性和解聚,并形成棒状结构。SDS 与蛋白质结合后使蛋白质-SDS 复合物上带有大量的负电荷,平均每两个氨基酸残基结合一个 SDS 分子,这时各种蛋白质分子本身的电荷完全被 SDS 掩盖,这样就消除了各种蛋白质本身电荷上的差异。样品处理液中通常还加入溴酚蓝染料,用于控制电泳过程。另外在样品处理液中也可加入适量的蔗糖或甘油以增大溶液密度,使加样时样品溶液可以沉入样品凹槽底部。

蛋白质的迁移率和分子量的对数呈线性关系,符合下式:

$$\log MW = K - bX$$

式中:MW 为分子量,X 为迁移率,K、b 均为常数。若将已知分子量的标准蛋白质的迁移率对分子量对数作图,可获得一条标准曲线。未知蛋白质在相同条件下进行电泳,根据它的电泳迁移率即可在标准曲线上求得分子量。

6. 亲和层析

亲和层析的原理与众所周知的抗原-抗体、激素-受体和酶-底物等特异性反应的机制相类似,每对反应物之间都有一定的亲和力。正如在酶与底物的反应中,特异的底物(S)才能和一定的酶(E)结合,产生复合物(ES)。在亲和层析中特异的配体才能和一定的生命大分子之间具有亲和力,并产生复合物。而亲和层析与酶-底物反应不同的是,前者进行反应时,配体(类似底物)是固相存在;后者进行反应时,底物呈液相存在。实质上亲和层析是把具有识别能力的配体 L(对酶的配体可以是类似底物、抑制剂或辅基等)以共价键的方式固化到含有活化基团的基质 M(如活化琼脂糖等)上,制成亲和吸附剂 M-L,或者叫作固相载体。而固化后的配体仍保持束缚特异物质的能力。因此,当把固相载体装入小层析柱(几毫升到几十毫升体积)后,让欲分离的样品液通过该柱。这时样品中对配体有亲和力的物质 S 就可借助静电引力、范德瓦尔力,以及结构互补效应等作用吸附到固相载体上,而无亲和力或非特异吸附的物质则被起始缓冲液洗涤出来,并形成了第一个层析峰。然后,恰当地改变起始缓冲液的 pH,或增加离子强度,或加入抑制剂等因子,即可把物质 S 从固相载体上解离下来,并形成了第 M 个层析峰。显然,通过这一操作程序就可把有效成分与杂质满意地分离开。如果样品液中存在两个以上的物质与固相载体具有亲和力(其大小有差异)时,采用选择性缓冲液进行洗脱,也可以将它们分离开。用过的固相载体经再生处理后,可以重复使用。

上面介绍的亲和层析法亦称特异性配体亲和层析法。除此之外,还有一种亲和层析法叫通用性配体亲和层析法。这两种亲和层析法相比,前者的配体一般为复杂的生命大分子物质(如抗体、受体和酶的类似底物等),它具有较强的吸附选择性和较大的结合力;而后者的配体则一般为简单的小分子物质(如金属、染料,以及氨基酸等),它成本低廉,具有较高的吸附容量,通过改善吸附和脱附条件可提高层析的分辨率。

7. 聚焦层析

聚焦层析也是一种柱层析。因此,它和另外的层析一样,照例具有流动相,其流动相为多缓冲剂,固定相为多缓冲交换剂。聚焦层析原理可以从 pH 梯度溶液的形成、蛋白质的行为和聚焦效应三方面来阐述。

(1)pH 梯度溶液的形成:在离子交换层析中,pH 梯度溶液的形成是靠梯度混合仪实现的。例如,当使用阴离子交换剂进行层析时,制备 pH 由高到低呈线性变化的梯度溶液的方法是:在梯度仪的混合室中装高 pH 溶液,而在另一室装低 pH 极限溶液,然后打开层析柱的下端出口,让洗脱液连续不断地流过柱体。这时从柱的上部到下部溶液的 pH 是由高到低变化的。而在聚焦层析中,当洗脱液流进多缓冲交换剂时,由于多缓冲交换剂具有缓冲能力的电荷基团,故 pH 梯度溶液可以自动形成。例如,当柱中装阴离子交换剂 PBE94(作固定相)时,先用起始缓冲液平衡到 pH9,再用含 pH6 的多缓冲剂物质(作流动相)的淋洗液通过柱体,这时多缓冲剂中酸性最强的组分与碱性阴离子交换时发生中和作用。随着淋洗液的不断加入,柱内每点的 pH 从高到低逐渐下降。照此处理一段时间,从层析柱顶部到底部就形成了 pH6～pH9 的梯度。聚焦层析柱中的 pH 梯度溶液是在淋洗过程中自动形成的,但是随着淋洗的进行,pH 梯度会逐渐向下迁移,从底部流出液的 pH 却由 pH9 逐渐降至 pH6,并最后恒定于此值,这时层析柱的 pH 梯度也就消失了。

(2)蛋白质的行为:蛋白质所带电荷取决于它的等电点(pI)和层析柱中的 pH。当柱中的 pH 低于蛋白质的 PI 时,蛋白质带正电荷,且不与阴离子交换剂结合。而随着洗脱剂向前移动,固定相中的 pH 是随着淋洗时间延长而变化的。当蛋白质移动至环境 pH 高于其 pI 时,蛋白质由带正电荷变为带负电荷,并与阴离子交换剂结合。由于洗脱剂的通过,蛋白质周围的环境 pH 再次低于 pI 时,它又带正电荷,并从交换剂解吸下来。随着洗脱液向柱底的迁移,上述过程将反复进行,于是各种蛋白质就在各自的等电点被洗下来,从而达到了分离的目的。

不同蛋白质具有不同的等电点,它们在被离子交换剂结合以前,移动距离是不同的,洗脱出来的先后次序是按等电点排列的。

(3)聚焦效应:蛋白质按其等电点在 pH 梯度环境中进行排列的过程叫作聚焦效应。pH 梯度的形成是聚焦效应的先决条件。如果一种蛋白质是加到已形成 pH 梯度的层析柱上时,由于洗脱液的连续流动,它将迅速地迁移到与它等电点相同的 pH 处。从此位置开始,其蛋白质将以缓慢的速度进行吸附、解吸附,直到在等电点 pH 时被洗出。若在此蛋白质样品被洗出前,再加入第二份同种蛋白质样品时，后者将在洗脱液的作用下以同样的速度向前移动，而不被固定相吸附，直到其迁移至近似本身等电点的环境处(即第一个样品的缓慢迁移处)。然后两份样品以同样的速度迁移，最后同时从柱底洗出。事实上，在聚焦层析过程中，一种样品分次加入时，只要先加入者尚未洗出，并且有一定的时间进行聚焦，剩余样品还可再加到柱上，其聚焦过程都能顺利完成，得到的结果也是满意的。

8. 气相色谱

多种组分的混合样品进入色谱仪的汽化室汽化后呈汽态。当载气流入时，汽化的物质被带入色谱柱内，在固定相和流动相中不断地进行分配。在理想状态下，溶质于气-液两相间的分配可用分配系数描述。当分配系数小时，溶质在柱中停留的时间短，也即滞留因子大，所以它将首先从色谱柱流出而进入鉴定器，经放大系统放大后，输出信号便在记录仪中自动记录下来，这时呈现的图形为色谱图，亦称色谱峰；当分配系数大时，溶质在柱中停留的时间就长，其色谱图在记录仪上后出现。不同物质有不同的分配系数，因此将一混合样品通过气-液色谱柱时，其所含组分就可得到分离。

气相色谱柱效率高、分辨率强的重要原因是理论塔板数(N)大。毛细管气相色谱的 N 可达 106。增加理论塔板数和降低样品组分的不同分子在展层中扩展程度(速率理论)，就可明显地提高柱效。以下将讨论塔板理论和速率理论对柱效的影响。

(1)塔板理论:塔板理论是将色谱假设为一个蒸馏塔，塔内存在许多块塔板，样品各组分在每块塔板的液相和气相间进行分配。柱内塔板间高度 H(即理论塔板高度)一定时，在有效范围内，柱子越长，N 也就越大，样品各组分分配次数也就越多，分辨率自然提高；若柱长一定时，塔板理论高度 H 越小，就越能增加样品各组分的分配次数，进而提高其分辨率。

(2)速率理论:根据塔板理论，在 H(塔板理论高度)一定时，增加柱长可以提高柱效；但是，柱子过长，将会延长分析时间，降低检测的灵敏度。所以实践中应设法降低 H，提高柱效。

速率理论主要是分析同一样品的不同分子在色谱柱中迁移速度差异所引起色谱峰的扩张程度。

9. 高效液相色谱

高效液相色谱按其固定相的性质可分为高效凝胶色谱、疏水性高效液相色谱、反相高效液相色谱、高效离子交换液相色谱、高效亲和液相色谱以及高效聚焦液相色谱等类型。用不同类型的高效液相色谱分离或分析各种化合物的原理基本上与相对应的普通液相层析的原理相似；其不同之处是高效液相色谱灵敏、快速、分辨率高、重复性好，且须在色谱仪中进行。

高效液相色谱仪主要有进样系统、输液系统、分离系统、检测系统和数据处理系统。

(二)溶菌酶

溶菌酶(lysozyme)是由 Àlexander Fleming 在 1922 年发现的一种有效的抗菌剂，因能选择性地溶解微生物细胞壁而得名。其全称为 1,4-β-N-溶菌酶，又称胞壁质酶、N-乙酰胞壁质聚糖水解酶、球蛋白 G。它能水解细菌细胞壁 N-乙酰胞壁酸和 N-乙酰氨基葡萄糖之间的 β-1,4 糖苷键，破坏肽聚糖支架，在低渗溶液中使细胞在内部渗透压的作用下胀裂开，引起细菌裂解。溶菌酶主要溶解革兰阳性菌的细胞壁，革兰阴性细菌细胞壁黏肽层外还有脂多糖、外膜和脂蛋白结构，故在一般情况下溶菌酶不易发挥直接作用。有些革兰阴性菌，如伤寒沙门菌、埃希大肠杆菌也会受到溶菌酶的破坏。人和动物细胞无细胞壁结构亦无肽聚糖，故溶菌酶对人体细胞无毒性作用。

在实际应用中，由于它具有溶解细菌细胞壁的能力，起到抗菌消炎、消肿、镇痛、加快组织修复的作用，被广泛应用于医疗行业。溶菌酶本身是一种无毒、无害、安全性很高的高盐基蛋白质，作为天然防腐剂的溶菌酶在食品工业中有广阔的应用价值。此外，还被用于饲料工业，用于提取微生物细胞内各类物质和进行原生质体制备及融合育种等科学研究领域。

溶菌酶具有以下特点：在自然界中广泛存在，其中以禽类蛋清中含量较高，鸡蛋中占蛋白总量的 3.5%；它是碱性球蛋白，分子中碱性氨基酸、酰胺残基及芳香族氨基酸比例很高；鸡蛋清中溶菌酶由 129 个氨基酸组成单一肽链，分子量为 14.3 kd，分子内有四对二硫键，分子呈一扁长椭球体；溶菌酶的活性中心为 Asp52 和 Glu35；是一种罕见的稳定蛋白质，对温度和酸不敏感，在弱碱性条件下稳定，等电点为 10.8。

鸡蛋清中含 13%～15%的蛋白质，除了溶菌酶以外，还有其他的蛋白质(附录 6)。根据溶菌酶与其他含量较高的蛋白质等电点的不同以及溶菌酶本身的特点，就可以应用等电点沉淀法除去大部分的杂质，从而得到溶菌酶的粗品。

1. 溶菌酶的来源

最初，弗莱明发现人的眼泪、唾沫及感冒后的鼻涕里含有溶菌酶。之后，研究人员发现鸟类和家禽的蛋清中，哺乳动物的泪、唾液、血浆，植物的萝卜、木瓜、卷心菜等均含有溶菌酶。随着生物技术的发展，人类已经可以采用基因工程的办法来获得溶菌酶。

(1)天然资源的溶菌酶：在人和许多哺乳动物的组织和分泌液中均发现有该酶存在。已知在人的眼泪、鼻黏液、唾液、乳汁等分泌液中及肝、肾、淋巴组织中含有此酶。目前，从牛、马等的乳汁中已分离出了溶菌酶，其理化性质与人溶菌酶基本相似，但结构尚不清楚。

在植物资源方面，已从木瓜、芜菁、大麦、无花果和卷心菜等植物体中分离出该酶。此种酶对溶壁小球菌活性较鸡蛋清溶菌酶低，但对胶体状甲壳质的分解活性则为鸡蛋清的 10 倍左右。微生物也能产生溶菌酶，有 7 个类别：蛋白酶与内肽酶；酰胺酶；N-乙酰己糖胺酶；β-1,3-葡聚糖酶、β-1,6-葡聚糖酶与甘露聚糖酶；壳聚糖酶；磷酸甘露糖酶；脱乙酰壳多糖酶。

鸡蛋清中的溶菌酶是动植物中溶菌酶的典型代表，是溶菌酶群中重要研究对象，也是目前了解最清楚的溶菌酶。鸡蛋清中约含有 0.3%的溶菌酶，可分解溶壁小球菌、黄色八迭球菌和巨大芽孢杆菌等革兰阳性菌。从其他鸟类如鹌鹑、珍珠鸡、火鸡等的蛋清中分离纯化出的溶菌酶，与鸡蛋清之溶菌酶活性非常相似。

(2)人工资源的溶菌酶：从蛋清等自然资源提取溶菌酶易受生物材料来源限制，并且由于材料的不统一性，难以保证保鲜度，难以保证不受病毒和其他有害物质污染，产品质量不稳定。已有研究人员利用基因工程重组技术，借助大肠杆菌、酿酒酵母、真菌等宿主系统，表达人溶菌酶基因，大规模地获得溶菌酶。Yoshimura 等通过在人溶菌酶基因上游连接一段鸡溶菌酶信号肽，从而使酿酒酵母工程菌分泌出了有活性的人溶菌酶。钱世均、Shigeru 等分别研究了人溶菌酶基因在大肠杆菌、真菌中的表达，并且都获得了有活性的目的蛋白。

2. 溶菌酶的理化性质

溶菌酶是一种葡萄糖苷酶，其化学性质稳定，干燥条件下在室温可长期保存而活性不丧失。其纯品为白色或微黄色结晶体或无定型粉末，无嗅，味甜，易溶于水，不溶于丙酮、乙醚。其中，鸡蛋清溶菌酶是研究最清楚的一种溶菌酶，它是由 18 种 129 个氨基酸残基组成的单肽链蛋白质，分子中含有 4 个二硫键，复发过程相对困难。Phillips 等人 1965 年用 X 射线晶体结构分析法阐明了溶菌酶的三维结构，揭示溶菌酶分子近椭圆形，大小为 4.5nm×3.0nm×3.0 nm，其构象复杂，α 螺旋仅占 25%，在分子的一些区域有伸展着的 β 片层结构。研究表明，溶菌酶的内部几乎都为非极性的，疏水的相互作用在溶菌酶的折叠构象中起到重要作用。其分子表面有一个容纳多糖底物 6 个单糖的裂隙，为溶菌酶的活性部位。

3. 溶菌酶的分离纯化

溶菌酶传统的分离纯化方法主要有结晶法、离子交换法、超滤法等，在近些年的研究中，也有学者将色谱技术、反胶团萃取技术、膨胀床吸附技术引入溶菌酶的提取纯化工艺中。

4. 传统的分离纯化方法

(1)结晶法：结晶法是一种传统的制备溶菌酶的方法，通过改变溶液条件，使溶菌酶以结晶态析出。其产率一般为 60%～80%。该法操作简单，应用于卵清溶菌酶结晶品的工业生产，使产品的成本大大降低，为其医药应用做出了贡献；但是其生产周期较长，产率相对偏低，高纯度产品获取过程复杂；另外，此法不能用于分离微量的溶菌酶。

(2)离子交换法：离子交换法是利用溶液中各种带电粒子与离子交换剂之间结合力的差异进行物质分离的操作技术，由于具有简便、高效、成本低，且可自动化连续操作的优点，因此一直以来都是溶菌酶生产所常用的方法。常用的离子交换剂有羧酸纤维素(PC)、羧甲基纤维素(CMC)和羧甲基琼脂糖等。

(3)超滤技术：超滤技术与传统的生化分离技术相比，其优点是产品的高产出量。尽管超滤技术在反渗析及浓缩等过程中得到广泛的应用，但是它作为在生物工业领域中潜能很大的一种蛋白质分离技术仍未得到充分利用。运用超滤技术可以很好地通过调节而获得高产量和高纯度的产品，如果在无菌条件下操作，可以直接生产无菌的溶菌酶溶液，直接用于临床治疗。

5. 分离纯化方法新进展

(1)色谱分离技术：色谱分离技术有多种类型，其中膜色谱技术是将液相色谱与膜分离结合起来的一种新技术，具有快速、高效、高选择性、易于放大的特点，能满足生物大分子高效分离与纯化的要求。它作为一种高效的分离纯化技术已受到人们的高度重视，广泛应用于大分子物质的纯化。在膜色谱中，其又和亲和、离子交换等技术结合，衍生出亲和膜色谱技术、离子交换膜色谱技术，均有研究者将其应用到溶菌酶的分离纯化中。

高速逆流色谱(HSCCC)技术是一种无固体载体的连续液-液分配色谱技术，其固定相通过重力场和离心力作用被包；保留在分离柱内，避免了固体载体与样品发生化学反应而不可逆吸附，样品回收率高。邓文波等人利用多分离柱高速逆流色谱，研究聚乙二醇 1000(PEG1000)-磷酸盐双水相体系的固定相保留率及该体系对蛋白质混合物进行分离，以 14% 的 PEG1000～

16%的磷酸盐体系的上相为固定相，在流速 0.6 mol/min 和转速 900 r/min 的条件下，根据细胞色素 C、溶菌酶和血红蛋白三者的分配系数的不同对其进行分离，三者的收率均大于 90%。

20 世纪 80 年代末出现了亲和色谱技术，以亲和力为基础的生物分离技术是将可逆结合的配基与不溶性的载体偶联，形成具有特异亲和性的分离介质，并用其来选择性地吸附生物活性物质，再通过洗脱来分离所需要的物质。

(2)反胶团萃取：反胶团萃取是近年发展起来的一种新的萃取方法，它是利用在有机溶剂中加入少量表面活性剂形成的反胶团来提取的方法，为一些不能使用有机溶剂萃取的酶和活性蛋白质等生物活性物质开拓了一种新的分离技术，扩大了有机溶剂萃取的适用范围。

Sun Y 等采用一种亲和染料基质反胶团系统从鸡蛋清粗溶液中纯化溶菌酶，这种反胶团是由辛巴蓝 F_3G-A 与改良的大豆卵磷脂在正己烷中反应制得的。用粗蛋清溶液进行分离纯化，可使溶菌酶的纯度提高 16～20 倍，达到 0.76 mg/ mg 蛋白。这种亲和反胶团系统可以重复使用三次，加入聚氧乙烯(120) 去水三梨糖醇三油酸酯(Tween85)作为辅助表面活性剂，可以提高反胶团系统的容量。在 pH9.16 的前水相中，使用含有 Tween85(20 g/L) 的反胶团可以使溶菌酶的产率超过 70%。

(3)膨胀床吸附法：膨胀床吸附技术能直接从未经固液分离的生物产品料液中捕集目标产品，集固液分离、吸附纯化为一体，是一个过程集成的操作，可以直接从含有细胞或细胞碎片等固体颗粒的高黏度料液中分离纯化目标产物。膨胀床吸附不仅克服了固定床吸附的缺点，而且缩短处理时间，简化步骤，提高了产品的产量和质量。Tong XD 等报道使用被辛巴蓝 3GA 修饰的一种定制的 Nd-Fe-B 密实合金琼脂糖凝胶。膨胀床吸附系统吸附、纯化溶菌酶的结果与使用 CB 修饰的直线型凝胶相比较，具有更高的纯化倍数。Owen 等报道使用连续逆流、膨胀床吸附系统分离溶菌酶，该技术克服了一般填充床柱层析存在的问题，诸如填充材料的压实、沟槽的形成和由于上样溶液微粒引起的柱阻塞等。

三、实验材料及主要药品、器具

1. 材料

鸡蛋、枯草芽孢杆菌过夜培养物(37 ℃，18 h，160 r/min，100/250 mL)。

2. 药品

S 离心管 hadex G-50、0.02 mol/L pH8.0 的 PBS 缓冲液、5%丙酮(PBS 缓冲液作为溶剂)、0.02 mol/L PBS(pH8.0)、40%甘油、考马斯亮蓝试剂(考马斯亮蓝 G-250)100 mg 溶于 50 mL 95%乙醇，加入 100 mL 85% H_3PO_4，用蒸馏水稀释至 1 000 mL，滤纸过滤。最终试剂中含 0.01%(W/V)考马斯亮蓝 G-250，4.7%(W/V)乙醇，8.5%(W/V)H_3PO_4、标准蛋白质溶液[纯的牛血清白蛋白(BSA)，预先经微量凯氏定氮法测定蛋白氮含量，根据其纯度同 0.15 mol/L NaCl 配制成 1 mg/mL 蛋白溶液]、样品 S_1、样品 S_2、0.5 mol/L NaCl、0.02 mol/L pH8.0 的 PBS(测活缓冲液，含 50 mmol/L NaCl)、0.02 mol/L pH8.0 的 PBS(离子交换洗脱溶液，含 0.5 mol/L NaCl)、兔磷酸化酶 B、牛血清白蛋白、兔肌动蛋白、牛碳酸酐酶、胰蛋白酶抑制剂。

3. 仪器及用具

天平、核酸蛋白质检测仪、分光光度计、摇床、高速离心机、电泳仪、层析柱、玻璃棒、分离收集器、记录仪、试管及试管架、冰箱、烧杯、漏斗、滤纸、垂直板电泳装置、移液管、移液枪、大针头、大培养皿、研钵、胶头滴管、手术刀。

四、实验步骤

1. 层析柱装填及柱效测定

(1)清洗层析柱。

(2)测定层析柱的内径、高度,计算所需凝胶的体积。

(3)根据S离心管 hadex G-50 的膨胀体积,计算所需干凝胶的质量。

(4)称取相应质量的干凝胶,加入其总吸液量10倍的0.02 mol/L PBS。

(5)在100 ℃水浴中加热溶胀1 h以上,溶胀之后将极细的小颗粒倾泻除去。

(6)用真空干燥器抽尽凝胶中的空气,并将凝胶上面过多的溶液倾出。

(7)关闭层析柱出水口,向柱管内加入约1/4柱容积的洗脱液。

(8)边搅拌,边将薄浆状的凝胶液连续倾入柱中,使其自然沉降。

(9)等凝胶沉降2~3 cm后,打开柱的出口,调节合适的流速,使凝胶继续沉积。

(10)待沉积的胶面上升到离柱的顶端约5 cm处时停止装柱,关闭出水口。

(11)通过2~3倍柱床体积的洗脱液使柱床稳定(流速0.5~1 mL/min)。

(12)始终保持凝胶上端有一段液体。

(13)准备好恒流泵、分部收集器、核酸蛋白检测仪及记录仪。

(14)打开柱上端的螺丝帽塞子,吸出层析柱中多余液体直至与胶面相切。

(15)沿管壁将5%丙酮溶液0.6 mL小心加到凝胶床面上。

(16)将床面凝胶冲起。

(17)打开下口夹子,使样品溶液流入柱内,同时收集流出液。当样品溶液流至与胶面相切时,夹紧下口夹子。

(18)按加样操作,用1 mL洗脱液冲洗管壁2次。

(19)加入3~4 mL洗脱液于凝胶上,旋紧上口螺丝帽。

将层析柱进水口连通恒流泵,柱出水口与核酸蛋白质检测仪比色池进液口相连,比色池出液口再与自动部分收集器相连,用两根导线将检测仪与记录仪连接起来,设置好基线的位置。洗脱时,打开上、下进出口夹子,用0.02 mol/L pH8.0的PBS,以0.5~1 mL/min的流速洗脱,记录tr(记录仪纸速设为12 cm/h,电压200 mv;核酸蛋白监测仪检测波长254 nm,灵敏度为0.1 A),计算单位高度的柱效。柱效计算公式:

$$N=5.54\cdot[\theta r/(W_{1/2})]_2$$

其中,θr 为平均洗脱时间,$W_{1/2}$ 为半峰宽测量时精确到1 mm。

S离心管 hadex G-100 每米理论塔板数为3 000~6 000。

【注意事项】

① 各接头不能漏气，连接用的小乳胶管不要有破损，否则造成漏气、漏液。

② 装柱要均匀，既不过松，也不过紧，最好在要求的操作压下装柱，流速不宜过快，避免因此压紧凝胶。

③ 始终保持柱内液面高于凝胶表面，否则水分蒸发，凝胶变干。也要防止液体流干，使凝胶混入大量气泡，影响液体在柱内的流动。

④ 所用凝胶比较昂贵，需小心操作，实验后回收，尽量避免浪费和损失。

⑤ 如实完整地记录实验流程、现象及结果，计算理论塔板数并对其进行深入分析和讨论。

⑥ 结合理论塔板模型，分析柱效的影响因素，以及如何提高柱效。

2. 等电点沉淀法粗提取溶菌酶

(1)拿一只鸡蛋破壳取蛋清置于 250 mL 烧杯中，记录其体积 V_1。

(2)加入 1.5 倍体积的 pH8.0 PBS 缓冲液，搅拌均匀，取 0.5 mL 蛋清并加入等量甘油于 1 mL离心管，制备 2 管，−20 ℃备用(样品 S_1)。

(3)用冰醋酸调 pH4.7 左右，充分搅拌。

(4)3 500 r/min，离心 20 min。

(5)弃沉淀，转移上清至烧杯中。

(6)加入 1 倍体积的 pH8.0 PBS 缓冲液，搅拌均匀，并用 5 mol/L NaOH 调 pH8.0。

(7)滤纸过滤，取清液，测量并记录体积 V_2。

(8)取 0.5 mL 清液并加入等量甘油于 1 mL 离心管中，制备 2 管，−20 ℃备用(样品 S_2)。

(9)余下的清液放在 100 mL 烧杯中−20 ℃冻存备用。

【注意事项】

① 等电点沉淀后利用离心的办法，要尽量除去沉淀。

② 调节 pH 时要避免局部过酸。

③ 提取过程中尽量避免泡沫的产生。

④ 保存样品需明确标记名称、班级、组号、日期，最好使用标签纸。

3. 考马斯亮蓝 G-250 制作蛋白质标准曲线

按照 Bradford 的测定方法。先绘制标准曲线：取 6 支具塞试管，按附录 7 加入试剂(0～100 μg/mL 的标准蛋白)；混合均匀后，向各管中加入 5 mL 考马斯亮蓝 G-250 溶液摇匀，并放置 5 min 左右。在 595 nm 下比色测定吸光度。

(1)以 A_{595nm} 为纵坐标，标准蛋白含量为横坐标(6 个点为 0 μg、20 μg、40 μg、60 μg、80 μg、100 μg)，在坐标轴上绘制标准曲线。

(2)利用标准曲线查出回归方程。

(3)用 Excel 作图，测出回归线性方程。即 $A_{595nm}=a\cdot X$。相关系数一般大于 0.9。

(4)未知样品蛋白质浓度的测定：测定方法同上，取合适体积的未知样品，使其测定值在标准曲线的直线范围内(0～100 μg，最好在 40～80 μg)，根据所测定的 A_{595nm}，利用标准曲线或回归方程，求出相当于标准蛋白质的量(μg)，从而计算出未知样品的蛋白质浓度(mg/mL)。

一般被测样品的 A_{595nm} 值在 0.1～0.5 之间，所以上述样品如果 A_{595nm} 值太大，可以减少取样量；如果仍然很大，可以定量稀释后再进行测定。

【注意事项】

① 蛋白质与考马斯亮蓝 G-250 结合的反应十分迅速，在 2 min 左右反应达到平衡；其结合物在室温下 1 h 内基本稳定。如果测定要求很严格，可以在试剂加入后的 5～20 min 内测定光吸收，因为在这段时间内颜色是最稳定的。

② 测定中，蛋白-染料复合物会有少部分吸附于比色杯壁上，实验证明此复合物的吸附量是可以忽略的。测定完后可用乙醇将蓝色的比色杯洗干净。

③ 有些阳离子，如 K^+、Na^+、Mg^{2+}、$(NH_4)_2SO_4$、乙醇等物质不干扰测定，但大量的去污剂如 TritonX-100、SDS 等严重干扰测定。

④ 测定时仅使用一套比色杯(2 个)，并从低浓度到高浓度依次测定。中间不要用蒸馏水润洗比色杯，仅用待测液润洗 2～3 次即可。

⑤ 玻璃仪器要洗涤干净并保持干燥，避免温度变化，取量要准确。

4. 离子交换层析法分离纯化溶菌酶

(1)装柱：取 20 mL CM-S 离心管 harose FF，1 cm×20 cm 层析柱，以 0.02 mol/L PBS，pH8.0为缓冲液装柱。装柱方式与装填分子筛层析柱的方法一样。注意不能使树脂露出水面，因为树脂露于空气中，当加入溶液时，树脂间隙中会产生气泡而使交换不完全。对于重复使用的填料，需要先冲 3 倍柱床体积的蒸馏水，将保存用的乙醇洗脱出来。

(2)平衡：用泵将 3 倍柱床体积的 0.02 mol/L PBS pH8.0 过柱。这一步的作用是使柱床体系的内外达到平衡与均一，以利于后续目的蛋白的结合。

(3)上样：用泵将 S_2 样品泵入层析柱，经过一段时间之后，蛋白将通过离子交换的方式，与介质相互作用而挂柱。注意观察并记录 280 nm 下吸收值的变化。

(4)冲平：用 3～4 mL 0.02 mol/L pH8.0 的 PBS 洗涤离子交换柱至无穿透峰为止，流速约为 1.5 mL/min。在吸收峰下降段留样 S_3，取约 1 mL 于离心管于－20 ℃冻存备用。

(5)洗脱：用 100 mL 含 0.5 mol/L NaCl 的 0.02 mol/L pH8.0 的 PBS 和 100 mL 0.02 mol/L pH8.0 的 PBS 进行梯度洗脱。

收集洗脱峰，记录洗脱时间和洗脱峰体积 V_4。取 0.5 mL 清液并加入等量 40%甘油于 1 mL离心管中，制备 2 管，－20 ℃备用(留样 S_4)

(6)再生：用泵将 2 倍柱体积的 2 mol/L NaCl 过柱，然后水洗 4 倍柱体积。洗脱完成后，需要进行离子交换填料的再生处理。离子交换基团为一些盐所覆盖，影响下次的重复使用。因此，先用高浓度的盐将与介质结合紧密的杂质洗脱下来，然后再恢复其离子交换功能。对于 CM-S 离心管 harose 而言，只需要用水过柱即可以使其离子交换功能得到恢复。

(7)保存：用泵将 2 倍柱体积的 20%乙醇过柱。用于蛋白质分离纯化的介质多保存于液体中，保存时需加入一些抑菌剂，如叠氮化钠等。对于本介质，只需采用 20%乙醇保存即可。对于洗脱下来的样品，我们无法确证是否含有溶菌酶，因此需要进行监测。一般采取活性监测的方式。本实验中利用溶菌酶水解枯草芽孢杆菌细胞壁，使得枯草芽孢杆菌裂解，以 595 nm 下光吸收值的变化来确定溶菌酶所在的吸收峰。

(8)溶菌酶的活性测定:取 6 mL 枯草芽孢杆菌的过夜培养物,3 500 r/min 常温离心 5 min,弃上清,沉淀用 6 mL 0.02 mol/L PBS 缓冲液悬浮,利用可见光分光光度计测其 OD_{595} 并记录(吸光度在 0.5~1.0 范围,如果读数过高可适当稀释)。比色皿编号见附录 8,其中 1 号管加入 PBS 作为仪器调零空白,2 号作为对照,3 号、4 号用于平行测定然后取平均值。30 s 测定一次吸光度值,约 3 min 内至吸光度达到稳定。

在室温,以 1 号管为对照,每隔 30 s 分别测定 2 号、3 号、4 号在 595 nm 的吸光度。因仪器数量有限,各组要错开时间进行,确保仪器准备完毕才加入酶液。

观察悬液 OD_{595} 反应前后的变化。根据以下的酶活定义,测定溶菌酶 S_1~S_4 活性。其中活力单位(U):酶在室温(25 ℃),pH8.0 条件下,OD_{650} 每分钟降低 0.001 为 1 个活力单位 U。

【注意事项】

① 离子交换树脂在使用前需要再生,阴离子交换树脂以"碱酸碱"的顺序进行处理,阳离子交换树脂以"酸碱酸"的顺序进行处理和再生。装柱时要求粒度均匀,比较致密,柱床表面平整,柱中无裂缝、气泡和沟流的现象。

② 加样蛋白浓度低于 20 mg/mL,上样体积小于柱体积的 1/3。

③ 在整个实验过程中,流速必须得到一定的控制。流速过大,会使填料压缩紧密,导致流速过低,层析柱有可能堵塞而实验失败;流速过小,实验时间过长,引起酶的活性变化。对于 CMS 离心管 harose FF 填料,最适流速在 100 cm/h 以下。因此,在我们的实验中,控制流速为2 mL/min。

④ 冲平过程一定不能省。因为在上样过程中,还有未挂柱的蛋白未能从色谱柱中完全流出,因此需先用缓冲液对整个色谱柱进行冲平,以便使未结合或结合不紧密的杂蛋白流出,以免干扰洗脱。

⑤ 如实完整地记录实验流程、现象及结果,分析记录仪上所绘制的峰型与所分离的蛋白质纯度的关系。

⑥ 实验报告中必须包含原始数据以及洗脱曲线图(同组可以复印同一张图)。

本实验的数据处理:根据酶的动力学特性可知,在特定的时间段,酶促反应的速度是相等的,即产物浓度随时间呈线性变化。根据此特性,将所得数据在坐标纸上作图,以时间为横轴,OD_{595} 值为纵轴,将数据定位后,根据拟合直线的斜率,即为单位时间内 OD 值的下降值,然后再除以 0.001,即可得到所取测量酶液的活力单位。除以酶液体积,即可得到酶浓度(U/mL)。

5. SDS-PACE 法测定溶菌酶分子量

(1)实验试剂配制

① 低分子量标准蛋白:

兔磷酸化酶 B	MW=97 400
牛血清白蛋白	MW=66 200
兔肌动蛋白	MW=43 000
牛碳酸酐酶	MW=31 000
胰蛋白酶抑制剂	MW=20 100

开封后溶于 200 μL 蒸馏水，置 −20 ℃保存，使用前室温融化，沸水浴中加热 3～5 min 后上样。

② 待测蛋白质样品：S_1～S_4。

③ 凝胶贮液：称 Acr30 g，甲叉双丙烯酰胺(Bis)0.8 g，加蒸馏水至 100 mL，过滤后置棕色瓶中，4 ℃贮存可用 1～2 个月。

④ 分离胶缓冲液(1.5 mol/L pH8.8 Tris-HCl 缓冲液)：称取 Tris45.5 g，加入 200 mL 水，用 6 mol/L 盐酸调 pH8.8，最后用蒸馏水定容至 250 mL。

⑤ 浓缩胶缓冲液(1.5 mol/L pH6.8 Tris-HCl 缓冲液)：称取 Tris18.2 g，加入 50 mL 水，用 1 mol/L 盐酸调 pH6.8，最后用蒸馏水定容至 100 mL。

⑥ 10%(W/V)SDS 10 mL。

⑦ 10%过硫酸铵(AP)10 mL (使用当天配制)。

⑧ TEMED(四甲基乙二胺)。

⑨ 样品稀释液：SDS(500 mg)＋巯基乙醇(1 mL)＋溴酚蓝(4 mg)＋甘油(3 mL)＋1.5 mol/L pH6.8 Tris-HCl(2 mL)，最后定容至 10 mL。电极缓冲液(pH8.3)：称 Tris30.3 g，甘氨酸 144.2 g，加入 SDS10 g(稀释前加)，加蒸馏水使其溶解后定容至 1 000 mL，使用时稀释 10 倍。

⑩ 凝胶染色及脱色固定液：取 500 mL 乙醇，100 mL 冰乙酸用蒸馏水定溶至 1 000 mL。

脱色液：乙醇 250 mL，冰乙酸 80 mL，加蒸馏水定容至 1 000 mL。

染色液：称取考马斯亮蓝 G-250 1.0 g，用少量脱色液溶解定溶到 1 000 mL。

(2)蛋白样品的制备：取 200 μL 上述备用蛋白样品于带塞的小离心管中，加入 200 μL 的 2×上样缓冲液，混匀，轻轻盖上盖子，封口膜封紧瓶口以免加热时迸出。在 100 ℃沸水浴中加热 3～5 min，取出后 10 000 r/min 离心 10 min，取上清待用。

(3)凝胶制备

① 将玻璃板用蒸馏水洗净晾干。

② 把玻璃板在灌胶支架上固定好，勿用手接触洗净的玻璃表面。

③ 琼脂糖封长板下口空隙，要避免产生气泡。

④ 按附录 9 配好分离胶，用移液管快速加入，大约 5 cm(距样梳下缘大约 1 cm)，之后加少许蒸馏水，静置 40 min。

⑤ 倒出水并用滤纸把剩余的水分吸干，按附录 9 配好浓缩胶，连续平稳地加入浓缩胶至离边缘 5 mm 处，迅速插入样梳，静置 40 min。

(4)加样：拔出样梳，用滤纸吸去槽中多余液体，用针头对加样孔进行校正，然后用移液枪进行加样，在中间孔中加入标准蛋白质 20 μL，两侧孔中加入待测蛋白 20 μL，最后在上贮槽内加入电极缓冲液(内含 0.1% SDS)，没过短板。

(5)电泳：电泳槽下槽中加入缓冲液(内含 0.1% SDS)，接通电源，进行电泳。开始时电流恒定在 10 mA 或恒压 80 V，当进入分离胶后改为 20 mA 或恒压 120 V，待溴酚蓝距凝胶边缘约 1 cm 时，停止电泳。

(6)剥胶:电泳结束后,用手术刀撬开玻璃板,用蒸馏水处理剥至含蒸馏水的培养皿中。

(7)固定:把剥下来的胶用蒸馏水清洗 2～3 次,加入固定液,固定 1～2 h 至凝胶变白。

(8)染色:用蒸馏水清洗固定后的胶 2～3 次,加染色液染色 1 h。

(9)脱色:染色后的凝胶用蒸馏水漂洗数次,再用脱色液脱色,直到脱去背景色。

(10)分析计算:按下式计算相对迁移率:

$$相对迁移率=\frac{蛋白质迁移的距离(cm)}{溴酚蓝迁移的距离(cm)}$$

以每个蛋白标准的分子量对数对它的相对迁移率作图得标准曲线,量出未知蛋白的迁移率即可测出其分子量,这样的标准曲线只对同一块凝胶上的样品的分子量测定才具有可靠性。

【注意事项】

① N,N'-亚甲双丙烯酰胺为神经毒性物质,可经皮肤直接吸收。使用时应避免其直接接触皮肤,必要时应戴手套,但其凝固后就变成无毒物质。

② 安装电泳槽时要注意均匀用力旋紧固定螺丝,避免缓冲液渗漏。

③ 用琼脂(糖)封底及灌胶时不能有气泡,以免电泳时影响电流的通过。

④ 加样时样品不能超出凹形样品槽。加样槽中不能有气泡,如有气泡,可用注射器针头挑除。

⑤ 固定玻璃板时,两边用力一定要均匀,防止夹坏玻璃板。

⑥ 凝胶配制过程要迅速,注胶过程最好一次性完成,避免产生气泡。

五、思考题

(1)生物活性物质的粗提取有哪些方法?如何进行选择?

(2)本实验可否考虑其他的粗提取方法?

(3)以粗分离中的离心和膜分离为例,说明其主要原理并举例。

(4)关于等电点沉淀的原理,为何 pH4.7 不能变性沉淀?

(5)在等点聚焦中为何先调 pH 至 4.7,又需要将 pH 调回至 8.0?

(6)如何制作蛋白质标准曲线?

(7)酶活的一般定义是什么?在提取过程中,为何要测定蛋白质浓度?

(8)离子交换树脂填料如何再生?使用时有哪些注意事项?

(9)在层析中为什么要使用冲平这一步骤?

(10)为何要在整个分离纯化过程中不断监控酶的活性?

(11)分光光度法测定溶菌酶活力的原理是什么?注意事项有哪些?

(12)在不连续体系 SDS-PAGE 中,当分离胶加完后,需再在其上加一层水,为什么?

(13)电极缓冲液中甘氨酸的作用是什么?

(14)在不连续体系 SDS-PAGE 中,分离胶与浓缩胶中均含有 TEMED 和 AP,试述其作用。

(15)样品液为何在上样前需在沸水中加热几分钟?

第四章　发酵工程实验

实验 4-1　酿酒酵母发酵法生产谷胱甘肽

一、实验目的

掌握运用小型自动发酵罐生产谷胱甘肽的工艺流程，掌握实验室常见发酵设备工作原理、使用步骤及注意事项，掌握发酵过程中重要发酵参数的检测方法，具有初步的发酵工程实验设计、动手操作和解决问题能力，初步具有一定的实验数据分析能力。

二、实验原理

谷胱甘肽(glutathione)是由谷氨酸、半胱氨酸和甘氨酸结合而成的三肽化合物，化学名 γ-谷氨酰-L-半胱氨酸-L-甘氨酸。谷胱甘肽有还原型[GSH，结构式如图 4 - 1(A)所示]和氧化型[GS-SG，结构式如图 4 - 1(B)所示]两种形式，谷胱甘肽还原酶催化两型间的互变，该酶的辅酶为磷酸糖旁路代谢提供的 NADPH。谷胱甘肽一般占野生型酵母细胞干重的 0.1%～1%，细胞内 GSH 与 GS-SG 比值为(30～100)∶1。谷胱甘肽在食品、医药、保健品、化妆品工业中均有广泛的应用(Lorenz E，2016)。

谷胱甘肽的生产方法主要有萃取法、化学合成法、发酵法和酶法等。微生物发酵法是以糖类为原料，利用特定微生物体内的物质代谢将糖类转化为谷胱甘肽的方法。由于生物发酵生产谷胱甘肽与早期萃取法、化学合成法相比具有明显的优越性，如反应条件温和、反应步骤简单、成本低、转化效率高、生产速率快等，是今后生产谷胱甘肽的主要趋势，因此越来越受到科学家们的重视，目前已成为生产谷胱甘肽的主要方法。工业化发酵法生产谷胱甘肽所采用的微生物通常是 Candida utilis 与 Saccharomyces cerevisiae。基因工程大肠杆菌谷胱甘肽的产量一般比酵母菌高，但其生产技术难度较大。目前采用基因工程大肠杆菌生产谷胱甘肽的研究有了很大进展，如 2015 年报道 GSH 最高产量达到 15 g/L，其发展前景广阔(Wang C，2015)。

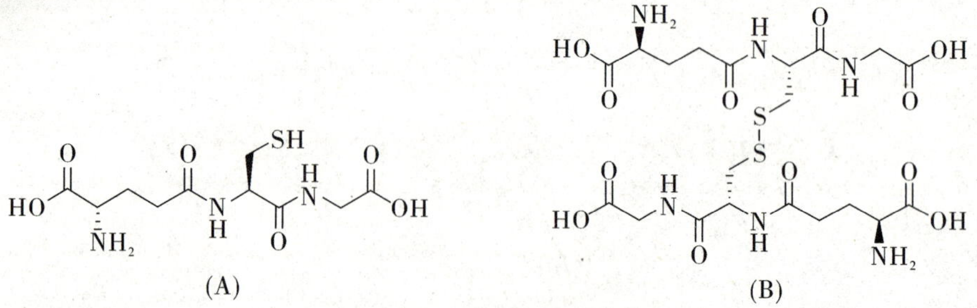

图 4-1 谷胱甘肽结构式

GSH 生物合成和代谢的开拓性研究是由 Meister 和 Anderson 完成的，研究表明，微生物细胞中的 γ-L-谷氨酰-L-半胱甘酸合成酶(GSH-I)和 γ-L-谷氨酰-L-半胱甘酰-甘氨酸合成酶(GSH-II)在适宜环境下催化谷氨酸、半胱氨酸和甘氨酸形成 GSH，其过程如图 4-2 所示(Chen JL，2013)。

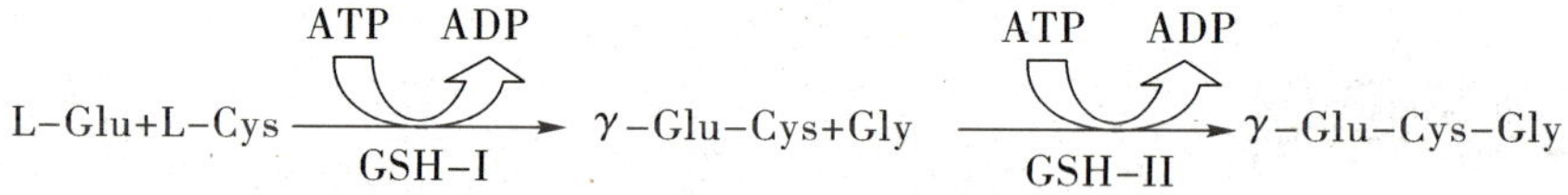

图 4-2 谷胱甘肽的合成过程

三、实验材料及主要药品、器具

1. 菌株

酿酒酵母(*Saccharomyces cerevisiae* AU23)。

2. 试剂

3，5-二硝基水杨酸、氢氧化钠、酒石酸钾钠、苯酚、亚硫酸钠、磷酸氢二钾、硫酸镁、胰蛋白胨、葡萄糖、还原型谷胱甘肽(GSH)、磷酸氢二钠、磷酸二氢钠、三羟甲基氨基甲烷(Tris)、盐酸、甲醛、5，5′-二硫代双(2-硝基苯甲酸)(DTNB)、氯化钾、乙醇。

3. 设备

上海保兴自动发酵罐、自动灭菌锅、旋涡混合器、可见分光光度计、超净台、生物传感分析仪 SBA40C、电子天平(感量为 0.01 g)、电子分析天平(感量为 0.000 1 g)、烘箱、冷冻离心机、普通离心机、恒温摇床、恒温培养箱、恒温水浴锅、pH 计、电磁炉。

4. 用具

称量纸、烧杯、试剂瓶、容量瓶、止水夹、移液器、量筒、空气过滤器、玻璃棒、药匙、pH 试纸、标签纸、牛皮纸、纱布、脱脂棉、不锈钢锅、小试管、具塞试管等。

四、实验步骤

1. 溶液配制

200 mg/L GSH 标准溶液：分析天平准确称量谷胱甘肽 10 mg，用蒸馏水溶解后定容至 50 mL，摇匀，−80 ℃保存。

0.05 mol/L pH7.0 磷酸盐缓冲液：取 610 mL 0.05 mol/L 磷酸氢二钠溶液与 390 mL 0.05 mol/L磷酸二氢钠溶液混合搅拌均匀，pH 计校正后使用。

0.25 mol/L pH 8.0 Tris-HCl 缓冲液：准确称量 Tris 固体 7.571 2 g 加入 220 mL 蒸馏水溶解，缓慢滴加浓盐酸，直至溶液 pH 为 8.0，用蒸馏水定容至 250 mL，瓶盖密封好后保存。

0.01 mol/L DTNB 储存液：准确称取 DTNB 0.099 1 g，用磷酸盐缓冲液（0.05 mol/L，pH7.0）定容至 25 mL，存于棕色瓶中，放于低温暗处备用。

DTNB 分析液：DTNB 储存液与 Tris-HCl 缓冲液（0.25 mol/L，pH 8.0）以体积比 1∶100 混合配制而成，使用前临时配制。

3%甲醛溶液：移液管吸取甲醛 1.5 mL，加入 48.5 mL 蒸馏水，混匀后用稀 NaOH 溶液调节 pH=8.0。

1 g/L 葡萄糖标准溶液：分析天平准确称取 100 mg，预先在 105 ℃干燥至恒重的分析纯葡萄糖，用少量蒸馏水溶解后定容至 100 mL，保存于冰箱中备用。

3,5-二硝基水杨酸(DNS)溶液：精确称取 3,5-二硝基水杨酸固体 3.15 g 加蒸馏水 500 mL 搅拌溶解，水浴至 45 ℃，加入 20 g 氢氧化钠直至完全溶解，再逐步加入酒石酸钾钠 91 g，苯酚 2.50 g，亚硫酸钠 2.50 g，搅拌至完全溶解，冷却到室温，定容至 1 L，过滤，取过滤液储存于棕色瓶，避光保存。

YEPD 斜面培养基：称琼脂 20 g 加入 800 mL 蒸馏水小火缓慢热至琼脂完全溶化，加入葡萄糖 20 g，蛋白胨 20 g，酵母膏 10 g，搅拌至其完全溶解。稍冷却后再补足水分至 1 L，分装试管加棉塞、牛皮纸包扎后于 121 ℃灭菌 15 min。趁热摆放斜面，直至斜面凝固冷却后贮存备用。

220 g/L 葡萄糖溶液：称取葡萄糖 220 g，用蒸馏水溶解后定容至 1 L，121 ℃灭菌 15 min。

95 g/L 胰蛋白胨溶液：称胰蛋白胨 95 g 用蒸馏水溶解定容至 1 L，现用现配。

无机盐溶液（g/L）：磷酸氢二钠 2.5，磷酸二氢钾 22.5，硫酸镁 3.75，乙酸铵 3.75，现用现配。

【注意事项】

① 先计算好实验所需试剂量，再进行称量。

② DTNB 试剂需要现用现配。

③ 甲醛调节 pH 时，要逐滴加入氢氧化钠以免滴过量。

④ DNS 溶液室温下存放 7 d 后可以使用，有效期为 6 个月。

2. YEPD 斜面活化

将保存于 4 ℃的酿酒酵母在超净台上通过接种环画线接入 YEPD 斜面培养基，30 ℃，培养

36 h 左右，待斜面上长满乳白色菌体即可用。

3. 种子培养基配制、灭菌、接种和培养

种子培养基配制与灭菌：取胰蛋白胨溶液 20 mL 和无机盐溶液 10 mL 加入 250 mL 三角瓶，加棉塞包扎后 121 ℃灭菌 15 min。在超净台中加入 20 mL 已灭菌的葡萄糖溶液，即为种子培养基。

种子培养基接种和培养：从 YEPD 斜面上刮取 1 环新鲜菌体转移至种子培养基，然后放于摇床 30 ℃，150 r/min 培养 20 h 左右。

【注意事项】

① 超净台内规范操作，以免种子染菌。

② 按使用说明规范使用灭菌锅。

4. 发酵罐内酿酒酵母发酵生产谷胱甘肽

首先检查发酵罐各个部件是否正常，然后向罐体内加入胰蛋白胨 1.2 L，无机盐 0.6 L，各部件校正、安装、包扎好后将发酵罐及管路放入灭菌锅内于 121 ℃灭菌 15～20 min。灭菌结束后待灭菌锅内温度降至 90 ℃以下，打开灭菌锅，等几分钟后取出发酵罐。开启无菌空气、冷却水和搅拌桨。待发酵罐温度冷却至 30 ℃时，采用火焰接种法先将灭菌的 1.2 L 葡萄糖溶液加入发酵罐，然后以 3.22% 接种量加入种子液。设定发酵条件为：转速 180 r/min，发酵温度 30 ℃，通气量 3 L/min，发酵 36～48 h。接种结束后注意清理发酵罐四周和台面卫生。

【注意事项】

① 灭菌结束不要将发酵罐立即取出，以免罐体内外温差过大，发生破裂。

② 先通气再松开进气管夹子，以免发生倒吸，污染微孔滤膜。

③ 火焰接种时动作要迅速、准确。

5. 发酵罐取样、放料和清洗

发酵取样：将出气管封闭，打开出料胶管，发酵液将自动流出，取样结束后，用夹子及时封闭取样胶管。

放料：发酵结束后依次关闭搅拌桨、进气阀、检测电极和电源开关，小心卸下 pH 电极、溶氧电极、温度探头妥善保存，卸下进出水管和空气管；卸下罐盖上的螺丝，小心地将罐盖慢慢向上提起，不要碰到玻璃内壁，将发酵液倒出，清洗发酵罐，最后检查电源是否关闭；清理发酵罐附件的卫生，并做好使用记录。

清洗：及时用柔软的棉布和自来水清洗发酵罐。

【注意事项】

① 溶氧电极应保存在随机器赠送的专门保护液，pH 电极放于氯化钾保护液，温度电极装于盒子中以免弯曲或碰坏。

② 用柔软的棉布和自来水清洗发酵罐罐体，禁止用钢丝球或毛刷清洗玻璃罐体。

③ 发酵罐底部有轴承，不能用硬物体碰到，所有部件应轻拿轻放以免造成部件变形；清洗结束后将罐体、罐盖、轴放在平稳洁净的位置晾干，并重新组装好。

6. 葡萄糖标准曲线与谷胱甘肽标准曲线的测定

葡萄糖标准曲线的测定(DNS 法)：取 7 支具塞刻度试管，分别按表 4－1 的顺序加入葡萄糖标准溶液、蒸馏水和 DNS 溶液。将上述各试剂依次混匀后，在沸水浴中加热 5 min，立即用流动冷水冷却，然后每支试管加蒸馏水至 20 mL 刻度线，充分混匀后，用 1 号管溶液调零，在 540 nm 波长下测 2—7 号管溶液的吸光值。以葡萄糖浓度(g/L)为横坐标，吸光值为纵坐标，绘葡萄糖标准曲线。

谷胱甘肽标准曲线的测定(DTNB 法)：移液器分别量取不同体积的 GSH 标准溶液(表 4-2)转移至 20 mL 具塞试管，并用蒸馏水补足至 0.5 mL，加入 1.5 mL Tris-HCl 缓冲液摇匀，加入 0.5 mL 甲醛溶液摇匀静置 2 min。最后加入 2.5 mL DTNB 分析液摇匀，30 ℃水浴 5 min。以 1 号管校正零点，于 412 nm 处测定吸光值，以 GSH 浓度(mg/L)为横坐标，吸光值为纵坐标，绘 GSH 标准曲线方程。

【注意事项】

显色结束后待测溶液吸光值测定时间不应大于 20 min。

7. 分析方法

(1)菌体量测定：将 5 mL 发酵液在冷冻离心机中以 5 000 r/min、离心 10 min 后移除上清液，用生理盐水洗涤菌体两次后丢弃上清，置于烘箱内 108 ℃烘至恒重，以计算细胞干重(g/L)。

(2)pH 的测定：用 pH 计分别测定不接种培养基、种子液和发酵液 pH。

(3)种子液形态和气味观察：

形态：对照不接种培养基，仔细观察种子液的外观颜色，并记录。

气味：打开棉塞，嗅一下种子液的味道，并记录。

(4)发酵液内葡萄糖浓度测定：发酵液经离心后收集上清，采用 DNS 法测定葡萄糖浓度(或采用生物传感分析仪测定)。

(5)发酵产物测定：精确称取湿菌体 0.5 g 置于具塞试管中，加入 15 mL 蒸馏水，沸水浴 9 min 后冰水浴快速冷却，普通离心机中 10 000 r/min 离心 5 min，取上清即得 GSH 提取液。上清液经蒸馏水适当稀释后，用 DTNB 法测定 GSH 浓度，计算谷胱甘肽产量(mg/L)。

五、实验结果

1. 葡萄糖标准曲线的测定与葡萄糖标准曲线绘制

表 4-1 葡萄糖标准曲线的测定

管号	1	2	3	4	5	6	7
葡萄糖标准溶液(mL)	0	0.1	0.2	0.4	0.6	0.8	1.0
蒸馏水(mL)	1	0.9	0.8	0.6	0.4	0.2	0
DNS 溶液(mL)	2	2	2	2	2	2	2
葡萄糖浓度(g/L)	0	0.1	0.2	0.4	0.6	0.8	1
A_{540}							

2. 谷胱甘肽标准曲线的测定与谷胱甘肽标准曲线绘制

表 4-2 谷胱甘肽标准曲线的测定

管号	1	2	3	4	5	6
蒸馏水(mL)	0.5	0.4	0.3	0.2	0.1	0
GSH 标准溶液(mL)	0	0.1	0.2	0.3	0.4	0.5
Tris-HCl 缓冲液(mL)	1.5	1.5	1.5	1.5	1.5	1.5
甲醛溶液(mL)	0.5	0.5	0.5	0.5	0.5	0.5
DTNB 分析液(mL)	2.5	2.5	2.5	2.5	2.5	2.5
GSH (mg/L)	0	40	80	120	160	200
A_{412}						

3. 谷胱甘肽发酵结果(表 4-3)

表 4-3 谷胱甘肽发酵实验结果

名称	空白培养基	种子液	发酵液
pH			
OD_{600nm}			
细胞干重(g/L)			
A_{540nm}			
葡萄糖浓度(g/L)			
A_{412nm}			
谷胱甘肽(mg/L)			

六、思考题

(1)简述本实验中葡萄糖为何单独灭菌。
(2)简述影响 DTNB 法测定谷胱甘肽的因素有哪些。
(3)简述种子扩大培养的目的和实验室种子扩大培养的方式。

实验 4-2 重组大肠杆菌发酵生产 β-木糖苷酶

一、实验目的

学习和掌握大肠杆菌等原核生物高密度培养和表达的基本原理，掌握发酵过程中重要发酵参数的检测方法，掌握重组大肠杆菌发酵生产 β-木糖苷酶的工艺流程，具有初步的发酵工程实验设计、动手操作和解决问题能力，初步具有一定的实验数据分析能力。

二、实验原理

β-木糖苷酶（EC3.2.1.37）是木聚糖降解酶系的一种，主要催化水解木糖苷和以外切方式从非还原性末端水解聚合度较低的木寡糖（木二糖或木三糖）为木糖；同时，β-木糖苷酶还可以作用于甾体和萜类等甙元与木糖形成的糖苷键，释放出甙元。目前，包括β-木糖苷酶在内的木聚糖酶系已广泛应用于包括食品、药品、造纸、能源等多个领域（Diaz-Malvaze FI，2013）。

β-木糖苷酶在自然界中分布广泛，目前已从细菌、放线菌和真菌等微生物中分离得到。大多数细菌和真菌只产生一种β-木糖苷酶，如 *Bacillus thermantarcticus*、*Aspergillus carbonarius*、*Aureobasidium* 等均只分泌一种β-木糖苷酶。根据β-木糖苷酶分泌部位的不同，β-木糖苷酶可分为胞内型、胞外型以及膜结合型三种，另外，同种菌株还会随着生长机制及培养条件的不同而有所变化（范园园，2013）。

目前所报道的β-木糖苷酶多数为胞内酶，且天然微生物所分泌的酶存在纯化过程复杂等问题（陈洲，2013）。因此，利用基因工程手段获得高产的β-木糖苷酶工程菌株是解决上述问题的一个途径。

三、实验材料及主要药品、器具

1. 菌株

重组大肠杆菌（含有嗜热拟青霉 J18 的β-木糖苷酶基因）。

2. 药品

酵母提取物、胰蛋白胨、氯化钠、甘油、卡那霉素、对硝基苯酚-β-D-木糖苷（pNPX）、牛血清蛋白、磷酸、乙醇、考马斯亮蓝 G250、磷酸氢二钠、磷酸二氢钠、Tris、盐酸、氢氧化钠、蔗糖、琼脂粉、乳糖。

3. 仪器

超低温冰箱、保兴自动发酵罐、自动灭菌锅、旋涡混合器、可见分光光度计、超净台、电子天平（感量为 0.01 g）、电子分析天平（感量为 0.000 1 g）、烘箱、冷冻离心机、普通离心机、恒温摇床、恒温培养箱、恒温水浴锅、超声波细胞破碎仪、pH 计、超低温冰箱、制冰机。

4. 用具

称量纸、烧杯、试剂瓶、容量瓶、止水夹、移液器、量筒、空气过滤器、玻璃棒、药匙、pH 试纸、标签纸、牛皮纸、纱布、脱脂棉、搪瓷缸、补料瓶、补料胶管等。

四、实验步骤

1. 试剂配制

50 mmol/L pH7.0 磷酸盐缓冲液：见实验 4－1。

5 mmol/L 对硝基苯酚-β-D-木糖苷(pNPX):取 5 mmol pNPX 用 50 mmol/L pH7.0 磷酸盐缓冲液溶解后定容至 1 L。

考马斯亮蓝溶液:称取考马斯亮蓝 G250 100 mg,溶于 50 mL 95%的乙醇,并加入 100 mL 85%的浓磷酸,然后蒸馏水定容至 1 L 摇匀,贮存于棕色瓶,此溶液在室温下可放置 1 个月。

100 μg/mL 标准蛋白溶液:分析天平精确称取牛血清蛋白 0.025 g,溶于少量蒸馏水,然后蒸馏水定容至 250 mL 摇匀。

【注意事项】

① 所有的溶液配好后立即装入试剂瓶,及时贴好标签,信息标注清楚。

② pNP-X、标准蛋白溶液需要现用现配。

2. 菌种活化

LB 平板培养基(g/L):胰蛋白胨 10、酵母提取物 5、氯化钠 10、琼脂 20。121 ℃灭菌15 min。趁热倒平板,直至平板凝固冷却后贮存备用。

菌种活化:−80 ℃甘油管冻存的重组大肠杆菌画线接种于 LB(含 50 mg/L 卡那霉素)固体平板上,37 ℃恒温培养约 12 h。

【注意事项】

将卡那霉素配成贮存液(一般为 200×),用 0.22 μm 滤器过滤除菌。待 LB 固体培养基灭菌后冷却至 60 ℃,加入无菌卡那霉素,混匀后倒平板。

3. 摇瓶种子培养

将活化的菌种挑取单菌落接种于装有 100 mL LB 培养基的三角瓶中,37 ℃、200 r/min 恒温振荡培养约 12 h。

【注意事项】

所有无菌操作需严格进行,杜绝染菌,以免造成发酵实验失败。

4. 发酵罐实消、接种与发酵

发酵培养基和种子培养基组成相同。将 3 L LB 液体培养基装入发酵罐内 121 ℃灭菌 15~20 min。灭菌结束后待灭菌锅内温度降为 90 ℃以下,打开灭菌锅,等几分钟后取出发酵罐。开启无菌空气、冷却水和搅拌桨。待发酵罐温度冷却至 33 ℃时,采用火焰接种法以 1%接种量液(含终浓度为 50 mg/L 的卡那霉素)加入种子液。33 ℃、450 r/min 条件下培养至 OD_{600} 为 0.8~0.9,加入终浓度为 20 g/L 乳糖溶液诱导培养,48 h 后终止培养。培养过程中用 10 g/L 氢氧化钠溶液调节培养基的 pH 至 7.0。

【注意事项】

① 勿忘加入卡那霉素。

② 注意诱导剂加入的时间。

③ 发酵过程需调节培养基 pH。

5. 蛋白标准曲线的测定(Bradford 法)

移液器分别量取不同体积标准蛋白溶液(见表 4-4),并用蒸馏水补足到 1.0 mL,加入 5 mL考马斯亮蓝溶液摇匀,静置 3~5 min 后,用 1 号管溶液调零,在 595 nm 波长下测 2—7 号管溶液的吸光值。以标准蛋白浓度(μg/mL)为横坐标，吸光值为纵坐标，绘蛋白标准曲线。

【注意事项】

① 溶液静置 3～5 min 后尽快测定。

② 乙醇清洗比色皿中的考马斯亮蓝。

③ 不要将考马斯亮蓝沾到身上。

6. 发酵参数的测定

菌体密度值测定：将菌液稀释适当倍数后在 600 nm 下测定吸光值。

胞外蛋白及酶液收集：直接取离心上清液测定总蛋白含量及β-木糖苷酶酶活。

胞内蛋白及酶液收集：用 50 mmol/L pH 7.0 的磷酸盐缓冲液洗涤菌体 2～3 次，加入与发酵液等体积的缓冲液，均匀悬浮菌体，超声波破碎菌体后离心收集上清液，测定总蛋白含量及β-木糖苷酶酶活。

β-木糖苷酶酶活测定：200 μL 用 50 mmol/L pH 7.0 磷酸缓冲溶液配制的 5 mmol/L pNPX 在 55 ℃ 预热 3 min，加入 50 μL 适当稀释的酶液，反应 10 min，再加入 750 μL 2 mol/L 碳酸钠溶液终止反应，冷却后测定 A_{410}，以对硝基苯酚为标准计算酶活力。酶活力的单位定义为：在上述条件下，每分钟生成 1 μmol 对硝基苯酚所需要的酶量。

【注意事项】

严格按操作步骤操作。

五、实验结果

1. 蛋白标准曲线的测定与标准曲线的绘制(表 4-4)。

表 4-4　蛋白标准曲线的测定

管号	1	2	3	4	5	6	7
蒸馏水体积(mL)	1.0	0.8	0.6	0.5	0.4	0.2	0
标准蛋白体积 (mL)	0	0.2	0.4	0.5	0.6	0.8	1.0
考马斯亮蓝体积 (mL)	5	5	5	5	5	5	5
标准蛋白浓度 (μg/mL)	0	20	40	50	60	80	100
A_{595nm}							

2. 绘制发酵过程中胞外β-木糖苷酶酶活(U/L)、胞外总蛋白浓度(g/L)、胞内β-木糖苷酶酶活(U/L)、胞内总蛋白浓度(g/L)和菌体浓度 OD_{600} 随发酵时间的变化曲线。

六、思考题

(1)简述乳糖在本实验中作为诱导剂的作用机理。

(2)简述诱导时机对重组大肠杆菌发酵产物的影响。

实验 4-3 重组毕赤酵母表达人血清白蛋白

一、实验目的

学习和掌握毕赤酵母等真核生物高密度培养和表达的基本原理，掌握发酵过程中重要发酵参数的检测方法，具有初步的发酵工程实验设计、动手操作和解决问题能力，初步具有一定的实验数据分析能力。

二、实验原理

人血清白蛋白(human Serum Albumin，hSA)是由 585 个氨基酸残基组成的单链多肽，分子质量为 66.5 kD，约占血浆总蛋白的 60%。在体内 hSA 可维持渗透压、递送重要生化物质和作为高容量储库稳定体内游离配基的浓度，临床上广泛应用于大出血、休克、烧伤、红白细胞增多症和白蛋白过少症等。目前，hSA 全球年销售量超过 600 t，销售额约 45 亿美元；与实际的 850 吨左右的需求相比，约有 250 t 的年缺口。我国临床使用的 hSA 主要从人体血液中获取，因受人血来源有限以及血源受艾滋病、肝炎等传染疾病污染的影响，供应相对紧张。采用基因工程技术生产 rhSA 具有可大规模生产、来源不受病原体污染等优点，是一种安全、有效的方法(刘丹丹，2016)。因此，重组 hSA(recombinant hSA，rhSA)作为 hSA 的替代品越来越受到重视。

酵母菌在大规模高密度发酵培养方面已具有成熟的工艺，较常用的有酿酒酵母、多形汉逊酵母、克鲁维酸酵母、毕赤酵母等，其中毕赤酵母的应用最多。酵母真核表达系统生产 rhSA 具有成本低、产量高等优点，在摇瓶中 rhSA 的产量可达 200 mg/L，发酵罐中近 4 g/L。要得到高表达量的蛋白质药物，毕赤酵母的高密度培养是关键。毕赤酵母高密度培养一般分为两个阶段，即菌体生长和产物表达。因菌体密度高，消耗基质量大，发酵液溶氧是高密度发酵的重要参数。溶氧工艺控制过程由细胞对氧的需求和发酵设备对氧的供给两方面决定，最终表现在细胞浓度的增加和细胞表达产物的释放。控制溶氧主要是通过搅拌速度和通气量的调节，增大搅拌速度和通气量都能使溶氧增加。当细胞浓度较高时，为了满足其对氧的需求，可通入纯氧(周长林，2006)。

三、实验材料及主要药品、器具

1. 菌株

重组毕赤酵母(*Pichia pastoris* GS115/rHSA)。

2. 药品

人血清白蛋白、酵母提取物、蛋白胨、葡萄糖、十二烷基硫酸钠、丙烯酰胺、双丙烯酰胺、过硫酸铵、Tris、巯基乙醇、溴酚蓝、甘氨酸、甲醇、冰醋酸、甘油、磷酸氢二钠、磷酸二氢钠、生物素、磷酸、硫酸钙、硫酸钾、硫酸镁、氢氧化钾、硫酸铜、碘化钠、硫酸锰、钼酸钠、硼酸二氢钠、氯化钴、氯化锌、硫酸亚铁、硫酸、氧气、甲醇、氢气、乙醇、考马斯亮蓝 G250、乙腈、增强化学发光试剂盒、脱脂牛奶、小鼠抗人 HAS、盐酸、吐温-20、氯化钠、醋酸纤维膜。

3. 仪器

超低温冰箱、7 L 自动发酵罐、灭菌锅、旋涡混合器、可见分光光度计、超净台、电子天平(感量为 0.01 g)、电子分析天平(感量为 0.000 1 g)、烘箱、冷冻离心机、摇床、4 ℃恒温箱、电泳仪、蠕动泵、气相色谱仪、液相色谱仪、恒温培养箱、直流稳压电源、微量注射器。

4. 用具

烧杯、容量瓶、止水夹、空气过滤器、锥形瓶、试剂瓶、量筒、玻璃棒、药匙、pH 试纸、标签纸、牛皮纸、纱布、微孔滤膜、氧气瓶等。

四、实验步骤

1. 培养基与灭菌

YPD 培养基(g/L):酵母提取物 10、蛋白胨 20、葡萄糖 20。

BMGY 培养基(g/L):酵母提取物 10、蛋白胨 20、无氨基酵母氮源(YNB)13.4、0.1 mol/L 磷酸钾缓冲液(pH 6.0)、甘油 10、生物素 4×10^{-4}。

1 L 基础盐培养基含 27 mL 磷酸、0.9 g 硫酸钙、18 g 硫酸钾、15 g 硫酸镁、4.13 g 氢氧化钾、4.4 mL 微量金属元素、40 g 甘油。

微量金属元素组成(g/L):硫酸铜 6.0、碘化钠 0.08、硫酸锰 3.0、钼酸钠 20.2、硼酸二氢钠 0.02、氯化钴 0.5、氯化锌 20、硫酸亚铁 65、生物素 0.2、硫酸 9.2。

培养基于 115 ℃灭菌 20 min。

【注意事项】

待培养基温度降至 60 ℃以下加入 YNB、生物素。

2. 高密度培养与表达

一级种子:将已在 YPD 斜面活化好的酵母菌种接种至含 100 mL BMGY 的 500 mL 摇瓶中,于 30 ℃和 240 r/min 条件下摇床恒温振荡培养 16～18 h 得到一级种子。

二级种子:将一级种子按 10%的接种量接种至 BMGY 培养基,30 ℃、240 r/min 摇床恒温振荡培养 24 h 得到二级种子。

发酵:将二级种子按 7.5%接种量接种至 3.5 L 基础盐培养基,30 ℃、240 r/min 培养,溶氧控制在 30%左右。当菌体进入对数生长期后需要通纯氧培养,待培养至 20 h 时开始加甘油(终浓度 5 g/L)。当培养至 36 h 细胞浓度达到 400 g /L 时,补加甲醇诱导重组酵母表达人血清白蛋白,培养 72 h 结束发酵。

【注意事项】

① 细胞适应甲醇碳源时，其流加速率可升至 12 mL/(L·h)；诱导期甲醇补料速度保持最大值；诱导后期的甲醇流加速率应缓慢下降至 5 mL/(L·h)。

② 离心后发酵上清液 4 ℃保存。

3. 发酵参数的测定

甘油浓度采用高效液相色谱法测定。测定条件如下：C_{18}反相柱(5 μm，4.6 mm×250 mm)，流动相 70%乙腈+30%水。流速 0.6 mL/min，柱温 30 ℃，进样量 10 μL，示差折光检测器。

甲醇浓度采用气相色谱法测定。测定条件如下：气相色谱柱 PEG20M(30 m×0.32 mm×0.5 μm)，毛细管柱，汽化室温度 200 ℃，FID 检测器温度 220 ℃，柱箱温度 170 ℃，氮气流速 40 mL/min，空气流速 450 mL/min，氢气流速 40 mL/min。

菌体干重测定：见实验 4-1。

胞外蛋白测定：发酵液离心取上清液，采用考马斯亮蓝法测定总蛋白量。

rHSA 表达量测定：每隔 2 h 取样，离心收集培养基上清液，经十二烷基硫酸钠—聚丙烯酰胺凝胶(SDS-PAGE)电泳，用湿转法将凝胶上的蛋白转移至醋酸纤维膜上，用质量分数为 5%的脱脂牛奶 4 ℃过夜阻断。孵育小鼠抗人的 HSA 一抗，用磷酸缓冲液按体积比 1∶1 000 稀释，室温孵育 4 h，用体积分数为 0.4%的 PBST 洗膜。孵育辣根过氧化物酶标记的山羊抗鼠的 IgG，二抗用磷酸缓冲液按体积比 1∶1 000 稀释，室温孵育 2 h。用增强化学发光试剂盒检测 rHSA 表达量测定(郑意，2013)。

五、实验结果

每隔 2 h 从发酵罐取样，测定甘油浓度、甲醇浓度、细胞干重、胞外 rHSA 表达量、总蛋白含量，并绘制五者随发酵时间的变化曲线。

六、思考题

(1)重组毕赤酵母高密度培养一般分为两个阶段，这两阶段各有何特征？

(2)大肠杆菌和毕赤酵母作为外源基因宿主，在发酵上有何差异？

第五章　生物反应工程与生化分离工程实验

实验 5-1　糖化酶米氏常数的测定

一、实验目的

理解底物浓度对酶促反应速率的影响，掌握测定酶米氏常数的原理和方法，掌握计算机数据处理等基本操作。

二、实验原理

当反应温度、pH 和酶浓度等条件恒定时，酶促反应的初速度随底物的浓度增大而增大，直至酶全部被底物所饱和时达到最大速度。反应速度与底物浓度之间的关系，经 Michaelis-Menten 推导可用 5－1 式表示：

$$r=\frac{r_{\max}\cdot c_s}{K_m+c_s} \tag{5-1}$$

其中，r 为酶促反应速度(g/L·min)；c_s 为底物浓度(g/L)；r_{max}为最大反应速度(g /L·min)；K_m 为米氏常数(g/L)。米氏常数等于酶促反应速度达到最大反应速度一半时所对应的底物浓度。测定酶的米氏常数是研究酶学性质的一个重要内容，多数纯酶的米氏常数在0.01～100 mmol/L。由于米氏方程式中酶促反应速度与底物浓度的关系为双曲线的一支，用作图法求米氏常数值不方便。将米氏方程式两侧取倒数，得到 5－2 式：

$$\frac{1}{r}=\frac{K_m}{r_{\max}}\cdot\frac{1}{c_s}+\frac{1}{r_{\max}} \tag{5-2}$$

以底物浓度倒数为横坐标，反应速度的倒数为纵坐标作图，可得出一条斜率为 K_m/r_{max}，纵截距为 $1/r_{max}$的直线方程，即可求解出酶的米氏常数。

糖化酶能从淀粉的非还原性末端水解 α-1,4 葡萄糖苷键产生葡萄糖，也能缓慢水解 α-1,6

葡萄糖苷键,转化为葡萄糖。DNS 试剂在碱性条件下与葡萄糖发生氧化还原反应,生成 3-氨基-5-硝基水杨酸。该产物在煮沸条件下显棕红色,且在一定浓度范围内颜色深浅与葡萄糖含量成比例关系,利用这一关系可用比色法测定还原糖生成速率。

三、主要药品及器具

1. 药品

糖化酶、可溶性淀粉、醋酸、醋酸钠、葡萄糖、3,5-二硝基水杨酸、氢氧化钠、酒石酸钾钠、苯酚、亚硫酸钠。

2. 仪器

旋涡混合器、可见分光光度计、电子天平(感量为 0.01 g)、电子分析天平(感量为 0.000 1 g)、电磁炉、pH 计、水浴锅、生物传感分析仪。

3. 用具

烧杯、容量瓶、试剂瓶、量筒、玻璃棒、药匙、标签纸、小试管、移液管、秒表、微孔滤膜等。

四、实验步骤

1. 试剂配制

200 mmol/L pH4.5 醋酸缓冲液:370 mL 200 mmol/L 醋酸钠溶液与 630 mL 200 mmol/L 醋酸溶液混合理论计算值为 pH=4.4,然后用 pH 计对上述缓冲液校正后使用。

0.2 g/L 糖化酶溶液(酶液):准确称量 0.010 g 糖化酶溶解于 30 mL 醋酸缓冲溶液中,定容至 50 mL,经 0.22 μm 微孔滤膜过滤后即可使用。

淀粉溶液:准确称量 5.0 g 淀粉加入 20 mL 醋酸-醋酸钠缓冲溶液搅拌成糊状,然后慢慢倒入 200 mL 煮沸的醋酸缓冲溶液,小火煮沸至透明颜色,冷却后定容至 250 mL 得到 20 g/L 淀粉标准溶液。将淀粉标准溶液分别稀释 2 倍、4 倍、20 倍、40 倍、80 倍,得到稀释后的淀粉溶液浓度(g/L)分别为 10、5、1、0.5、0.25。

【注意事项】

① 淀粉溶液和酶溶液需要现用现配。

② 精确、定量稀释淀粉溶液。

2. 糖化酶水解淀粉

将 3 mL 不同浓度的淀粉溶液分别加入编号为 A1－A6 的 6 支离心管,E 离心管内盛有 5 mL 酶溶液,将 7 个管同置于 40 ℃水浴中预热 5～10 min。用移液器吸取 0.5 mL 酶液加入 A1 管,立即混匀放回水浴中并开始计时,至加入酶液反应 20 min 时,快速取出 1 mL 反应液加入编号为 B1 具塞试管内混匀(提前移入 2 mL DNS),用上述操作所述的方式同样向 A2－A6 管加入 0.5 mL 酶液并定时取出放于 B2－B6 具塞玻璃试管。对照组:A7 管 0.5 mL 醋酸缓冲液替代上述酶溶液,其余操作相同,待反应结束后,取 1 mL 转移到 B7 管。

【注意事项】

① 先充分预热再进行水解反应。

② 操作要准确、迅速。

③ 提前在具塞试管内移入 DNS 试剂，并避光保存。

3. 水解产物的定量测定

7 支具塞试管 B1－B7 同置沸水浴中精确加热 5 min，然后用流水快速冷却，每管加入蒸馏水定容至 20 mL 混匀后，以 B7 管溶液调零，运用分光光度计测定 B1－B6 管溶液在 540 nm 处吸光值。将吸光值带入葡萄糖标准曲线（或生物传感分析仪测定），计算还原糖浓度和反应速率。

【注意事项】

对照组溶液调零。

五、实验结果

（1）根据实验结果填写表 5－1。

表 5－1　糖化酶米氏常数测定

淀粉浓度 c_s(g/L)	15	10	6	3	1	0.5
A_{540nm}						
葡萄糖标准曲线产物浓度 c_p(g/L)						
反应速度 r(g /L·h)						
$1/c_s$(L/g)						
$1/r$ (L·h/g)						

（2）以 $1/c_s$ 为横坐标，$1/r$ 为纵坐标绘图，并求解酶的米氏常数值(g/L)。

六、思考题

（1）试述底物浓度对酶促反应速度的影响。

（2）简述双倒数法测定米氏常数的实验中决定实验成败的因素有哪些。

实验 5-2　原花青素对 α-葡萄糖苷酶抑制常数的测定

一、实验目的

理解和掌握可逆抑制反应的类型与特点，掌握酶抑制常数的测定方法。

二、实验原理

竞争性抑制是指通过增加底物浓度可以逆转的一种酶抑制类型。酶的竞争性抑制作用原理一般是由于竞争性抑制剂与酶的底物通常有结构上的相似性，能与底物竞相争夺酶分子上的结合位点，从而产生酶活性发生可逆的抑制作用，降低了反应速率。例如，磺胺药与对氨基苯甲酸具有类似的结构，而对氨基苯甲酸、二氢蝶呤及谷氨酸是某些细菌合成二氢叶酸的原料，后者能转变为四氢叶酸，它是细菌合成核酸不可缺少的辅酶。磺胺药是二氢叶酸合成酶的竞争性抑制剂，进而减少菌体内四氢叶酸的合成，使核酸合成障碍，导致细菌死亡。竞争性抑制不影响酶的最大反应速率，但能增大酶的表观米氏常数。

米氏酶竞争性酶促反应动力学方程可用 5－3 式表示：

$$r_{SI}=\frac{r_{\max}\cdot c_s}{c_s+K_m\left(1+\frac{c_I}{K_I}\right)} \qquad (5-3)$$

其中，r_{SI} 为竞争性酶促反应速度；$r_{\max}$ 为最大反应速度；c_s 为底物浓度；c_I 为抑制剂浓度；K_I 为抑制常数；K_m 为米氏常数。将上述方程式两侧取倒数，得到 5－4 式：

$$\frac{1}{r_{SI}}=\frac{1}{r_{\max}}+\frac{K_m\left(1+\frac{c_I}{K_I}\right)}{r_{\max}}\frac{1}{c_s} \qquad (5-4)$$

以底物浓度倒数为横坐标，反应速度的倒数为纵坐标作图，可得出一条直线方程，对比该酶无抑制剂时的米氏常数和最大反应速率，即可求出某一种抑制剂对该酶的抑制常数。

有报道表明，原花青素(结构式如图 5－1)对 α-葡萄糖苷酶的抑制类型属于竞争性抑制(2014，黄云霞)。本试验测定原花青素对 α-葡萄糖苷酶水解 α-D -吡喃葡萄糖苷时的抑制常数。

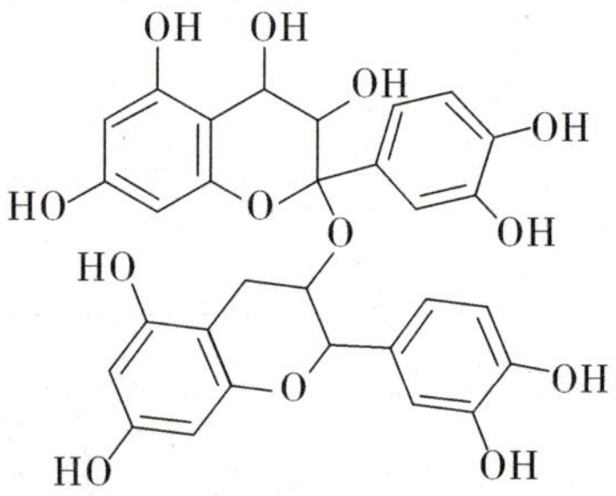

图 5－1　原花青素结构式

三、主要药品及器具

1. 药品

α-葡萄糖苷酶、α-D -吡喃葡萄糖苷 (pNPG)、对硝基苯酚、原花青素、磷酸氢二钠、磷酸二氢钠。

2. 仪器

旋涡混合器、可见分光光度计、电子天平(感量为 0.01 g)、电子分析天平(感量为 0.000 1 g)、pH 计、水浴锅。

3. 用具

烧杯、容量瓶、试剂瓶、量筒、玻璃棒、药匙、标签纸、小试管、移液器、秒表等。

四、实验步骤

1. 试剂配制

0.1 mol/L pH6.8 磷酸盐缓冲液：取 490 mL 0.1 mol/L 磷酸氢二钠溶液与 510 mL 0.1 mol/L磷酸二氢钠溶液混合搅拌均匀，pH 计校正后使用。

0.5 U/mL α-葡萄糖苷酶溶液：精确称量相当于 5 U 酶活的 α-葡萄糖苷酶用磷酸盐缓冲液溶解，并定容至 10 mL。

20 mmol/L pNPG 溶液：精确称量 0.150 6 g pNPG 用磷酸盐缓冲液溶解定容至 25 mL。将 pNPG 溶液分别稀释 2 倍、4 倍、20 倍、40 倍、80 倍，得到稀释后的 pNPG 溶液浓度(mmol/L)分别为 10、5、1、0.5、0.25。

25 mg/L 花青素溶液：精确称量 25 mg 花青素用磷酸盐缓冲液溶解，并定容至 1 L。

【注意事项】

① pNPG 溶液和酶液现用现配，且 pNPG 溶液需避光保存。

② 精确、定量稀释 pNPG 溶液。

2. 无抑制剂存在条件下 α-葡萄糖苷酶水解 pNPG

将 0.1 mL 不同浓度的 pNPG 溶液分别加入编号为 A1-A5 的 5 支离心管中，编号为 C 离心管内盛有 1 mL α-葡萄糖苷酶溶液，编号为 D 离心管内盛有 1 mL 磷酸盐缓冲液，将 7 个管同置于 37 ℃水浴中预热 3 min。用移液器吸取 0.05 mL 酶液和 0.10 mL 磷酸盐缓冲溶液加入 A1 管立即混匀放回水浴中并开始计时，至加入酶液反应 15 min 后加入 0.75 mL 碳酸钠溶液终止反应，分光光度计测定 405 nm 波长处的吸光度值。用上述操作所述的方式同样向 A2-A5 管加入 0.5 mL 酶液和磷酸盐缓冲溶液，并在碳酸钠溶液终止反应后测定各自吸光值 A_{405nm}。

对照组：B1-B5 管 0.05 mL 磷酸缓冲液替代上述酶溶液，其余操作相同。

【注意事项】

加入酶和缓冲溶液时操作要准确、迅速。

3. 有抑制剂存在条件下 α-葡萄糖苷酶水解 pNPG

将 0.1 mL 不同浓度的 pNPG 溶液分别加入编号为 C1-C5 的 5 支离心管中，编号为 E 离心管内盛有 1 mL α-葡萄糖苷酶溶液，编号为 F 离心管内盛有 1 mL 磷酸盐缓冲液，编号为 G 离心管内盛有 1 mL 花青素，将 8 个管同置于 37 ℃水浴中预热 3 min。用移液器吸取 0.05 mL 酶液、0.05 mL 花青素溶液和 0.05 mL 磷酸盐缓冲溶液加入 A1 管立即混匀放回水浴中并开始计时，至加入酶液反应15 min 后加入 0.75 mL 碳酸钠溶液终止反应，分光光度计测定 405 nm 波长处的吸光度值。用上述操作所述的方式同样向 A2-A5 管加入 0.5 mL 酶液和磷酸盐缓冲溶液，并在碳酸钠溶液终止反应后测定各自吸光值 A_{405nm}。

对照组：H1-H5 管 0.05 mL 磷酸缓冲液替代上述酶溶液，其余操作相同。

4. 对硝基苯酚标准曲线的测定

配制浓度为 1 mmol/L 的对硝基苯酚，然后用不同体积的对硝基苯酚和水混匀，使二者总体积为 0.250 mL，然后加入 0.75 mL 碳酸钠溶液混匀，在 405 nm 处测吸光值，对硝基苯酚的量与 A_{405nm} 呈线性关系。

五、实验结果

(1)根据实验结果填写表 5-2 和表 5-3。

表 5-2　无抑制剂存在条件下测定数据

pNPG 浓度 c_s(mmol/L)	3	2	1	0.5	0.25
A_{405nm}					
产物浓度 c_p(mmol /L)					
反应速度 r(mmol /L·min)					
$1/c_s$(L/mmol)					
$1/r$ (L·min/ mmol)					

表 5-3　有抑制剂存在条件测定数据

pNPG 浓度 c_s(mmol/L)	2	1.5	1	0.5	0.25
A_{405nm}					
产物浓度 c_p(mmol /L)					
反应速度 r(mmol /L·min)					
$1/c_s$(L/mmol)					
$1/r$ (L·min/ mmol)					

(2)计算抑制常数：根据表 5-2 和表 5-3，以 $1/c_s$ 为横坐标，$1/r$ 为纵坐标分别绘制直线方程，并求花青素对 α-葡萄糖苷酶的抑制常数值(mmol/L)。

六、思考题

比较酶促反应中常见的可逆抑制类型及其各自特点。

实验 5-3　葡萄糖在海藻酸钙凝胶内扩散系数的测定

一、实验目的

理解海藻酸钠固定化生物催化剂的原理，理解和掌握内扩散与外扩散的区别，掌握固定化胶粒内小分子扩散系数的测定原理和方法。

二、实验原理

海藻酸是由古洛糖醛酸(记为G段)与其立体异构体甘露糖醛酸(记为M段)两种结构单元构成的(图5-2)。这两种结构单元以三种方式(GG段、MM段和MG段)通过α-1,4糖苷键链接,从而形成一种无支链的线性嵌段共聚物。海藻酸钠是应用最广泛的水溶性海藻酸盐。多价阳离子如Ca^{2+}、Al^{3+}可诱导凝胶形成。将细胞(或酶)与海藻酸钠溶液混匀后,将上述混合液滴入$CaCl_2$溶液中,Ca^{2+}从外部扩散进入海藻酸钠与细胞混合液珠内,使海藻酸钠转变为水不溶的海藻酸钙凝胶,由此将细胞(或酶)包埋在其中。温和的溶胶凝胶过程、良好的生物相容性使海藻酸适合于作为释放或包埋药物、蛋白与细胞的微胶囊。

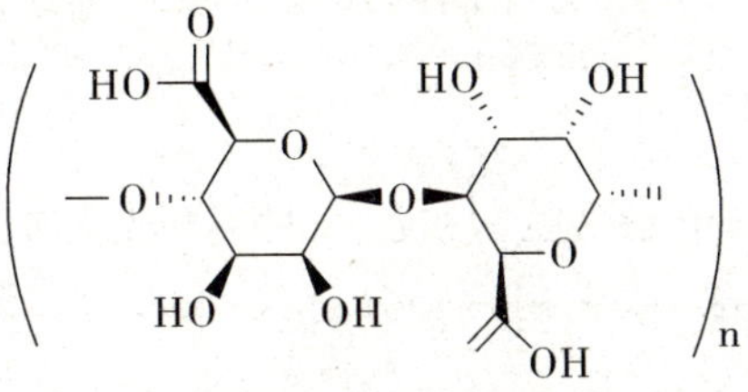

图5-2　海藻酸结构式

固定化细胞以其产物分离容易、耐底物和产物浓度高、能重复使用、细胞内酶的辅酶因子可自动合成以及适合于连续化生产等特点,广泛应用于生物不对称氧化还原反应中(Chadha A, 2016)。当细胞被海藻酸钠等介质包埋后,底物和产物在凝胶内的传质行为成为影响固定化细胞反应特性的重要因素。探索辅助底物如葡萄糖在凝胶内的扩散性能,对改善固定化方法和提高反应效率均具有重要意义(肖美添,2005)。

本实验采用浸入法测定葡萄糖在海藻酸钙固定化凝胶内的有效扩散系数。

三、主要药品及器具

1. 药品

葡萄糖、海藻酸钠、3,5-二硝基水杨酸、氢氧化钠、酒石酸钾钠、苯酚、亚硫酸钠、氯化钙。

2. 仪器

旋涡混合器、可见分光光度计、电子天平(感量为0.01 g)、电子分析天平(感量为0.000 1 g)、磁力搅拌器、水浴锅、电磁炉、冰箱、生物传感分析仪。

3. 用具

烧杯、容量瓶、试剂瓶、量筒、玻璃棒、药匙、标签纸、秒表、带5号针头注射器、200目不锈钢筛子、搪瓷缸等。

四、实验步骤

1. 海藻酸钙胶粒的制备

称取海藻酸钠 1.50 g 于小搪瓷缸中用少量蒸馏水调成糊状，再加入其余的蒸馏水(加入总量为 90 mL)。电磁炉加热待其熔化后放置于 45 ℃水浴锅内，充分搅匀后用注射器滴入氯化钙溶液中，然后将凝胶珠和固定化液放于 4 ℃下保存 1 h 使其进一步硬化，用筛子过滤后蒸馏水洗涤两次，洗去固定化胶粒表面的氯化钙，置于 4 ℃冰箱下冷藏备用。

2. 海藻酸钙胶粒半径和体积的测定

使用前取出固化胶珠，用滤纸吸干表面附着水分，取 20 粒胶珠排列成直线，测其总长度，计算珠粒的平均直径(mm)，重复 3 次。在量筒内加入 30 mL 蒸馏水，再加入珠粒，则量筒前后两次体积读数之差为所测的珠粒总体积(mL)。

3. 凝胶内扩散系数的测定

把胶珠放入葡萄糖溶液中，记录凝胶颗粒加入时刻(记录为零时刻)，立即置于磁力搅拌器上快速搅拌，定时取样用 DNS 法(或生物传感分析仪 SBA40C)测定主体溶液中葡萄糖浓度随时间的变化。

4. 数据处理

对于球形颗粒，假如不考虑外扩散的影响，根据分子扩散的非稳态传递模型，可以求得颗粒表面浓度。

$$c=\frac{\alpha\cdot c_0}{1+\alpha}\left[1+\sum_{n=1}^{\infty}\frac{6(1+\alpha)\cdot\exp\left(-D\cdot\frac{q_n^2\cdot t}{d^2}\right)}{9+9\alpha+q_n^2\cdot\alpha^2}\right] \qquad (5-5)$$

在式中，c_0 和 c 分别为主体溶液的起始浓度(g/L)；α 为主体溶液体积与固定化珠粒体积比；q_n 为 $\tan q_n=3q_n/(3+\alpha\cdot q_n)$ 方程的非零正解；n 和 d 分别为珠粒的数目和平均直径(mm)；D 为物质的有效扩散系数(cm^2/min)。运用试差法求解该方程。

五、实验结果

根据测定结果填写表 5－4。

表 5－4　葡萄糖在海藻酸钙凝胶内扩散系数的测定

扩散时间(min)	5	10	15	20	30	40	50	60
A_{540nm}								
主体溶液葡萄糖浓度(g/L)								
扩散系数(cm^2/min)								

六、思考题

(1)简述浸入法测定葡萄糖在凝胶内有效扩散系数的原理。
(2)简述降低外扩散效应和内扩散的措施。

实验 5-4 固定化糖化酶反应速率的测定

一、实验目的

理解海藻酸钠固定化生物催化剂的原理，掌握固定化酶反应速率的测定方法。

二、实验原理

酶的固定化，不仅使酶的活力发生了变化，而且由于固定酶的引入，反应体系变为多相体系，例如液-固体系。因此，在研究固定化酶催化反应动力学时，不仅要考虑催化反应的本征动力学规律，更要研究反应物的质量传递规律。建立宏观动力学方程是设计固定化酶反应器和确定其操作条件的理论基础。

包埋法固定化酶一般不需要与酶蛋白的氨基酸残基进行结合反应，很少改变酶的空间构象，酶活回收率较高，因此可以应用于许多酶的固定化。但是此法只适用于小分子底物和产物的酶催化反应，因为只有小分子反应底物或产物才可以通过高分子聚合物进行扩散。包埋法制备固定化酶除包埋水溶性酶外还常包埋细胞，制成固定化细胞，例如可用明胶及戊二醛包埋具有青霉素酰化酶活力的菌体，可连续水解氨基青霉素、工业生产 6-氨基青霉烷酸。

糖化酶，全名葡萄糖淀粉酶，又称为淀粉 α-1，4-葡萄糖糖苷酶，是最重要的工业酶制剂之一。它是一种外切型糖苷酶，可以从淀粉、糊精、糖原等碳水化合物的非还原末端依次水解 α-1，4-糖苷键，生成 β-D-葡萄糖。当以支链淀粉为底物时，糖化酶可以缓慢地水解分支点中的 α-1，4-糖苷键。此外，它还能微弱地水解 α-1，3-糖苷键，由此将支链淀粉全部水解成葡萄糖。因此它被广泛地应用于酒精、有机酸、味精、淀粉糖、食品、医药、酿造等工业生产中，是工业生产中最重要的酶类之一(吴敬，2016)。本实验通过海藻酸钠固定化糖化酶，并测定其水解淀粉反应速率。

三、主要药品及器具

1. 药品

糖化酶、葡萄糖、海藻酸钠、3,5-二硝基水杨酸、氢氧化钠、酒石酸钾钠、苯酚、亚硫酸钠、氯化钙。

2. 仪器

电子天平(感量为 0.01 g)、电子分析天平(感量为 0.000 1 g)、旋涡混合器、可见分光光度计、电磁炉、水浴锅、冰箱、生物传感分析仪。

3. 用具

烧杯、容量瓶、试剂瓶、量筒、搪瓷缸、玻璃棒、药匙、标签纸、秒表、带 5 号针头注射器、200 目不锈钢筛子等。

四、实验步骤

1. 试剂的配制

0.2 mol/L pH4.5 醋酸一醋酸钠缓冲溶液:见实验 5－1。

淀粉溶液:精确称取淀粉 2.50 g 加入 20 mL 醋酸缓冲溶液搅拌,然后慢慢倒入 200 mL 煮沸的醋酸缓冲液,小火煮沸至透明,冷却后用缓冲定容至 250 mL 即得 10 g/L 淀粉溶液。

0.3 g/L 糖化酶溶液:准确称量 0.030 g 糖化酶加入 60 mL 醋酸缓冲溶液,用玻璃棒轻轻搅拌,研磨至固体不再溶解,并用缓冲溶液定容至 100 mL,经 0.22 μm 微孔膜过滤后即可使用。

【注意事项】

① 淀粉溶液与酶溶液需现用现配。

② 酶溶液需经膜过滤后使用,以免有沉淀。

2. 海藻酸钠固定化糖化酶

称取海藻酸钠 1.00 g 于搪瓷缸中,用 20 mL 蒸馏水调成糊状,再加入 50 mL 蒸馏水,电磁炉小火加温待其熔化后放置于 45 ℃水浴锅内冷却,5～10 min 后加入已预热至 45 ℃的糖化酶溶液 25 mL,充分搅匀后用注射器逐滴滴入 40 g/L 氯化钙溶液中,然后将凝胶珠和固定化液放于 4 ℃保存 1 小时使其进一步硬化,用 200 目筛子过滤后蒸馏水洗涤两次,洗去固定化胶粒表面的氯化钙,置于冰箱,于 4 ℃下冷藏备用。

【注意事项】

① 小火缓慢加热,避免煮糊。

② 水浴锅温度不宜过高,以免酶失火。

③ 酶溶液与海藻酸钠溶液要混匀后滴定。

3. 固定化酶平均半径和体积测定

使用前取出固化胶珠,用滤纸吸干表面附着水分,取 20 粒胶珠排列成直线,测其总长度,计算珠粒的平均直径(mm),重复3次。

使用前取出10颗固化胶珠,用滤纸吸干表面附着水分,在量筒内加入30 mL蒸馏水,再加入珠粒,则所测的珠粒总体积(mL)为量筒前后两次体积读数之差。

4. 固定化酶水解淀粉

取10颗固化胶珠(约0.5 g)置于编号为A的试管(事先装有2 mL缓冲液)中,B管内盛有8 mL淀粉溶液,C管内盛有与8颗固化胶珠等体积的缓冲溶液。三支试管同置于40 ℃水浴中预热5 min,并注意保持水浴温度。用移液器从B管吸取4 mL淀粉溶液加入A管,立即混匀放回水浴中并开始计时,至加入酶液反应20 min后迅速取出1 mL反应液置于盛有2 mL DNS的具塞试管内终止酶反应。

5. 水解产物的测定

将具塞试管内溶液混匀后于沸水浴中精确加热5 min,然后用流水快速冷却,每管加入蒸馏水定容至20 mL混匀后,以对照组溶液(缓冲液替代酶液,其余操作同上)调零,运用分光光度计测定样品管溶液在540 nm处吸光值。将所测吸光值带入葡萄糖标准曲线(或生物传感分析仪测定),计算产物生成速率。

【注意事项】

精确计时,准确测量。

五、实验结果

根据测定结果填写表5-5。

表5-5　固定化酶反应速率的测定

10颗固化胶珠的体积(mL)	
A_{540nm}	
反应时间(h)	
葡萄糖标准曲线方程	
还原糖浓度(g/L)	
固定化酶反应速率(g/L·h)	

六、思考题

(1)简述粒径大小对海藻酸钠固定化酶促反应速度的影响。

(2)简述包埋法、吸附法和交联法这三种固定化酶技术的特点。

实验 5-5 分批发酵动力学参数的测定

一、实验目的

学习和掌握酵母分批培养过程中重要参数的检测方法，理解和掌握分批发酵反应速率、得率系数、比生长速率等参数的计算方法。

二、实验原理

微生物分批发酵动力学主要研究微生物在分批发酵过程中的细胞生长动力学、基质消耗动力学和代谢产物生成动力学。其动力学方程如下：

细胞生长速率 $r_X=\frac{dc_X}{dt}=\mu c_X$ (5-6)

基质消耗速率 $r_s=-\frac{dc_s}{dt}=q_s c_X$ (5-7)

代谢产物生成速率 $r_p=\frac{dc_p}{dt}=q_p c_X$ (5-8)

上式中，c_X 为菌体浓度(g/L)；μ 为比生长速率(1/h)；c_s 为底物浓度(g/L)；q_s 为底物比消耗速率(1/h)；c_s 为产物浓度(g/L)；q_s 为产物比合成速率(1/h)。

由于分批发酵是非稳态，因此反应器内物系的组成随反应时间而变。深入理解微生物发酵动力学，对优化过程控制、提高发酵效率具有重要意义。

三、实验材料及主要药品、器具

1. 菌株

酿酒酵母(*Saccharomyces cerevisiae* AU23)。

2. 试剂

3,5-二硝基水杨酸、氢氧化钠、酒石酸钾钠、苯酚、亚硫酸钠、磷酸氢二钾、硫酸镁、胰蛋白胨、葡萄糖、还原型谷胱甘肽(简称 GSH)、磷酸氢二钠、磷酸二氢钠、三羟甲基氨基甲烷(简称 Tris)、盐酸、甲醛、5,5′-二硫代双(2-硝基苯甲酸)(简称 DTNB)、氯化钾。

3. 设备

自动灭菌锅、旋涡混合器、可见分光光度计、超净台、电子天平(感量为 0.01 g)、电子分析天平(感量为 0.000 1 g)、烘箱、冷冻离心机、普通离心机、恒温摇床、恒温培养箱、恒温水浴锅、pH

计、电磁炉。

4. 用具

称量纸、烧杯、试剂瓶、容量瓶、三角瓶、移液器、量筒、玻璃棒、药匙、pH 试纸、标签纸、牛皮纸、纱布、脱脂棉、不锈钢锅等。

四、实验步骤

1. 溶液配制

见实验 4-1。

2. 酵母斜面活化

见实验 4-1。

3. 摇瓶发酵培养

摇瓶培养基配方与实验 4-1 种子培养基组成一致。

种子培养基接种与培养：用接种环轻轻刮取 1 环活化好的斜面菌体，转移至摇瓶发酵培养基，放于摇床 30 ℃、150 r/min 培养，每间隔一段时间（如 2～3 h）取下一瓶，直至发酵 48 h 结束。

4. 发酵动力学参数的测定

菌体量测定：见实验 4-1。

发酵液内葡萄糖测定：生物传感分析仪测定。

谷胱甘肽测定：将湿菌体按照 1∶15(m/V) 加入蒸馏水，沸水浴 9 min 后离心收集上清，采用 DTNB 法测定其含量。

五、实验结果

（1）根据测定结果填写表 5-6。

表 5-6　发酵过程数据测定与计算结果

发酵时间(h)	0	2	5	8	11	14	18	22	26	30	36	40	48
葡萄糖(g/L)													
谷胱甘肽(g/L)													
细胞量(g/L)													

（2）根据表 5-6 数据，以发酵时间为横坐标，葡萄糖浓度、谷胱甘肽浓度和细胞量为纵坐标绘制底物、产物、菌体随时间变化图。

（3）根据表 5-6 数据，以发酵时间为横坐标，比生长速率为纵坐标，绘制比生长速率随发酵时间变化图。

（4）计算整个发酵过程中菌体对葡萄糖的平均得率系数、谷胱甘肽对葡萄糖的平均得率系数、葡萄糖平均消耗速率、菌体平均生长速率、谷胱甘肽菌体平均合成速率。

六、思考题

(1)简述 Monod 方程的应用条件。

(2)简述研究微生物发酵动力学的意义。

实验 5-6 连续搅拌釜式反应器的反应性能试验

一、实验目的

理解和掌握连续搅拌釜式反应器的反应性能,掌握微生物菌体在连续搅拌釜式反应器生长的规律,掌握反应器的有关操作。

二、实验原理

连续搅拌釜式反应器(CSTR)是一类微生物反应器,其主要特征是物料输入的体积流量和输出的体积流量相等,因此反应体积保持不变。当反应器操作达到稳定时,反应器内物系的组成不随时间而变,同时由于反应器内的搅拌,使得物系在空间上达到充分混合,物系组成也不随空间位置而变,此时反应器内物系的组成和反应器出口的组成相同。对应于一定的进料流量,反应器内的物系有一定的组成。对于菌体浓度而言,随着流量的增大,菌体浓度变小,当进料流量达到一定值时,反应器内的菌体浓度可以为零,这时称为反应器操作的洗出点。微生物在单级 CSTR 中细胞浓度、底物浓度及细胞生长速率的变化规律,符合以下三个方程。

底物浓度 $$c_s=\frac{K_S \cdot D}{\mu_{\max}-D} \tag{5-9}$$

细胞浓度 $$c_X=Y_{X/S}\left(c_{s_0}-\frac{K_S \cdot D}{\mu_{\max}-D}\right) \tag{5-10}$$

细胞生成速率 $$r_X=D \cdot Y_{X/S}\left(c_{s_0}-\frac{K_S \cdot D}{\mu_{\max}-D}\right) \tag{5-11}$$

上式中,K_S 为底物饱和常数(g/L);D 为稀释率(1/h);$\mu_{\max}$ 为微生物最大比生长速率(1/h);$Y_{X/S}$为菌体对底物的得率系数;c_{s_0} 为底物初始浓度(g/L)。

由于连续发酵是稳态,因此反应器内物系的组成不随反应时间而变。深入理解微生物不同培养模式下发酵动力学,对优化过程控制、提高发酵效率具有重要意义。

三、实验材料及主要药品、器具

1. 菌株

见实验 4－1。

2. 药品

见实验 4－1。

3. 仪器

见实验 4－1。

4. 用具

见实验 4－1。

四、实验步骤

1. 摇瓶种子培养

见实验 4－1。

2. 恒化法培养酵母细胞

发酵培养基与种子培养基组成相同。将 0.5 L 发酵培养基装于 5 L 发酵罐，121 ℃下灭菌 15 min。按 10%的接种量加入酵母种子液，培养条件为 30 ℃，180 r/min，通气量 2 L/min 培养。分批培养一定时间后，控制反应器内的反应体积在一较小值，在分批反应条件下，用蠕动泵连续加入培养基，并控制出料阀门，使出料量等于进料量，以维持反应器内的液面位置不变。当一定时间后连续反应达到稳定时，取 5 mL 的反应液，测定细胞 OD_{600nm} 值和葡萄糖浓度。调节进料流量和出料流量，使连续反应器在另一稀释率下工作。流量的调节是由小到大，直至某一流量下反应器的细胞被完全洗出，结束试验。

【注意事项】

待发酵体系稳定后再取样。

3. 菌体 *OD* 值和葡萄糖浓度

菌体 OD_{600nm} 值测定见实验 4－2。

葡萄糖浓度用生物传感分析仪测定。

五、实验结果

(1)根据测定结果填写表 5－7。

表 5-7 酿酒酵母连续培养实验结果

稀释率(1/h)	0.4		0.6		1	
	130 min	40 min	30 min	40 min	30 min	40 min
葡萄糖浓度(g/L)						
菌体 OD_{600nm} 值						

(2)绘制连续培养菌体浓度随加料流量变化曲线。

六、思考题

(1)简述微生物连续培养优点与缺点。

(2)试比较微生物恒浊培养与恒化培养的差异。

实验 5-7 脉冲示踪法测定生化反应器停留时间分布

一、实验目的

学习和掌握脉冲示踪法测定生化反应器停留时间分布的原理和操作步骤。

二、实验原理

停留时间分布是反应工程的一个重要概念，运用停留时间分布可以观测生化反应器内流体的流动情况，讨论返混对反应的影响，为选择生化反应器的操作方式提供理论依据。不同类型的生化反应器具有不同的停留时间分布，而同一反应器采用不同的操作方法，也具有不同的停留时间分布，即停留时间分布可以用以判别实际反应器与理想反应器的偏离程度。停留时间分布的实验测定方法是示踪应答法，用示踪剂跟踪流体在系统内的停留时间。根据示踪剂加入方式的不同，可分为脉冲法、阶跃法和周期输入法。脉冲法测定停留时间分布是在反应器处于定态流动条件下，选一合适的示踪物质，在反应器入口处以脉冲方式注入，再用专门的分析测定手段测定反应器内不同时刻流出物料中示踪剂的变化，经处理即可得到停留时间分布密度函数或停留时间分布函数。对于实验中采集的离散型数据，可根据 5-12 至 5-15 式计算相关参数：

停留时间分布密度函数
$$E(t)=\frac{C(t)}{\sum_{0}^{\infty}C(t)\cdot\Delta t} \tag{5-12}$$

停留时间分布函数
$$F(t)=\frac{\sum_{0}^{t}C(t)\cdot\Delta t}{\sum_{0}^{\infty}C(t)\cdot\Delta t} \tag{5-13}$$

平均停留时间
$$\bar{t}=\frac{\sum_{0}^{\infty}t\cdot E(t)\cdot\Delta t}{\sum_{0}^{\infty}E(t)\cdot\Delta t} \tag{5-14}$$

时间方差
$$\sigma_t^2=\frac{\sum_{0}^{\infty}t^2\cdot E(t)\cdot\Delta t}{\sum_{0}^{\infty}E(t)\cdot\Delta t}-\bar{t}^2 \tag{5-15}$$

三、主要药品及器具

1. 药品

罗丹明 B。

2. 仪器

生化反应器、可见分光光度计、蠕动泵、电子天平(感量为 0.01 g)。

3. 用具

称量纸、烧杯、试剂瓶、容量瓶、移液器、量筒、玻璃棒、药匙、标签纸等。

四、实验步骤

1. 溶液配制

0.01 g/mL 罗丹明 B 溶液:称取罗丹明 B 0.10 g 用蒸馏水溶解并定容至 10 mL。

2. 脉冲法测定生化反应器停留时间分布

测定蠕动泵流量,确定反应器内溶液体积($V_R=30V_0$)和反应器出口流量,调节反应器出口流量,保持进出流量一致。待系统达到稳态后,将 1 mL 罗丹明 B 溶液迅速倒入反应器内,开始计时。每隔 5 min 取样测定光密度 $A_{554\text{nm}}$,总共测定 90 min。

【注意事项】

待体系稳定后迅速倒入罗丹明 B 溶液。

五、实验结果

(1)根据测定结果填写表 5-8。

表 5-8 脉冲法测定生化反应器停留时间分布的原始数据表

时间(min)	5	10	15	20	25	30	35	40	45	50
A_{554nm}										
时间(min)	55	60	65	70	75	80	85	90	95	100
A_{554nm}										

(2)绘制停留时间分布密度函数图。

(3)计算分布密度函数和分布函数,填写表 5-9。

表 5-9 计算分布密度函数和分布函数

t (min)	$C(t)$	$E(t)$	$F(t)$
0			
5			
10			
15			
20			
25			
30			
35			
40			
45			
50			
55			
60			
65			
70			
75			
80			
85			
90			
95			
100			

(4)计算平均停留时间和方差,填写表 5-10。

表 5-10　计算平均停留时间和方差

t (min)	$C(t)$	$tC(t)$	$t^2C(t)$
0			
5			
10			
15			
20			
25			
30			
35			
40			
45			
50			
55			
60			
65			
70			
75			
80			
85			
90			
平均停留时间			
方差			

六、思考题

(1)简述理想生物反应器的种类和各自的特点。

(2)试分析本实验过程中使用的反应器是否为理想反应器，为什么？如何能够使得反应器更接近理想反应器？

实验 5-8　亚硫酸盐氧化法测定体积传质系数

一、实验目的

学习和掌握亚硫酸盐氧化法测定体积传质系数的原理，掌握亚硫酸盐氧化法测定体积传质系数的操作。

二、实验原理

由双膜理论导出的体积传氧速率方程为 $OTR=K_La(c_L^*-c_L)$，式中，OTR 是体积传氧速率(mol/mL·min)；K_La 是体积传质系数(1/min)；c_L^* 是操作条件下氧在溶液内的饱和浓度(mol/mL)；c_L 是溶液内氧的浓度(mol/mL)。体积传氧速率方程是通气液体中传氧速率的基本方程之一。该方程指出体积溶氧系数一般在氧的物理传递过程起着决定性作用。因此求出生物反应器特定反应条件下的体积溶氧系数，对于衡量生物器的性能、控制好氧发酵过程和发酵罐的放大都有着极其重要的意义。体积溶氧系数的测定方法主要有亚硫酸盐氧化法、动态法和稳定氧平衡法。

其中，亚硫酸盐氧化法以操作简单、方便开展等特点在实验室内被广泛采用(Pan L,2016)。亚硫酸盐氧化法，以 Cu^{2+} 作为催化剂，溶解在水中的氧能立即氧化其中的 SO_3^{2-}，使之成为 SO_4^{2-}。

$$2Na_2SO_3+O_2=2Na_2SO_4 \tag{5-16}$$

并且在 20～45 ℃下，相当宽的 SO_3^{2-} 浓度范围(0.35 mol/L～1.0 mol/L)内，O_2 与 SO_3^{2-} 的反应速度和 SO_3^{2-} 的浓度无关。利用这一反应特性，可以从单位时间内被氧化的 SO_3^{2-} 量求出传递速率。当反应方程(5-16)达稳态时，用过量的 I_2 与剩余的 SO_3^{2-} 作用：

$$Na_2SO_3+I_2+H_2O=Na_2SO_4+2HI \tag{5-17}$$

再以 $Na_2S_2O_3$ 滴定过剩的 I_2：

$$2Na_2S_2O_3+I_2=Na_2S_4O_6+2NaI \tag{5-18}$$

从反应方程(5-16)至(5-18)可知，每消耗 4 mol $Na_2S_2O_3$ 相当于 1 mol O_2 被吸收，故氧的传递速率 OTR 亦可以通过一定时间间隔内消耗量的 $Na_2S_2O_3$ 来求解，即

$$N_V=\frac{dc}{dt}=\frac{c\cdot\Delta V}{1000V_m\cdot t\cdot 4} \tag{5-19}$$

式中，N_V 是耗氧速率(mol/mL·min)；c 是标准硫代硫酸钠溶液浓度(mol/L)；ΔV 是两次取样滴定消耗的硫代硫酸钠溶液体积差(mL)；V_m 是取样分析液体积(mL)；t 是相邻两次取样间隔时间(min)。

在实验条件下传氧速率等于耗氧速率，即

$$K_La(c_L^*-c_L)=K_La\cdot c_L^*=\frac{c\cdot\Delta V}{1000V_m\cdot t\cdot 4}$$

整理得

$$K_La=\frac{c\cdot\Delta V}{1000V_m\cdot t\cdot 4(c_L^*-c_L)} \tag{5-20}$$

本实验通过亚硫酸盐氧化法测定三角瓶内体积传质系数。

三、主要药品及器具

1. 药品

硫代硫酸钠、碘、碘化钾、淀粉、硫酸铜、亚硫酸钠、重铬酸钾、盐酸、碳酸钠。

2. 仪器

恒温摇床、电子分析天平(感量为 0.000 1 g)、电子天平(感量为 0.01 g)、电磁炉。

3. 用具

碱式滴定管、烧杯、铁架台、容量瓶、试剂瓶、碘量瓶、量筒、玻璃棒、药匙、标签纸、搪瓷缸、移液器、秒表等。

四、实验步骤

1. 溶液的配制

0.025 mol/L 硫代硫酸钠溶液:烧杯称取五水合硫代硫酸钠 6.25 g,加入 300 mL 新煮沸过的冷蒸馏水,待其完全溶解后,加入碳酸钠 0.05 g,然后用新煮沸过的蒸馏水稀释至 1 000 mL,保存于棕色瓶中,在暗处放置,7 d 左右后标定。

0.05 mol/L 碘标准溶液:烧杯中称取碘固体 12.7 g 和碘化钾 25 g,加少许蒸馏水搅拌至碘全部溶解后,转入棕色瓶中,加水稀释至 1 000 mL,摇匀后避光保存。

2 g/L 淀粉指示剂:搪瓷缸内称取 0.20 g 可溶性淀粉,用少量水调成糊状,溶于 80 mL 沸蒸馏水中,继续煮沸至溶液透明,冷却后蒸馏水定容至 100 mL。

0.1 mol/L 硫酸铜溶液:五水合硫酸铜 1.25 g,蒸馏水溶解后定容至 50 mL。

0.5 mol/L 亚硫酸钠:无水亚硫酸钠 12.6 g,蒸馏水溶解后定容至 200 mL。

6 mol/L 盐酸溶液:495.34 mL 浓盐酸,再加入 504.66 mL 水稀释后即得。

【注意事项】

① 淀粉指示剂需新鲜配制。

② 硫代硫酸钠溶液应避光保存,使用前需标定浓度。

③ 碘标准溶液应避光保存。

2. 硫代硫酸钠溶液的标定

取在 120 ℃干燥至恒重的重铬酸钾 0.15 g,置 250 mL 碘量瓶中,加水 25 mL 使其溶解。加碘化钾 2 g,轻轻振摇使其溶解,加 6 mol/L 盐酸溶液 5 mL,立即盖好瓶塞摇匀后水封。在暗处放置 5 min 后,拔掉瓶塞使瓶口水入瓶中,加水 50 mL,并用洗瓶吹洗碘量瓶内壁,用硫代硫酸钠溶液滴定至溶液呈浅黄色(或黄绿色)。加入淀粉指示剂 5 mL,此时溶液呈深蓝色,继续滴定至蓝色消失变为 Cr^{3+} 的绿色为止。

校正后硫代硫酸钠溶液浓度计算公式如下:

$$c = \frac{1000 \cdot W}{E \cdot V_c} \tag{5-21}$$

式中，c 是硫代硫酸钠溶液的摩尔浓度(mol/L)；W 是重铬酸钾基准物重量(g)；E 是重铬酸钾基的克当量，$E=49.03$(即 1 mol 硫代硫酸钠相当于 49.03 g 的重铬酸钾)；V_c 是滴定时所用硫代硫酸钠溶液的体积(mL)。

3. 体积传质系数的测定

将 50 mL 无水亚硫酸钠溶液装入 250 mL 三角瓶中，加入 0.5 mL 硫酸铜溶液使其终浓度为 10^{-3} mol/L，设定摇床温度 30 ℃，转速 150 r/min，开启摇床平衡 15 min。

从三角瓶内快速吸取 1 mL 亚硫酸钠溶液快速加入装有 15 mL 碘液的碘量瓶中，向碘量瓶中快速加入预先煮沸冷却的蒸馏水 20 mL，盖上塞子轻轻摇晃 2～3 圈，然后用标准硫代硫酸钠溶液滴定至淡黄色，加入淀粉指示剂 1 mL(此时溶液呈蓝色)，继续滴定至蓝色恰好消失，并记录消耗的硫代硫酸钠溶液体积 V_1。

第一次取样结束 15 min 后，重复以上操作并记录消耗的硫代硫酸钠溶液体积 V_2。

第二次取样结束 15 min 后，重复以上操作并记录消耗的硫代硫酸钠溶液体积 V_3。

【注意事项】

① 当碘量瓶中有碘溶液时，在加入样品前需用塞子密封，移液器具的出液口尽可能地贴近碘上表面，且动作要迅速以免碘蒸气蒸发和碘被空气氧化。

② 在将碘量瓶内的溶液滴定到淡黄色之前，一定要缓慢摇动碘量瓶，以免引起空气氧化溶液中的碘分子；一定要等到溶液滴定到淡黄色时，再加入淀粉指示剂，否则延迟生成的 I_2 的释放，影响结果的准确性。

③ 加入淀粉指示剂滴定后，可以相对加大碘量瓶摇动幅度，缓慢滴加硫代硫酸钠，切不可滴过量。

4. 数据处理

由于溶液中 SO_3^{2-} 在 Cu^{2+} 催化下瞬即把溶解氧还原掉，所以在搅拌作用充分的条件下整个实验过程中溶液中的溶氧浓度为零。在 101.325 kMPa (1 atm)下，25 ℃时空气中氧的分压为 0.021 MPa。根据亨利定律，可计算出氧在纯水中饱和浓度为 2.4×10^{-4} mol/L，但由于亚硫酸盐的存在，氧的饱和浓度实际值低于 2.4×10^{-4} mol/L，因此一般规定氧的饱和浓度为 2.1×10^{-4} mol/L。体积溶氧系数计算公式化简为

$$K_La=\frac{c\cdot\Delta V}{1000V_m\cdot t\cdot4\times2.1\times10^{-7}}=\frac{1190c\cdot\Delta V}{V_m\cdot t} \tag{5-22}$$

【注意事项】

统一单位后代入公式计算；两次测定的亚硫酸盐溶液消耗量误差应不大于 0.1 mL。

五、实验结果

根据实验测定结果填写表 5-11。

表 5-11 亚硫酸盐氧化法测定摇瓶体积传质系数

所在小组	取样体积 (mL)	搅拌转速 (r/min) 溶液温度 (℃)
V_1= (mL)	V_2= (mL)	V_3= (mL)
硫代硫酸钠浓度(mol/L)		
相邻两次取样时间间隔(min)		
ΔV (mL)		
N_V(mol/L·h)		
K_La(1/h)		
K_La 平均值(1/h)		

六、思考题

(1)讨论分析转速、通气量、装液量、温度等因素对生物反应器体积传质系数的影响。

(2)试分析实验过程中主要误差来源,并提出对本实验改进的意见。

实验 5-9 超声波破碎酵母细胞

一、实验目的

学习和掌握超声波破碎细胞的原理和操作,掌握细胞破碎率的评价方法。

二、实验原理

酵母细胞壁的最内层是由葡聚糖的细纤维组成的,它构成了细胞壁的刚性骨架,使细胞具有一定的形状。覆盖在细纤维上面的是一层糖蛋白,最外层是甘露聚糖,由 1,6-磷酸二酯键共价连接,形成网状结构。在该层的内部,有甘露聚糖一酶的复合物,它可以共价连接到网状结构上,也可以不连接。与细菌细胞壁一样,破碎酵母细胞壁的阻力主要决定于壁结构交联的紧密程度和它的厚度。

超声波破碎法是实验室规模应用较多的一种方法。超声波细胞粉碎机由发生器和换能器组成,发生器能产生高频电流,换能器的作用是把电磁振荡转换成机械振动。超声波细胞粉碎机具有频率高、定向传播等特点,通常在 15～25 kHz 的频率下操作。当超声波在液体中传播时,液体中的某一小区域交替重复地产生较大的压力和拉力,由于拉力作用,产生一个极为强烈的冲击波压力，有它引起的黏滞性涡旋在悬浮细胞上造成剪切应力，促使其内部流体发生流动而使细胞破碎。由于大规模操作过程中产生的大量热量不容易驱散，而且声能传递也有困难，因此超声波破碎法一般不适合大规模的工业操作。

三、主要药品及器具

1. 药品

新鲜培养的酿酒酵母细胞、磷酸氢二钾、磷酸二氢钾、牛血清蛋白、磷酸、乙醇、考马斯亮蓝 G250。

2. 仪器

超声波细胞破碎仪、电子分析天平(感量为 0.000 1 g)、电子天平(感量为 0.01 g)、制冰机、pH 计、恒温水浴锅、涡流混合器、分光光度计。

3. 用具

烧杯、容量瓶、试剂瓶、量筒、玻璃棒、药匙、标签纸、移液器、塑料离心管等。

四、实验步骤

1. 试剂溶液与细胞悬液的配制

0.02 mol/L pH6.5 磷酸盐缓冲溶液：取 0.02 mol/L 磷酸氢二钠溶液 31.5 mL 与 0.02 mol/L磷酸二氢钠溶液 68.5 mL 混合，用 pH 计校正后使用。

细胞悬液：取酵母湿细胞 6 g，加入 60 mL 磷酸钾缓冲液，搅拌使细胞分散。

2. 超声波破碎酵母细胞

将酵母细胞悬液放入烧杯中，烧杯置于盛有冰水混合物的塑料盒内，使超声变幅杆进入细胞悬浮液 1 cm，将温度电极放入细胞悬浮液，关好隔音罩。

打开控制开关，设置工作模式：Φ6 号变幅杆，破碎功率 960 W，超声破碎 1 s，间歇 5 s，破碎时间 10 min，破碎温度 4 ℃。每隔 1 min(12 个循环)取样测定其破碎率。

【注意事项】

① 超声波细胞破碎仪变幅杆应确保其在液面以下，不要贴近容器壁；且探头应始终处于液面以下，以免损坏设备。

② 整个破碎过程中细胞悬浮液始终处于冰水浴环境中。

③ 破碎结束后，拔下电源插头，用蒸馏水清洗超声变幅杆，清洁底盘、台面。

3. 测定细胞破碎率

取菌悬液 1.5 mL 离心后取上清，参照实验 4－2 采用考马斯亮蓝法测定可溶性蛋白含量，并按 5－23 式计算破碎率。

$$\eta=\frac{C_{\max}-C}{C_{\max}}\times 100\% \tag{5-23}$$

式中，η 是细胞破碎率(%)；C_{max} 是细胞完全破碎后上清液中蛋白浓度(mg/L)；C 是某一时刻上清液中蛋白浓度(mg/L)。

五、实验结果

根据实验测定结果填写表 5-12。

表 5-12 超声波破碎酵母细胞数据

破碎时间(min)	1	2	3	4	5	6	7	8	9	10
C(mg/L)										
C_{max}(mg/L)										
细胞破碎率(%)										

六、思考题

(1)简述破碎微生物细胞的方法及其特点。
(2)试分析影响超声波破碎微生物细胞效果的主要因素。

实验 5-10 盐析法分离制备血清免疫球蛋白

一、实验目的

学习和掌握盐析法的原理和操作。

二、实验原理

免疫球蛋白(Immunoglobulin,Ig)是机体免疫系统的一个重要组成部分，免疫球蛋白是所有蛋白质中最不均一的一类蛋白质。根据其理化性质尤其是免疫学性质，可将其分为 IgG、IgA、IgM、IgD 与 IgE。从分子结构上看，所有的 Ig 分子都是由 4 条肽链组成，称为四链单位。在每个四链单位中有 2 条彼此相同的较长的肽链，约由 450 个或略多氨基酸残基组成，称为重链；另一条肽链较短，有 210～230 个氨基酸残基，称轻链。这些肽链间除以二硫键相结合外，还有各种非共价结合。IgG 约占血清免疫球蛋白的 75%。要从血浆中分离出 IgG，首先要尽可能除去其他蛋白质成分(粗分离程序)，使 IgG 在样品中比例大为增高，然后再纯化而获得 IgG。

盐析法是粗分离蛋白质的重要方法之一。许多蛋白质在纯水或低盐溶液中溶解度较低，若稍加一些无机盐则溶解度增加，这种现象称为"盐溶"。而当盐浓度继续增加到某一浓度时，蛋白质自动析出，这种现象称为"盐析"。这些现象的原理是由于蛋白质是亲水胶体，带有羧基解离的负电荷或氨基解离的正电荷，其极性基团使分子间相互排斥，同时与水分子形成水膜，这些因素保证了蛋白质形成溶于水的溶胶状态。当加入少量盐时，增多了蛋白质分子上的极性基团，因而增大了蛋白质的水中溶解度，出现"盐溶"现象。但当盐浓度增加到一定浓度时，一方面大量的水同盐分子结合，使得蛋白质没有足够的水维持溶解状态，破坏了维持蛋白质亲水胶的水膜，容易沉淀出来；另一方面加入的盐离子中和了蛋白质分子相互碰撞时即发生相互聚集沉淀出来，这样就出现了"盐析"现象。硫酸铵有许多其他盐所不具备的优点，如在水中化学性质稳定、溶解度大、溶解度的温度系数变化较小且价廉易得，分段效果比其他盐好，性质温和，即使浓度很高时也不会影响蛋白质的生物学活性。因此，现在所指的盐析法实际上多为硫酸铵盐析法。

用硫酸铵分级盐析蛋白质时，盐析出某种蛋白质成分所需的硫酸铵浓度一般以饱和度来表示。实际工作中将饱和硫酸铵溶液的饱和度定为100%。盐析某种蛋白质成分所需的硫酸铵数量折算成100%或饱和度的百分之几，即称为该蛋白盐析的饱和度。饱和度可以根据情况用下述两种方法计算。

饱和硫酸铵溶液法：在蛋白质溶液的总体不大，要求达到饱和度在50%以下时，可选用此方法。可按5－24式计算出应加入饱和硫酸铵溶液的数量：

$$V = V_0 \frac{C_2 - C_1}{100 - C_2} \tag{5-24}$$

式中：V_0 为蛋白质溶液的原始体积；C_2 为所要达到硫酸铵饱和度；C_1 是原来溶液的硫酸铵饱和度；V 为应加入饱和硫酸铵溶液的体积。

将计算所得体积的饱和硫酸铵溶液加入混合蛋白质溶液中，即可达到盐析的目的。严格地讲，混合两个不同溶液时，混合后的总体积并不等于混合前两种溶液体积之和，而上式中是按相等计算的，所以会产生误差。但实验证明所造成的误差一般小于20%，故可忽略不计。

固体硫酸铵法：所需达到的饱和度较高，而蛋白质溶液的体积又不能再过分增大时，采用直接加入固体硫酸铵的方法。现在已将达到各种饱和度所需固体硫酸铵的数量列成表，使用时不需计算可直接从表中查出。

沉淀不同的蛋白质所需盐类的浓度不同。例如，50%饱和的硫酸铵能使血清中的球蛋白沉淀，而33%饱和的硫酸铵则使γ-球蛋白沉淀。因此，可根据所要分离的蛋白质，选择不同饱和度的硫酸铵溶液进行盐析。

三、主要药品及器具

1. 药品

新鲜的牛血清、硫酸铵、磷酸氢二钠、磷酸二氢钠、氯化钠、氨水。

2. 仪器

冷冻离心机、磁力搅拌器、4 ℃恒温箱、电子分析天平(感量为 0.000 1 g)、电子天平(感量为 0.01 g)、pH 计、水浴锅。

3. 用具

烧杯、铁架台、容量瓶、试剂瓶、量筒、玻璃棒、药匙、标签纸、移液器、离心管、滤纸、皮头滴管等。

四、实验步骤

1. 溶液的配制

饱和硫酸铵溶液:取硫酸铵 800 g,加蒸馏水 1 000 mL,不断搅拌下加热至 50 ℃,并保持数分钟,趁热过滤,滤液在室温中过夜,有结晶析出,即达到 100%饱和度,使用时用浓氨水调至 pH7.0。

0.01 mol/L pH7.0 磷酸盐缓冲溶液(简称"缓冲液 I"):取 0.2 mol/L 磷酸氢二钠溶液 61.0 mL,0.2 mol/L 磷酸二氢钠溶液 39.0 mL 混合,用 pH 计校正后,取该混合液 50 mL,加入 7.5 g 氯化钠,用蒸馏水定容至 1 000 mL。

0.017 5 mol/L pH 6.7 磷酸盐缓冲溶液(简称"缓冲液 I"):取 0.2 mol/L 磷酸氢二钠溶液 43.5 mL,0.2 mol/L 磷酸二氢钠溶液 56.5 mL 混合,用 pH 计校正,取该混合液 87.5 mL,用蒸馏水稀释至 1 000 mL。

2. 盐析实验

(1)在编号为 A 的离心管中加入 5 mL 血清和 5 mL 缓冲液 I,混匀,用滴管吸取饱和硫酸铵溶液,边滴加边搅拌于血浆溶液中,使溶液的最终饱和度为 20%。

【注意事项】

用滴管边加边搅拌,是为防止饱和硫酸铵一次性加入或搅拌不均匀造成局部过饱和的现象,使盐析达不到预期的饱和度,得不到目的蛋白质。搅拌时不要过急以免产生过多泡沫,致使蛋白质变性。

(2)加完后应在 4 ℃放置 15 min,使之充分盐析。然后以 3 000 r/min 离心 10 min,弃去沉淀(沉淀为纤维蛋白原),上清液中含有清蛋白与球蛋白。

【注意事项】

蛋白质样品量大时,应置于 4 ℃环境中放置过夜。

(3)量取上清液的体积,置于编号为 B 的离心管中,用滴管继续在上清液中滴加饱和硫酸铵溶液,使溶液的饱和度达到 50。加完后在 4 ℃放 15 min,以 3 000 r/min 离心 10 min,清蛋白在上清液中,沉淀为球蛋白。弃去上清液,留下沉淀部分。

(4)将所得的沉淀再溶于 5 mL 缓冲液 I 中。滴加饱和硫酸铵溶液,使溶液的饱和度达 35%。加完后 4 ℃放置 20 min,以 3 000 r/min 离心 15 min,α-球蛋白和 β-球蛋白在上清液中,沉淀为 IgG。弃去上清液,即获得粗制的 IgG 沉淀。

【注意事项】

将获得的粗 IgG 沉淀溶解于 2 mL 缓冲液 II 中备用。

五、实验结果

分析天平称量获得的粗制 IgG 质量，并用相机拍照。

六、思考题

(1)简述 Ks 盐析法与 β 盐析法的区别。

(2)简述盐析法沉淀蛋白质应注意哪些操作步骤。

实验 5-11 透析实验

一、实验目的

学习和掌握透析的原理，掌握透析技术的基本操作和透析袋的使用方法。

二、实验原理

透析是利用半透膜进行的一种选择性扩散操作，通常是将半透膜制成袋状，将待纯化的生物大分子溶液装在半透膜的透析袋里，将此透析袋浸入透析液(蒸馏水或缓冲液)中，样品溶液中的大分子量的生物大分子被截留在袋内，而盐和小分子物质不断扩散透析到袋外。透析液可以更换，直至透析袋内无机盐等小分子物质降低到最小值为止。保留在透析袋内未透析出的样品溶液称为“保留液”，袋外的溶液称为“透析液”。透析的动力是扩散压，扩散压是由横跨膜两边的浓度梯度形成的。透析的速度反比于膜的厚度，正比于欲透析的小分子溶质在膜内外两边的浓度梯度，直至透析袋内无机盐等小分子物质降低到最小值为止。

透析膜可用动物膜和玻璃纸等，但用得最多的还是用纤维素制成的透析膜。目前较常用的是美国联合碳化物公司和美国光谱医学公司生产的各种尺寸的透析袋，其截留分子量(即留在透析袋内的生物大分子的最小分子量，缩写为 MwCO)通常从 700 到数万不等。商品化的透析袋可制成管状，其扁平宽度为 6～50 mm 不等。为防干裂，出厂前一般都经 10%的甘油处理。透析袋中含有微量的硫化物、重金属和一些具有紫外吸收的杂质，它们对蛋白质和其他生物活性物质有害，用前必须除去。

经过处理的透析袋，使用时，一端用橡皮筋或线绳扎紧，也可以使用特制的透析袋夹夹紧，由另一端灌满蒸馏水，用手指稍加压，检查是否漏液，确证无误后，再用蒸馏水洗净，方可装入待透析样品。装入样品时通常要留三分之一至一半的空间，以防透析过程中因透析样品中的小分子浓度较大，袋外的水和缓冲液过量进入袋内将袋涨破。含盐量很高的蛋白质溶液透析过夜时，体积增加是正常的，有时甚至可达50%。透析可以使用烧杯、量筒和塑料桶等容器，容器的大小以(20～50)∶1为宜。少量样品溶液的透析，可在袋内放一截两头烧圆的玻璃棒或两端封口的玻璃管，以使透析袋沉入液面以下。为了加快透析速度，提高透析效率，除及时更换透析液外，还可使用磁力搅拌或各种透析装置。使用者也可以自行设计与制作各种简易的透析装置。美国生物医学公司生产的各种型号的Zeineh透析器，由于使用对流透析的原理，使透析速度和效率大大提高。

三、主要药品及器具

1. 药品

新鲜鸡蛋、氯化钠、硝酸银、氢氧化钠、硫酸铜、乙二酸四乙酸钠盐(EDTA)、碳酸氢钠、考马斯亮蓝、磷酸、乙醇、考马斯亮蓝G250。

2. 仪器

分光光度计、旋涡混合仪、电子分析天平(感量为0.000 1 g)、电子天平(感量为0.01 g)、磁力搅拌器、4 ℃恒温箱。

3. 用具

烧杯、容量瓶、试剂瓶、玻璃棒、药匙、标签纸、磁力搅拌子、纱布、胶头滴管等。

四、实验步骤

1. 溶液配制

10%硝酸溶液：76.92 mL浓硝酸加入蒸馏水423.08 mL，搅拌溶解。

1%硝酸银溶液：称取硝酸银0.1 g加入蒸馏水9 mL，搅拌溶解后装入棕色瓶避光保存。

10%氢氧化钠溶液：称取氢氧化钠10 g加入蒸馏水90 mL，搅拌溶解。

含EDTA的碳酸氢钠溶液：称取20 g碳酸氢钠加入蒸馏水溶解，再加入EDTA 0.372 2 g并加蒸馏水950 mL，将pH调为8.0，搅拌溶解定容至1 L。

卵清蛋白溶液：将3个除去卵黄的鸡蛋清、700 mL蒸馏水和300 mL饱和氯化钠溶液混合，用数层纱布过滤。

2. 透析袋的处理

将透析袋剪成适当长度(10～20 cm)的小段，在800 mL含EDTA的碳酸氢钠溶液中将透析袋煮沸10 min，用蒸馏水彻底洗净透析袋。然后放在1 mmol/L的EDTA溶液(pH8.0)中煮沸10 min，用蒸馏水彻底洗净透析袋，冷却后，存放于4 ℃，确保透析袋始终浸没在液体中。在使用前要用蒸馏水将透析袋里外加以清洗。

【注意事项】

用透析袋前一定要戴手套操作。

3. 透析实验

(1)取 0.5 mL 卵清蛋白溶液适当稀释后用考马斯亮蓝法检测是否含蛋白质。

(2)将 10～15 mL 卵清蛋白溶液装入透析袋,两端密封后系于一横放在烧杯中的玻璃棒上并放在盛有蒸馏水的烧杯中,开启磁力搅拌器。

(3)透析进行 1 h 后,取透析液 2 mL,加硝酸溶液数滴使其成酸性,再加入硝酸银 1～2 滴,检验氯离子的存在。取透析液 2 mL,用考马斯亮蓝法检测透析液是否含有蛋白质。

(4)不断更换烧杯中的透析液,直至透析液中不能再检出氯离子。此时停止透析并检查透析袋内是否有蛋白质或氯离子存在(此次应观察到透析袋中球蛋白沉淀的出现,这是因为球蛋白不溶于纯水的缘故)。

【注意事项】

① 透析袋使用前应检查是否破裂。

② 将样品放入透析袋内,两端要封闭,袋内不要留气泡。

五、实验结果

根据实验操作填写表 5－13。

表 5－13 透析实验现象与结果

透析步骤	测量数据及现象
1	
2	
3	
4	

六、思考题

(1)检测蛋白质除了考马斯亮蓝法外,还有哪些方法?各有何特点?

(2)检验氯离子的存在时为什么要加数滴硝酸溶液?

实验 5-12 测定聚乙二醇 4000/硫酸铵双水相相图

一、实验目的

了解双水相萃取的原理和优缺点，掌握用浊点法制作双水相系统相图的方法。

二、实验原理

某些亲水性高分子聚合物的水溶液超过一定浓度后可形成两相，并且在两相中水分占很大比例(85%～90%)，即形成双水相。常见的双水相系统可分为双聚合物体系(如聚乙二醇/葡聚糖)和聚合物/盐体系(如聚乙二醇/硫酸铵)两类。高聚物与高聚物形成两相的原因是高聚物的不相容性，高聚物与盐形成两相的原因是无机盐的盐析作用。

把双水相体系中的组成成分分别以不同的浓度相混，然后观察其成相过程，把此过程以图的形式描绘下来，称为此种双水相体系的相图。不同的双水相体系，其成相条件是不同的，相图常被用于研究不同双水相体系中的成相现象。图 5-3 是典型的高聚物 A-盐 B 双水相体系的直角坐标相图，A、B 以适当比例溶于水就会分别形成有不同组成的两相，上相组成用 T 点表示，下相组成用 B 点表示，由图 5-3 可知上下相所含高聚物有所差异。曲线 TKB 称为结线，直线 TMB 称为系线。结线上方是两相区，下方为单相区，若配比取在曲线上，则混合后，溶液恰好从澄清变为混浊。组成在系线上的点，分为两相后，其上下相组成分别为 T 和 B，T、B 量的多少服从相图的杠杆定律。即 T 相和 B 相质量之比等于系线上 MB 与 MT 的线段长度之比。又由于两相密度相差很小，故上下相体积之比也近似等于系线上 MB 与 MT 线段长度之比。

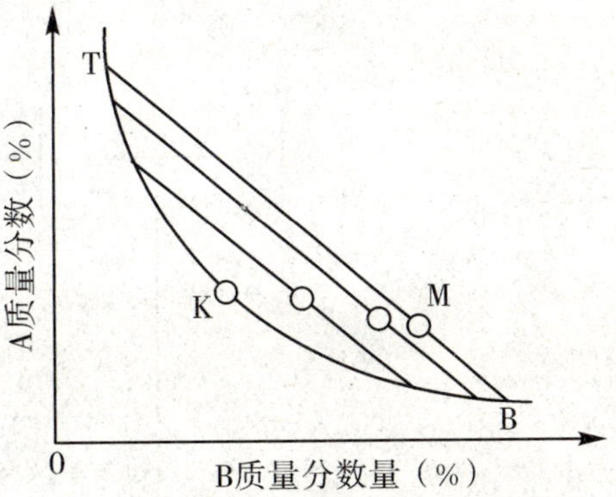

图 5-3 典型的高聚物-盐双水相体系

三、主要药品及器具

1. 药品

聚乙二醇 4000(PEG4000)、硫酸铵。

2. 仪器

电子天平(感量为0.01 g)、旋涡混合器。

3. 用具

烧杯、试剂瓶、玻璃棒、药匙、pH试纸、标签纸、带5号针头的注射器等。

四、实验步骤

1. 试剂的配制

40%硫酸铵溶液:40 g硫酸铵加入60 g蒸馏水搅拌直至溶解后混匀。

40%聚乙二醇4000溶液:40 g聚乙二醇4000加入60 g蒸馏水搅拌直至溶解后混匀。

2. 双水相相图的测定

精确称取聚乙二醇4000溶液0.70 g于试管中,按表5-12中序号1数据,用移液器加入0.5 g蒸馏水,在电子天平上称量此时体系的质量并记录。

用10 mL注射器缓慢滴加硫酸铵溶液,并及时在旋涡混合器上混合,观察溶液的澄清程度,直至试管内液体开始出现浑浊为止,称量此时体系的质量并记录。然后按照表5-11中序号2数据加入蒸馏水,使溶液澄清,继续向试管中滴加硫酸铵溶液,使其再次恰好浑浊。如此共反复操作7次(图5-4)。

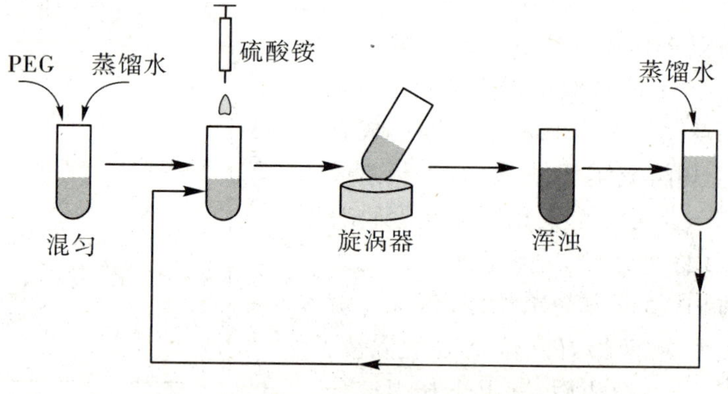

图5-4 双水相相图操作流程示意图

【注意事项】

① 在接近滴定终点时每滴一滴,充分混匀观察后方可滴定下一滴,且不可过量,否则重做。

② 当被滴定溶液恰好出现浑浊时,应及时称量并记录数据。

③ 旋涡混合器与天平不应放在同一个实验台面,以免损坏天平。

五、实验结果

(1)根据实验结果填写表5-14。

表 5-14　聚乙二醇 4000/硫酸铵双水相相图测定

序号	加水量(g)	硫酸铵溶液加入量(g)	体系内硫酸铵固体量(g)	溶液累计总量(g)	硫酸铵质量分数(%)	PEG4000 质量分数(%)
1	0.5					
2	0.3					
3	0.3					
4	0.3					
5	0.5					
6	0.5					

(2)以硫酸铵质量分数为横坐标，PEG4000 质量分数为纵坐标，绘制聚乙二醇 4000/硫酸铵双水相相图。

六、思考题

(1)简述双水相萃取中相图的意义。

(2)简述影响双水相相图的因素。

实验 5-13　测定糖化酶在聚乙二醇 400/硫酸铵双水相中分配系数

一、实验目的

掌握聚乙二醇/硫酸铵体系双水相萃取实验原理和操作，掌握分配系数影响因素。

二、实验原理

双水相体系中生物大分子分配具有下述优点：生物相容性好，界面张力低，能量低，易于工业规模的放大，可以进行连续操作。当待分离生物大分子如蛋白质进入双水相体系后，由于表面性质、电荷作用和各种力以及环境因素的影响，会在上相和下相间进行选择性分配，其分配规律服从 Nernst 分配定律，即分配系数 K 等于上相中溶质的浓度除以下相中溶质的浓度。分配系数的影响因素主要包括系统本身的因素如系统组成、聚合物分子量、聚合物浓度、离子强度和 pH 等，以及目标产物的性质如疏水作用、电荷、等电点和分子量等。研究表明，在相体系固定时，被分离物质在相当大的浓度范围内，分配系数为常数，与溶质的浓度无关，只取决于被分离物质本身的性质和特定的双水相体系。

本实验通过测定糖化酶蛋白在聚乙二醇 400/硫酸铵双水相体系中上下相蛋白浓度来计算其分配系数。

三、主要药品及器具

1. 药品

聚乙二醇 400、硫酸铵、糖化酶、考马斯亮蓝 G250、乙醇、磷酸。

2. 仪器

分光光度计、旋涡混合器、电子分析天平(感量为 0.000 1 g)、电子天平(感量为 0.01 g)、水浴锅。

3. 用具

烧杯、容量瓶、试剂瓶、量筒、玻璃棒、药匙、标签纸、移液管等。

四、实验步骤

1. 蛋白标准曲线的测定

参见实验 4-2。

2. 溶液的配制

100 μg/mL 糖化酶溶液:分析天平精称量 0.010 0 g 糖化酶用蒸馏水溶解定容至 100 mL。

3. 糖化酶在双水相内分配

用试管称取硫酸铵固体 1.30 g 和聚乙二醇 400 2.00 g,用移液管加入 2 mL 糖化酶溶液,补加蒸馏水 2.7 mL,利用旋涡混合器使硫酸铵完全溶解,并使两相充分混合,以便糖化酶在两相中的分配达到平衡。然后试管置于试管架静置分层。用蒸馏水替代糖化酶溶液,其余操作同上作为对照组。

4. 糖化酶在双水相内分配系数的测定

分别取上相(或下相)溶液用蒸馏水适当稀释,然后各取 1 mL 加入 5 mL 考马斯亮蓝溶液混匀后静置 3~5 分钟后,以对照组调零分别测定样品上相和下相吸光值。将其代入蛋白标准曲线,计算糖化酶蛋白在上相、下相中的浓度,进而计算糖化酶在该双水相体系内的分配系数。

【注意事项】

① 每组同学有样品与对照的上相、下相共 4 个测定值。

② 样品上相、下相溶液适当稀释,使其吸光值在标准曲线的直线范围内。

五、实验结果

根据实验结果填写表 5-15。

表 5-15　糖化酶在聚乙二醇 400/硫酸铵双水相中分配系数

	上相	下相
A_{595nm}		
蛋白标准曲线		
糖化酶浓度(μg/mL)		
分配系数		

六、思考题

(1)思考双水相的上相对照和下相对照吸光值为何不同。

(2)某同学在称量糖化酶时误称量为正确值的一半,对体系的分配系数有影响吗?请说明理由。

实验 5-14　葡聚糖凝胶过滤法测定蛋白质的分子量

一、实验目的

理解和掌握葡聚糖凝胶过滤法测定蛋白质分子量的原理和操作。

二、实验原理

葡聚糖凝胶过滤法测定蛋白质分子量的原理,主要是依据这种凝胶具有分子筛作用,一定型号的凝胶具有大体上一定大小的孔径。在一定的凝胶柱内,凝胶孔隙所占的体积(不包括固体支持物的体积)称为内水体积 V_i,色谱柱内凝胶颗粒间的自由空间所占的体积称为外水体积 V_o。当样品流经凝胶柱时,大于孔隙的大分子(如平均相对分子质量为 2 000 kD 的水溶性蓝色葡聚糖)完全不渗入凝胶内部,只需 V_o 体积的洗脱液便可将其由一端洗脱到另一端;相反,如果样品体积小于孔隙(如氯化钠),则需要 V_o+V_i 体积的洗脱液,才能将它们由一端洗脱到另一端。中等分子(分子大小在上述两种极限之间)所需洗脱液体积介于两者之间,$V_e=V_o+K_d \cdot V_i$,K_d 为分配系数,它表示一种物质在孔隙内的渗透程度,相当于这种物质在孔隙内所占体积和孔隙总体积的比值(刘叶青,2007)。

如果蛋白质分子近于球形,同时没有显著的水合作用,则不同大小分子量的蛋白质进入凝胶孔道的程度不同,其洗脱体积决定于分子大小。当蛋白质分子量在 10 000~150 000 时,蛋白质在葡聚糖凝胶柱上层析的洗脱体积和分子量的对数呈直线关系。若用已知分子量的标准蛋白质在一定型号葡聚糖凝胶柱上层析，精确测其洗脱体积，并以洗脱体积对蛋白质分子量的对数作图，可获得一条标准曲线。未知分子量的蛋白质在相同条件下层析，根据其洗脱体积即可在标准曲线上求得分子量。用此法测出的分子量误差在10%左右，对于线性分子的误差还可大于此值。

三、主要药品及器具

1. 药品

牛血清白蛋白(分子量68 000)、鸡卵清蛋白(分子量45 000)、胰凝乳蛋白酶原A(分子量24 000)、结晶牛胰岛素(二聚体，分子量12 000)、氯化钾、醋酸、蓝色葡聚糖2 000、Sephadex G-75、被测蛋白质样品(溶菌酶)。

2. 仪器

电子天平、电子分析天平、旋涡混合器、层析柱(内径1.1 cm，长度为90～100 cm)、紫外检测仪、自动分部收集器、紫外分光光度计。

3. 用具

烧杯、容量瓶、试剂瓶、量筒、玻璃棒、药匙、标签纸、滴管等。

四、实验步骤

1. 溶液配制

氯化钾-醋酸洗脱剂：称取氯化钾1.49 g，加入冰醋酸11.8 mL，用蒸馏水溶解并定容至1 L。

标准蛋白混合溶液：分别称取牛血清白蛋白、鸡卵清蛋白、胰凝乳蛋白酶原A、溶菌酶各30 mg，用上述氯化钾-醋酸洗脱剂溶解，并定容至10 mL。

2. 溶胀凝胶

取Sephadex G-100 15 g，加蒸馏水500 mL沸水浴中溶胀3～4 h。待溶胀平衡后，倾去上层清液后再放些蒸馏水搅拌，静置使凝胶下沉，再倾去上层清液，至无细颗粒为止。溶胀平衡和漂洗净的凝胶经减压抽气10 min左右除去气泡，即可准备装柱。

3. 装柱

将柱垂直固定于铁架上，然后在柱顶通过橡皮塞连接一长颈漏斗(漏斗颈直径约为柱直径的一半)。在柱中加洗脱液，并赶净滤板下方气泡，使支持滤板底部完全充满液体，然后将柱的出口关闭。把已经溶胀好的凝胶调成薄浆，从漏斗倒入柱内，胶粒逐渐扩散下沉，薄浆连续加入。当沉积的胶床至2 cm高时，打开柱的出口，并注意控制操作压以均匀不变的流速直到胶装完为止(凝胶沉积距离柱顶5～6 cm)。再以3～5倍柱层体积的洗脱液平衡柱，流速控制在0.35 mL/min。柱装得是否均匀，可用蓝色葡聚糖上柱检验：如果色带均匀下移，说明柱子已装好，可以使用。

【注意事项】

① 层析柱粗细必须均匀，柱管大小可根据试剂需要选择。一般来说，细长的柱分离效果较好。若样品量多，最好选用内径较粗的柱，但此时分离效果稍差。柱管内径太小时，会发生“管壁效应”，即柱管中心部分的组分移动慢，而管壁周围的移动快。柱越长，分离效果越好；但柱过长，实验时间长，样品稀释度大，分离效果反而不好。

② 各接头不漏气，连接用的小乳胶管不要有破损，否则造成漏气、漏液。

③ 装柱要均匀，不要过松也不要过紧，最好也在要求的操作压下装柱，流速不宜过快，避免因此而压紧凝胶；但也不要过慢，使柱装得太松，导致层析过程中凝胶床高度下降。

4. 上样

上样时应尽量保持床面的稳定。先打开柱的出口，待柱中洗脱液流至距床表面 1～2 mm 时，关闭出口，用滴管将 1 mL 标准蛋白混合溶液慢慢地加至柱床表面，打开出口并开始计算流出体积，当样品渗入床中接近床表面 1 mm 时关闭出口，同时加样品时小心地加入少量洗脱液，再打开柱的出口，使床表面的样品也全部渗入柱内。这时样品已加好，在床的表面再小心地加洗脱液，使其高出床表面 3～5 cm，盖好柱子顶盖（不漏气），接上恒流泵，控制流速在 0.35 mL/min。

【注意事项】

① 上样是实验成败的关键之一，若样品稀释或上柱不均会使区带扩散，影响层析效果。

② 始终保持柱内液面高于凝胶表面，否则水分挥发，凝胶变干。

5. 收集和测定

层析开始，在柱的出口处以 3 mL/管分管收集流出液，以后开始分管收集用紫外可见分光光度计测定收集液在 280 nm 处测吸光值 OD_{280nm}。最高的一个 OD_{280nm} 值时的体积即为吸收峰的洗脱体积 V_e。以标准蛋白相对分子量的对数为横坐标，对应的洗脱体积为纵坐标作标准曲线。

【注意事项】

洗脱完成后凝胶要回收，勿丢弃。

6. 未知蛋白相对分子量的测定

在柱顶加入未知样品溶液，按照与上述完全相同的操作，根据洗脱体积从标准曲线图查出未知蛋白相对分子量。

五、实验结果

(1)根据实验结果将各标准蛋白质测得的洗脱体积 V_e 对各自的蛋白相对分子量对数作图。

(2)计算溶菌酶的相对分子量。

六、思考题

根据实验中遇到的各种问题，总结做好本实验的经验与教训。

实验 5-15 葡聚糖凝胶过滤法分离蛋白质

一、实验目的

掌握葡聚糖凝胶过滤法脱盐的原理和操作。

二、实验原理

凝胶过滤(又名分子筛层析)是分离蛋白质、酶、核酸等生物大分子的常用手段。葡聚糖凝胶(商品名 Sephadex)是最常用的一种具有分子筛作用的物质。葡聚糖凝胶是一种珠状的凝胶,含有大量的羟基,很容易在水中和电解质溶液中溶胀。G 型的葡聚糖凝胶有各种不同的交联度,因此它们的溶胀度和分级分离范围也有所不同。葡聚糖凝胶的溶胀度基本上不因盐和洗涤剂的存在而受影响。不同规格型号的葡聚糖用英文字母 G 表示,G 后面的阿拉伯数字为凝胶得水值的 10 倍。

血红蛋白是高等生物体内负责运载氧的一种蛋白质,存在于脊椎动物、某些无脊椎动物血液和豆科植物根瘤中。人体内的血红蛋白由两个 α 亚基和两个 β 亚基组成。每个亚基均成球状,内部有一个血红素。血红素上的亚铁离子可以可逆地与氧分子结合,起到运输氧气的作用。当携带氧气时,血红蛋白呈鲜红色,无氧时为暗红色。血红蛋白 (Mw=64 500)中加入过量的高铁氰化钾(Mw=329.25),形成高铁血红蛋白。为了去掉多余的高铁氰化钾,并得到较纯的血红蛋白样品,将上述混合物通过交联葡萄糖 G-25 的凝胶滤柱,用 pH7.0 的磷酸缓冲液洗脱,较大的血红蛋白分子不能通过孔道扩散进入凝胶珠体内部,较小的高铁氰化钾分子可通过任意孔道扩散进入珠体内部。从颜色的不同,可直接观察到红褐色的血红蛋白洗脱较快,而小分子黄色的高铁氰化钾洗脱较慢,达到将大分子完全分离出来的目的。

三、主要药品及器具

1. 药品

牛血红蛋白、高铁氰化钾、蓝色葡聚糖 2000、Sephsdex G-25(排阻上限 5 000)、磷酸氢二钠、磷酸二氢钠。

2. 仪器

紫外可见分光光度计、电子天平、层析柱(直径 1 cm,长 15 cm)、恒流泵、分部收集器。

3. 用具

烧杯、容量瓶、试剂瓶、量筒、玻璃棒、药匙、标签纸、滴管、巴氏滴管等。

四、实验步骤

1. 溶液配制

10%血红蛋白溶液：分析天平精确称取 0.050 g 血红蛋白加入 0.45 mL 蒸馏水溶解。

磷酸缓冲液(0.1 mol/L，pH 7.0)：0.1 mol/L 磷酸氢二钠与 0.1 mol/L 磷酸二氢钠以体积比 61∶39 混合后，校正后使用。

4 g/L 高铁氰化钾：取 0.040 g 高铁氰化钾加入 10 mL 蒸馏水溶解，现用现配。

混合样品：血红蛋白液 6 滴加高铁氰化钾 16 滴混合。

2. 溶胀凝胶

称取 Sephadex G-25 5 g，倾入锥形瓶中，加 150 mL 左右蒸馏水溶胀 6～8 h(或沸水浴中溶胀 2～3 h)。待凝胶沉积后，用倾注法除去细颗粒和上层清液，如此三次至无细颗粒为止。将溶胀后的凝胶用 10 倍体积的磷酸缓冲液浸泡过夜以达平衡。

【注意事项】

① 凝胶溶胀时避免剧烈搅拌，以防凝胶交联结构的破坏。

② 取 Sephadex G-25 再放 0.5 倍体积的缓冲液至沉淀凝胶，经减压抽气除去气泡，即可准备装柱。

3. 装柱

将层析柱垂直装好。在柱顶通过恒流泵向柱中慢慢滴加磷酸缓冲液，并赶净滤板下方气泡，使支持滤板底部完全充满液体，待柱内缓冲液至 1/4 柱高时将柱的出口关闭。然后将平衡后的交联葡聚糖 G-25 悬浮液调成薄浆，从漏斗倒入柱内，胶粒逐渐扩散下沉，薄浆连续加入，当沉积的胶床至 2 cm 高时，打开柱的出口，并注意控制操作压以均匀不变的流速直到凝胶床面上升到约 3/4 柱高(10 cm)停止，关闭出水口，静置。

溶液液面应该高于凝胶面 3～5 cm，防止凝胶因脱水而毁柱。此时观察柱面，上下均一，无界面，无裂隙。

【注意事项】

① 装柱后要检查柱床是否均匀。若有气泡或分层的界面时，需要重新装柱。

② 若分次装入，需用玻棒轻轻搅动柱床上层凝胶，以免出现界面影响分离效果。

4. 平衡

关闭出口，使层析柱稳定 5～10 min 后，通过恒流泵加缓冲液，同时打开出口，调节好流速，6 滴/min，用磷酸缓冲液洗脱平衡，最后关闭出口(平衡过程约 20 min)。

【注意事项】

柱装得是否均匀，可用蓝色葡聚糖上柱检验。如果色带均匀下移，说明柱子已装好，可以使用。

5. 上样

先打开柱的出口，待柱中洗脱液流至距床表面 1～2 mm 时，关闭出口。用滴管吸取约

0.5 mL 混合物样品，在距离床面 1 mm 处沿管内壁轻轻转动加进样品，切勿扰动床面(样品上柱后应在凝胶柱表面形成一层薄液层)。打开出口并开始计算流出体积，当样品渗入床中接近床表面 1 mm 时关闭出口，同时小心地加入 0.5～1 mL 洗脱液(这样可以使样品稀释至最小，而样品又完全进入床内)。当少量洗脱液将流入床面时，加入多量的洗脱液，使高出床表面 3～5 cm，但注意切勿搅动床面凝胶，保持此液面高度进行洗脱(边加入边放出，切勿漏出柱床)。

【注意事项】

① 样品上柱是实验成败的关键之一，若样品稀释或上柱不均，会使区带扩散，影响层析效果。

② 始终保持柱内液面高于凝胶表面，否则水分挥发，凝胶变干。

6. 收集与测定

层析开始，观察柱上的色带，在柱的出口处以 5 滴/min、15 滴/管的速度进行收集，并且收集红褐色的血红蛋白色带，继续洗脱，待黄色的高铁氰化钾色带完全洗脱下来后，再收集两管透明的洗脱液作为空白，关闭出口。

【注意事项】

① 收集要及时，不能等红褐色物质流出之后再收集。

② 流速不可太快，否则分子小的物质来不及扩散，随分子大的物质一起被洗脱下来，达不到分离目的。

7. 凝胶回收

一般凝胶柱用过后，反复用 2～3 倍柱体积蒸馏水通过柱即可。如若凝胶有颜色或比较脏，需用 0.5 mol/L 氢氧化钠-0.5 mol/L 氯化钠洗涤，再用蒸馏水洗。冬季一般放 2 个月无长霉情况，但在夏季如果不用，需要加 0.02%的叠氮化钠防腐。

五、实验结果

将每管收集液加入蒸馏水至 4 mL，混匀，在 425 nm 处测其吸光度，以吸光度为纵坐标，管编号为横坐标，绘出洗脱图谱。

六、思考题

简述上样量、洗脱剂流速对洗脱曲线的影响。

实验 5-16 大孔树脂吸附分离实验

一、实验目的

了解大孔树脂的使用方法,掌握大孔树脂吸附等温曲线、吸附动力学曲线和洗脱曲线的测定方法。

二、实验原理

大孔树脂是一种具有大孔结构的有机高分子共聚体,是一类人工合成的有机高聚物吸附剂。因其具多孔性结构而具筛选性,又通过表面吸附、表面电性或形成氢键而具吸附性。一般为球形颗粒状,粒度多为 20～60 目。大孔树脂有非极性、弱极性、极性之分。大孔吸附树脂理化性质稳定,一般不溶于酸碱及有机溶媒,在水和有机溶剂中可以吸收溶剂而膨胀。

大孔树脂吸附技术是以大孔吸附树脂为吸附剂,利用其对不同成分的选择性吸附和筛选作用,通过选用适宜的吸附和解吸条件借以分离、提纯某一种或某一类有机化合物的技术。吸附分离依据相似相容的原则,一般非极性树脂宜于从极性溶剂中吸附非极性有机物质;相反,强极性树脂宜于从非极性溶剂中吸附极性物质;而中等极性吸附树脂,不但能从非水介质中吸附极性物质,也能从极性溶液中吸附非极性物质。

大孔吸附树脂吸附技术广泛应用于制药及天然植物中活性成分如生物碱、黄酮、皂甙等大分子化合物的提取分离以及抗生素提纯等(Yang QY,2016)。它具有吸附快、解吸率高、吸附容量大、洗脱率高、树脂再生简便、易于工业化生产等优点。

三、主要药品及器具

1. 药品

AB-8 大孔树脂、大豆异黄酮、芸香叶苷标准品、无水乙醇、盐酸、氢氧化钠。

2. 仪器

紫外可见分光光度计、电子天平、恒温水浴振荡器、层析柱、恒流泵、紫外分光光度计。

3. 用具

烧杯、容量瓶、试剂瓶、量筒、玻璃棒、药匙、标签纸、滴管等。

四、实验步骤

1. 大豆异黄酮标准曲线的测定

用无水乙醇配置 200 μg/mL 的芸香叶苷标准溶液，分别取 0.1 mL、0.2 mL、0.3 mL、0.4 mL、0.5 mL、0.6 mL、0.7 mL 上述溶液，加水稀释至 5 mL，采用紫外分光光度法，在 261 nm 处测定吸光度，绘制标准曲线。

【注意事项】

石英比色皿测定样品。

2. 树脂的预处理

称取一定量的树脂，在 95%乙醇中浸泡 24 h，使其充分膨胀，用蒸馏水洗至澄清，无白色溶液流出(流出液与蒸馏水 1∶5 混合后不浑浊)。再用 5%盐酸溶液浸泡 24 h，用蒸馏水洗至中性。然后用 2%氢氧化钠溶液浸泡 24 h，蒸馏水洗至中性，浸泡在蒸馏水中待用。

【注意事项】

一定将树脂处理好后方可进入下一步实验。

3. 静态吸附等温线的测定

将 10 g 处理后的大孔树脂置于 250 mL 三角烧瓶中，加入 50 mL 1%的大豆异黄酮溶液，放置于 25 ℃恒温摇床，吸附时间为 10 min、20 min、30 min、40 min、50 min、60 min、90 min、120 min、150 min 时分别取 1 mL 样液测吸光度，然后以吸附时间 t 为横坐标、c/c_0 为纵坐标绘制吸附等温线(c 为不同时间取样溶液的浓度，c_0 为初始样液的浓度)，并计算吸附量(mg/g)。

4. 动态吸附实验

在层析柱内填充 10 g 湿树脂，加入 1%的大豆异黄酮溶液，流速为每分钟 20 滴，以吸附时间为横坐标，c/c_0 为纵坐标绘制穿透曲线。选 $c/c_0=0.5$ 所用的时间为穿透时间，计算动态吸附量。

5. 动态洗脱实验

对上述完成动态吸附的树脂柱静置 30 min 后用蒸馏水洗脱，收集水洗流出液中大豆异黄酮的含量。然后用 70%的乙醇以 20 滴/min 的流速洗脱。每 5 mL 为一个收集单位，分别测定洗脱液中大豆异黄酮的浓度，以洗脱剂的体积为横坐标，以收集的洗脱液浓度为纵坐标绘制动态解吸曲线。计算解吸的大豆异黄酮的含量及解吸率。

五、实验结果

(1)根据芸香叶苷标准曲线实验结果填写表 5－16。

表 5-16　大豆异黄酮标准曲线的测定

芸香叶苷浓度(μg/mL)	4	8	12	16	20	24	28
吸光值							

(2)根据表 5-16 数据绘制芸香叶苷标准曲线。

(3)根据静态吸附实验填写表 5-17。

表 5-17　大孔树脂静态吸附实验

洗脱液体积(mL)	10	20	30	40	50	60	70	80	90	120	150
吸光度											
稀释倍数											
c(μg/mL)											
c/c_0											
吸附量(mg/g 湿树脂)											

(4)根据表 5-17,绘制静态吸附曲线图。

(5)根据动态吸附实验填写表 5-18。

表 5-18　大孔树脂动态吸附实验

洗脱液体积(mL)	4	8	12	16	20	24	28	32
吸光度								
稀释倍数								
c(μg/mL)								
c/c_0								
洗脱液体积(mL)	36	40	44	48	52	56	60	64
吸光度								
稀释倍数								
c(μg/mL)								
洗脱液体积(mL)	68	72	76	80	84	88	92	96
吸光度								
稀释倍数								
c(μg/mL)								
吸附量(mg/g 湿树脂)								

(6)根据表 5-18,绘制动态吸附曲线图。

(7)根据动态洗脱实验填写表 5-19。

表 5-19 大孔树脂动态洗脱实验

洗脱液体积(mL)	4	8	12	16	20	24	28	32
吸光度								
稀释倍数								
c(μg/mL)								
洗脱液体积(mL)	36	40	44	48	52	56	60	64
吸光度								
稀释倍数								
c(μg/mL)								
解吸量(mg)								
解析率(%)								

(8)根据表 5-19,绘制动态洗脱曲线。

六、思考题

(1)简述大孔树脂使用前为何要先进行预处理。
(2)简述大孔树脂动态吸附和洗脱操作步骤与注意事项。

实验 5-17 离子交换层析法分离氨基酸

一、实验目的

学习离子交换树脂分离氨基酸的基本原理,掌握离子交换柱层析的基本操作,掌握氨基酸和茚三酮显色机制。

二、实验原理

离子交换层析法以具有离子交换性能的物质为固定相,以特定的含离子溶液为流动相,利用固定相与待分离物的各种离子结合力的差异,而将混合流动相中不同离子型化合物进行分离的层析技术。这种可逆的交换性质是基于待测物质的阳离子或阴离子和相应的离子交换剂间的静电结合,即根据物质的酸碱性、极性等差异,通过离子间的吸附和脱吸附原理将电解质溶液各组分分开。它是从复杂混合物体系中分离性质极为相似的生物分子的有效手段之一。氨基酸是两性电解质，分子上的净电荷取决于氨基酸的等电点和溶液的 pH。各种氨基酸分子结构不同，在同一 pH 其所带的电荷的性质和多少不同，与离子交换树脂的亲和力有差异，因此可以根据亲和力从小到大的顺序被洗脱液分别洗脱下来，达到分离的效果。

由于离子交换层析法分辨率高，工作容量大，并容易操作，因此它不但在医药、化工、食品等领域成为独立的操作单元，也已成为蛋白质、多肽、核酸及大部分发酵产物分离纯化的一种重要方法。目前，在生化分离中约有 75%的工艺采用离子交换层析法。

本实验用磺酸型阳离子交换树脂分离酸性氨基酸（L-天冬氨酸，pI＝ 2.97）与碱性氨基酸（L-赖氨酸，pI＝9.74）的混合液。在 pH5.3 条件下，天冬氨酸带负电荷与离子交换柱不发生离子交换作用而随流动相流出，赖氨酸带正电荷与离子交换柱发生离子交换作用而被吸附。然后加入 pH＝12 的氢氧化钠溶液，赖氨酸此刻带负电荷从而被流动相洗脱下来。

三、主要药品及器具

1. 药品

阳离子交换树脂 732、天冬氨酸、赖氨酸、无水乙醇、盐酸、氢氧化钠、柠檬酸、柠檬酸钠、茚三酮。

2. 仪器

层析柱（直径 0.8～1.2 cm、长度 15 cm）、恒流泵、分光光度计、磁力搅拌器。

3. 用具

烧杯、容量瓶、试剂瓶、量筒、玻璃棒、药匙、标签纸、滴管等。

四、实验步骤

1. 溶液配制

2 mol/L 盐酸溶液：向盛有 600 mL 蒸馏水的烧杯内缓慢加入浓盐酸 168 mL，同时搅拌混匀，用蒸馏水定容至 1 L 刻度，摇匀即可。

2 mol/L 氢氧化钠溶液：氢氧化钠 40 g 加入 400 mL 蒸馏水搅拌溶解，待其冷却后定容至 500 mL，摇匀即可。

0.01 mol/L 氢氧化钠溶液：取 2 mol/L 氢氧化钠溶液 10 mL 加入 190 mL 蒸馏水混匀。

0.45 mol/L pH5.3 的柠檬酸缓冲液：取 73 mL 0.45 mol/L 柠檬酸溶液与 127 mL 0.45 mol/L柠檬酸钠溶液混合搅拌均匀，pH 计校正为 pH＝5.3 后使用。

茚三酮溶液：茚三酮 2 g 用加入 95%乙醇 40 mL 溶解，用柠檬酸缓冲液定容至 100 mL。

混合氢基酸溶液：天冬氨酸、赖氨酸均配制成 2 mg/mL 的柠檬酸缓冲液溶液。将上述天冬氨酸、赖氨酸溶液按 1∶1.5 的比例混合。

【注意事项】

① 配置好的茚三酮显色剂装在棕色瓶中避光保存，可以多次使用。

② 加柠檬酸缓冲液只是给显色提供一个酸性环境。

③ 在室温较高的夏季，配制缓冲溶液用的蒸馏水必须是新鲜蒸馏水，配前煮沸，配好后在4 ℃保存。在柠檬酸缓冲液中加入0.1%酚溶液可防止长霉。

2. 树脂的预处理

取树脂10 g置于烧杯中，加2 mol/L盐酸溶液40 mL，置于磁力搅拌器上搅拌2 h，倾弃酸液，用蒸馏水充分洗涤树脂至中性。倾弃液体再加入2 mol/L氢氧化钠溶液40 mL搅拌2 h（转型），倾弃碱液，用蒸馏水洗涤至中性。将树脂悬浮于50 mL柠檬酸缓冲液中备用。

3. 装柱

垂直安装好层析柱，自顶部加入经处理的钠型树脂悬浮液，关闭层柱出口，待树脂沉降后，放出过量的溶液，继续加入树脂，至树脂沉积高度达到约9 cm。从层析柱顶部通过恒流泵以0.5 mL/min（10滴/min）的流速用柠檬酸缓冲溶液进行平衡，直至流出液pH=4.2（流出液体积一般为2～3个床体积），关闭柱子出口阀，保持液面高出树脂表面2～3 cm。

【注意事项】

① 注意装柱过程的连续性，装好的层析柱应均匀，防止产生气泡、节痕或界面，否则会对实验有较大的影响，必须重新装柱；注意不要让树脂颗粒出现在层析柱管口，以免漏气。

② 调节流速前要排除恒流泵与柱间连接管内所有气泡，以免影响流速，影响实验效果。

4. 上样

关闭恒流泵，打开层析柱上端，缓慢打开柱底出口夹子，放出层析柱内液体至层析柱内液体凹液面与树脂上表面约距1 mm，立即关闭出口。由上端缓慢加入氨基酸混合液0.5 mL。加样后打开止水夹，使液体缓慢流出至凹液面与树脂上表面约距1 mm，立即关闭止水夹。再加入0.5 mL柠檬酸缓冲溶液，打开止水夹，使液体缓慢流出至凹液面与树脂上表面再次约距1 mm，重复加入缓冲液操作2～3次，最后加缓冲液至液面高于柱顶2 cm左右。接上恒流泵。

5. 洗脱及洗脱液收集

将层析柱装好并使下端对准部分收集器上的一号小试管口，用柠檬酸钠缓冲溶液以0.5 mL/min（10滴/min）的流速开始洗脱，小试管收集洗脱液，每管收集1 mL，收集10管后，关闭恒流泵和柱子底部出口阀，改用0.01 mol/L氢氧化钠溶液洗脱，同法继续收集11～36管。收集完毕后，关闭止水夹和恒流泵。

【注意事项】

在整个实验过程中避免使柱内液体流干，否则实验即为失败。

6. 氨基酸相对浓度测定

取各管溶液0.5 mL加入2.5 mL柠檬酸缓冲液和1 mL茚三酮溶液，沸水浴15 min，快速冷却10 min。如溶液呈紫蓝色，表示已有氨基酸洗脱下来，显色的深度可代表洗脱的氨基酸浓度，可用分光光度计测定波长处吸光值A_{570nm}（以水作空白）。最后以洗脱液管号为横坐标，洗脱液各管A_{570nm}为纵坐标作图，绘制洗脱曲线。

【注意事项】

氨基酸的测定一般要求在pH5左右，这样在本实验中，改变pH后和洗脱液就不能直接进行测定，所以在测定时要加入 pH5.3 的柠檬酸缓冲液。

7. 离子交换树脂的再生

层析柱使用几次后，需将树脂取出用 1 mol/L 氢氧化钠溶液洗涤，再用蒸馏水洗至中性后可反复使用。

五、实验结果

（1）根据洗脱实验结果填写表 5－20。

表 5－20　氨基酸洗脱数据

管号	1	2	3	4	5	6	7	8	9
吸光值									
稀释倍数									
原液吸光值									
管号	10	11	12	13	14	15	16	17	18
稀释倍数									
原液吸光值									
管号	19	20	21	22	23	24	25	26	27
稀释倍数									
原液吸光值									
管号	28	29	30	31	32	33	34	35	36
稀释倍数									
原液吸光值									

（2）以洗脱液管号为横坐标、洗脱液各管吸光值 A_{570nm} 为纵坐标作图，绘制出氨基酸洗脱曲线。

六、思考题

（1）树脂的预处理中为何要将树脂转变为钠型？

（2）若实验结果的图谱中出现拖尾现象，试分析其原因。

实验 5-18 离子交换树脂交换容量的测定

一、实验目的

理解离子交换树脂交换容量的含义，掌握离子交换树脂交换容量的测定原理和方法。

二、实验原理

交换容量是指每克干树脂所交换的相当于一价离子的物质的量，是衡量树脂性能的重要指标，一般使用树脂的交换容量为 3～6 mmol/g。离子交换树脂的交换容量分为总交换容量和工作交换容量。

总交换容量（Q_T）的测定采用静态法。向一定量的 H 型阳离子树脂加入过量的氢氧化钠标准溶液浸泡，当交换反应达到平衡时，$RH + NaOH = RNa + H_2O$，然后，用盐酸标准溶液滴定过量的氢氧化钠。

工作交换容量（Q_W）的测定采用动态法。将一定量 H 型阳离子树脂装入交换柱中，用硫酸钠溶液以一定的流量通过交换柱。Na^+ 与 RH 发生交换反应，交换下来的氢离子用氢氧化钠标准溶液滴定。交换反应为：$RH + Na^+ = RNa + H^+$；滴定反应为：$H^+ + OH^- = H_2O$。

三、主要药品及器具

1. 药品

盐酸、氢氧化钠、酚酞、强酸型阳离子交换树脂 732、酚酞、甲基橙。

2. 仪器

电子天平、电子分析天平、烘箱。

3. 用具

50 mL 碱式滴定管、250 mL 锥形瓶、25 mL 移液管、250 mL 容量瓶、烧杯、滴定管、铁架台、移液管、量筒、玻璃交换柱。

四、实验步骤

1. 溶液配制

2 mol/L 盐酸溶液和 2 mol/L 氢氧化钠溶液：见实验 5 - 17。

0.15 mol/L NaOH 标准溶液：氢氧化钠 6 g 加入 400 mL 蒸馏水搅拌溶解，待其冷却后定容至 1 L，摇匀即可，使用前需要滴定法校正（刘叶青，2007）。

0.05 mol/L HCl 溶液：取 4.2 mL 浓盐酸用蒸馏水稀释定容至 1 L，使用前需要滴定法校正（刘叶青，2007）。

酚酞指示剂：0.5 g 酚酞溶解于 45 mL 95%的乙醇，用蒸馏水稀释至 50 mL。

甲基橙指示剂：0.1 g 甲基橙溶解于 100 mL 蒸馏水。

0.5 mol/L 硫酸钠溶液：硫酸钠 35.51 g 加入 400 mL 蒸馏水搅拌溶解后定容至 500 mL。

2. 树脂的预处理与转型

取树脂 10 g 置于烧杯中，加 2 mol/L 盐酸溶液 40 mL，置于磁力搅拌器上搅拌 1 h，倾弃酸液，用蒸馏水洗涤树脂至中性。倾弃液体再加入 2 mol/L 氢氧化钠溶液 40 mL 搅拌 1 h，倾弃碱液，用蒸馏水洗涤至中性（检验中性用试纸即可）。

市售的阳离子交换树脂一般为 Na 型，使用前需将其用酸处理成 H 型。称取一定量预处理好的阳离子交换树脂于烧杯中，加四倍体积的 1 mol/L HCl 溶液，搅拌，浸泡 1～2 h，倾出上层 HCl 清液，然后用纯水漂洗树脂至中性，即得到 H 阳离子交换树脂。

【注意事项】

一定将树脂处理干净后方可进入下一步实验。

3. 静态法测定阳离子交换树脂的总交换容量

精确称取 2 g 左右（精确至 0.000 1 g）已经处理好且抽干的 732 氢型阳离子交换树脂，105 ℃下烘干至恒重，计算含水量。另精确称取 1 g（精确至 0.000 1 g）左右上述干树脂 1 g 放入盛有 50 mL 0.15 mol/L 氢氧化钠标准溶液的锥形瓶内，密封好后室温下放置一夜（温度高于 12 ℃）。用吸管分别取出 10 mL 浸泡液放入 2 只锥形瓶内，加入 1 滴甲基橙指示剂，用 0.05 mol/L盐酸标准溶液滴定，当溶液从黄色变为红色（红色保持 15 s 不褪色）时为滴定终点，取两次滴定的平均值。按以下公式计算总交换量：

$$Q_T(\text{mmol/g})=\frac{50C_{\text{NaOH}}-5C_{\text{HCl}}\cdot V_{\text{HCl}}}{m(1-W)}$$

在式中，C_{NaOH}和 C_{HCl}分别为氢氧化钠标准溶液和盐酸标准溶液的浓度（mol/L）；V_{HCl}为滴定消耗的盐酸体积（mL）；m 为抽干树脂质量（g）；W 为树脂含水量。

4. 动态法测定阳离子交换树脂的工作交换容量

（1）装柱：层析柱内加 10 mL 蒸馏水，然后从旋塞下部放水，直到液面高出砂芯 5 cm，保证砂芯下没有气泡，否则重新操作。将适量处理好且抽干的 732 氢型阳离子交换树脂置于交换柱中填柱层高 8～10 cm，除去树脂层中的气泡，排水至液面高出树脂层 2 cm。用水冲洗树脂至流出液为中性，放出多余的水。

（2）交换：用恒流泵向交换柱以 40～60 滴/min 的流速滴入硫酸钠溶液，用 250 mL 容量瓶收集流出液，流过 100 mL 硫酸钠溶液后，经常检查流出液的 pH，直至流出液的 pH 与加入的硫酸钠溶液 pH 相同时，停止交换（20 mL 树脂大约需 120 mL 硫酸钠溶液）。将收集液稀释至刻度，摇匀。

(3)测定与计算：用 25 mL 移液管准确移取流出液于 250 mL 锥形瓶中，加入 2 滴酚酞，用氢氧化钠标准溶液滴至微红色半分钟不褪即为终点，平行测定三份。工作交换容量的计算公式为：

$$WEQ(\text{mmol/g})=\frac{C_{NaOH}\cdot V_{NaOH}}{m(1-W)\cdot\left(\frac{25.00}{250.0}\right)}$$

式中，C_{NaOH} 为氢氧化钠标准溶液浓度；V_{NaOH} 为滴定消耗的氢氧化钠标准溶液体积(mL)；m 为抽干树脂质量(g)；W 为树脂含水量。

5. 树脂的回收

实验完毕，将滴定管中的树脂用自来水冲到烧杯中，以便再生。

五、实验结果

(1)静态法测定阳离子交换树脂的总交换容量表 5-21。

表 5-21　732 阳离子交换树脂总交换容量

	I	II	III
抽干树脂质量(g)			
树脂含水量			
氢氧化钠标准溶液浓度(mol/L)			
盐酸标准溶液浓度(mol/L)			
盐酸标准溶液初读数(mL)			
盐酸标准溶液用量(mL)			
总交换容量(mmol/g)			
总交换容量平均值(mmol/g)			
相对平均偏差(%)			

(2)动态法测定阳离子交换树脂的工作交换容量表 5-22。

表 5-22　732 阳离子交换树脂工作交换容量的测定

	I	II	III
抽干树脂质量(g)			
树脂含水量			
被测定流出液的体积(mL)			
氢氧化钠溶液终读数(mL)			
氢氧化钠溶液初读数(mL)			
氢氧化钠溶液用量(mL)			
工作交换容量(mmol/g)			
工作交换容量平均值(mmol/g)			
相对平均偏差(%)			

六、思考题

(1)什么是离子交换树脂的交换容量?两种交换容量的测定原理是什么?

(2)阴离子交换树脂为何一般采用氯型树脂?能否采用动态法操作?

实验 5-19 酵母蔗糖酶的分离纯化

一、实验目的

学习和掌握酶的纯化步骤与原理,掌握蛋白纯化中常用技术的基本操作。

二、实验原理

蔗糖酶(β-D-呋喃果糖苷果糖水解酶,EC 3.2.1.26)能相对专一性地水解非还原糖中的 α-呋喃果糖苷键。酵母蔗糖酶的耐热温度为 50 ℃,45 ℃以下可保持酶活不变;在 pH3.0~8.0 范围内均可保持较高的酶活,蔗糖酶的活性中心有巯基,因此在提取时应防止其被氧化(加入还原剂如 V_C 保持酶活力)。酵母细胞存在两种蔗糖酶,一种在细胞壁中,一种在细胞质内。前者活力较高,分子量约 270 kDa;后者活力较低,分子量约为 135 kDa。两种酶的底物专一性和动力学性质十分相似,因此,本实验未区分内酶与外酶。

本实验中根据酵母蔗糖酶的耐热性质,将热不稳定性杂蛋白变性除去,而蔗糖酶保持活性仍在上清液中。根据蔗糖酶的分子量和亲水性,在溶液中加入一定量的无水乙醇溶液,利用其脱水作用,破坏了蛋白质分子表面的水化膜,使蔗糖酶聚集沉淀下来,而与其他杂质分开。根据 pH7.3 条件下杂蛋白带正电荷不能结合到阴离子交换层析柱 DEAE-Sepharose Fast Flow,然后通过逐步增大氯离子浓度实现梯度洗脱,收集获得较纯的蔗糖酶。酶蛋白在分离提纯过程中易变性失活,为能获得尽可能高的产率和纯度,在提纯操作中要始终注意保持酶的活性如在低温下操作等,这样才能收到较好的分离效果。

三、主要药品及器具

1. 药品

市售活性干酵母、石英砂、乙醇、Tris、盐酸、3,5-二硝基水杨酸、氢氧化钠、酒石酸钾钠、苯酚、亚硫酸钠、DEAE-Sepharose Fast Flow、考马斯亮蓝 G250、磷酸、蔗糖、氯化钠、牛血清蛋白。

2. 仪器

高速冷冻离心机、恒温水浴锅、电子天平（感应量 0.01 g）、电子分析天平（感应量 0.000 1 g）、冰箱、pH 计、制冰机、层析系统、旋涡混合器、可见分光光度计、制冰机、生物传感分析仪测定。

3. 用具

烧杯、铁架台、容量瓶、试剂瓶、量筒、玻璃棒、药匙、冰、标签纸、移液器、研砵等。

四、实验步骤

1. 细胞破碎

称取 2.5 g 干酵母粉于预冷的研钵内，加入 4 g 石英砂和 10 mL Tris-HCl 缓冲溶液（20 mmol/L，pH7.3），在研钵内研磨成糊状，至少研磨 30 min。

【注意事项】

低温充分研磨。

2. 酶的初步纯化

（1）离心：酵母细胞破碎液于离心管中以 5 000 r/min 离心 15 min，将上清液（“酶液 I”）倒入量筒，量出体积记录；留 1.5 mL 酶液 I，−20 ℃下保存用于测定酶活力和蛋白浓度。

（2）热处理：将酶液 I 转移到离心管中，45 ℃水浴并用间隔温和摇动抽提液，30 min 后迅速用冰浴冷却，分装于 5 mL 小离心管，以 10 000 r/min 离心 5 min，将上清液（“酶液 II”）倒入量筒，量出体积记录；留 1.5 mL 酶液 II，−20 ℃下保存用于测定酶活力和蛋白浓度。

（3）乙醇沉淀：将酶液 II 置于离心管中，在冰盐浴下逐滴加入等体积预冷−20 ℃的无水乙醇，使乙醇终浓度约 50%（此步骤约需要 30 min），温和搅拌后冰盐浴放置 20 min，10 000 r/min 离心 5 min，倾去上清，并滴干冰箱中冷冻保存沉淀。

每个管内加入 1 mL Tris-HCl 缓冲溶液（20 mmol/L，pH7.3）于沉淀物中，轻轻搅拌促溶并合并。将清液（“酶液 III”）倒入量筒，量出体积记录；留 1.5 mL 酶液 II，−20 ℃下保存用于测定酶活力和蛋白浓度。

【注意事项】

边搅边慢加乙醇，滴加时滴与滴之间不能连成线。

（4）柱层析：离子交换柱准备。取适量 DEAE-Sephadex，加入 0.5 mol/L NaOH 溶液中，轻轻搅拌，浸泡 0.5 h，用玻璃砂漏斗抽滤，并用去离子水洗至近中性，抽干后，放入小烧杯中，加 50 mL 0.5 mol/L HCl，搅匀，浸泡 0.5 h，同上，用去离子水洗至近中性，（DEAE-Sepharose Fast Flow，用后务必回收）。浸入 20 mmol/L Tris-HCl pH7.3 缓冲液中平衡备用。

样品处理。将乙醇沉淀样品溶解于 7 mL 20 mmol/L Tris-HCl pH7.3 缓冲液；4 ℃ 10 000 r/min，离心 10 min，收集样品上清液（“酶液 III”）测量总体积，留 1.5 mL 酶液 III，−20 ℃下保存用于测定酶活力和蛋白浓度。

纯化检测仪器连接。将梯度混合器、层析柱（Φ1.0 cm×20 cm）、恒流泵（流速 0.8～1 mL/min）、核酸蛋白检测仪、记录仪、部分收集器等连接并设置好。

装柱与平衡。装柱前先调好流速 0.8～1 mL/min，然后将柱下端的出水口关闭，加进约1/3柱床体积的 20 mmol/L Tris-HCl 的缓冲液（pH7.3），然后将处理好刚好呈流质状态的 DEAE-Sepharose Fast Flow，轻轻搅匀沿玻棒靠近柱管壁慢慢连续加进柱内。待凝胶沉积 1～2 cm 后松开层析柱出口，控制流速 0.8～1 mL/min；待柱内 DEAE-Sepharose Fast Flow 凝胶自然沉降至所需高度并分出水层后，吸去水层，用玻棒将沉降界面搅匀，再加入处理好的 DEAE-Sepharose Fast Flow 凝胶加至距层析柱上端约 3 cm 处为止。用 20 mmol/L pH7.3 Tris-HCl 缓冲液连通层析柱，进行柱平衡，直到流出液与缓冲液的 pH 一致。

加样。停止加入上述 Tris-HCl 缓冲液。待缓冲液液面与胶体表面相切时，恒流泵停止工作。用胶头滴管缓慢将酶 III 溶液加入层析柱中，注意顺着柱壁滴加，尽可能保持胶面平整。打开恒流泵，使样品溶液进入胶体，用洗脱缓冲液将残余在层析柱壁上端的样品洗下。

洗脱。上样后，用 20 mmol/L pH7.3 Tris-HCl 缓冲液进行平衡，洗脱流速为 0.8～1 mL/min，洗去 DEAE-Sepharose Fast Flow 未吸附的杂蛋白，待层析柱流出液在核酸蛋白检测仪上绘出的基线稳定。用 0.15 mol/L NaCl 20 mmol/L Tris-HCl 缓冲液（pH7.3）继续洗脱被吸附的蔗糖酶蛋白，洗脱流速为 0.8～1 mL/min，每 4 mL 接一管，直至待层析柱流出液在核酸蛋白检测仪上绘出的基线稳定。测定各接收管的酶活力，将酶活力高的若干管酶液集中，量出总体积（“酶 IV”），并留样用于测定酶活力和蛋白质含量测定、电泳分析。

3. 蛋白浓度的测定（见实验 4－2）

4. 葡萄糖标准曲线的测定（见实验 4－1）

5. SDS-PAGE 分析

电泳条件：12%分离胶，4%浓缩胶，标准蛋白加入 12 μL/孔，酶 I 至酶 IV 上样量 10～20 μL（20～40 μg/孔）；电压 500 V，电流为 20 mA，待样品进分离胶后，将电流调到 30 mA。

6. 蔗糖酶活力的测定

取 0.5 mL 酶液，加入 1 mL 5%的蔗糖溶液（Tris-HCl，20 mmol/L，pH7.3），试管中混匀，置 45 ℃水浴。反应 10 min 后立即稀释反应液，取其 1 mL 加入 2 mL DNS，于沸水浴中加热 5 min，用自来水冷却，蒸馏水定容至 20 mL。分光光度计在 540 nm 处测定其吸光值（对照组为 0.5 mL 缓冲液取代酶液），根据葡萄糖标准曲线即可计算酶的活力。

蔗糖酶活力定义：在上述实验条件下，每分钟水解产生 1 μmol 葡萄糖所需的酶量。

五、实验结果

根据实验操作填写表 5－23。

表 5-23 蔗糖酶纯化

	酶液体积(mL)	糖化酶浓度(mg/L)	总蛋白质量(mg)	糖化酶活力(U/mL)	糖化酶总活力(U)	糖化酶比活力(U/g)	糖化酶纯化倍数	糖化酶回收率(%)
酶 I								
酶 II								
酶 III								
酶 IV								

六、思考题

(1)根据蛋白质理化性质,列出蛋白质分离纯化的主要方法。

(2)简述本实验中影响蔗糖酶回收率的因素。

第六章　发酵工艺调控实验

实验 6-1　溶氧策略调控灵芝菌丝体发酵三萜

一、实验目的

学习和掌握溶氧策略调控灵芝菌丝体发酵产三萜的原理和操作。

二、实验原理

灵芝三萜是化学结构较复杂的化合物，分子量一般为 400～600。目前已知该类化合物有 7 种不同的母核结构，在母核上有多个不同的取代基，常见的有甲基、羟基、羧基、酮基、乙酰基和甲氧基等。依据结构、官能团的不同，又可以分为灵芝酸、灵芝孢子酸、灵芝内酯、灵芝醇、灵芝醛、赤灵酸、灵赤酸、赤芝酮等 10 多种。现代药理研究证明，灵芝三萜具有抗衰老、降血脂、降血糖、抗肿瘤等作用(陈慧，2015)。与人工栽培灵芝相比，通过液体深层发酵技术生产灵芝三萜具有生产周期短、三萜类含量相对稳定、不受季节影响等特点，现已成为获取灵芝三萜的最有效方法(Liu GQ，2012)。

灵芝三萜的合成代谢比较复杂，发酵过程中的细微差别都可能引起产物代谢流的较大改变。因此，发酵调控是获得灵芝三萜高产的重要手段。许多研究表明体系中溶氧的变化对于灵芝菌丝体生物量和三萜含量均有影响。研究表明，高的体积溶氧传质系数对灵芝菌球形态有较大影响，或使培养物中大的菌球数目增多，或使菌球直径相对增加，从而引发“氧限制”现象，而这却有利于单位细胞灵芝酸的大量合成(陈慧，2015)。

近年来，在发酵体系中添加氧载体提高溶氧效果越来越受到人们的重视。氧载体与发酵液形成的体系具有能耗低、气泡生成少、剪切力小、氧传递速度快等特点，能在不增加能耗的基础上提高氧传递效率。氧载体与水的相互排斥，氧载体最终将集中在气液界面上形成一层覆盖气泡的膜。由于氧载体相对氧气来说具有较强的溶解度，使得氧穿过水边界层的渗透力增强，从而有利于氧传递的进行(冯杰,2016)。

三、实验材料及主要药品、器具

1. 菌株

灵芝(*Ganoderma lingzhi* G0119)。

2. 药品

马铃薯、葡萄糖、琼脂、豆饼粉、硫酸镁、磷酸二氢钾、可溶性淀粉、齐墩果酸、香草醛、冰乙酸、高氯酸、灵芝酸 T、灵芝酸 R、灵芝酸 S、正十二烷、甲醇。

3. 仪器

灭菌锅、旋涡混合器、可见分光光度计、超净台、天平(感应量 0.01 g)、分析天平(感应量 0.000 1 g)、水浴锅、烘箱、电热炉、冷冻离心机、恒温摇床、高效液相色谱仪、超声波清洗仪、生物传感分析仪。

4. 用具

烧杯、容量瓶、试剂瓶、量筒、玻璃棒、药匙、pH 试纸、标签纸、纱布、棉花、锥形瓶、打火机、棉手套、移液枪、枪头、进样针等。

四、实验步骤

1. 齐墩果酸标准曲线的测定

齐墩果酸标准溶液:准确称取干燥恒质量的齐墩果酸标准品 10 mg 置于 50 mL 的容量瓶中,加入无水乙醇定容,制得 200 μg/mL 的标准溶液。

齐墩果酸标准曲线的测定:吸取系列体积的标品溶液(0 mL、0.1 mL、0.2 mL、0.3 mL、0.4 mL、0.5 mL)于试管中,在 60 ℃恒温水浴锅中挥干,流水冷却后加 0.2 mL 5%的香草醛-冰乙酸和 0.8 mL 高氯酸摇匀,70 ℃水浴锅加热 15 min,流水冷却,加 4 mL 冰乙酸,摇匀后在 560 nm 处测定吸光值。以齐墩果酸浓度为横坐标,吸光值为纵坐标,绘制标准曲线。

2. 培养基

PDA 斜面培养基(g/L):马铃薯 200、葡萄糖 20、琼脂 20。

PDB 种子培养基(g/L):马铃薯 200、葡萄糖 20。

发酵培养基(g/L):葡萄糖 20、酵母粉 5、硫酸镁 2、磷酸二氢钾 1.5,pH5.5。

3. 种子液制备

挑取保藏的菌种于 PDA 斜面上 26 ℃培养 12 d,在活化好的斜面铲出黄豆大小菌丝体 3 块接入装有 100 mL PDB 种子的培养基中,26 ℃和 150 r/min,培养 10 d。

4. 摇瓶发酵

将种子以 10%液体接种量接入 200 mL 发酵培养基,26 ℃、150 r/min 培养至 24 h,分别添加不同浓度(10 mL/L、20 mL/L、30 mL/L、40 mL/L、50 mL/L)正十二烷,继续培养 6 d。

5. 分析测定

菌丝体干重测定：离心收集菌丝体，用蒸馏水洗 3 次，将菌丝体置于 105 ℃烘箱中，烘干至恒重。

残糖量测定：生物传感分析仪测定。

灵芝总三萜测定：称取干菌丝体粉末 200 mg，加入 5 mL 95%乙醇，超声 2 h（重复一次），过滤后取得上清液，合并两次上清制成待测液 PT。以齐墩果酸为标准品，用香草醛—冰醋酸法测定总三萜的含量（冯杰，2016）。

灵芝酸单体的测定：用旋转蒸发仪 45 ℃真空蒸干待测液 PT，5 mL 甲醇溶解，0.22 μm 滤膜过滤。以灵芝酸 T、灵芝酸 R、灵芝酸 S 为标品，用高效液相色谱法测定菌丝体中单体含量。液相条件：YMC C_{18} 色谱柱（250 mm×4.6 mm，5 μm）；流动相为 0.5%冰醋酸水溶液（A）—甲醇（C），梯度洗脱（0～20 min：85%C→100%C；20～30 min：100%C），流速 1 mL/min；检测波长 245 nm；柱温 30 ℃；进样量 10 μL（赵娜，2014）。

五、实验结果

（1）根据实验结果填写表 6-1。

表 6-1 齐墩果酸标准曲线的测定

管号	1	2	3	4	5	6
齐墩果酸标准溶液（mL）	0	0.1	0.2	0.3	0.4	0.5
香草醛—冰乙酸（mL）	0.2	0.2	0.2	0.2	0.2	0.2
高氯酸（mL）	0.8	0.8	0.8	0.8	0.8	0.8
乙酸乙酯（mL）	4	4	4	4	4	4
齐墩果酸浓度（μg/mL）	0	4	8	12	16	20
A_{548}						

（2）绘制齐墩果酸标准曲线。

（3）根据实验结果填写表 6-2。

表 6-2 正十二烷对灵芝菌发酵产三萜影响

十二烷添加量（mL/L）	菌丝干重（g/L）	残糖（g/L）	总三萜（mg/L）	灵芝酸 T（mg/L）	灵芝酸 R（mg/L）	灵芝酸 S（mg/L）
0						
10						
20						
30						
40						

六、思考题

(1)简述氧载体对微生物发酵的影响。
(2)列举发酵中常用的氧载体。

实验 6-2 ATP 再生策略调控酵母细胞合成谷胱甘肽

一、实验目的

学习和掌握辅助 ATP 再生策略调控酿酒酵母细胞合成谷胱甘肽的原理。

二、实验原理

谷胱甘肽(GSH)生产方法主要有提取法、化学合成法、微生物发酵法和酶法。酶法生物转化合成就是利用微生物细胞中的 γ-L-谷氨酰-L-半胱甘酸合成酶(GSH-I)和 γ-L-谷氨酰-L-半胱甘酰-甘氨酸合成酶(GSH-II)在适宜环境下催化三种前体氨基酸形成 GSH 的方法,其过程如图 4-2 所示(Chen JL,2013)。

酶法合成谷胱甘肽由于具有转化效率高、催化专一性强、反应条件温和、杂质相对较少等优点,因此引起了许多学者的关注。GSH 的合成是一个典型的需要 ATP 的酶催化反应过程,由于 ATP 价格比较昂贵,反应介质内直接添加 ATP 会降低酶法合成 GSH 成本;同时高浓度 ATP 及 ADP 也会抑制 GSH 合成酶系活性。要实现 GSH 的高效合成,构建 ATP 再生系统是个必要条件(孙维景,2017)。葡萄糖可以作为酵母糖酵解和有氧呼吸的底物,葡萄糖的供应可为酵母细胞提供充足能量(图 6-1)。廉价的葡萄糖若能够代替昂贵的 ATP 作为能量物质,对于全细胞生物合成 GSH 的工业化具有重要的现实意义。

三、实验材料及主要药品、器具

1. 菌株

见实验 4-1。

2. 药品

L-谷氨酸、L-半胱氨酸、L-甘氨酸、氯化镁,其余试剂见实验 4-1。

3. 仪器

见实验 4-1。

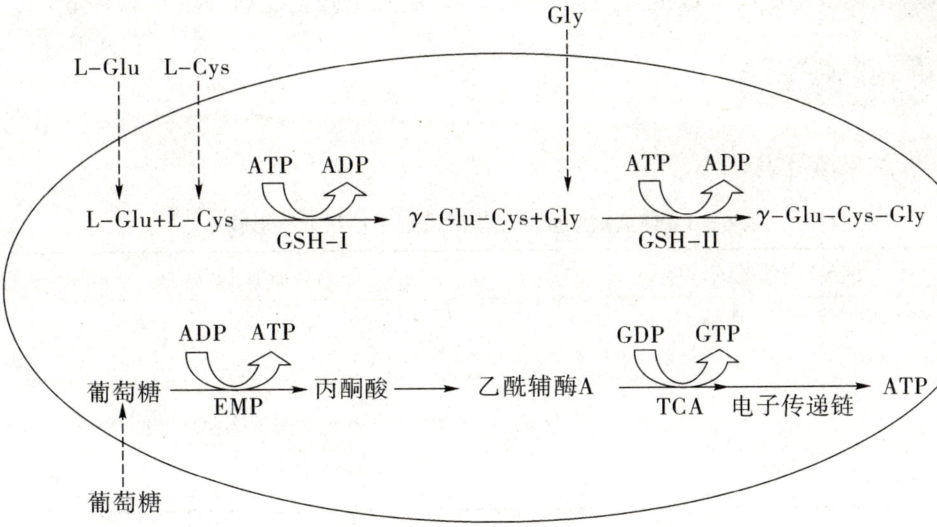

图 6-1　ATP 再生策略调控酵母细胞合成谷胱甘肽示意图

4. 用具

烧杯、容量瓶、试剂瓶、量筒、玻璃棒、药匙、标签纸、纱布、棉花、50 mL 锥形瓶、打火机、棉手套、移液器、枪头等。

四、实验步骤

1. 培养基和溶液

斜面培养基:同实验 4-1。

发酵培养基(g/L):葡萄糖 55、胰蛋白胨 36、磷酸氢二钠 0.1、磷酸二氢钾 4.5、硫酸镁0.75、乙酸铵 3,pH5。

前体反应液(mmol/L):L-谷氨酸 20、L-半胱氨酸 40、L-甘氨酸 40、氯化镁 80 溶解于 20 mmol/L pH7.0 磷酸缓冲液。

2. 细胞培养与收集

将 YEPD 斜面活化好的菌体接一环到发酵培养基中,并于 30 ℃、150 r/min 摇床中发酵 48 h。发酵液于 4 ℃离心去上清,生理盐水洗涤酵母细胞两次后置于 4 ℃待用。

3. 生物转化

向 0.5 g 湿菌体中加入 5 mL 含有不同浓度葡萄糖(0 g/L、20 g/L、40 g/L、60 g/L、80 g/L)的前体反应液,于 30 ℃、150 r/min 摇床中转化 2.5 h。

胞内对照组为不含有三种氨基酸的前体反应液,其余条件同上。

4. 胞内谷胱甘肽提取和测定

催化反应结束后离心,用生理盐水洗涤酵母细胞两次后重新悬浮于 15 mL 蒸馏水,沸水浴

9 min，冰水浴快速冷却后离心取上清液，采用 DTNB 法定量测定胞内谷胱甘肽含量。

五、实验结果

根据实验结果填写表 6-3。

表 6-3 葡萄糖浓度对酿酒酵母合成谷胱甘肽影响

反应液内葡萄糖浓度(g/L)	胞内谷胱甘肽(μg/g)
0	
20	
40	
60	
80	

六、思考题

列举构建 ATP 再生系统的方法，并说明其各自特点。

实验 6-3 透性化酿酒酵母合成谷胱甘肽

一、实验目的

学习和掌握改变细胞膜透性解除产物抑制的原理。

二、实验原理

酵母细胞的细胞膜主要由磷脂双分子层和膜蛋白组成，与细胞壁一起控制细胞内外物质的传递和交换。细胞膜具有选择透过性，一些小分子物质如水、二氧化碳等可以自由进出细胞，而谷胱甘肽(GSH)是细胞内产物，一般情况下只在细胞内合成和积累，很少向细胞外分泌。当细胞内的 GSH 积累到一定浓度时，γ-L-谷氨酰-L-半胱甘酸合成酶(GSH-I)就会受到 GSH 的反馈抑制，使细胞内不能进一步合成 GSH(Penninckx M J，1993)。

如果细胞内一部分 GSH 向细胞外分泌，使细胞内和细胞外同时积累 GSH，不仅能够减弱甚至解除高浓度 GSH 的反馈抑制作用，而且能增加细胞合成 GSH 的总量(图 6-2)，同时减少下游分离纯化的难度，降低生产成本和提高 GSH 的生产效率。通过物理化学或基因方法可以提高细胞通透性，有利于细胞内合成的 GSH 分泌到胞外，如强酸胁迫、有机溶剂处理细胞、表面活性剂处理细胞、细胞内超表达如某些基因等（牛书操，2016）。其中有机溶剂如乙酸乙酯可破坏细胞膜上脂类物质之间的相互作用，导致细胞膜通透性发生改变，促使细胞内 GSH 分泌，从而有利于减轻产物的反馈抑制，提高 GSH 的总产量。

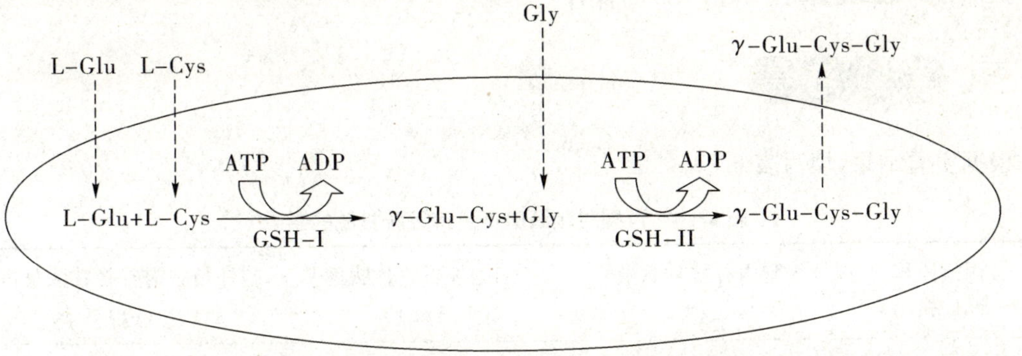

图 6-2 透性化酿酒酵母解除产物反馈抑制示意图

三、实验材料及主要药品、器具

1. 菌株与药品

L-谷氨酸、L-半胱氨酸、L-甘氨酸、氯化镁，丙酮、其余试剂与菌株见实验 4-1。

2. 仪器与用具

见实验 4-1。

四、实验步骤

1. 培养基和溶液

前体反应液(mmol/L)：L-谷氨酸 20、L-半胱氨酸 40、L-甘氨酸 40、氯化镁 80、葡萄糖 333，溶解于 20 mmol/L pH7.0 磷酸缓冲液。其余溶液同实验 4-2。

2. 细胞培养与收集

同实验 4-2。

3. 生物转化

向 0.5 g 湿菌体中加入 5 mL 含有不同浓度丙酮的前体反应液，于 30 ℃、150 r/min 摇床中转化 2.5 h。

胞内对照组为不含三种氨基酸的前体反应液，其余条件同上。

胞外对照组为不含细胞的前体反应液，其余条件同上。

4. 胞内和胞外谷胱甘肽提取和测定

催化反应结束后离心，上清液用 DTNB 法测定胞外谷胱甘肽浓度。用生理盐水洗涤酵母细胞两次后重新悬浮于 15 mL 蒸馏水，沸水浴 9 min，冰水浴快速冷却后离心取上清液，采用 DTNB 法定量测定胞内谷胱甘肽浓度。

【注意事项】

未能及时测定的样品放于−80 ℃保存。

五、实验结果

根据实验结果，填写表 6-4。

表 6-4　丙酮对酿酒酵母发酵谷胱甘肽的影响

丙酮体积（μL/mL）	细胞内谷胱甘肽量（μg）	细胞外谷胱甘肽量（μg）	胞外与胞内谷胱甘肽总量（μg）
0			
40			
60			
80			
100			

六、思考题

（1）简述控制培养基内生物素亚适量来调节细胞膜通透性，从而使得谷氨酸发酵完成其非积累型细胞到谷氨酸积累型细胞的转变机理。

（2）比较遗传学法（如油酸缺陷型突变株）、物理调控方法（如渗透压冲击与超声波处理）与化学调控方法（如表面活性剂、青霉素）改变细胞膜的优缺点。

实验 6-4　甘露聚糖酶基因工程菌发酵 pH 的调控

一、实验目的

学习和掌握基因工程菌发酵 pH 的调控原理和操作。

二、实验原理

β-甘露聚糖酶(EC 3.2.1.78)是一种以内切方式随机切割β-1,4糖苷键的半纤维素水解酶,降解产物的非还原末端为甘露糖。β-甘露聚糖酶在食品、保健、医药、造纸、纺织、石油开采、改善饲料的营养价值和生物技术等方面有很大的应用价值(Chauhan PS,2012)。微生物来源的β-甘露聚糖酶具有活性高、成本低、来源稳定、提取方便以及比动植物更广的作用pH、温度范围和底物专一性等显著特点,应用前景极其广阔。

目前,β-甘露聚糖酶基因已经被成功地从细菌和真菌中克隆(Chauhan PS,2012),但总体来说,β-甘露聚糖酶基因工程菌依然面临着产量低、纯化困难、酶的性能等不符合工业化生产等缺点的制约。

本实验探索产甘露聚糖酶毕赤酵母基因工程菌发酵pH的调控策略。

三、实验材料及主要药品、器具

1. 菌株

毕赤酵母基因工程菌株(*Pichia pastoris* man)。

2. 药品

葡萄糖、酵母粉、蛋白胨、玉米浆干粉、浓氨水。

3. 仪器

灭菌锅、旋涡混合器、可见分光光度计、超净台、天平(感应量0.01 g)、分析天平(感应量0.000 1 g)、水浴锅、烘箱、电磁炉、冷冻离心机、恒温摇床、恒温培养箱、制冰机。

4. 用具

烧杯、容量瓶、试剂瓶、量筒、玻璃棒、药匙、pH试纸、标签纸、纱布、棉花、锥形瓶、打火机、棉手套、移液枪、枪头、EP管、具塞试管等。

四、实验步骤

1. 溶液与培养基配制

1/15 mol/L pH5.0磷酸氢二钠-磷酸二氢钾缓冲液:称取二水磷酸氢二钠11.876 g,加入蒸馏水溶解,定容至1 000 mL,混匀。称取磷酸二氢钾9.078 g,加入蒸馏水溶解,定容至1 000 mL,混匀。用以上两种溶液按适当比例混匀得pH5.0的磷酸缓冲液。

10 g/L洋槐豆粉溶液:准确称取1.000 g洋槐豆粉加入90 mL pH5.0的磷酸缓冲液中,磁力搅拌缓慢加热,直至洋槐豆粉完全溶解。冷却后,用缓冲液定容至100 mL。

1 g/L甘露糖标准溶液:称取甘露糖标准品0.100 0 g,溶于40 mL蒸馏水中,然后转移到100 mL容量瓶中,定容,摇匀。

一级和二级种子培养基(g/L):葡萄糖 20、酵母粉 10、蛋白胨 20,pH 自然。

【注意事项】

① 洋槐豆粉最好现用现配,使用前适当摇匀,4 ℃避光保存。

② 配制甘露糖溶液时一定要准确,因为这关系到以后测酶活的所有实验。

2. 甘露糖标准曲线测定

分别取甘露糖标准溶液一定体积于具塞试管,用蒸馏水补足至 1 mL,分别准确加入 DNS 试剂 1 mL,试剂混合均匀后,沸水浴 5 分钟。然后在室温水中快速冷却至室温,每管用蒸馏水定容至 5 mL,混合均匀后于 540 nm 处测吸光度值。以甘露糖(g/L)为横坐标,对应的吸光值为纵坐标,计算机拟合甘露糖标准曲线。

3. 摇瓶种子培养

从 4 ℃保藏的重组菌试管斜面挑取菌株接种于装有 10 mL 一级种子培养基的 100 mL 摇瓶。28 ℃,250 r/min,培养 28~30 h 至菌体 $OD_{600}=10$。

一级种子培养物菌体浓度达到 $OD_{600}=10$ 时接种于装有 50 mL 二级种子培养基的250 mL 摇瓶。28 ℃,250 r/min,培养 12 h 以上至菌浓度 $OD_{600}=10$。

4. 发酵罐培养

二级种子以 10%接种量接种于 2 L pH5.0~5.5 的发酵培养基(5 L 发酵罐),初始转速 200 r/min,温度 28~30 ℃。培养过程通过调节转速和通气量控制溶氧。整个发酵过程分为两个阶段。

刚接种后菌生长较为缓慢,8~14 h 后菌生长开始加快,表现为好氧严重,葡萄糖消耗较快。调节转速、通气量确保溶氧在 60%以上,通过流加浓氨水控制 pH 在 5.0~5.5。

接种后 14~18 h,当葡萄糖浓度降至 1%后,开始流加 50%的葡萄糖,初始流加速度为 1%/h(即相当于 100 L 的发酵液每小时应流加 1 L 的 50%的葡萄糖)。此后每小时的流加速度增加 0.2%。此过程中每 4 小时取样一次以测量葡萄糖含量、细胞干重和酶活。根据葡萄糖含量调整流加速度维持葡萄糖浓度在 0.5%左右,调节转速、通气量和罐压确保溶氧在 40%以上。此过程中通过流加浓氨水控制 pH 在 5.0~5.5。

5. 发酵结果检测

葡萄糖含量测定采用 SBA-40C 型生物传感分析仪测定。

细胞干重测定见实验 4-1。

甘露聚糖酶活力测定:将盛有 0.5 mL 洋槐豆粉溶液试管和盛有稀释的酶液同置于 40 ℃水浴锅预热 5 min,取 0.5 mL 预热后酶液加入底物溶液反应 5 min,时间到后加 1 mL DNS 终止。对照组为先加入 1 mL DNS 再加 0.5 mL 酶液,其余操作同上。试剂混合均匀后,沸水浴 5 min。然后在室温水中快速冷却至室温,每管用蒸馏水定容至 5 mL,混合均匀后于 540 nm 处测吸光度值。

【注意事项】

稀释后的酶液不可室温放置太久后再进行测量。

6. 酶活计算

酶活力单位(U)的定义:在 40 ℃和 pH5.0 的酶活力测定条件下,1 min 生成相当于 1 μg 还原糖(以甘露糖表示)所需的酶量定义为一个酶活力单位(U)。

甘露聚糖酶活计算公式：

$$X=\frac{A\cdot N}{t\cdot V\cdot 180.2}$$

式中，X 为甘露聚糖酶活(U/mL)；A 为酶反应液产生的还原糖量(μg)；N 是原酶液稀释倍数；t 为酶反应时间(min)；V 为酶液体积(mL)；180.2 为甘露糖分子量。

五、实验结果

根据菌体干重、残留还原糖、酶活随发酵时间变化曲线，绘制发酵过程曲线。

六、思考题

(1)简述 pH 对发酵的影响。

(2)常用的发酵 pH 的调控策略有哪些？

实验 6-5　溶氧对芽孢杆菌发酵 3-羟基丁酮的影响

一、实验目的

学习和掌握溶氧对芽孢杆菌发酵 3-羟基丁酮的影响，理解控制溶氧的方法。

二、实验原理

3-羟基丁酮作为一种新兴的平台化合物广泛应用于食品、化工、制药以及烟草等领域(Xiao ZJ,2014)，2004 年美国能源部将其列为 30 种优先开发利用的平台化合物之一。3-羟基丁酮生产方法主要包括化学合成法、生物转化法和微生物发酵法。与化学合成法及生物转化法相比，微生物发酵法生产 3-羟基丁酮具有工艺简单、条件温和、环境友好、原料来源丰富且可以再生、产品可视为纯天然、安全性高等优点，是 3-羟基丁酮最经济可行的生产方法。

目前以葡萄糖或其他能够转化生成丙酮酸的化合物为底物发酵生产 3-羟基丁酮的代谢途径已经研究得比较清楚。在微生物体内，有两条 3-羟基丁酮的合成途径：两分子丙酮酸在 α-乙酰乳酸合成酶的作用下合成一分子 α-乙酰乳酸，α-乙酰乳酸在酸性条件下非酶自然氧化脱羧生成丁二酮，丁二酮又可在丁二酮还原酶或 2,3-丁二醇脱氢酶的作用下还原为 3-羟基丁酮，该氧化途径已得到大量生化、分子生物学的数据支持；另一条途径是在 α-乙酰乳酸合成后，经 α-乙酰乳酸脱羧酶生成 3-羟基丁酮(图 6-3)。

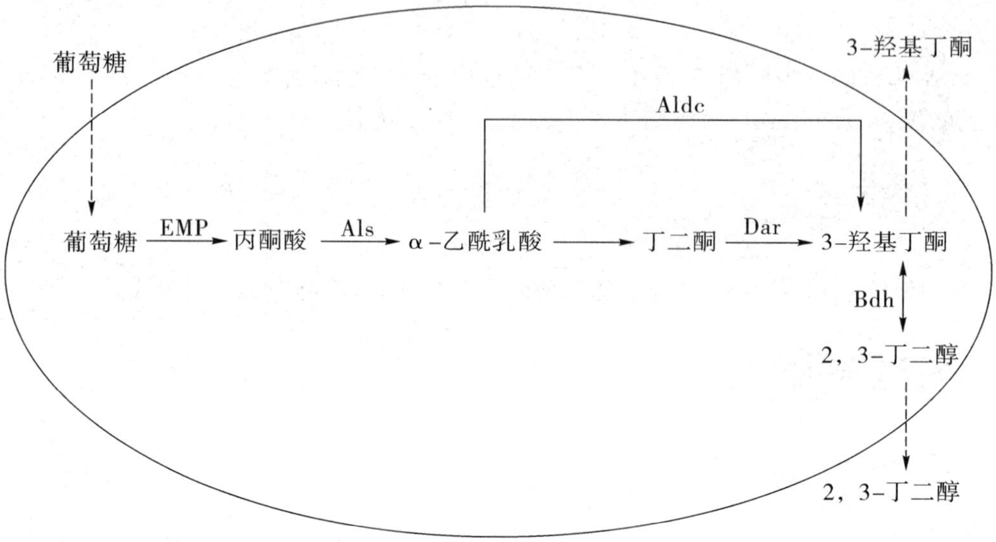

图 6-3　细菌内 3-羟基丁酮代谢途径

Als：α-乙酰乳酸合成酶；Dar：丁二酮还原酶；Aldc：α-乙酰乳酸脱羧酶；Bdh：2,3-丁二醇脱氢酶

大量文献和试验数据表明溶氧对该途径影响较显著。有研究表明，当溶氧浓度高于 100 ppb 时，微生物开始分泌乙偶姻，而溶氧浓度低于 100 ppb 时，2,3-丁二醇是主要的产物，但过高的溶氧浓度将导致较高的菌体和二氧化碳，最终降低底物转化的总原子效率(Zhang L, 2010)。但有趣的是，即使是两阶段溶氧策略，采用高溶氧-低溶氧模式与低溶氧-高溶氧模式对于不同的微生物乙偶姻产量往往出现相反的结果。因此控制溶氧策略是提高 3-羟基丁酮发酵效率的有效措施。

三、实验材料及主要药品、器具

1. 菌株

芽孢杆菌(Bacillus sp)。

2. 药品

氢氧化钠、肌酸、3-羟基丁酮、α-萘酚、葡萄糖、酵母膏、胰蛋白胨、硫酸镁、硫酸锰、磷酸氢二钾、硫酸亚铁。

3. 仪器

灭菌锅、旋涡混合器、可见分光光度计、超净台、电子天平(感量为 0.01 g)、电子分析天平(感量为 0.000 1 g)、烘箱、离心机、恒温摇床、恒温培养箱、生物传感分析仪。

4. 用具

烧杯、容量瓶、试剂瓶、量筒、玻璃棒、药匙、标签纸、纱布、棉花、锥形瓶、打火机、棉手套等。

四、实验步骤

1. 溶液配制

5 g/L 肌酸:取 0.5 g 肌酸用蒸馏水定容至 100 mL。

10 mg/L 3-羟基丁酮标准液:取 0.250 g 3-羟基丁酮用蒸馏水定容至 250 mL,吸取 1 mL 溶液定容至 100 mL,现用现配。

100 g/L 氢氧化钠:取 5 g 氢氧化钠用蒸馏水定容至 50 mL。

50 g/L α-萘酚:取 2.5 g α-萘酚加入新鲜配制的氢氧化钠溶液并定容至 50 mL。

【注意事项】

氢氧化钠和 α-萘酚溶液现用现配。

2. 3-羟基丁酮标准曲线测定

分别取 3-羟基丁酮标准液 0 mL、0.5 mL、1 mL、2 mL、3 mL、4 mL 于 20 mL 具塞试管中,用蒸馏水补足至 6 mL,分别准确加入肌酸 1 mL,混匀。快速向上述溶液内分别加入 1 mL 新鲜配制的 α-萘酚,快速混合均匀,放入 60 ℃的水浴锅中,15 min 后取出,冷水冷却至室温,以不含 3-羟基丁酮的溶液为空白对照,用分光光度计分别测定其 530 nm 吸光度。以 3-羟基丁酮浓度(g/L)为横坐标,对应的吸光值为纵坐标,计算机拟合 3-羟基丁酮标准曲线。

3. 培养基灭菌与接种

发酵培养基(g/L):葡萄糖 150、酵母浸出粉 15、磷酸氢二胺 2、七水硫酸镁 0.2、一水硫酸锰 0.02、磷酸氢二钾 1、磷酸二氢钾 0.5、七水硫酸亚铁 0.02,自然 pH。121 ℃,灭菌 15 min 后待用。在超净台中,用接种环轻轻刮下一环斜面上的菌体到装有不同体积的发酵培养基(20 mL、35 mL、50 mL、65 mL、80 mL)上,放于 37 ℃、200 r/min 的摇床上发酵培养 96 h。

4. 发酵结果检测

3-羟基丁酮测定:取发酵液 3 mL,5 000 r/min 下离心 5 min,将上清液适当稀释后,从中吸取 1 mL 加入具塞试管,然后再加入 5 mL 蒸馏水、1 mL 肌醇,混匀,最后快速向上述溶液内加入 1 mL α-萘酚,快速混匀。放入 60 ℃的水浴锅中,准确反应 15 min 后,在 530 nm 处用分光光度计测定其吸光度值,将吸光值带入 3-羟基-2-丁酮标准曲线计算发酵液内产物浓度。

细胞干重测定:离心沉淀用生理盐水洗涤 2 次后,置于 105 ℃烘干至恒重,计算细胞干重。

残糖测定:采用 SBA-40C 型生物传感分析仪测定。

【注意事项】

发酵液摇匀后取样测细胞干重。

五、实验结果

(1)3-羟基丁酮标准曲线的测定见表 6-5。

表 6-5　3-羟基丁酮标准曲线的测定

管号	1	2	3	4	5	6
蒸馏水体积(mL)	5	4.5	4	3	2	1
3-羟基丁酮体积 (mL)	0	0.5	1	2	3	4
肌醇体积 (mL)	1	1	1	1	1	1
α-萘酚体积 (mL)	1	1	1	1	1	1
标准 3-羟基丁酮浓度 (mg/L)	0	1	2	4	6	8
A_{530nm}						

(2)绘制 3-羟基丁酮标准曲线。

(3)根据实验结果,填写表 6-6。

表 6-6　溶氧对芽孢杆菌发酵 3-羟基丁酮的影响

装液量 (mL)	细胞干重(g/L)	残糖(g/L)	3-羟基丁酮(g/L)
20			
35			
50			
65			
80			

六、思考题

(1)简述溶氧对微生物代谢产物的影响。

(2)提高发酵溶氧的方法有哪些?

实验 6-6　变温发酵对兽疫链球菌产透明质酸的影响

一、实验目的

理解温度对微生物发酵的影响;学习和掌握变温策略,提高兽疫链球菌产透明质酸能力。

二、实验原理

透明质酸(hyaluronic acid,HA)化学名称为糖醛(玻璃)酸,由等摩尔的 D-葡萄糖醛酸和

N-乙酰氨基葡萄糖单体为结构单元，通过反复交替连接而组成的线形多糖结构。D-葡萄糖醛酸及 N-乙酰葡糖胺之间由 β-1，3-配糖键相连，双糖单位之间由 β-1，4-配糖键相连。分子式为 $(C_{14}H_{20}NNaO_{11})_n$，分子质量为 10 万～200 万道尔顿。透明质酸及其盐广泛分布于机体的各种组织中，被广泛应用于医药、美容整形、食品保健和日化用品等领域(Chong BF，2005)。

透明质酸的制备方法主要有以动植物组织为原料的提取法和细菌发酵法。生产透明质酸的菌种主要是链球菌，例如马疫链球菌、兽疫链球菌和类马链球菌等。生物发酵法生产透明质酸较组织提取法具有不受动物等原料资源限制、品质可控、易于规模化生产、生产成本低等诸多优势。透明质酸的生物合成过程在各类微生物中基本一致。目前对链球菌中的透明质酸合成途径了解得比较清楚。在链球菌中透明质酸的合成从葡萄糖开始共 10 步反应(图 6－4)。

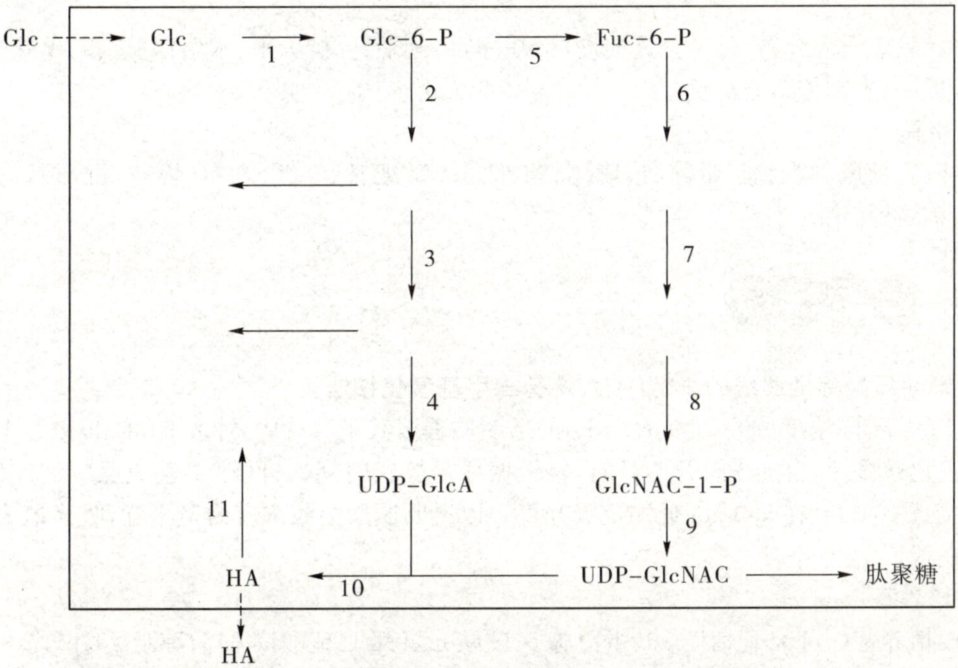

图 6－4　透明质酸生物合成途径简图

1：己糖激酶；2：葡萄糖磷酸变位酶；3：UDP 葡萄糖焦磷酸化酶；4：UDP-葡萄糖脱氢酶；5：葡糖磷酸异构酶；6：酰胺转移酶；7：变位酶；8：乙酰转移酶；9：焦磷酸化酶；10：透明质酸合成酶；11：透明质酸酶。

Glc：葡萄糖；Glc-6-P：6-磷酸葡萄糖；Glc-1-P：1-磷酸葡萄糖；UDP-Glc：尿核苷二磷酸葡萄糖；UDP-GlcA：尿苷二磷酸葡萄糖醛酸；Fuc-6-P：6-磷酸果糖；GlcN-6-P：6-磷酸 N-乙酰葡糖胺；GlcN-1-P：1-磷酸 N-乙酰葡糖胺；GlcNAC-1-P：1-磷酸乙酰氨基葡萄糖；UDP-GlcNAC：尿苷二磷酸-N-乙酰氨基-葡萄糖；HA：透明质酸。

大量文献表明，温度对发酵过程的影响是多方面的，主要是影响各种酶反应的速率，影响微生物代谢调控机制，改变菌体代谢产物的合成方向以及影响发酵液的理化性质，进而影响发酵的动力学特性及产物的生物合成。一般而言，最适发酵温度是既适合菌体生长，又适合代谢产物合成的温度，但兽疫链球菌最适生长温度与最适透明质酸合成温度往往是不一致的（吴明霞，2010）。

三、实验材料及主要药品、器具

1. 菌株

兽疫链球菌（*Streptococcus zooepidemicu*）。

2. 药品

葡萄糖、蛋白胨、磷酸二氢钾、硫酸镁、琼脂、酵母膏、透明质酸、十六烷基三甲基溴化铵。

3. 仪器

灭菌锅、旋涡混合器、可见分光光度计、超净台、天平、分析天平、水浴锅、烘箱、电热炉、冷冻离心机、摇床、生物传感分析仪。

4. 用具

烧杯、容量瓶、试剂瓶、量筒、玻璃棒、药匙、pH 试纸、标签纸、纱布、棉花、锥形瓶、打火机、棉手套、移液枪、枪头等。

四、实验步骤

1. 透明质酸标准曲线的测定（十六烷基三甲基溴化铵法）

取 1 mL 不同浓度（20～300 μg/mL）的透明质酸溶液于试管中，加入 2 mL 25 g/L 十六烷基三甲基溴化铵试液，自加入时开始计时，轻轻振摇足够长时间，其间尽量避免反应液产生泡沫，静置至接近 10 min，在 530 nm 处测定吸光度。以透明质酸溶液浓度为横坐标，吸光值为纵坐标做标准曲线。

2. 培养基

斜面培养基(g/L)：葡萄糖 10、蛋白胨 5、磷酸二氢钾 1、硫酸镁 0.5、琼脂 20，pH7.0，121 ℃灭菌 15 min。

种子培养基(g/L)：葡萄糖 20、酵母膏 25、磷酸二氢钾 1、硫酸镁 3，硫酸锰 0.1，pH7.0，121 ℃ 灭菌 15 min。

发酵培养基(g/L)：葡萄糖 20、蛋白胨 10、酵母膏 5、磷酸二氢钾 2、硫酸镁 0.5，pH7.5，121 ℃ 灭菌 15 min。

3. 斜面活化与种子培养

斜面活化：将保藏菌种接入试管斜面培养基中画线培养，37 ℃培养 15 h。

种子培养：用 5 mL 无菌水洗试管斜面，菌液接入摇瓶中，装液量为 40 mL，在 200 r/min、37 ℃ 条件下培养 12 h。

4. 摇瓶发酵培养

恒温发酵：装液量为 75 mL 的摇瓶中，接种量 1 mL，用摇床在 200 r/min、不同温度（28 ℃、

34 ℃、40 ℃)下培养 20 h，其中每隔 2 h 取样测值。

变温发酵：装液量为 75 mL 的摇瓶中，接种量 1 mL，用摇床在 200 r/min、34 ℃下培养 12 h 后采用 40 ℃发酵 8 h。

5. 发酵参数测定

菌体量测定：见实验 4－1。

发酵液内葡萄糖测定：采用 SBA-40C 型生物传感分析仪测定。

透明质酸测定采用十六烷基三甲基溴化铵法。

五、实验结果

(1)绘制透明质酸标准曲线。

(2)根据测定结果填写表 6－7。

表 6－7　温度发酵对兽疫链球菌产透明质酸的影响

发酵温度(℃)	菌体干重(g/L)	残糖(g/L)	透明质酸(g/L)
28			
34			
40			
34～40			

六、思考题

结合资料思考发酵温度如何影响兽疫链球菌产透明质酸。

实验 6-7　渗透胁迫对酿酒酵母产海藻糖的影响

一、实验目的

学习和掌握渗透胁迫提高发酵产物的原理。

二、实验原理

海藻糖化学名为 α-D-吡喃葡糖基-α-D-吡喃葡糖苷，是由两个葡萄糖分子以 α,α,-1,1-糖苷键构成的非还原性双糖。在恶劣环境下，海藻糖表现出对物种的生物膜、蛋白质、核酸等生物大分子良好的保护作用，因而被称为“生物之糖”，现广泛用于医药、食品、化妆品及农业等各个方面(Feofilova EP，2013)。

目前生产海藻糖的方法有三种：生物细胞抽提法、酶合成法和微生物发酵法。微生物发酵法具有用时短、易操作、杂质低等诸多优点，是一个潜在的可以获得高纯度海藻糖的方法。目前可利用的微生物主要包括酵母和革兰阳性菌。研究表明，海藻糖合成与代谢在不同生物中采用不同的途径，不同的营养及环境刺激可以引发不同的合成途径，迄今已报道了5条合成途径(巩涛，2016)。海藻糖合成途径分布最广泛的一条如图6-5所示，包括2步酶促反应，分别由海藻糖-6-磷酸合成酶(TPS)和海藻糖-6-磷酸酶(TPP)催化。TPS催化葡萄糖从UDP-葡萄糖向葡萄糖6-磷酸转移形成海藻糖-6-磷酸和UDP，TPP进一步将磷酸集团脱掉形成海藻糖。与多样化的合成途径相比，海藻糖的分解代谢途径则略显简单，除了毕赤酵母是利用海藻糖磷酸化酶来分解海藻糖外，其他生物对海藻糖的分解大都都是通过海藻糖酶(TreH)来实现的。

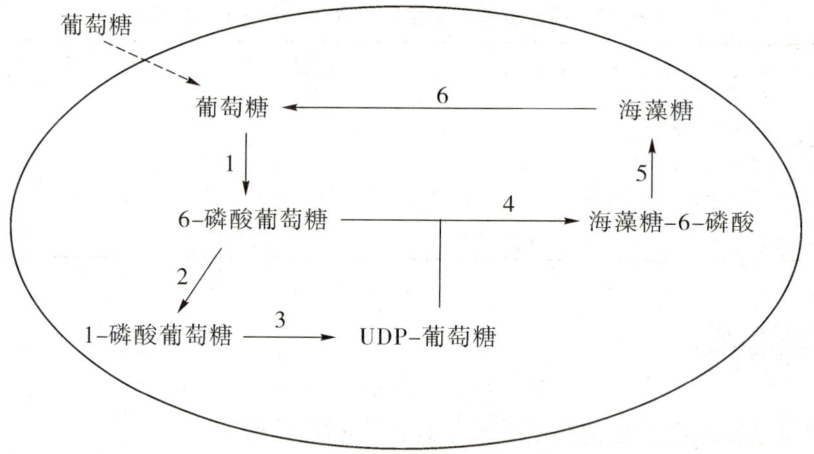

图6-5 酵母胞内TPS-TPP途径合成海藻糖

1：己糖激酶；2：葡萄糖磷酸变位酶；3：UDP葡萄糖焦磷酸化酶；4：海藻糖-6-磷酸合成酶；
5：海藻糖-6-磷酸磷酸酶；6：海藻糖酶(或海藻糖磷酸化酶)

海藻糖的生成量是由合成和代谢平衡调节的，并随环境而变化。大量研究表明，当细胞处于胁迫条件时，酵母胞内海藻糖含量迅速上升。如高温、高渗、饥饿胁迫等大大提高了海藻糖含量，为工业化生产提供了可行性。

三、实验材料及主要药品、器具

1. 菌株

酿酒酵母(*Saccharomyces cerevisiae* AU23)。

2. 药品

蔗糖、酵母粉、硫酸铵、氯化钠、海藻糖、硫酸、蒽酮、三氯乙酸、琼脂、酵母膏、磷酸二氢钾、硫酸镁、硫酸铵、磷酸氢二钠。

3. 仪器

超低温冰箱、自动灭菌锅、旋涡混合器、可见分光光度计、超净台、电子天平(感量为0.01 g)、电子分析天平(感量为0.000 1 g)、烘箱、普通离心机、恒温摇床、恒温培养箱、pH计、制冰机、生物传感分析仪。

4. 用具

烧杯、铁架台、容量瓶、试剂瓶、量筒、玻璃棒、药匙、冰、标签纸、移液器、纱布、脱脂棉等。

四、实验步骤

1. 溶液配制

硫酸-蒽酮试剂:取0.2 g蒽酮用浓硫酸定容至100 mL。

0.5 mol/L三氯乙酸:称取4.08 g三氯乙酸,加水溶解稀释至50 mL。

0.2 g/L海藻糖标准溶液:称取0.0200 g海藻糖,加水溶解定容至100 mL。

【注意事项】

硫酸-蒽酮试剂现配现用,注意安全。

2. 培养基

斜面培养基(g/L):酵母膏10、蛋白胨20、琼脂20、葡萄糖20,自然pH,加热溶解后蒸馏水定容到1 L。分装于试管后,121 ℃,灭菌15 min后摆成斜面,待培养基凝固后保存于4 ℃冰箱中待用。

种子培养基(g/L):葡萄糖20、酵母膏5、蛋白胨3、磷酸二氢钾1.5、硫酸镁0.2、硫酸铵4、磷酸氢二钠1.5,调节pH 7.0。分装于250 mL三角瓶(每瓶50 mL)后,121 ℃灭菌15 min。

对照组发酵培养基(g/L):蔗糖10、酵母粉4、硫酸铵4、硫酸镁0.2、硫酸锰0.1、磷酸氢二钾3、氯化钠(0~40),pH6.5。分装于250 mL三角瓶(每瓶50 mL)后,121 ℃灭菌15 min。

3. 接种和发酵

在微生物超净工作台中,用接种环轻刮下一环菌体到斜面培养基,于培养箱中培养48 h;用接种环轻刮下一环斜面上的菌体到种子培养基内,放于35 ℃、150 r/min的摇床上培养12 h;用移液枪吸取5 mL种子液至发酵培养基内,放于35 ℃、150 r/min的摇床中发酵培养60 h。

4. 海藻糖标准曲线的测定

取6支具塞刻度试管,分别按表6-8顺序加入海藻糖标准溶液、蒸馏水和蒽酮溶液。将上述各试剂依次混匀后,在沸水浴中加热2 min,然后立即用流动冷水冷却,充分混匀后,用1号管溶液调零,在590 nm波长下测2~7号管溶液的吸光值。以海藻糖浓度(g/L)为横坐标,吸光值为纵坐标,绘海藻糖标准曲线。

5. 发酵产物测定

发酵液在5 000 r/min下离心10 min,用生理盐水洗涤菌体两次,取1 g湿酵母于50 mL离心管并加入 8 mL 三氯乙酸溶液，冰水浴 30 min 后离心收集上清液。取 2 mL 适当稀释的上清液于 20 mL 具塞试管中，加入 8 mL 硫酸蒽酮试剂(空白为 2 mL 三氯乙酸+8 mL 硫酸-蒽酮试剂)，混匀，快速放于沸水中煮 2 min 后取出，冷水冷却至室温，用分光光度计测定其在 590 nm 处吸光值，将吸光值带入海藻糖标准曲线，结合细胞量计算细胞中海藻糖量(mg/g)。

五、实验结果

(1)海藻糖标准曲线的测定(表 6-8)。

表 6-8　海藻糖标准曲线的测定

管号	1	2	3	4	5	6
蒸馏水体积(mL)	2	1.8	1.6	1.2	0.8	0.4
海藻糖标准溶液体积 (mL)	0	0.2	0.4	0.8	1.2	1.6
蒽酮试剂(mL)	8	8	8	8	8	8
海藻糖浓度 (mg/L)	0	20	40	80	120	160
A_{590nm}						

(2)绘制海藻糖标准曲线。

(3)根据实验数据填写表 6-9。

表 6-9　渗透胁迫对酿酒酵母产海藻糖的影响

氯化钠浓度(g/L)	产物吸光值	细胞内产物质量分数(%)
0		
10		
20		
30		
40		

六、思考题

课后查阅资料，列举提高酵母细胞内海藻糖产量的其他胁迫发酵策略。

实验 6-8 原位发酵解除乳酸对鼠李糖乳杆菌的抑制

一、实验目的

学习和掌握解除产物抑制、提高发酵效率的方法。

二、实验原理

L-乳酸是一种具有光学活性的有机酸，被广泛用于食品、医药、化妆品、烟草和其他行业。近年来随着石化资源的不断紧缺，众多化学合成的高分子材料的生产受到了限制。以生物质资源为基础的 L-乳酸因此被大量用于加工生产成聚 L-乳酸等环境友好型生物可降解材料。但随着 L-乳酸需求量的增大，如何高效低成本地生产 L-乳酸显得尤为重要。

乳酸的生产主要有生物发酵法和化学合成法。化学合成法因其原料具有毒性，且只能生产混合构型乳酸，其应用受到了限制。生物发酵法发酵生产乳酸则具有底物成本低、生产温度温和、能耗低且可以用于生产高光学纯度单一构型的乳酸等优点。近年来每年大约有 90%的 L-乳酸是通过生物发酵法获得(田康明，2011)。

发酵法生产乳酸常用的微生物主要有米曲霉和乳酸细菌。乳酸菌按发酵类型可以分为三大类，分别为同型乳酸发酵、异型乳酸发酵和兼性异型乳酸发酵。同型乳酸发酵是微生物以葡萄糖为底物通过糖酵解途径降解为丙酮酸，丙酮酸在乳酸脱氢酶的催化下还原为乳酸。在同型乳酸发酵过程中，微生物利用 1 mol 葡萄糖可以生成 2 mol 乳酸，理论转化率为 100%。实际转化率不可能达到 100%，一般认为转化率在 80%以上者，即视为同型发酵。乳酸细菌作为生产菌株具有发酵周期短、代谢产物单一等优势，但乳酸细菌发酵是一个典型的包括底物抑制和产物抑制的发酵过程。我国工业上常用廉价的碳酸钙作为乳酸发酵中和剂将乳酸沉淀下来，减轻乳酸对发酵的反馈抑制，提高发酵速度和产量，并给产物的下游分离与提取带来一定的方便(图 6-6)。

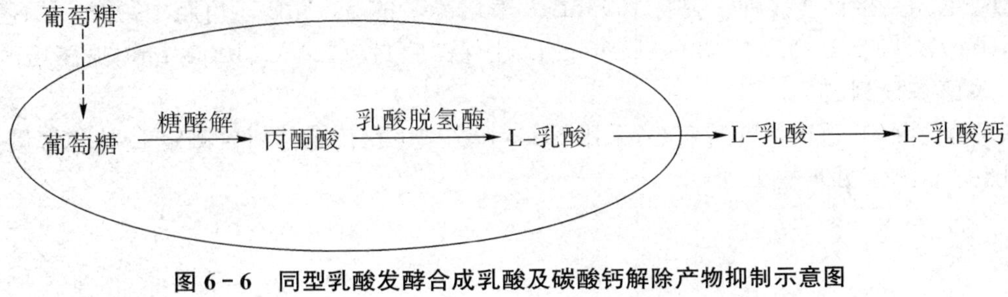

图 6-6 同型乳酸发酵合成乳酸及碳酸钙解除产物抑制示意图

三、实验材料及主要药品、器具

1. 菌株

鼠李糖乳杆菌(*Lactobacillus rhamnosus*)。

2. 药品

吐温 80、牛肉膏、蛋白胨、酵母膏、葡萄糖、乙酸钠、柠檬酸二铵、磷酸氢二钾、硫酸镁、一水硫酸锰、七水硫酸亚铁、碳酸钙。

3. 仪器

灭菌锅、旋涡混合器、超净台、天平、分析天平、烘箱、冷冻离心机、水浴锅、恒温摇床、生物传感分析仪。

4. 用具

烧杯、容量瓶、试剂瓶、量筒、玻璃棒、药匙、pH 试纸、标签纸、纱布、棉花、锥形瓶、打火机、棉手套等。

四、实验步骤

1. 培养基

固体斜面培养基为 MRS 培养基(g/L):蛋白胨 10、牛肉膏 10、酵母膏 5、葡萄糖 20、吐温 80、磷酸氢二钾 2、乙酸钠 5、柠檬酸氢二铵 2、七水硫酸镁 0.58、一水硫酸锰 0.05、琼脂 20,碳酸钙 15、Tween80 1.06、pH6.2。

种子培养基(g/L):蛋白胨 20、酵母膏 6、葡萄糖 20、乙酸钠 2、柠檬酸二铵 1、磷酸氢二钾 2、硫酸镁 0.3、一水硫酸锰 0.03、七水硫酸亚铁 0.03,pH6.2。115℃灭菌 20 min。

发酵培养基(g/L):蛋白胨 15、酵母膏 4、葡萄糖 50、乙酸钠 2、柠檬酸二铵 1、磷酸氢二钾 2、硫酸镁 0.3、一水硫酸锰 0.03、七水硫酸亚铁 0.03,pH6.2。115℃灭菌 20 min。

【注意事项】

碳酸钙单独灭菌。

2. 培养基接种与发酵

MRS 斜面培养鼠李糖乳杆菌 36 h,接入种子培养基后三角瓶封口,34 ℃、100 r/min,振荡培养 8 h。以 5%接种量接种于装有 100 mL 发酵培养基的 250 mL 三角瓶中,并加入不等量的碳酸钙(0 g/L、10 g/L、20 g/L、30 g/L、40 g/L)用保鲜膜封口,34 ℃、100 r/min,振荡培养 48 h。

3. 发酵参数测定

将发酵液混匀,适当稀释后离心,采用 SBA-40C 型生物传感分析仪测定 L-乳酸含量。

细胞干重测定见实验 4-1。

五、实验结果

根据实验结果，填写表 6－10。

表 6－10　碳酸钙对鼠李糖乳杆菌发酵 L-乳酸的影响

碳酸钙浓度(g/L)	L-乳酸(g/L)	细胞干重(g/L)
0		
10		
20		
30		
40		

六、思考题

简述降低产物抑制和底物抑制的发酵策略有哪些。

第七章　食品发酵与酿造工艺学实验

实验 7-1　从果皮上分离、纯化酵母菌及相关耐性实验

一、实验目的

学会分离和纯化培养酵母菌的技术和方法，了解酵母耐糖、耐酒精、耐酸和耐高温实验的原理及在选育中的应用，并掌握其相关的高质量酵母鉴定的操作技术。

二、实验原理

大多数酵母菌为腐生，其生活最适 pH 为 4.5～6.0，常见于含糖分较高的环境中，例如果园土、菜地土及果皮等植物表面。葡萄表面除长有酵母菌外，还含有李斯特菌、大肠杆菌、金黄色葡萄球菌、镰刀菌、假单胞菌属（好氧）、青霉菌（好氧）等几种菌。酵母菌生长迅速，易于分离培养，在液体培养基中，酵母菌比霉菌生长得快。利用酵母菌喜欢酸性环境的特点，常用酸性液体培养基进行富集培养获得酵母菌培养液（这样做的好处是酸性培养条件则可抑制细菌的生长），然后在固体平板上反复（不少于 3 次）画线分离，直到分离出纯菌株。

糖源不仅为酵母繁殖提供能源，而且是乙醇发酵的底物，但过多的糖不利于酵母的繁殖和乙醇的发酵，不同的菌株有不同的最适蔗糖浓度；酵母在糖液中发酵，不断地将糖发酵为乙醇，但是当乙醇在发酵液中积累到一定浓度时，对酵母细胞产生有毒效应。不同的酵母菌株有不同的耐酒精能力，每一种酵母都有其忍耐的最高酒精浓度；酒精发酵易被一些不耐酸的微生物污染，造成污染；酵母的繁殖需要一定的温度，温度过低或过高，均不生长。高温常会引起酵母细胞内脂肪酸、磷脂、麦角固醇等成分变化，进而影响细胞本身正常生理活动，高温发酵还能实现边糖化边发酵。酵母的这个特性是衡量发酵能力的重要指标，在酿造工业中有重要意义，常作为酵母选育目标。

三、实验材料及主要药品、器具

1. 材料

成熟葡萄、苹果、马铃薯。

2. 试剂及药品

0.1%美蓝染液、75%的酒精、葡萄糖、吐温、无菌水。

3. 仪器

天平、电炉、高压灭菌锅、超净工作台、显微镜、恒温培养箱。

4. 用具

接种针、接种环、涂布棒、培养皿、试管、三角瓶、酒精灯、滤纸、移液器。

四、实验步骤

1. 培养基的配制

① PDA 培养基(g/L):马铃薯 200、葡萄糖 20、琼脂 15～20。配制方法:先将马铃薯去皮,切块,称 200 g 并加蒸馏水 1 000 mL,煮沸半小时,用纱布过滤,补足蒸馏水量至 1 000 mL,制成 20%的马铃薯汁,加入琼脂,煮沸溶化,加入葡萄糖,补足水分,121 ℃条件下高压灭菌 15 min,制成固体平板,或不加琼脂,制成液体培养基。

② 乳酸马铃薯葡萄糖培养液:配方同上,但不加琼脂而加乳酸,按每 1 000 mL 培养液中含 5 mL 乳酸的量加入,并分装试管和三角烧瓶,121 ℃条件下高压灭菌 15 min。

2. 富集培养

工作台上取不同品种葡萄的一小块葡萄皮,不需冲洗,直接接入乳酸马铃薯葡萄糖培养液管中(或用一支无菌棉签,沾一点无菌水或无菌生理盐水,在有白霜的葡萄表面擦一擦,然后放到液体培养基中涮一涮),置 28～30℃、200 r/min,培养 24 h,可见培养液变混浊。

3. 培养分离

将上述培养液稀释成 10^{-2}、10^{-3}、10^{-4}三种稀释浓度,涂布在 PDA 培养基平板上,在 30 ℃培养 48 h,培养皿内出现平滑、有光泽、边缘整齐的呈乳白色小点的菌落即为酵母菌落。挑取单个菌落反复画线分离纯化,最终可获得纯培养。

4. 观察

无菌操作条件下,取少许菌液置于载玻片中央的 0.1%美蓝染色液中,混匀后加盖玻片制成水浸片(注意防止气泡产生),先用低倍镜后换高倍镜观察酵母菌的形态和出芽生殖情况。活酵母菌还原力强,可使美蓝还原,从而使活菌体不着色,而死酵母或代谢缓慢的老细胞无还原力,被染色,用此方法可判断酵母菌的死活。

5. 耐糖实验

葡萄汁中加入砂糖或蒸馏水,将葡萄汁的含糖量分别调整至 10%、20%、30%、40%、50%

五个浓度，装入试管，每管装量为 20 mL，100 ℃杀菌，冷却后，挑取单菌落接入，测定发酵速率在整个发酵过程中的变化。每 8 h 测定一次 *OD* 值。

6. 耐酒精实验

将筛选出的酵母接种在酒精浓度已调整为 6%、8%、10%、12%、14%的液体 YPD 培养基中，28 ℃培养 72 h，测不同酒精浓度下酵母菌的 OD_{600} 与发酵力。

7. 耐酸实验

将筛选出的酵母接种在 pH 已调整为 1.5、2.0、2.5、3.0、3.5 的液体 YPD 培养基中，28 ℃培养 72 h，测不同 pH 条件下酵母菌的 OD_{600} 与发酵力。

8. 耐高温度实验

配制 PDA 液体培养基 15 瓶，按 10%的接种量接入筛选出的酵母菌，封口。按标签各置 25 ℃、30 ℃、35 ℃、40 ℃、42 ℃培养箱中摇菌。每个处理 3 瓶，以初始培养基为对照，测不同温度下酵母菌的 OD_{600} 与发酵力。

9. 酵母保藏

将酵母接种在 YEPD 固体培养基试管斜面上，放置于 4 ℃冰箱中短期保存。加入 15%甘油在超低温冰箱中可较长时间地保存。

五、实验结果

(1)统计分离纯化出的酵母菌的生长速度、繁殖方式、菌落形态(大小、厚薄、颜色、质地光泽、表面纹饰、边缘整齐度)、产生的气味等感官指标。

(2)统计筛选出的酵母菌株在各个糖浓度、乙醇浓度、不同 pH 和不同温度下的生长情况，确定最佳耐受浓度和水平。

六、思考题

(1)酵母的生长习性及繁殖方式有哪些？

(2)酵母进行酒精发酵的机理及酿酒工业中选育目标是什么？

(3)分离及纯化酵母的方法。

实验 7-2 果酒酵母的活化及扩大培养

一、实验目的

学习并掌握果酒酵母的活化及扩大培养的方法和操作步骤，熟悉活化过程中的现象；掌握用血细胞计数板对扩大培养酵母进行计数的方法，观察并认识酵母的形态，通过酵母形态大概判断其活性。

二、实验原理

酵母经过低温保藏时，酶活力极低、代谢停止，不能直接用于发酵。在酿酒发酵前，必须先活化，将其接种到固体斜面或平板上让酵母活力恢复，各种酶、代谢恢复正常。在果酒发酵中，接种量一般应为果汁的10%(使发酵液中的酵母量达 1×10^7 个酵母/mL)。在进行果酒发酵之前，必须准备好足够量的发酵菌种，因此要进行大规模的发酵，首先必须进行酵母菌种的扩大培养，扩大培养时逐渐降低温度。扩大培养的目的一方面是获得足量的酵母，另一方面是使酵母由最适生长温度(28 ℃)逐步适应为发酵温度(10 ℃)。

三、实验材料及主要药品、器具

1. 材料

酵母菌种、成熟葡萄、马铃薯。

2. 药品

75%的酒精、葡萄糖。

3. 仪器

天平、电炉、高压灭菌锅、超净工作台、显微镜、恒温培养箱、榨汁机。

4. 用具

接种针、接种环、试管、三角瓶、卡氏罐、酒精灯、滤纸、移液器、血细胞计数板。

四、实验步骤

1. 果酒酵母的活化

从冰箱中取出种子试管，无菌条件下，挑取试管菌种，在 PDA 试管斜面培养基上画线，28 ℃ 培养 2～3 d，长出单菌落。

2. 果酒酵母的扩大培养

一级培养：取新鲜葡萄汁液，分装在两支试管中，每支装 10～20 mL，加棉塞，牛皮纸封口；在 0.06～0.10 MPa 压力下灭菌 30 min，冷却至常温，接入纯酵母菌 1～2 针，摇动分散，在 25～28 ℃下培养 24～48 h，使发酵旺盛，用血细胞计数板计数，判断发酵与细胞密度的关系。

二级培养：用灭过菌的三角瓶(1 000 mL)，装鲜果汁 500 mL，如上法灭菌，接入培养旺盛的试管酵母液两支，在 25～28 ℃下培养 24～28 h，待发酵旺盛期过后使用。

三级培养：使用经过灭菌的卡氏罐或 10～20 L 的大玻璃瓶，盛鲜果汁占容量的 70%，灭菌方法同前。或采用 1 L 果汁中加入 150 mL 二氧化硫杀菌，放置一天后再接种酵母菌，即接入二级培养的菌种，接种量为培养液的 2%～5%，在 25～28 ℃培养 24～48 h，发酵旺盛可供再扩大用，或移入发酵缸、发酵池进行发酵。

五、实验结果

(1)观察酵母活化培养后的菌落生长情况。
(2)观察酵母扩大培养过程中，酵母的生长情况及表现。

六、思考题

(1)经过低温保藏的酵母菌种在使用前为什么需要经过活化?
(2)酵母的扩大培养为什么需要逐级扩大?

实验 7-3 果酒的酿造

一、实验目的

学习并掌握果酒酿造所用原料和发酵剂及其要求，掌握果酒酿造的原理及工艺。

二、实验原理

果酒是以水果为原料，在酵母的作用下，水果中的糖分被发酵为酒精，再在陈酿、澄清过程中经过酯化、氧化及沉淀等作用，使之成为酒质清晰、色泽美观、醇和芳香的产品。因此，果酒的酿造要经历酒精发酵和陈酿两个阶段，在这两个阶段中发生着不同的生物化学反应，对果酒的质量起着不同作用。在有氧环境中，酵母进行有氧呼吸，将葡萄糖转化为水和 CO_2；无氧条件下酵母菌进行酒精发酵，将糖类经过糖酵解得到丙酮酸、再通过乙醛途径被分解形成乙醇。在酒精发酵的过程中，形成了甘油、乙醛、醋酸、琥珀酸、乳酸、双乙酰、乙偶姻、高级醇、脂类等发酵副产物。溶有 CO_2 的果酒称为香槟酒，酒度稀薄的香槟酒则称为果汁汽酒。酿造果酒经过蒸馏可得到白兰地。原则上所有含糖丰富的水果皆可用来酿造果酒，目前市面上常见的果酒有葡萄酒、苹果酒、李子酒、柿子酒、橘子酒、菠萝酒、石榴酒等。

三、实验材料及主要药品、器具

1. 材料

经过扩大培养的果酒酵母、成熟新鲜葡萄、菠萝、石榴。

2. 药品

调硫片、白砂糖、果胶酶、皂土、纤维素酶。

3. 仪器

天平、榨汁机、高压灭菌锅、培养箱。

4. 用具

玻璃瓶、比重计、酸度计、过滤网。

四、实验步骤

(一)红葡萄酒的酿造

1. 原料清洗

葡萄(赤霞珠、蛇龙珠等)整穗用清水漂洗去杂质,晾干。

【注意事项】

清洗的目的是将表面可能残留的农药、灰尘清除掉,若是采用无公害葡萄也可以不用清洗。是否需要清洗,因人因葡萄而异。清洗时不要用手刻意洗掉葡萄果粒表面的白膜。这层白膜上还附着一些酵母菌,这些野生酵母菌有时会对葡萄的发酵起有益作用。在法国,葡萄的种植基本上没有使用农药,所以酒庄很少清洗葡萄。

2. 葡萄破碎

将葡萄粒和调硫片(直接加入)一起捣碎,可用压榨机,出汁率一般为60%～70%。

【注意事项】

葡萄破碎只需稍微破皮就行,过度破碎容易导致葡萄酒悬浮物过多,不利于后期澄清,也容易导致过度浸渍,导致葡萄酒苦味重。

3. 添加果胶酶

将葡萄醪液转移到一个发酵容器内,上面留取20%左右的空隙,加入果胶酶静置2～4 h,充分分解果胶。

【注意事项】

1 g果胶酶用10 g纯净水溶解即可。添加果胶酶可以提高出汁率,在澄清、增香、提升口感方面比较突出。

4. 添加酵母

若是干酵母,先将酵母活化,活化方法是用含糖量5%的糖水(温度30～38 ℃)溶解酵母,一般比例是 1 g 酵母用 10 g 水，15～25 min 后有细腻泡沫出现即为活化成功，后加入葡萄醪液中，轻微搅拌；或将前一个实验经过活化、扩大培养的酵母按 2%～4%的接种量接入葡萄汁中。

5. 控制发酵

发酵温度控制在 20～28 ℃之间，发酵前 3 d 每天摇晃或者搅拌 1～3 次，一般需要 5～8 d。

【注意事项】

发酵期间不可密封，可以用 2 层纱布封口。室温高，液温达 28～30 ℃时，发酵时间快，大约几小时后即听到蚕食桑叶似的沙沙声，果汁表面起泡沫，这时酵母菌已将糖变成酒精，同时释放 CO_2。如果迟迟不出现这种现象，可能因果汁中酵母菌过少或空气不足，或温度偏低，应及时添加发酵旺盛的果汁，或转缸，或适当加温；温度过高对发酵品质的影响很大。

6. 加糖

当发酵进行到第二天的时候，可以根据检测的糖度和最终要酿的酒度，计算添加白砂糖的数量，计算公式以 17 g/L 的糖转化为 1 度酒精。

【注意事项】

一般 5 kg 葡萄可以加 500 g 糖，能增加 5 度左右，加上葡萄自身糖分发酵的度数，最终能达到 12～14 个酒精度（这是干酒）。如果要喝甜葡萄酒，可添加 1 kg 白砂糖，或者以个人口味添加；也可添加发酵助剂和单宁，给酵母提供氮元素、生长因子和单宁。

7. 发酵结束判定

发酵高峰过后，液温又逐渐下降，声音也沉寂，气泡少，甜味变淡，酒味增加。用比重计测量读数小于 1.0 时，证明主发酵阶段基本结束，一般是 5～7 d 发酵结束，结束后立即进行过滤（最多可以多浸泡一天）。

8. 过滤

先用虹吸管将中间的清酒液用虹吸管转移出来，这个酒液是自留汁，酒质较好，然后用纱布或尼龙网袋把皮渣中的酒挤压出来，这是压榨汁，酒质较差，单独存放，两者不要掺和。

【注意事项】

① 酒精发酵（主发酵）结束后可以立即进行苹果酸—乳酸发酵（二次发酵），也可以跳过直接进入陈酿阶段。自然启动一般需半个月到半年，期间要满罐储存；添加乳酸菌可以快速启动。

② 并不是所有的葡萄品种都适合苹果酸—乳酸发酵，也并非所有的葡萄酒都会自然启动苹果酸—乳酸发酵。对于酿酒葡萄可以进行二次发酵，鲜食葡萄如玫瑰香、巨峰不用进行二次发酵，直接进行下面的澄清处理。

9. 澄清

对自留汁和压榨汁分别加入澄清剂皂土或蛋清粉搅拌，可以常温静置 15～30 d 澄清，也可以放入冰箱保鲜层 4～7 d 澄清，用虹吸管分离出上清液层，澄清期间要满罐密封保存。

【注意事项】

皂土使用前先膨化，膨化方法：1 g 皂土用 10 g 38 ℃纯净水搅拌均匀，放置 12～24 h，变均匀后加入酒液中；蛋清粉用 10 倍纯净水溶解后可以直接加入。

10. 储存

将果酒转入小口酒坛中，密封满罐贮藏。

(二)菠萝酒的酿造

1. 原料破碎

除去皮的菠萝果肉用旋转式破碎机或搅拌机等进行破碎，破碎液中含有果汁和纤维。

2. 酶分解

破碎液加入纤维素分解酶，使纤维分解成可发酵性糖。所用纤维素分解酶是普通的纤维素酶。每 100 kg 破碎液的用酶量为 100 g。酶处理条件为 30 ℃、1 h。破碎液经酶处理后，由于纤维素被分解，所以破碎液逐渐变清，而纤维素最终被转化成可发酵性糖，这里所说的可发酵性糖，即指能被酵母同化的糖，主要是 β-D-葡萄糖。

3. 发酵

酶处理液，调 pH3.5，糖含量 260 g/L，再加酵母进行发酵。所用酵母为果酒酵母或啤酒酵母。酵母先进行扩大培养，培养好的培养液(称之为酒母)先离心收集菌体。20～24 ℃，发酵期 1 周左右，当糖度降到 1%～2%时即可停止发酵。

4. 过滤后熟

发酵结束后，用过滤法除去发酵液中的沉淀杂质之后，再进行后发酵，大概 1 个月左右。然后陈酿，在陈酿过程中，有条件的可以进行冷、热处理。这样可除去酒中的冷、热凝集物，使酒清亮透明，分装后灭菌。一般巴氏灭菌温度为 75 ℃，维持 15 min。但果酒中所含酒精可以起到一定的灭菌作用，考虑酒精因素，对灭菌温度可作扣减。资料上的经验公式为：葡萄酒巴氏灭菌温度＝75－1.5×酒精度。

举例：若葡萄酒目标酒度为 12 度，则巴氏灭菌温度为：75－1.5×12＝57(℃)。这样生产出的菠萝酒为葡萄酒型的酒，酒精度约为 8%，菠萝酒的得率为破碎液的 60%。

5. 蒸馏

把上述的发酵液进行蒸馏后，即生产出白兰地型的菠萝酒，其酒精度为 40%左右。

由以上可以看出，菠萝破碎液用纤维素分解处理后，由于纤维被转化成可发酵性糖，所以纤维素成分得到充分利用，因此，使制成的葡萄酒型或白兰地型菠萝酒的酒精度较高。

(三)石榴酒酿造

1. 榨汁

石榴去皮，破碎得到石榴汁，添加调硫片和果胶酶。

2. 接种酵母及糖

接种果酒酵母开始进行发酵，在发酵的第二天添加白砂糖至总糖的 20%～28%，控制温度在 18～25 ℃进行发酵 5～7 d。

3. 澄清后熟

分离上清液，添加皂土进行澄清，1 周后转罐得到石榴清酒，装入容器中满瓶陈酿。

五、实验结果

(1)观察葡萄酒、菠萝酒和石榴酒酿造过程中外观的变化。
(2)经过陈酿后，品尝酒并做出评价。

六、思考题

(1)酒的分类，果酒酿造的原理。
(2)果酒酿造过程中成分及感官变化。

实验 7-4 啤酒酵母的活化、扩大培养及啤酒的酿造

一、实验目的

(1)学习麦芽汁培养基制备及酵母菌种扩大培养方法，为实验室啤酒等酒的发酵准备菌种；
(2)学习并掌握啤酒酿造的工艺及发酵条件的控制。

二、实验原理

在进行啤酒发酵之前，必须准备好足够量的发酵菌种。在啤酒发酵中，接种量一般应为麦芽汁量的10%(使发酵液中的酵母量达 1×10^7 个酵母/mL)，因此，要进行大规模的发酵，首先必须进行酵母菌种的扩大培养。扩大培养的目的一方面是获得足量的酵母，另一方面是使酵母由最适生长温度(28 ℃)逐步适应为发酵温度(10 ℃)。

啤酒发酵包括麦芽制造、麦汁制备、接种酵母发酵和澄清、杀菌、包装等步骤。

(1)通过麦芽制造使大麦中的酶活化并产生各种水解酶，使胚乳中的成分在酶的作用下达到适度溶解，在麦芽干燥过程中除去多余的水分，去掉绿麦芽的生腥味，产生啤酒特有的色、香和风味成分，从而满足啤酒对色泽、香气、味道、泡沫等的特殊要求。

(2)麦汁制备包括原料糖化、麦醪过滤和麦汁煮沸等几个过程。糖化是指利用麦芽本身所含有的各种水解酶(或外加酶制剂)，在适宜的条件(温度、pH、时间等)下，将麦芽和辅助原料中的不溶性高分子物质(淀粉、蛋白质、半纤维素等)分解成可溶性的低分子物质(如糖类、糊精、氨基酸、肽类等)的过程。传统的糖化方法主要有煮出糖化法(利用酶的生化作用及热的物理作用进行糖化的一种方法)和浸出糖化法(纯粹利用酶的生化作用进行糖化的方法)。煮出糖化分为

单醪和双醪，根据煮出次数又可分为一次、二次和三次煮出糖化法。目前国内绝大多数企业生产淡色啤酒都采用二次煮出法进行糖化，深色啤酒采用三次煮出糖化法。过滤就是把麦汁和麦糟分离获得澄亮和较高得率的麦汁，方法有过滤槽法、压滤机法和快速过滤法。目前国内多数啤酒生产企业主要采用过滤槽法。对过滤后的麦汁要进行煮沸，煮沸的过程中要添加酒花，煮沸的目的：浓缩麦汁、蛋白质变性和絮凝、酒花有效成分的浸出、钝化酶及杀菌、挥发掉酒花油中的异味物质、产生类黑精等还原性物质。煮沸要有一定的煮沸强度、时间和 pH，一般煮沸强度以 8%～12%为宜，煮沸时间为 1.5～2 h，pH＝5.2。酒花的添加量为麦汁总量的 0.1%～0.2%，一般分三次添加，第一次在麦汁初沸时加入，为总量的五分之一；第二次在麦汁煮沸后 40～50 min 加入，为总量的五分之二；第三次在结束麦汁煮沸前 10 min 加入，为总量的五分之二。但有的厂家分两次或四次加入酒花（李华，2011）。由于麦芽的价格相对较高，再加上发酵过程中需要较多的糖，因此目前大多数工厂都用大米做辅料。

（3）麦芽粉经过糖化、煮沸后得麦芽汁，在酵母的作用下形成啤酒。啤酒主发酵是静止培养的典型代表，是将酵母接种至盛有麦芽汁的容器中，在一定温度下培养的过程。由于酵母菌是一种兼性厌氧微生物，先利用麦芽汁中的溶解氧进行好氧生长，然后利用 EMP 途径进行厌氧发酵生成酒精。显然，同样体积的液体培养基用粗而短的容器盛放比细而长的容器，氧更容易进入液体，因而前者降糖较快（测试啤酒生产用酵母菌株的性能时，所用液体培养基至少要 1.5 m 深，才接近生产实际）。定期摇动容器，既能增加溶氧，也能改善液体各成分的流动，最终加快菌体的生长过程。这种有酒精产生的静止培养比较容易进行，因为产生的酒精有抑制杂菌生长的能力，容许一定程度的粗放操作。由于培养基中糖的消耗，CO_2 与酒精的产生，比重不断下降，可用糖度表监视。

三、实验材料及主要药品、器具

1. 材料

啤酒酵母、麦芽粉、大米粉、啤酒花。

2. 药品

调硫片、白砂糖、果胶酶、皂土、纤维素酶。

3. 仪器

天平、水浴锅、灭菌锅、恒温培养箱、生化培养箱、显微镜。

4. 用具

比重计、酸度计、玻璃瓶、试管、纱布。

四、实验步骤

（一）啤酒酵母的活化及扩大培养

（1）取 20 g 麦芽，用植物粉碎机将其粉碎放入三角瓶中。

(2)加入 100 mL 70 ℃自来水于 70 ℃保温一段时间，碘液检测无蓝色即糖化完全。

(3)糖化液用 4～6 层纱布过滤，滤液不混浊，并收集滤液，将滤液稀释到 8°P，分装试管和三角瓶。0.1 MPa 高压杀菌 20 min，冷却备用。

【注意事项】

灭菌后的培养基会有不少沉淀，这不影响酵母菌的繁殖。若要减少沉淀，可在灭菌前将培养基充分煮沸并过滤。

(4)从试管斜面上挑取已活化的单菌落接入麦芽汁培养基中。

接种 10 mL 麦汁试管→20 ℃，2 d(每天摇动 3 次)→200 mL 麦汁三角瓶→15 ℃，2 d(每天摇动 3 次)→计数备用。

(二)啤酒的酿造

1. 糖化用水量的计算

糖化用水量一般按下式计算：

$$W=A(100-B)/B$$

式中 B 为过滤开始时的麦汁浓度(第一麦汁浓度)；A 为 100 kg 原料中含有的可溶性物质(浸出物重量百分比)；W 为 100 kg 原料(麦芽粉)所需的糖化用水量(L)。

例：我们要制备 60 L、10 度的麦芽汁，如果麦芽的浸出物为 75%，请问需要加入多少麦芽粉？

因为 $W=75(100-10)/10=675(\text{L})$

即 100 kg 原料需 675 L 水，则要制备 15 L 麦芽汁，大约需要添加 2.5 kg 的麦芽和 15 L 左右的水(不计麦芽溶出后增加的体积)。

2. 糖化

(1)浸出糖化法：35～37 ℃，保温 30 min→50～52 ℃，保温 60 min→65 ℃，保温 30 min(至碘液反应基本完全)→76～78 ℃。

(2)单醪一次煮出糖化法：糖化锅中按比例加入麦芽粉和水(料水比=1∶3.5～4.0)，用乳酸调 pH<5.4，35 ℃保温 30 min，30 min 内升温到 50 ℃，保温 30 min，30 min 内升温到 63～70 ℃，维持 30 min，碘液检测糖化完全。取出 1/3～1/2 体积的糖化醪打入到糊化锅，煮沸 10 min，打回糖化锅中，这时的糖化醪温度为 76～78 ℃。

(3)单醪二次煮出糖化法：糖化锅中按比例加入麦芽粉和水(料水比=1∶3.5～4.0)，用乳酸调 pH<5.4，35 ℃保温 30 min，30 min 内升温到 50～52 ℃，保温 60 min，取出部分醪液打入糊化锅，煮沸 30 min，再打入糖化锅，此时的温度升温到 63～70 ℃，糖化至碘液检测糖化基本完全，取出 1/3～1/2 体积的糖化醪打入到糊化锅，煮沸 10 min，打回糖化锅中，这时的糖化醪温度为 76～78 ℃。

(4)双醪一次煮出糖化法：糖化锅中按比例加入麦芽粉和水(料水比=1∶3.5～4.0)，用乳酸调 pH<5.4，35～37 ℃保温 30 min，30 min 内升温到 50～52 ℃，保温 40～120 min。糊化锅内辅料按比例加水，大米用量为原料用量的 30%，料水比为 1∶5，45 ℃保温 20 min，10 min 内

升温到 70 ℃并维持 20 min，10 min 内升温到 100 ℃，煮沸 40 min。然后将糊化醪打入糖化锅内，糖化锅此时的温度升温到 63～70 ℃，糖化至碘液检测糖化基本完全，取出 1/3～1/2 体积的糖化醪打入到糊化锅，煮沸 10 min，打回糖化锅中，这时的糖化醪温度为 76～78 ℃，维持 10 min。

(5)双醪二次煮出糖化法：糖化锅中按比例加入麦芽粉和水(料水比＝1∶3.5～4.0)，用乳酸调 pH＜5.4，35～37 ℃保温 30 min。糊化锅内辅料按比例加水，大米用量为原料用量的 30%，料水比为 1∶5，45 ℃保温 20 min，10 min 内升温到 70 ℃并维持 20 min，15 min 内升温到 100 ℃，煮沸 40 min。然后将糊化醪打入糖化锅内，此时糖化锅升温到 52～54 ℃，保温 30～60 min。取出部分醪液第一次煮沸，再打入糖化锅，此时醪液温度升温到 63～70 ℃，糖化至碘液检测糖化基本完全，取出部分糖化醪打入到糊化锅，第二次煮沸，打回糖化锅中，这时的糖化醪温度为 76～78 ℃，维持 10 min。

3. 过滤

虹吸法过滤麦芽汁，用 75 ℃热水洗麦糟，把麦麸里外的麦芽糖全部冲洗下来，重复几次，最后麦汁残糖以 0.5%～1.5%为宜。

4. 麦汁煮沸

将过滤后的麦汁加热煮沸以稳定麦汁成分的过程。此过程中可加入酒花(一种含苦味和香味的蛇麻之花，每 100 L 麦汁中添加 100～200 g)。将过滤的麦汁通蒸汽加热至沸腾，煮沸时间一般控制在 1.5～2 h，蒸发量为 15%～20%(蒸发时尽量开口，煮沸结束时，为了防止空气中的杂菌进入，最好密闭)。第一次在麦汁初沸时加入酒花总量的五分之一，第二次在麦汁煮沸后 40～50 min 加入，为总量的五分之二，第三次在结束麦汁煮沸前 10 min 加入，为总量的五分之二。全程麦汁都要保持沸腾状态。

5. 热凝固物的去除

虹吸法去除热凝固物。

6. 麦汁冷却

冷水冷却至室温，虹吸法去掉冷凝固物。

7. 酵母接种、发酵

(1)接种：按接种量 0.4%～0.6%的比例将扩大繁殖的麦芽汁培养基接入冷却的麦汁中。

(2)主发酵：10 ℃生化培养箱中发酵，每天观察发酵情况。主发酵：10 ℃，7 d 至 4.0 plato 时结束(嫩啤酒)。一般主发酵整个过程分为酵母繁殖期、起泡期、高泡期、落泡期和泡盖形成期等五个时期。主发酵时期可以测定下列几个项目：糖度(用糖度表测，并换算成 plato)；细胞浓度、出芽率、染色率、酸度、α-氨基氮、还原糖、酒精度、pH、色度、浸出物浓度、双乙酰含量。

(3)后发酵：当发酵罐中的糖度下降至 4.0～4.5 Bx 时，开始封罐，并将发酵温度降至 2 ℃，8～12 d 后，罐压升至 0.1 MPa，说明已有较多 CO_2 产生并溶入酒中，即可饮用。若要酿制更加可口的啤酒，后发酵温度应降低，时间应延长。

如果没有后发酵罐，可用下述办法处理。

① 选取耐压瓶子，清洗，消毒灭菌。

② 将嫩啤酒虹吸灌入，装量约为容积的90%，注意不要进入太多氧气。

③ 盖紧盖子，放于0～2℃冰箱中后发酵3个月。

【注意事项】

① 因后发酵会产生大量气体，不能选用不耐压的玻璃瓶，以免发生危险。

② 不要吸入太多氧气，瓶子上端不要留有太多空气，否则啤酒会带严重氧化味。

五、实验结果

(1)麦芽汁的颜色、澄清度如何，沉淀物是否会影响酵母的繁殖？

(2)啤酒发酵过程中泡沫的变化，发酵液的颜色、澄清度的变化。

六、思考题

(1)菌种扩大过程中为什么要慢慢扩大，培养温度为什么要逐级下降？

(2)制麦芽的目的及主要成分发生的分解变化。

(3)什么是糖化，糖化的方法有哪些，在糖化过程中成分如何变化？

(4)麦芽粉碎程度对麦汁过滤的影响。

(5)啤酒花的作用及添加方式。

(6)酵母凝聚性会对后发酵产生怎样的影响？

实验7-5 曲的生产

一、实验目的

学习并了解曲的种类及在食品发酵中的作用；掌握曲中微生物的种类及功能；掌握曲的生产工艺。

二、实验原理

在黄酒、白酒、酱油和食醋生产过程中需要曲作为糖化剂。制曲就是利用原料，在适当的温度和水分条件下，人工或自然接种、培养具有糖化和发酵作用的微生物的过程。黄酒、白酒和食醋酿造的原料是淀粉含量较高的粮食作物，酵母菌无法分解这些原料中的淀粉，必须先是在曲中微生物或酶的作用下，将淀粉分解为葡萄糖，然后在酵母菌的作用下，将葡萄糖继续分解为酒精。曲的种类很多，根据原料不同分为麦曲、麸曲和米曲，根据是否熟化又可分为生曲和熟曲，根据所培养的菌种来源分为自然培养曲和人工纯种培养曲。麸曲主要以麸皮为主要原料，以糠谷、酒糟及豆饼为配料，经调水、蒸煮、冷却后，接入菌种，经过培养制成，分为三角瓶种曲、盘子曲和机械式通风制曲和固体深层培养曲，根据制曲方式可分为固体曲和液体曲。制造麸曲的微生物菌株需具有较高的糖化力和一定的液化力，同时还应具有生成香味物质的能力，主要有曲霉和根霉等。小曲是用米粉或米糠为原料，添加或不添加中草药，接种曲种或无菌条件下接种根霉和酵母培养而成。小曲的品种较多，归纳起来可分为药小曲、酒曲饼、无药白曲、纯种混合曲及浓缩甜酒药等（李华，2011）。药小曲又名酒药或酒曲丸，是用生米粉作为培养基，添加中草药及种曲，有的还添加白土泥作填充料。添加中草药的品种和数量各地有所不同，有的只用一种，称为单一药小曲如桂林酒曲丸；有的用药十多种，称为多药小曲，如广东五华长乐烧的药小曲。有的纯接种根霉和酵母，用药多种，称为纯种药小曲，如广东澄海县酒厂的药小曲。

三、实验材料及主要药品、器具

1. 原料

曲种、大米、中草药、麦麸。

2. 药品

3,5-二硝基水杨酸(DNS)、葡萄糖、酒石酸钾、苯酚、氢氧化钠、亚硫酸钠。

3. 仪器

天平、台秤、高压灭菌锅、培养箱、烘箱。

4. 主要用具

曲盘、网筛、三角瓶、簸箕、纱布、牛皮纸。

四、实验步骤

(一)传统小曲的生产

1. 浸米

大米加水浸泡，夏天 2～3 h，冬天约 6 h，浸后滤干备用。

2. 粉碎

浸米滤干后，先用石臼捣碎，再用粉碎机粉碎获得米粉，取出 1/4 用 180 目细筛筛出细米粉用来裹粉用。

3. 制坯

根据米粉的量，添加 13%的香药草粉、2%的曲母、60%的水，混合均匀，制成饼团，压平，用刀切成约 2 cm 大小的粒状，以竹筛筛圆成酒药坯。

4. 裹粉

将细米粉加入 4%的曲母粉，混合均匀作为裹粉。先撒小部分裹粉于簸箕中，并洒第一次水于酒药坯中，倒入簸箕中，用振动筛筛圆成型后再裹粉一层。再洒水，再裹，直到裹完裹粉为止。洒水量约10%。圆形的酒药坯分装于小竹筛内扒平，使药坯含水量为46%，即可入曲房培养。

5. 培曲

刚入曲房时室温保持在28～31 ℃。经过20 h左右培养，霉菌繁殖旺盛，表面起白泡时，掀开覆盖物，此时品温一般为33～34 ℃，最高不超过37 ℃。又经过24 h的大量繁殖，期间控制品温在28～30 ℃。之后品温逐渐下降，约48 h后曲子成熟即可出曲。

6. 出曲

曲子出曲房后放入烘房烘干或晒干，烘干的曲子含水量为12%～14%，外观白色或淡黄色，无黑色，质松，具有酒药特殊芳香。贮藏备用。

(二)麸曲的生产

1. 种子曲的三角瓶培养

(1)培养基的配制与灭菌(约60%含水量)：麦麸20 g+20 mL水→放入烧杯拌匀(以组为单位)→分装于三角瓶→包上纱布(至少6层)→包牛皮纸(1层)→包扎→120 ℃灭菌1 h→摇动打散瓶内培养基→冷却至约30 ℃。

【注意事项】

质量要求：中细麦麸，新鲜、无霉变、无杂质。

(2)接种：接种环轻轻刮取试管斜面菌种AS3.866，无菌条件下接入三角瓶麸曲中，摇匀。在瓶壁上做好标记和接种日期。

(3)培养：接种后的三角瓶倾斜平放→28 ℃培养24 h→扣瓶→继续培养24～48 h→出料(烘干、磨碎)→根霉曲。

2. 盘子曲的制作(刘素纯等，2013)

(1)原料的润水：称取麦麸，按比例加水拌和，水分控制在50%～56%的范围内(均以投料干料计算)，充分拌和，拌和次数不得少于两次，使其料水拌和均匀，润料1～2 h。

(2)蒸料：使用高压锅灭菌，从而达到彻底消毒灭菌的目的。

(3)出甑、摊凉、降温、接种：出锅前将曲盘、温度计等用消毒剂消毒，出锅时直接将原料倒入曲盘，用排风扇降温或空气降温，料温降至32 ℃时接种，接种量为0.2%(按投料计算)。必须拌和均匀，撒种均匀一致，撒种后翻拌不得少于4次。

(4)入室培养：装料前严格控制料温，应控制在30～32 ℃，入室操作码盘后的品温应控制在28～30 ℃，码盘后轻轻在盘面上撒播少量种子。

(5)培菌管理：这是制曲工艺全过程最关键的环节，是衡量曲质优劣、成败的决定因素，必须严格把关。把握昼夜温差十分明显的客观规律，制曲培菌的前、中、后期，即静止阶段、旺盛生长期和稳定期。

(6)烘曲：将培养好的曲装入事先做好的无菌牛皮袋中，入干燥箱烘干。

烘曲阶段：前期22 h以内，曲内水分较多，根霉菌可继续繁殖，故将干燥温度控制为35～

38 ℃，但温度不宜过高，以免染杂菌。后期：指从 22～24 h 直至曲含水分在 10%以下这段时间，期间曲内水分较少，根霉已停止繁殖，根霉菌体的耐热性能增强，故干燥温度可升为 40～45 ℃，使曲子快干，干透。此时含水量在 20%以下，后采用真空包装能长期保存。

(三)曲的糖化酶活力测定

(1)DNS 溶液按实验 4－1 的方法配制。

(2)DNS 法求 0.1%葡萄糖标准曲线方程(参考实验 4－1)。

(3)取 1 g 麸曲溶解到 10 mL 缓冲液中，混合搅拌 10 min，纱布过滤，取过滤液备用。

(4)取两支试管，一支做对照。吸取 1.8 mL 0.1%的淀粉溶液加入两试管，50 ℃保温 5 min。

(5)在测定管中加入麸曲过滤酶液 0.2 mL，50 ℃保温 10 min。加入 3 mL DNS 试剂混合均匀以终止反应。对照管中加入 0.2 mL 待测酶液，沸水浴中煮沸 5 min。

(6)冷却，按比例稀释，测 540 nm 下的吸光度值，根据标准曲线方程计算反应液中糖浓度。

(7)糖化酶的酶活力计算

一个酶活力单位是指在 pH＝6.5、反应温度为 50 ℃的条件下，每分钟降解 0.1%淀粉产生 1 mg 葡萄糖所需的酶量。

假如求得方程为 $y=0.8701x+0.2108, R^2=0.9976$

糖化酶酶活力单位(IU)：$\frac{(y=0.8701x-0.2108)M}{Tvm}$

式中：M 为根霉曲的稀释倍数；T 为反应时间；v 为所取的酶量；m 为麸曲的重量。

五、实验结果

(1)观察小曲和麸曲制作过程中外观的变化，并就外观质量做出评价。

(2)计算曲的糖化酶活力。

六、思考题

(1)什么是制曲，曲的分类及用途。

(2)曲中的微生物有哪些，在食品发酵及酿造过程中发生的生化变化是什么？

实验 7-6 糯米酿造甜酒酿

一、实验目的

通过本次实验，学生能了解米酒酿造的原理；掌握米酒酿造所需的原料、发酵剂及其要求，并通过实践操作掌握米酒制作过程及影响米酒质量的关键环节。

二、实验原理

甜酒酿简称酒酿，是我国民间广泛食用的一种高糖、低酒精含量的发酵食品。由优质糯米经小曲中的根霉和酵母的糖化和发酵制成。糯米的主要成分是淀粉，经过蒸煮，使淀粉糊化，然后在曲霉糖化酶作用下，生成可发酵性糖；可发酵性糖在酵母菌酒化酶的作用下，将糖分转化为酒精和二氧化碳。糯米酒的主要发酵特点是边糖化边发酵的复式发酵，是醪的高浓度发酵。

三、实验材料及主要原料、器具

1. 原料

糯米（有长粒或圆粒两种，圆粒米黏性大，酒质好；长粒米做出的米酒外观好，各有优势）、甜酒曲或自制的米曲。

2. 仪器

天平、电磁炉、培养箱。

3. 用具

不锈钢锅、瓷盆、屉布、玻璃罐。

四、实验步骤

1. 泡米

把糯米淘洗干净放在锅（盆）中，加入没过米面约 3 cm 的凉水，盖上盖子泡米过夜（至少 12 h），使米粒吸饱水。泡透的米粒会从半透明状态变为不透明的白色，颗粒也明显增大，这个时候米就算泡好了。将泡米水滗掉，用清水冲洗 2 次。

2. 蒸米

箅子上铺两层纱布，将泡好的米均匀地铺在纱布上，蒸好的米饭要求硬而不夹生，太软太烂会影响米酒质量，大概 100 ℃下蒸 25～30 min。

3. 淋饭

加少许冷开水淋洗糯米饭，边淋边拌，使米饭迅速冷却至 35 ℃，同时给米饭补充水分。

4. 加酒曲发酵

酒曲按 1%的比例撒入米饭中搅拌均匀，将拌好酒药的米饭装入容器后（不能压得太紧），将饭粒搭成中心下陷的凹窝（中间低、周围高）；饭面和凹窝中均匀撒上少许酒曲，倒入少量的冷开水，盖上盖子或保鲜膜。保持温度 28～30 ℃，约 24 h，揭开盖子，能看见盆中深窝内已经有清亮、香气扑鼻的液体了，那就是糯米中渗出的酒。尝一尝，如味甜不酸，即可食用；如味淡带酸，再等三四个小时。因为米酒还会继续发酵，酒味越来越浓，甜味越来越淡，将变成酒。

5. 保存

醪糟在做好后的前几天里，米中自然合成的糖分浓度最高，酒精浓度很低，米酒香甜可口，是最好吃的时候。如放置时间过长，发酵仍在继续，先是酒味过重而发苦，继而会变得酸涩。正常情况下，1 kg 江米可出 1 500 mL 江米酒。做好后的醪糟可移入冰箱冷藏室保存，以低温控制发酵的继续，可随时取出食用。同时依然要用专用勺子盛取，以免沾油，使酒变质。

五、实验结果

(1)观察米饭黏性的变化，酒酿的体态变化。

(2)品尝酒的味道，计算发酵时间。若酒的味道不正常，分析原因。

六、思考题

(1)制作米酒使用的甜酒曲中，主要微生物种类有哪些？

(2)米酒的制作工艺有哪些？其发酵特点有哪些？

(3)制作米酒过程中的注意事项有哪些？

实验 7-7　发酵豆制品

一、实验目的

了解发酵豆制品的种类及在日常生活中的消费情况；掌握豆制品酿造所需的原料及微生物种类、酿造原理，并掌握豆酱、纳豆和腐乳制作的生产工艺过程。

二、实验原理

发酵豆制品是以大豆、小豆、绿豆、豌豆、蚕豆等豆类为主要原料，经过微生物发酵加工而成的食品。常见的发酵豆制品有豆酱、豆豉、腐乳、酱油、纳豆、天贝等，具有风味独特、味道鲜美、营养丰富的特点，其风味来源于酿造过程中微生物发生的一系列生化反应。发酵豆制品所用的主料为富含蛋白质的豆类和富含淀粉的谷类，发酵微生物有毛霉、曲霉、根霉、酵母和细菌等(张兰威，2014)。毛霉是食品工业中的重要微生物，毛霉的淀粉酶活力很强，可把淀粉转化为糖，还能产生蛋白酶，具有分解大豆蛋白质的能力；曲霉是发酵豆制品使用的主要微生物，具有分解蛋白质和淀粉的能力，对豆制品的风味及色泽的形成起到很大的作用；根霉与毛霉同属于毛霉科，在腐乳制作中的作用也相似，不同的是生长温度偏低，受季节限制。鲁氏酵母和球拟酵母是酱油和酱酿造的重要菌种，能赋予乙醇、酯类、糠醛、琥珀酸和呋喃酮等香气成分。芽孢杆菌如枯草杆菌和纳豆杆菌是制作豆豉和纳豆的常用细菌，分解蛋白质和淀粉的能力强大，有时在酸豆乳、酱油、纳豆、豆豉和腐乳制作中利用乳酸菌，产生的乳酸与乙醇生成有香气的乳酸乙酯。各种不同微生物组合，分泌的酶主要进行了蛋白质、淀粉、脂肪、纤维素的分解，进行了乙醇和有机酸的发酵，最终形成一定色泽和体态、味道鲜美、香气怡人、风味独特的各种发酵豆制品。

三、实验材料及主要材料、器具

1. 材料

黄豆、面粉、食盐、白砂糖、纳豆菌、豆腐块、香辛料。

2. 仪器

天平、电炉、高压灭菌锅、培养箱。

3. 用具

不锈钢锅、竹扁、牛皮纸、玻璃坛子、塑料盘子或瓦盆。

四、实验步骤

(一)黄豆酱的制作

1. 浸泡

选优质黄豆，经过清洗除去漂浮物和沉积的杂质，清水浸泡 4～12 h，使其吸收水分。浸好的豆粒表面无皱皮，无硬心，指捏易压成两瓣。

2. 蒸煮

加压或常压下进行煮豆，豆子不要煮得太烂，一捏即碎就可以了，切不可夹生或焦煳。

3. 拌面、发酵制豆曲

将豆子捞出控水，不能太湿，以豆子不黏手为宜。拌入面粉，面粉用量为黄豆用量的 1/2，拌均匀，用手抓起来成型即可。将牛皮纸铺在竹扁和四周，将豆摊于竹扁内，铺成 3 cm 左右厚度，也可制成豆团或豆饼，盖上牛皮纸或布，封严放在阴凉通风的地方正常发酵。发酵旺盛时，温度达到 40 ℃，要拿掉覆盖物，此时温度升到 48 ℃，每天翻曲一次，品温仍需保持 35 ℃以上。

【注意事项】

竹扁放在悬空处，否则下面会出现积水。

4. 晒豆

等到豆子温度恢复到室温，表面长有黄绿色的霉，有豆香味。拿到太阳下暴晒，晒得越干越好。晒干后可以密封低温长期保存。

5. 下酱

去掉外包装纸后将发酵好的酱豆曲刷去外皮及一切不洁物。把酱块放入罐内，按比例加食盐水（煮沸），大概食盐是豆曲量的 1/2，水是豆曲量的 2 倍。放在太阳下晒酱，每天打耙，并用纱布盖住，防止生虫，酱帽子盖住防雨水。经 1～3 个月黄豆酱成熟。也可根据个人口味加红辣椒、白糖、白酒等调味料。

(二)纳豆的制作

(1)黄豆的筛选、浸泡、蒸煮方法同(一)黄豆酱的制作。

(2)待熟豆冷却至 60 ℃以后，打开纳豆菌胶囊，用冷开水溶解，按比例接入熟豆中，拌匀，放入无菌的浅盘中，厚层 2～3 cm，用牛皮纸包好后放入箱中重叠堆放，盖好箱盖。将箱置于 37～42 ℃、湿度为 70%～80%的发酵室内发酵。

【注意事项】

纳豆菌也可用自己纯种培养的种子液，接种也可以用市售较好的纳豆成品。

(3)20 h 后，发酵品温上升，注意培养室的透气性，供给氧气。若空气流通量小，成品苦味重；空气流通量大，大豆表面过于干燥，影响拉丝、色泽、软硬度及活性物质的产生。等品温下降至 37 ℃，再发酵约 20 h，熟豆表面部分呈灰色并有皱褶，室内有氨味和纳豆特殊的芳香时可终止发酵。

【注意事项】

纳豆菌是需氧菌，不能密封过实，培养室需要经常通气。

(4)后熟。从发酵室内取出，放在后熟室 0～4 ℃后熟 1 周，纳豆有黏质感、拉丝性、香气和口味正常，即为成品。

(5)无菌包装。纳豆成熟后用无菌自动包装机进行无菌包装，后放入冷库冷藏。

(三)腐乳的加工生产

1. 杀菌

把豆腐切成 3 cm×3 cm 的小块，放在蒸锅上杀菌 10 min，蒸掉过多的水分。

2. 接种

待豆腐块冷至 40 ℃时摆入搪瓷盘中，逐层撒入毛霉或根霉菌孢子液，盖上纱布并用保鲜膜包裹，但不要封严，30 ℃下培养豆坯。

【注意事项】

① 用豆浆固体培养基或察氏培养基培养毛霉获得试管菌种，用豆浆汁做液体培养基，接入试管固体菌种，23～26 ℃摇瓶培养 4～5 d，将培养瓶中添加冷开水，用纱布将菌丝滤出，菌液调 pH4.6 左右，获得毛霉种子液。

② 将根霉接入固体 PDA 试管培养基，28～30 ℃培养 72 h。用麸皮液体培养基培养二代种子液，过滤滤液用于接种。

3. 晾花

待根霉长满豆坯时，除去保鲜膜，使热量散去，并散去霉味。时间需要数小时。

4. 腌坯

长满霉菌的豆腐块与盐的比例为 5∶1，靠近平盘没长菌丝的一面朝向玻璃瓶边，摆放在容器中，分层加盐，并随层加高而增加盐量，腌制 3～4 d。

5. 装坛后发酵

将腌好的坯装于瓶中，装时不能过紧(以免影响后期发酵，使发酵不完全，中间有夹心)，将盐坯依次排列，用手压平，分层加入配料(如少糖、白酒、红曲、面曲、香辛料)。因配料不同，形成腐乳各种花色品种和风味。还可加入各种汤料形成各种红、白、青和辣的豆腐乳。

五、实验结果

(1)记录豆曲制作和晒酱过程中外观形态变化。
(2)记录纳豆出现拉丝的时间及颜色、气味、味道等。
(3)记录豆腐长霉的情况及过程中外观和气味的变化。

六、思考题

(1)什么是豆酱、纳豆和豆腐乳，它们的种类有哪些?
(2)制作豆酱、纳豆和豆腐乳的菌分别有哪些?
(3)评价豆酱、纳豆和豆腐乳质量的感官指标和理化指标有哪些?

实验 7-8　苹果醋的酿造

一、实验目的

通过本次实验，使学生了解果醋目前在市场上的需求及发展前景；掌握果醋酿造的原理、原料及酿造工艺；深入了解影响果醋质量的条件因素。

二、实验原理

果醋以含糖水果或果汁为原料，先是利用酵母菌中的酒化酶将原料中可发酵型糖转化为酒精，酒精发酵是厌氧发酵；然后再利用醋酸菌中的氧化酶将酒精氧化为醋酸，醋酸发酵为好氧发酵。生产果醋的常用原料主要有苹果、山楂、葡萄、柿子、杏、橘子、草莓等以及这些水果加工的下脚料等。果醋兼具水果和食醋的营养保健价值，是集营养、保健、食疗等功能为一体的新型饮品。果醋根据加工方法可以归纳为鲜果制醋、鲜果浸泡制醋、果酒制醋三种；按发酵方法分为固态发酵、液态发酵和固-液发酵法三种。

三、实验材料及主要药品、器具

1. 原料

苹果、酵母菌、醋酸菌。

2. 主要药品

蛋白胨、酵母提取物、麦芽提取物、磷酸二氢钾、硫酸镁、硫酸锌、硫酸亚铁、乙醇、酚酞、氢氧化钠、碳酸钙。

3. 仪器

天平、电磁炉、高压灭菌锅、超净工作台、摇床、pH 计。

4. 用具

锥形瓶、pH 试纸、量筒等。

四、实验步骤

(一)酵母菌和醋酸菌的扩大培养

1. 果酒酵母种子液的制备

50 mL 5%蔗糖温水(35～40 ℃)中，加入 5 g 酵母搅拌溶解静置 20 min 后，按 10%比例接入液体 YPD 或 PDA 培养基中，也可倒入 25 kg 的水果醪中直接酒精发酵。或者按照实验 7－2 的步骤用苹果汁进行逐级扩大。

2. 醋酸菌种子液的制备

种子培养基配方：葡萄糖 1%、酵母提取物 1%、碳酸钙 2%，121 ℃，灭菌 15 min，冷却后使用前加入 2%的无水乙醇。50 mL 5%蔗糖温水(35～40 ℃)，加入 5 g 醋酸菌搅拌溶解静置 20 min后按 10%比例接入种子培养基中，或者直接倒入发酵好的果酒中。

3. 接种培养

将接种好的菌放在温度为 30 ℃、转速为 180 r/min 的摇床中振荡培养 2 d。

(二)酒精发酵

1. 原料选择

选择新鲜成熟苹果为原料,要求糖分含量高、香气浓、汁液丰富、无霉烂。

2. 清洗榨汁

水洗过后用高锰酸钾清洗,1%食盐水浸泡,加入榨汁机获得苹果汁。榨汁时加入果胶酶和V提高出汁率和防止氧化。

3. 澄清

采用加热澄清法,将果汁加热到80~85 ℃,保持20~30 s,可使果汁内的蛋白质絮凝沉淀。可用明胶—单宁澄清法,明胶、单宁用量通过澄清实验确定。

4. 过滤

将果汁中的沉淀物过滤除去。

5. 成分调整

澄清后的果汁根据成品所要求达到的酒精度调整糖度,一般可调整到17%,柠檬酸调pH为4.2~4.4。

6. 接种发酵

将果汁装入三角烧瓶,量为容器容积的2/3,将经过三级扩大培养的酵母液接种、发酵,或用葡萄酒干酵母,接种量为150 mg/kg,28~30 ℃一般发酵2~3周,使酒精浓度达到9%。发酵结束后,将酒榨出。

(三)醋酸发酵

1. 接入醋酸菌

将苹果酒转入木桶或不锈钢桶中。装入量为2/3,接入醋种5%~10%混合,用纱布盖好,并不断通入氧气,保持室温20 ℃。当酒精含量降到0.1%时,说明醋酸发酵结束。将菌膜下的液体放出,尽可能不使菌膜受到破坏,再将新酒放到菌膜下面,醋酸发酵可继续进行。

2. 陈酿

将果醋装入桶或坛中,装满、密封,常温陈酿1~2个月。

3. 澄清及杀菌

通过过滤或离心等方法进一步澄清果醋。澄清后将果醋在60~70 ℃温度下杀菌10 min,趁热装瓶。

五、实验结果

(1)记录果醋发酵过程中的时间及外观变化。

(2)对成品果醋的颜色、质地、口感进行质量评价,并分析影响果醋质量的因素。

六、思考题

(1)根据原料、工艺等依据,果醋有哪些分类?
(2)果醋酿造的原理及工艺流程有哪些?
(3)影响果醋质量的因素有哪些?

实验 7-9 乳酸菌的分离及乳酸饮料的发酵

一、实验目的

通过本次实验,了解乳酸发酵饮料的类型及原料、乳酸菌的种类及生长特性;掌握利用不同培养基分离纯化及鉴定不同乳酸菌的方法,掌握乳酸饮料发酵的原理及工艺;能对乳酸发酵饮料的感官质量做出合理评价。

二、实验原理

乳酸菌属于真细菌纲真细菌目中的乳酸细菌科,根据细胞呈球状或呈杆状,又分成乳酸杆菌族和链球菌族。不同的乳酸菌有不同的营养需求和生长表现,选用不同的培养基采用稀释涂平板法可分离出不同的乳酸菌。MRS 培养基适合杆菌的生长,在产酸菌落周围还能产生 $CaCO_3$ 的溶钙圈,革兰染色呈阳性,涂片镜检细胞呈杆状。链球菌适合在 BCG 牛乳培养基上生长,乳酸菌菌落 1～3 mm,圆形隆起,表面光滑或稍粗糙,呈乳白色、灰白色或暗黄色。平板涂布法是将样品稀释之后,其中的微生物充分分散成单个细胞,取一定量的稀释液接种到平板上,经过培养,由每个单个细胞生长繁殖而形成肉眼可见的菌落,即一个单菌落代表原样品中的一个单细胞(一般经过几次稀释涂平板才获得单细胞菌落)。乳酸菌能将原料中的糖进行分解代谢产生乳酸等多种营养成分,使 pH 下降,达到蛋白质等电点时,蛋白质胶粒开始聚集沉降,逐渐形成网络立体结构,从而形成外观上黏稠、均一、营养丰富的酸味饮料。

三、实验材料及主要药品、器具

1. 材料

市售酸奶、新鲜水果(番茄、草莓、蓝莓等)、牛乳粉。

2. 药品及培养基配方

MRS 培养基配方(g/L):蛋白胨 10、牛肉浸取物 10、酵母提取液 5、葡萄糖 20、乙酸钠 5、柠檬酸氢二胺 2、磷酸氢二钾 2、七水硫酸镁 0.58、七水硫酸锰 0.25、碳酸钙 20、琼脂 15～20g、吐温－80 1 mL、pH6.8。

BCG 牛乳培养基。A 溶液：脱脂乳粉 10％，加入 1.6％溴甲酚紫乙醇溶液 0.2 mL；B 溶液：酵母膏 2％、琼脂 4％、pH6.8。

3. 仪器

天平、电炉、高压灭菌锅、超净工作台、显微镜、榨汁机、PHS-2F 型酸度计、培养箱。

4. 用具

涂布棒、培养皿、酒精灯、接种环。

四、实验步骤

（一）从酸奶中分离乳酸菌

1. 培养基的配制

（1）配制 MRS 固体培养基，121 ℃湿热灭菌 15 min，无菌条件下倒培养皿平板。

（2）配制 BCG 牛乳培养基的 A 溶液 80 ℃灭菌 20 min（也可先灭无菌水，无菌条件下溶解新开封的奶粉）；B 溶液 121 ℃湿热灭菌 20 min；将 A、B 两种溶液冷却至 40 ℃，等体积混合倒培养皿平板。

（3）按脱脂奶粉 25 g 与蔗糖 20 g，水 250 mL（蔗糖与水的比例在 1∶10 的范围内）的比例配制脱脂乳，装试管，80 ℃灭菌 20 min。

2. 分离

按照无菌操作的要求，从市售新鲜酸乳中吸取 1 mL 检样，放入装有 9 mL 无菌水的三离心管，振摇混匀，得到 10^{-1} 的稀释液，按 10 倍稀释法，直到获得 10^{-3} 稀释度的原液。采用画线法或涂平板的方法涂 MRS 和 BCG 平板，40 ℃培养 8～24 h。

3. 菌种的形态学鉴定

在 MRS 培养基上长出的菌落大，透明，灰白色，乳酸菌菌落周围可以形成溶钙环，革兰染色为阳性，细胞形状为杆状，则为乳杆菌。

BCG 牛乳培养基中有溴甲酚紫（一种酸碱指示剂），因嗜热链球菌在 BCG 牛乳培养基上产生乳酸，菌落颜色为黄色，周围培养基也为黄色，很容易与不产酸的杂菌分开。

4. 两种菌凝乳实验

挑选 MRS 和 BCG 两种平板上的乳酸菌典型菌落转至脱脂乳试管中，40 ℃培养 8～24 h，若牛乳出现凝固，无气泡，显酸性，涂片镜检细胞呈杆状或链球状，革兰染色显阳性，则可将其连续传代 3 次，最终选择出在 3～6 h 能凝固的牛乳管，pH 为 4.0～4.2，活菌数在 10^6CFU/mL 以上，乳酸酸度在 0.8％～1.0％时菌种可达正常活力，后置于冰箱做菌种待用。

(二)果汁的制备、灭菌、接种与培养

1. 乳酸菌的扩大培养

按3%的接种量将(一)的凝乳试管接入灭过菌的牛乳管中,42 ℃下培养10 h即可使用。

2. 果汁的制取

选择成熟完全的新鲜番茄,剔除疤痕、机械伤、病虫斑等,用清水洗净,95 ℃以上热水中漂烫至表皮组织开裂,剔除表皮,用搅拌机打浆,得到原番茄浆过滤得到番茄汁。草莓、蓝莓经过清洗,盐水浸泡,直接榨汁。

3. 调配

按6∶4比例将果汁稀释,添加5%～10%的乳粉,5%、10%、15%白砂糖三个浓度,充分混匀后,用柠檬酸和$NaHCO_3$调果汁的pH为6.5,待用。

4. 杀菌

将调配好的发酵原料定量装入三角烧瓶中,于105 ℃灭菌15 min。

5. 接种

待原料汁冷却至40 ℃,进行无菌接种,按A处理保加利亚杆菌、B处理嗜热链球菌、C处理保加利亚杆菌。嗜热链球菌(1∶1),按菌种2%～4%的接种量接入番茄汁中,于42 ℃下发酵24～30 h,pH降至4.0～4.5,发酵结束。

6. 调配

在热水中依次加入甜味剂、酸味剂,搅拌均匀后再与发酵液充分均匀混合。

7. 添加稳定剂

为了防止分层现象,可在成品中添加黄原胶0.15%,CMC-Na 0.25%。

8. 灭菌

调配发酵液装瓶后,低温冷藏获得活菌乳饮料;或者经95～100 ℃杀菌25～30 min即成保质期较长的乳酸饮料成品。

五、实验结果

(1)统计MRS和BCG平板上菌落生长情况,根据菌落生长密度,确定最佳稀释浓度。
(2)以发酵后的酸度为指标判断发酵的程度,计算发酵时间。
(3)观察发酵好的水果乳酸饮料的颜色、质地、有无沉淀和分层。
(4)品尝添加不同量的糖、不同乳粉量和不同菌种处理的发酵饮料,比较其外观和口感的差异。

六、思考题

(1)乳酸发酵饮料的种类。
(2)乳酸发酵饮料的原料、发酵剂有哪些?怎样分离、纯化不同的乳酸菌株?
(3)乳酸发酵的原理及工艺条件。

第八章 氨基酸工艺学实验

实验 8-1 淀粉颗粒形态学观察和水解糖的制备

一、实验目的

通过本次实验，认识各种淀粉颗粒的显微特征，学会用显微镜分析法鉴别常见淀粉。了解淀粉糊化及酶法制备淀粉糖浆的基本原理，掌握用酶法水解淀粉制备水解糖的方法并熟悉葡萄糖值测定的方法。

二、实验原理

淀粉是植物经过光合作用形成的，以颗粒状态存在于胚乳细胞中，具有一定形态和层次分明的构造。不同植物来源的淀粉，形状和大小都不相同，用显微镜观察可以区分不同淀粉或鉴定未知试样的淀粉种类。淀粉颗粒大致可分为圆形、椭圆形和多角形 3 种，一般淀粉颗粒大的多呈圆形或椭圆形，如马铃薯和木薯淀粉等；相反，颗粒小的呈多角形，如大米淀粉。一般薯类淀粉颗粒大于谷类淀粉。马铃薯淀粉颗粒较大，为 15～100 μm，玉米淀粉颗粒大小 5～25 μm，小麦淀粉颗粒 2～35 μm，大米淀粉颗粒 3～8 μm。在显微镜下观察淀粉颗粒，看到表面有轮纹结构，像树木年轮，各轮纹层围绕的一点叫"粒心"，又叫"脐"。根据粒心数目和轮纹情况，淀粉粒可分为单粒、复粒、半复粒三种。在偏光显微镜下，观察淀粉颗粒会出现黑色的十字，将颗粒分成四个白色区域，称为偏光十字。这是由于淀粉颗粒的有序结构产生的双折射现象。当淀粉颗粒充分膨胀、压碎或受热干燥时，晶体结构即行消失。

产谷氨酸的菌都不能利用淀粉，也基本上不能利用糊精作为碳源。当以淀粉为原料时，必须先将淀粉水解成葡萄糖，才能供发酵使用。工业生产上，将淀粉水解为葡萄糖的过程称为淀粉的"糖化"，所得的糖液称为淀粉水解糖。用来制备淀粉水解糖的原料很多，主要有玉米、小麦、山芋、木薯、大米等。淀粉水解糖的制备是从原料出发，经配料、糊化、液化、糖化和过滤制备成淀粉水解糖。糊化是将淀粉加热，淀粉颗粒膨胀，晶体结构消失，变成糊状均匀的溶液。不同淀粉的糊化温度不同，如玉米淀粉开始糊化温度为 62 ℃，中点温度为 67 ℃，终结温度为 72 ℃。液化就是利用液化酶或酸使糊化淀粉水解到一定的糊精和低聚糖程度，黏度大大降低，流动性增加。液化的方法有酸法、酶法和酸酶法。本实验采用的是双酶法将淀粉水解成葡萄糖。首先利用 α-淀粉酶将淀粉液化，转化为糊精及低聚糖，使淀粉可溶性增加；接着利用糖化酶将糊精及低聚糖进一步水解，转化为葡萄糖。

三、实验材料及主要药品、器具

1. 材料

玉米淀粉、马铃薯淀粉、大米淀粉、小麦淀粉。

2. 药品及试剂

95%乙醇、50%乙醇、甘油水溶液（体积比为 1 ∶ 1）、0. 005 mol/L 碘溶液、α-淀粉酶（6 000 U/g）、糖化酶（4 万～5 万 U/g）、NaOH、Na_2CO_3、$CaCl_2$。

3. 仪器

天平、电炉、高压灭菌锅、超净工作台、显微镜、榨汁机、PHS-2F 型酸度计、培养箱。

4. 用具

糖度计、温度计、烧杯、pH 试纸、秒表。

四、实验步骤

1. 淀粉颗粒形态学观察

(1)取玉米或马铃薯淀粉试样少许置载玻片上，摊薄均匀，加 1 滴 95%乙醇，再加 1 大滴甘油水，稍干，用盖玻片盖好。以滤纸除去过量液体，先用低倍显微镜调好视野，再用 400 倍镜观察淀粉颗粒的形状、大小和轮纹。

【注意事项】

① 载玻片上的淀粉试样要少量均匀，不可堆积。

② 第一种方法不加盖玻片也可观察。

③ 滴加溶液后，稍干再观察效果好。

(2)取玉米淀粉或马铃薯淀粉试样少许置载玻片上，摊薄均匀，滴加 2 滴 50%乙醇溶液，使淀粉充分湿润，稍干，滴加 2 滴甘油水，再稍干，滴加 1 滴 0. 005 mol/L 碘溶液，使碘液充分接触淀粉。稍干后，先用低倍显微镜调好视野，再用 400 倍镜观察淀粉颗粒的形态及颜色。

2. 淀粉水解糖的制备

(1)糊化：50 g 玉米淀粉置于 400 mL 烧杯中，加水 200 mL，搅拌均匀，配成淀粉浆，用 5% Na_2CO_3 调节 pH＝6. 2～6. 3，加入 2 mL 5% $CaCl_2$ 溶液，于 75 ℃水浴上加热，并不断搅拌，淀粉浆由开始糊化直至完全成糊。

(2)液化:加入液化型 α-淀粉酶 1 g,不断搅拌,分别置于 70 ℃、80 ℃、90 ℃水浴锅内,维持 30～60 min,期间取出部分样品煮沸,灭酶 10 min,碘试剂检测呈黄色或棕红色即液化完全,冷却后测定 *DE* 值,*DE* 值在 12%～15%为最佳,纪录温度和时间。

(3)糖化:液化结束时,用柠檬酸调节 pH=4.2～4.5,迅速降温至 60 ℃,加入糖化酶 1 g,于 60 ℃恒温水浴中糖化 3～4 h。用 10～15 mL 的无水乙醇加糖化液 1～2 滴,摇匀后若无白色沉淀形成表明已达到糖化终点。糖化好的糖液中还原糖的含量在 18%左右,*DE* 值 90%以上,得到的即为淀粉糖浆。

【注意事项】

① 当用无水乙醇检验有无糊精存在时,应调 pH=4.8～5.0,加热到 70～80 ℃,维持 15 min。

② 工业上常用 *DE* 值表示淀粉糖的含量,即淀粉的水解程度或糖化程度。*DE* 也称为葡萄糖值,液化或糖化液中还原糖全部以葡萄糖计所占干物质的百分比。

③ 还原糖的含量是指 100 mL 糖液中含有多少克还原性糖,还原性糖的测定可以采用斐林法或 DNS 法。手持糖度计测的是糖度,可以用于粗略估计糖化完全的水解液中糖的含量。

(4)过滤:糖化液冷却至 65～70 ℃用四层纱布过滤。粗略地除去絮凝物后,加入事先干燥好的 3.5 g 活性炭(分两次添加,第一次稍多),置于 80 ℃的水浴摇床中震荡 20 min 后取出,先用四层纱布过滤,后用布氏漏斗抽滤。得到无色澄清透明糖液。

五、实验结果

(1)用本实验的两种方法逐一观察淀粉试样并绘图记录。

(2)再取几种未知淀粉试样按第二种方法观察,对照绘图,判断淀粉的品种。

(3)记录玉米淀粉液化的最优温度和时间。

(4)计算制备好的糖液的 *DE* 值。

六、思考题

(1)淀粉的形态、大小及理化性质。

(2)什么是淀粉糊化、液化和糖化?

(3)淀粉糖化的原理及方法有哪些?

实验 8-2 谷氨酸的发酵及含量的测定

一、实验目的

了解谷氨酸生产的方法，重点掌握微生物发酵法生产谷氨酸的原理和生产过程；充分掌握谷氨酸棒状杆菌的生长和产酸的特点，学会发酵过程中重要参数的控制，并学会残糖和谷氨酸含量检测的方法。

二、实验原理

L-谷氨酸又叫麸酸，大量存在于谷类蛋白质中，动物脑中含量也较多，化学名称为 L-α-氨基戊二酸，分子式为 $C_5H_9NO_4$，分子量为 147.13，为无色晶体，有鲜味，微溶于水，而溶于盐酸溶液，等电点 3.22。谷氨酸有着广泛的用途，最主要的就是制造味精（一水谷氨酸单钠）的前体物质；谷氨酸作为神经中枢及大脑皮质的补剂，对于治疗脑震荡或神经损伤、神经衰弱、癫痫以及对弱智儿童均有一定疗效；还可作为营养药物用于皮肤和毛发，对治疗皱纹有疗效，能预防脱发；在工业上，聚谷氨酸可降解塑料，是环境友好材料。

谷氨酸是世界上氨基酸产量最大的品种，谷氨酸的生产方法主要有三种：一是水解提取法；二是化学合成法；三是生物合成法，即通过微生物发酵法制备。目前，世界上谷氨酸生产厂商主要采用微生物发酵法来生产谷氨酸。微生物发酵法比其他两种方法更具优点。谷氨酸生物合成的途径首先是葡萄糖经过糖酵解（EMP）途径和己糖磷酸支路（HMP）途径生成丙酮酸；丙酮酸经过氧化脱氨基作用生成乙酰辅酶 A（乙酰 CoA），然后进入三羧酸循环，生成 α-酮戊二酸；α-酮戊二酸在谷氨酸脱羧酶的催化及有 NH^{4+} 存在的条件下，进行氨基化生成谷氨酸。进行谷氨酸发酵的菌种有谷氨酸棒状杆菌、乳糖发酵短杆菌、散枝短杆菌、黄色短杆菌、噬氨短杆菌等，我国常用的菌种有北京棒状杆菌、纯齿棒状杆菌等。谷氨酸发酵是典型的代谢控制发酵。谷氨酸的大量积累不是由于生物合成途径的特异，而是菌体代谢调节控制和细胞膜通透性的特异调节以及发酵条件的适合。在谷氨酸发酵中，如果能够改变发酵菌细胞膜的通透性，使谷氨酸不断地排到细胞外面，就会大量生成谷氨酸。研究表明，影响细胞膜通透性的主要因素是细胞膜中的磷脂含量。因此，对谷氨酸产生菌的选育，往往从控制磷脂的合成或使细胞膜受损伤入手，如生物素缺陷型菌种的选育。生物素是不饱和脂肪酸合成过程中所需的乙酰 CoA 的辅酶。生物素缺陷型菌种因不能合成生物素，从而抑制了不饱和脂肪酸的合成。而不饱和脂肪酸是磷脂的组成成分之一。因此，磷脂的合成量也相应减少，这就会导致细胞膜结构不完整，提高细胞膜对谷氨酸的通透性。

谷氨酸产生菌是代谢异常化的菌种，对环境因素的变化很敏感，在适宜的培养条件下，谷氨酸产生菌能够将50%以上的糖转化成谷氨酸，而只有极少量的副产物。如果培养条件不适宜，则几乎不产生谷氨酸，仅得到大量的菌体或者由发酵产生的乳酸、琥珀酸、α-酮戊二酸、丙氨酸、谷氨酰胺、乙酰谷氨酰胺等产物。谷氨酸产生菌是好氧菌，通风和搅拌不仅会影响菌种对氮源和碳源的利用率，而且会影响发酵周期和谷氨酸的合成量。尤其是在发酵后期，加大通气量有利于谷氨酸的合成。其中谷氨酸棒状杆菌在溶氧不足时产生的是乳酸或琥珀酸。菌种生长的最适温度为30～32 ℃。当菌体生长到稳定期，适当提高温度有利于产酸，因此，在发酵后期，可将温度提高到34～37 ℃。谷氨酸产生菌发酵的最适pH在7.0～8.0。但在发酵过程中，随着营养物质的利用，代谢产物的积累，培养液的pH会不断变化。如随着氮源的利用，放出氨，pH会上升；当糖被利用生成有机酸时，pH会下降。其中谷氨酸棒状杆菌在pH呈酸性时生成乙酰谷胺酰胺。磷酸盐是谷氨酸发酵过程中必需的，但浓度不能过高，否则会转向缬氨酸发酵。当生物素缺乏时，菌种生长十分缓慢；当生物素过量时，则转为乳酸发酵。因此，一般将生物素控制在亚适量条件下，才能得到高产量的谷氨酸。由此看出，在谷氨酸发酵过程中，氧、温度、pH、磷酸盐和生物素等因素要进行合理的调节和控制。谷氨酸棒状杆菌生长速度较快，接种量一般在1%～2%。

三、实验材料及主要药品、器具

1. 材料

谷氨酸棒状杆菌。

2. 药品及试剂

葡萄糖、蛋白胨、牛肉膏、氯化钠、酵母浸出粉、琼脂粉、尿素、磷酸氢二钾、七水硫酸镁、七水硫酸亚铁、一水硫酸锰、糖蜜、玉米粉、消泡剂、氢氧化钾、茚三酮、盐酸。

3. 仪器

天平、电炉、高压灭菌锅、超净工作台、PHS-2F型酸度计、培养箱、发酵罐、离心机、水浴锅、分光光度计。

4. 用具

糖度计、温度计、烧杯、pH试纸、三角瓶、试管。

四、实验步骤

1. 斜面菌种的培养

按葡萄糖0.1%，蛋白胨1.0%，牛肉膏1.0%，氯化钠0.5%，琼脂粉1.0%～1.5%，pH 7.0～7.2(传代和保藏斜面不加葡萄糖)配制固体培养基。培养基倒入试管，121 ℃灭菌15 min，摆斜面，超净工作台上将谷氨酸棒状杆菌画线接种在试管斜面上，放在30～32 ℃培养箱中进行培养。

2. 一级种的培养

按蛋白胨1.0%，酵母浸出粉0.5%，氯化钠1%，pH7.2的配方配制一级种子液体培养基。按1/4的比例装入250 mL三角瓶，121 ℃灭菌15 min。无菌条件下，接种环刮取试管斜面菌种接入三角瓶中，置于30～32 ℃条件下，转速200 r/min的摇床上震荡培养12 h。要求一级种的质量标准为：种龄12 h，pH6.4±0.1，OD_{560}>0.5，RG(残糖)0.5%以下。

3. 二级种的培养

按葡萄糖2.5%，尿素0.34%，K_2HPO_4 0.16%，$MgSO_4 \cdot 7H_2O$ 0.04%，$FeSO_4 \cdot 7H_2O$ 2 mg/L，$MnSO_4 \cdot H_2O$ 2 mg/L，pH7.0的配方配制二级种子液体培养基，1 000 mL三角瓶装300 mL培养基，121 ℃灭菌30 min，冷却后，在无菌条件下取10 mL一级种子液接种在二级种子培养基中，置于33～34 ℃条件下，转速200 r/min的摇床上震荡培养7～8 h。要求二级种的质量标准为：种龄7～8 h，pH7.2，OD_{560}>0.5，杂菌和噬菌体检查为阴性。

4. 发酵罐的培养

(1)培养基的配制：按葡萄糖13%，$MgSO_4 \cdot 7H_2O$ 0.06%，K_2HPO_4 0.1%，糖蜜0.3%，$FeSO_4 \cdot 7H_2O$ 2 mg/L，$MnSO_4 \cdot H_2O$ 2 mg/L，KOH 0.04%，玉米粉0.125%，消泡剂0.5%，调整pH为7.0。10 L发酵罐可配制4 L培养基。

尿素配成40%浓度，装在1 000 mL瓶中，每瓶装800 mL，分消备用。消泡剂配成1%浓度，分消备用。

(2)发酵罐及培养基的消毒：按操作说明进行发酵罐空气过滤器及空气管路的消毒，对发酵罐进行空消；然后进行电极校正，随后加入培养基，10 L发酵罐可加入4 L培养基；对罐体和培养基进行实消，使蒸汽进入发酵罐内，等罐内温度达到灭菌的要求温度时，关闭阀门，使罐压控制在0.1～0.11 MPa，实消时间10 min。灭菌结束后，通冷却水并间隙开启进气阀，使罐压下降，等罐内温度降至70 ℃，稍开进气阀和排气阀以调节通气量，并慢速搅动培养基，加快冷却时间，使罐压保持在0.03～0.05 MPa。

(3)加初尿：发酵液冷却至40 ℃时，通过蠕动泵加第一次尿素，添加量为0.8%～1.0%。

(4)接种：按2%的接种量将前面制备的二级种接入发酵罐。接种时，先缓慢降低罐压，关闭进排气阀，在接种口上绕上酒精棉点燃，用钳子逐步打开接种阀，将菌种液倒入发酵罐内，盖上接种阀，旋紧。DO电极的校准：在温度、pH、转速均已稳定在发酵所需值时校准，100%。

(5)发酵过程的控制：① 发酵过程的温度控制：谷氨酸发酵0～12 h为长菌期，最适温度在30～32 ℃，发酵12 h后，进入产酸期，控制34～36 ℃。由于发酵期代谢活跃，发酵罐要注意冷却，防止温度过高引起发酵迟缓。② 发酵过程pH控制：发酵过程中产物的积累导致pH的下降，而氮源的流加(氨水、尿素)导致pH的升高，发酵中，当pH降到7.0时，应及时流加氮源。长菌期(0～12 h)控制pH在6.8～7.0；产酸期(12 h以后)控制pH在7.2左右；控制pH的手段主要有控制风量和控制流加氮源。放罐：残糖在1%以下且糖耗缓慢(<0.15%/h)或残糖<0.5%后，及时放罐。

5. 发酵液中谷氨酸含量的测定

(1)发酵液的预处理：取谷氨酸发酵液于5 000～10 000 r/min离心5 min，取上清液弃去菌体，用蒸馏水稀释10倍，调节pH 5.5～6.0后备用。

(2)加茚三酮：取3 mL预处理好的发酵液加入玻璃试管中，调整发酵液pH5.5左右，沿试管壁加入0.5 mL浓度为5 mg/mL的茚三酮试剂，塞上PVC胶塞，并充分混匀置于试管架中。

(3)反应：将试管架迅速置于80 ℃水浴中并保温15 min，快速取出并将试管架插入冰浴锅中，冷却5 min，混匀。

(4)测*OD*值：将分光光度计波长调至569 nm处，以10倍稀释的空白液体发酵培养基为空白对照，测出OD_{569}值。

五、实验结果

(1)观察谷氨酸棒状杆菌试管斜面、一级种和二级种培养基培养时的生长情况，有无杂菌污染。

(2)在发酵罐发酵生产谷氨酸过程中，每2 h测定还原糖的含量和谷氨酸的生成量，绘制耗糖和谷氨酸生成曲线。

六、思考题

(1)生产谷氨酸的方法有哪些？微生物发酵法生产谷氨酸的原理是什么？

(2)影响谷氨酸发酵的主要因素有哪些？在发酵过程中应怎样控制？

实验8-3 谷氨酸的提取及味精的制备

一、实验目的

掌握从发酵液中提取谷氨酸的方法有哪些，重点掌握等电点法提取谷氨酸的原理及工艺流程和方法；掌握谷氨酸制备谷氨酸钠的原理及方法。

二、实验原理

将谷氨酸生产菌在发酵液中积累的L-谷氨酸提取出来，再进一步中和、除铁、脱色并精制成谷氨酸单钠盐(俗称味精)的过程叫提炼。目前生产上可分为谷氨酸提取和精制两个阶段。

谷氨酸发酵液中除了谷氨酸外，还存在无机盐、菌体、残糖、色素、胶体物质以及其他发酵副产物。从发酵液中将谷氨酸提取出来的原理是利用谷氨酸和杂质之间物理、化学性质上的差异，采用适当的提取方法和工艺，除去杂质，分离并提纯谷氨酸。谷氨酸的提取有等电点法、离子交换法、金属盐法、离子交换膜电渗析法。其中等电点法在生产上最为常用，其原理如下：谷氨酸分子中含有2个羧基和1个氨基，是一个既有酸性基团又有碱性基团的两性电解质。谷氨酸溶解于水后以离子状态存在，溶液的pH决定着解离方式，当pH<2时，谷氨酸主要以阳离子(GA^+)状态存在；随着溶液pH的升高，谷氨酸的电离平衡发生转移，当pH=pI=3.22时，谷氨酸主要以两性离子($GA^{\pm}$)状态存在；在pH=7的中性溶液中，谷氨酸主要以一价阴离子(GA^-)状态存在；若溶液的pH继续升高，在pH=13的碱性溶液中，谷氨酸主要以二价阴离子(GA^{2-})状态存在。在等电点3.22时，谷氨酸正负电荷相等，总静电荷为零，形成偶极离子，此时，由于谷氨酸分子之间的相互碰撞，并通过静电引力的作用，会结合成较大的聚合物而沉淀析出，因此在等电点时，谷氨酸的溶解度最小。工业生产中等电点法提取谷氨酸就是根据这一特性，将发酵液pH调到3.2，使谷氨酸处于过饱和状态而结晶析出。但在实际生产操作中，由于发酵液中还含有其他金属离子而使发酵液中谷氨酸的pI与纯谷氨酸溶液的pI相比稍偏酸，所以往往将发酵液的pH调节到3.0～3.2。谷氨酸在不同条件下会形成两种不同结晶，一种为α型斜方晶体，颗粒大，容易结晶析出，纯度高；另一种为β型鳞片状结晶，比重轻，不易沉淀分离，往往夹有杂质与胶体，浮于液面或母液中，纯度低。等电点操作中应尽量控制β型晶体的形成。谷氨酸的溶解度与温度有关，随着温度的降低，溶解度逐渐减小，因此在提取时应在低温条件下进行。除了温度和溶液的pH对谷氨酸的溶解度有影响外，溶液中杂质如残糖、其他氨基酸、菌体、胶体物质等也都影响其溶解度，使溶解度增加。在提取前，谷氨酸发酵液经灭菌后进入超滤膜进行超滤，除去菌体等杂质，澄清的谷氨酸发酵液经过调酸、降温、投晶种、育晶、分离、洗涤，得到谷氨酸晶体。生产上有分批提取和连续提取两种方法。分批提取只有一个等电点罐进行降酸降温；连续提取先是蒸发浓缩，降温至28～30 ℃，然后进入一级调酸罐按分批工艺等步骤进行起晶，此时温度20 ℃，pH4.0；然后将固液混合物泵入二级调酸罐中，并将浓缩液泵入一级调酸罐中，二级罐继续加酸至pH3.6，降温至14 ℃，然后进入三级罐中，加酸调节pH3.2，降温至4～6 ℃并育晶4～8 h，同时一级罐中固液混合液泵入二级罐中，进行连续操作。

三、实验材料及主要药品、器具

1. 材料

发酵好的谷氨酸发酵液、α-型谷氨酸晶种。

2. 药品及试剂

硫酸、碳酸钠、活性炭。

3. 仪器

PHS-2F型酸度计、培养箱、等电点罐、离心机。

4. 用具

温度计、烧杯、三角瓶。

四、实验步骤

(一)分批法从发酵液中提取谷氨酸

1. 发酵液预处理

发酵结束后，将发酵液通过超滤膜过滤除去菌体及固形物质，必要时可在膜过滤前添加絮凝剂沉淀蛋白质杂质，添加发酵液体积1.5%的粉末活性炭在80 ℃下对发酵液脱色20 min，在510 nm下透光值达到75%以上。接着将处理好的发酵液放入等电点罐，启动搅拌，在等电点罐的盘管或列管中通入冷水，降低温度。实验室小规模提取，菌体的去除可采用离心法，装入大离心管，在5 000～8 000 r/min下去除菌体，留上清备用，用大烧杯或大三角烧瓶进行下面的调酸和结晶。

【注意事项】

等电点提取法要求发酵液纯度高，谷氨酸/残糖比值高，胶体少；提前除菌体最好，发酵液处理要及时。

2. 起晶之前的调酸

将上清液温度降至28 ℃，然后加入硫酸调pH，在pH降至5.0之前，加酸速度可以加快，pH逐渐接近起晶点时，加酸速度应逐渐减慢。在pH降低的过程中，用冷水缓慢降温，一般控制起晶点时的温度为23～25 ℃。

3. 起晶与育晶

在23～25 ℃、pH4.4～4.8时，发酵液中的谷氨酸浓度可达到过饱和状态，会有晶核析出。此时投入质量良好的0.1%～0.3%的α-型谷氨酸晶种，搅拌育晶2 h。

【注意事项】

当pH下降至5.0之后，要注意取样仔细观测(可通过显微镜观察)，一旦发现晶核出现，应立即停止加酸，并停止继续降温进行育晶2 h，否则无沉淀。控制条件避免β型晶体析出。

4. 继续调酸与等电点育晶

搅拌育晶2 h后，继续缓慢加酸，并逐渐降低温度，一直将pH调节至3.2，等电点罐降酸和降温耗时4～6 h，此时温度可降至10～13 ℃。停止加酸后，继续用冷水缓慢降温，直至4 ℃左右，搅拌育晶8～12 h。

5. 沉淀与分离

分离之前要停止搅拌，等电点罐需沉淀4 h，排出上清液，然后将等电点罐底部的混合液泵入离心机进行分离，可得到湿谷氨酸产品。60 ℃烘干并称重，计算提取率。

(二)味精的制备

(1)在不锈钢桶内加入清水及活性炭升温到65 ℃，以60 r/min开始搅拌。湿谷氨酸∶水按1∶12的比例投入谷氨酸，称为饱和溶液。

(2)湿谷氨酸：$NaCO_3$ 按 1：10.3～10.4 的比例缓慢加入 $NaCO_3$ 中和 pH 到 6.4，65 ℃保温，继续搅拌 30 min。

【注意事项】

中和使用 $NaCO_3$，在 pH 6.4 左右得到谷氨酸一钠，在 pH9～10 得到谷氨酸二钠，因此中和应严格控制反应的 pH。

(3)将澄清的脱色液(18～20 B/35 ℃)加到旋转式蒸发仪(加料<1/2)，真空度 80 kPa 以上，T<70 ℃浓缩至 34 B/80 ℃，升温至 80 ℃放料。放料后冷却，搅拌 2～3 h 后开冷却水降温，降温到室温+15 ℃。

(4)采取抽滤(工业滤布作介质/真空抽滤设备)法分离出湿味精。

(5)用鼓风干燥箱(T<60 ℃)干燥，即可得到味精粗粉。

五、实验结果

(1)观察加酸和降温的过程中，起晶的时间、温度和 pH。

(2)计算谷氨酸的提取率。

(3)计算味精的得率。

六、思考题

(1)谷氨酸提取的方法有哪些？等电点法提取谷氨酸的原理是什么？

(2)等电点提取谷氨酸的工艺流程和步骤是什么？

(3)影响味精产量的因素有哪些？

第九章　药剂学实验

实验 9-1　溶液型液体制剂的制备

一、实验目的

(1)掌握液体制剂的一般制备方法。
(2)熟悉影响液体制剂质量的因素及其稳定措施。
(3)了解液体制剂中常用附加剂的正确使用、作用机制及常用量。

二、实验原理

溶液型液体制剂是指药物以离子或分子状态分散于液体介质中形成的均相分散体系,可分为低分子溶液剂和高分子溶液剂。前者指小分子药物的真溶液,后者是高分子化合物的真溶液。

低分子溶液剂的制备方法主要有溶解法和稀释法,其中溶解法最为常用,一般制备过程为:称量→溶解→混合→过滤→加分散介质至全量。高分子溶液剂的制备方法与低分子溶液剂类同,但当药物溶解时,首先要经过溶胀过程。将高分子分多次分散在水面上,使其自然膨胀,然后再搅拌或加热使其最终溶解。

在制备溶液时,通常首先加入复合溶剂、助溶剂、稳定剂等,再加入药物。先加入难溶性药物,后加入易溶性药物、液体药物和挥发性药物。酊剂加入到水溶液中,速度要慢,并且应该边加边搅拌,防止酊剂中的物质析出。

此外,将药物研细,可加速溶解,先用 50% ～ 75%的分散介质溶解,必要时可以搅拌或加热。但当遇到不稳定的药物或溶解度反而下降的药物,不适合采取此方法。

三、实验药品及仪器

1. 实验药品

碘化钾、碘、硫酸亚铁、蔗糖、蒸馏水、稀盐酸。

2. 实验仪器与耗材

烧杯、量筒、水浴锅、天平、脱脂棉、纱布、滤器、滤膜、搅拌棒等。

四、实验步骤

1. 复方碘溶液(助溶法)

【处方】碘	1 g
碘化钾	2 g
蒸馏水加至	20 mL

【制备】取碘化钾,加水 6～10 mL,配成浓溶液,再加入碘,搅拌使其溶解,最后添加适量蒸馏水至全量,即得。

【注意事项】

① 碘有腐蚀性,勿接触皮肤与黏膜。

② 碘在水中的溶解度有限,宜首先将碘化钾加适量蒸馏水(不得少于处方量的 1/5,最适为处方量的 1/2)配制成浓溶液,然后再加入碘溶解,能使碘迅速溶解。

③ 碘溶液应保存在密闭棕色玻璃瓶中,而且不得直接与木塞、橡皮塞、金属塞接触,使其保持稳定。

2. 硫酸亚铁糖浆剂的制备(溶解法)

【处方】硫酸亚铁	2.0 g
稀盐酸	1.5 mL
单糖浆	80 mL
香精	适量
蒸馏水加至	100 mL

【制备】量取蒸馏水 45 mL,煮沸,加入蔗糖 85 g,搅拌溶解后,继续加热至 100 ℃,趁热用脱脂棉过滤,在脱脂棉上继续添加适量的热水过滤,使滤液冷至室温时为 100 mL,搅匀,即得单糖浆。

量取蒸馏水约 15 mL,加入处方量的硫酸亚铁、稀盐酸,搅拌使其溶解,溶解后过滤,滤液中加入单糖浆,搅拌均匀,加入适量香精,补加蒸馏水至 100 mL,混匀,即得。

【注意事项】

① 配制单糖浆时,蔗糖溶解后继续加热至 100 ℃,保持此温度的时间不宜过久,以免引起过多的蔗糖转化,甚至产生焦糖使糖浆呈棕色。

② 过滤时糖浆温度较高，防止烫伤。

五、实验结果

(1)描述复方碘溶液成品的外观和性状。
(2)描述硫酸亚铁糖浆成品外观和性状，并记录溶液的 pH。

六、思考题

(1)复方碘溶液中碘有刺激性，口服时应作何处理？
(2)制备糖浆剂有哪些方法？各有何特点？
(3)硫酸亚铁糖浆制备过程中，加入稀盐酸的目的是什么？

实验 9-2 维生素 C 颗粒剂的制备

一、实验目的

(1)掌握固体药物过筛、混合的操作方法。
(2)掌握颗粒剂的制备方法。
(3)熟悉颗粒剂的质量评定。

二、实验原理

颗粒剂系指药物与适宜的辅助材料配合而制成的颗粒状制剂，一般可分为可溶性颗粒剂、混悬性颗粒剂、泡腾性颗粒剂、缓控释颗粒剂和肠溶性颗粒剂等，供口服用。

颗粒剂的制备方法：将处方中的药物与辅料混合，用黏合剂或润湿剂制成软材，制粒，干燥后分装即得。

颗粒剂的制备工艺流程见图 9－1：

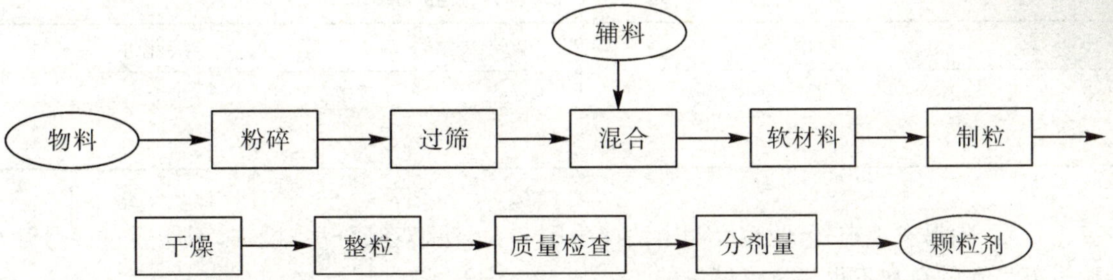

图 9－1　颗粒剂的制备工艺流程图

三、实验药品及仪器

1. 实验药品

维生素 C、糊精、糖粉、酒石酸、乙醇、蒸馏水。

2. 实验仪器与耗材

乳钵、药典筛、烘箱、烧杯、天平等。

四、实验步骤

【处方】维生素 C	1.5 g
糊精	15.0 g
糖粉	13.0 g
酒石酸	0.5 g
50%乙醇	适量
制成	15 瓶

【制备】将维生素 C、糊精、糖粉分别过 100 目筛；按等量递增法将维生素 C 与辅料混匀，再将酒石酸溶于 50%(体积分数)乙醇中，一次加入上述混合物，混匀，制软材，过 16 目尼龙筛(或不锈钢筛)制粒，在 60 ℃以下干燥；将干燥后的颗粒用 12 目筛整粒，分装成 15 瓶(每瓶 2 g)。

【注意事项】

① 处方中主药与辅料比例量相差悬殊，因此采用等量递加法混合。即先称取处方量维生素 C 细粉，然后加入等体积的糊精与糖粉的混合细粉混匀，依次倍量增加混合至混匀，再过筛混合，即得。

② 在实验过程中避免使用金属容器或器具。

五、实验结果

(1)将所得颗粒的质量检查结果填入表 9－1 中。

表 9-1 维生素 C 颗粒剂质量检查结果

外观	粒度	装量差异	溶化性

注：

①粒度：除另有规定外，照粒度测定法(《中国药典》法，双筛分法)检查，不能通过一号筛与能通过五号筛的总和不得超过供试量的 15%。

②装量差异：取颗粒剂 10 瓶(袋)，除去包装，分别精密称取每瓶(袋)内容物的重量，求出内容物的装量与平均装量。每瓶(袋)装量与平均装量相比应符合规定，超出装量差异限度的颗粒剂不得多于 2 瓶(袋)，并不得有 1 瓶(袋)超出装量差异限度 1 倍(表 9-2)。

表 9-2 颗粒剂单剂量装量差异限度

平均装量或标示装量	装量差异限度
1.0 g 及 1.0 g 以下	±10%
1.0～1.5 g	±8%
1.5～6.0 g	±7%
6.0 g 以上	±5%

③溶化性：除另有规定外，可溶颗粒的溶化性应符合规定，取颗粒剂 10 g，加热水 200 mL，搅拌 5 min，可溶颗粒剂应全部溶化或轻微浑浊，但不得有异物。

(2)分析该处方中每个成分的作用。

六、思考题

(1)混合操作时应注意哪些问题？

(2)本处方加入酒石酸的目的。

实验 9-3 片剂的制备

一、实验目的

(1)掌握湿法制粒压片法的制备工艺。

(2)掌握片剂的质量检测方法。

(3)熟悉片剂的常用辅料与用量。

(4)了解片剂的处方设计中需要考虑的几个问题(稳定性、崩解、溶出等)。

(5)熟悉单冲压片机的结构及其使用方法。

二、实验原理

片剂系指药物与适宜的辅料混匀后压制而成的片状固体制剂,形状有圆片状、异形片状(如方形、动物形、椭圆形等)。片剂具有剂量准确、化学稳定性好、携带方便、制备的机械化高等特点,是现代药物制剂中应用最为广泛的剂型之一。

片剂的制备方法可分为两大类:制粒压片法和直接压片法。其中制粒压片法分为湿法制粒压片法和干法制粒压片法,直接压片法分为直接粉末(结晶)压片法和半干式颗粒(空白颗粒)压片法。但是无论采用何种制备工艺制备片剂,首先都需将原料药物进行粉碎和过筛处理,以保证固体物料的混合均匀性和药物的溶出度。药物的粉末细度一般要求在80～100目以下。在压片过程中,需要施加的压片力随物料的性质而不同,而润滑剂、崩解剂的种类和用量都会影响片剂的质量(硬度或崩解时限等)。在片剂的处方设计中必须考虑物料的流动性(影响重量差异)、压缩成形性(防止裂片,提高硬度)和润滑性(防止黏冲)。一般在压片前都对混合物料进行含量测定,然后根据每片标示量计算片重。

片重=每片应含主药量(标示量)/干颗粒中主药百分含量测得值

本实验进行湿法制粒压片,其制备工艺流程见图9-2。

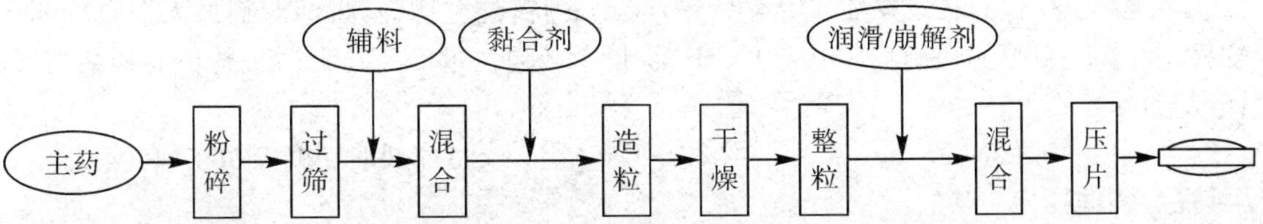

图9-2　湿法制粒压片的工艺流程图

湿法制粒时应加入适量的黏合剂或润湿剂制备软材,软材的干湿程度对片剂的质量影响较大,在实验中以"握之成团,轻压即散"为标准。将软材通过筛网制得的颗粒一般要求较为完整,颗粒细粉过多,说明黏合剂用量不足;颗粒呈线条状,说明黏合剂用量过多。烘干后将出现颗粒太松或太硬的现象,都不符合压片对颗粒的要求。制好的湿颗粒应尽快干燥,一般干燥温度为50℃。干燥后,过筛整粒。同时加入润滑剂和需外加法加入的崩解剂,与颗粒混匀。整粒用筛的孔径一般与制粒时所用筛孔相同或略小。

三、实验药品及仪器

1. 实验药品

维生素C、淀粉、糊精、酒石酸(或枸橼酸)、乙醇、硬脂酸镁、阿司匹林、淀粉、滑石粉等。

2. 实验仪器与耗材

单冲压片机、乳钵、筛网、烧杯、量筒、天平、烘箱等。

四、实验步骤

1. 维生素C片剂的制备

【处方】维生素C	20.0 g
淀粉	8.0 g
糊精	12.0 g
酒石酸	0.4 g
乙醇(50%)	适量
硬脂酸镁	0.4 g
制成	400片

【制备】① 润湿剂:50%乙醇为润湿剂,将酒石酸溶解于其中。

② 湿颗粒的制备:取处方量维生素C粉、淀粉、糊精混合均匀,将润湿剂加入混合粉末中,制软材,通过20目尼龙筛制粒,60~70 ℃干燥,将干燥颗粒过20目筛整粒,整粒的颗粒与硬脂酸镁混匀,颗粒称重。

③ 压片:片剂规格Φ6 mm,压片压力80~120 MPa,或将片剂的硬度控制在50 N以上。

【注意事项】

① 在润湿状态下,维生素C较易分解变色,尤其与金属接触时,更易于变色,因此,在制粒过程中避免与金属接触,尽量缩短制粒时间,并宜在60 ℃以下干燥。

② 酒石酸量小,为了混合均匀,宜先将其溶入润湿剂中。

③ 为防止维生素C遇金属离子变色,在处方中加入酒石酸(酒石酸对金属离子有络合作用)。也可改用2%枸橼酸,同样有稳定维生素C的作用。

2. 阿司匹林片剂的制备

【处方】阿司匹林	20 g
淀粉	2 g
枸橼酸	适量
10%淀粉浆	适量
滑石粉	适量
压制	45片

【制备】① 黏合剂(10%淀粉浆)的制备：将 0.2 g 枸橼酸(或酒石酸)溶于约 20 mL 蒸馏水中，再加入淀粉约 2 g 分散均匀，加热糊化(80～85 ℃)，即得。

② 湿粒剂的制备：取处方量阿司匹林与淀粉混合均匀，加适量 10%淀粉浆制软材，过 20 目筛制粒，将湿颗粒于 40～60 ℃干燥，过 20 目筛整粒，干颗粒称重，加入颗粒量 3%的滑石粉，混匀。

③ 压片：片剂规格有 Φ9 mm 和 Φ6 mm 两种，分别在高、低两个不同压力下压片，或将片剂的硬度控制在 40～70 N。

【注意事项】阿司匹林的稳定性差，主要表现为水解，因此：

① 处方中加入稳定剂：本处方中枸橼酸作为稳定剂，为了保证与药物的混合均匀，溶于淀粉浆的制备过程中。

② 尽量避免药物与金属的接触：金属对阿司匹林有加速降解作用，特别是在润湿状态下遇铁易变为淡红色，因此尽量使用非金属容器，如制粒时宜用尼龙筛网；硬脂酸镁是较好的润滑剂，但镁离子会加速对该药物的降解，因此在本处方中选用滑石粉作为助流剂和润滑剂。

③ 加淀粉浆制粒时以温浆为宜：温度太高不利于药物的稳定，太低不宜分散均匀。

④ 制粒后迅速干燥：干燥温度为 50 ℃左右，不宜过高，以避免药物加速溶解。

五、实验结果

(1)记录维生素 C 片剂的质量考察结果，包括成品的外观、直径×厚度(mm×mm)、片重差异；并对该处方进行分析。

(2)记录阿司匹林片剂的质量考察结果，包括成品的外观、直径×厚度、片重差异；并对该处方进行分析。

六、思考题

(1)制备阿司匹林(乙酰水杨酸)片剂时，如何避免阿司匹林的分解？从处方和工艺的角度加以说明。

(2)产生片剂的重量差异的主要原因是什么？

(3)片剂的制备过程中，物料必须具备的三大要素是什么？为什么？

实验 9–4 软膏基质的制备

一、实验目的

(1)掌握不同类型的软膏基质的制备方法。
(2)了解软膏基质的质量评定方法。

二、实验原理

软膏剂系指药物与适宜基质均匀混合而制成的半固体外用制剂。软膏剂由药物、基质和附加剂组成，其中基质占绝大部分。基质不仅是软膏的赋型剂，同时也是药物载体，对软膏剂的质量、药物的释放以及药物的吸收都有重要影响。常用的软膏基质根据其组成可分为油脂性基质、水溶性基质、乳剂型基质。

油脂性基质包括烃类、类脂及动植物油脂，除植物油和蜂蜡加热熔合制成的单软膏和凡士林可单独用作软膏基质外，大多数应混合使用。

水溶性基质由天然或合成的水溶性高分子物质组成，常用的有甘油明胶、纤维素衍生物及聚乙二醇、聚丙烯酸等。

乳剂型基质由半固体或固体油溶性成分、水溶性成分和乳化剂制备而成。常用的乳化剂有皂类、高级脂肪醇与脂肪醇硫酸酯类、多元醇脂类，如三乙醇胺皂、月桂醇硫酸钠、聚山梨酯等。根据使用不同的乳化剂，可制得 O/W 型和 W/O 型软膏基质。用乳剂型基质制备的软膏剂也称乳膏剂。

软膏剂可根据药物与基质的性质不同，采用研合法、熔合法、乳化法制备。①研合法：软膏基质由半固体和液体成分组成时常用研合法制备，先取药物与部分基质或适宜液体研磨成细腻糊状，再递加其余基质至全量，研匀即得(取少许涂于手上无砂砾感)。②熔合法：若软膏基质由熔点不同的成分组成，在常温下不能均匀混合时，一般采用熔合法制备。在基质中可溶性的药物可加到熔融的基质中直接混合溶解，在基质中不溶性药物可筛入熔融或软化的基质中，搅匀至冷凝即得。③乳化法：乳剂型软膏基质采用乳化法制备，即将油溶性成分加热至 80 ℃成油溶液(油相)，另将水溶性组分溶于水中，并加热至 80 ℃成水溶液(水相)；将水相慢慢加入油相中，边加边搅至冷凝，即得。制备软膏剂用的固体药物，除在基质的某一组分中溶解或共熔外，应预先用适当的方法制成细粉。

本实验制备油脂性、水溶性和乳剂型基质，并对其质量进行初步评价。

三、实验药品及仪器

1. 实验药品

植物油、蜂蜡、硬脂醇、白凡士林、液状石蜡、固体石蜡、月桂醇硫酸钠、尼泊金乙酯、甘油、单硬脂酸甘油脂、聚山梨酯-80、司盘 80、羧甲基纤维素钠、卡波姆 940、三乙醇胺、苯甲酸钠。

2. 实验仪器与耗材

研钵、水浴锅、烧杯、移液管等。

四、实验步骤

(一)单软膏的制备

【处方】蜂蜡　　6.6 g

植物油　　6.7 g

【制备】取处方量蜂蜡于蒸发皿中，置水浴上加热，熔化后，缓缓加入植物油，搅拌均匀，自水浴上取下，不断搅拌至冷凝，即得。

【注意事项】

加入植物油后应不断搅拌混匀，再从水浴取下搅拌至冷凝，否则容易分层，混合不匀。

(二)乳剂型软膏基质的制备

1. O/W 型乳剂型软膏基质的制备

【处方】硬脂醇　　1.8 g

白凡士林　　2.0 g

液状石蜡　　1.3 mL

月桂醇硫酸钠　　0.2 g

尼泊尔乙酯　　0.02 g

甘油　　1.0 g

蒸馏水　　适量

制成　　20.0 g

【制备】取油相成分(硬脂醇、白凡士林和液状石蜡)于烧杯中，置水浴上加热至 70～80 ℃使其熔化；取水相成分(月桂醇硫酸钠、尼泊金乙酯、甘油和适量蒸馏水)于烧杯中加热至 70～80 ℃；在搅拌下将水相成分以细流状加入油相成分中，在水浴上继续保持恒温并搅拌几分钟，然后在室温下继续搅拌至冷凝，即得 O/W 型乳剂型基质。

2. W/O 型乳剂型软膏基质的制备

【处方】单硬脂酸甘油酯　　6 g

白凡士林	2 g
聚山梨酯-80	0.4 g
蜂蜡	2 g
液状石蜡	10 g
尼泊尔乙酯	0.04 g
固体石蜡	10 g
司盘 80	0.8 g
蒸馏水	适量
制成	40.0 g

【制备】取油相成分(硬脂醇、白凡士林、蜂蜡、液状石蜡、固体石蜡、司盘 80)于烧杯中,水浴上加热至 80 ℃,使其熔化;取水相成分(聚山梨酯-80、尼泊金乙酯、蒸馏水)于小烧杯中,加热至 80 ℃,在搅拌下将水相加入油相,恒温搅匀几分钟,在室温下继续搅拌至冷凝,即得 W/O 型乳剂型基质。

【注意事项】

制备中温度控制非常重要。

(三)水溶性软膏基质的制备

1. 卡波姆凝胶基质的制备

【处方】卡波姆 940	0.75 g
甘油	25 g
蒸馏水	19 mL
1%苯甲酸钠水溶液	1 mL
15%三乙醇胺水溶液	5 mL

【制备】称取卡波姆 940,在搅拌下缓慢加入甘油中,充分搅拌至卡波姆 940 完全分散;加入处方量的蒸馏水,搅拌均匀后,加三乙醇胺溶液,搅拌均匀,再加入苯甲酸钠水溶液,搅拌均匀,即得。

【注意事项】

将卡波姆 940 分散在甘油中时,应注意分散均匀,不宜成团或有白色颗粒。

2. 羧甲基纤维素钠软膏基质

【处方】羧甲基纤维素钠	1.2 g
甘油	3.0 g
尼泊金乙酯	0.04 g
蒸馏水	适量
制成	20.0 g

【制备】取处方量羧甲基纤维素钠于研钵中,加处方量甘油研匀。将处方量尼泊金乙酯溶于 12 mL 蒸馏水中,再将尼泊金乙酯水溶液缓缓加入研钵中,研磨均匀,加蒸馏水至全量,研磨均

匀，即得。

【注意事项】

羧甲基纤维素钠为水溶性高分子物质，如直接加入水中易成团，不易分散，溶胀时间长，如先用甘油研磨分散后再加水，溶解速度加快。

五、实验结果

(1)将制得的软膏涂在自己的皮肤上，评价是否细腻，比较其黏稠性与涂布性。

(2)评价制得的基质洗涤效果如何？

(3)对上述几种基质分别进行处方分析。

六、思考题

(1)试比较乳剂型软膏基质与乳剂在组成和作用等方面有何不同。

(2)油脂性、乳剂型和水溶性软膏基质的作用特点有哪些？

第十章 天然药物化学实验

实验 10-1 芦丁的提取、精制与检识

一、实验目的

(1)掌握黄酮类化合物的提取原理及提取方法。
(2)了解黄酮类的一般性质,了解光谱法在黄酮类化合物结构鉴定中的应用。

二、实验原理

芦丁广泛存在于植物界中,如槐花、荞麦、烟叶和蒲公英中均含有。尤以槐花米和荞麦中含量最高,可作为大量提取芦丁的原料。芦丁是由槲皮素 3 位上的羟基与芸香糖(1 分子的葡萄糖与 1 分子的鼠李糖)连接组成的双糖脱水而成的苷。

芦丁为浅黄色粉末或极细的针状结晶,含有 3 分子的结晶水,熔点为 174～178 ℃,无水物 188～190 ℃。溶解度:冷水中约为 1∶10 000;热水中约为 1∶200;冷乙醇中约为 1∶650;热乙醇中约为 1∶60;冷吡啶中约为 1∶12。微溶于丙酮、乙酸乙酯,不溶于苯、乙醚、三氯甲烷、石油醚,溶于碱而呈黄色。

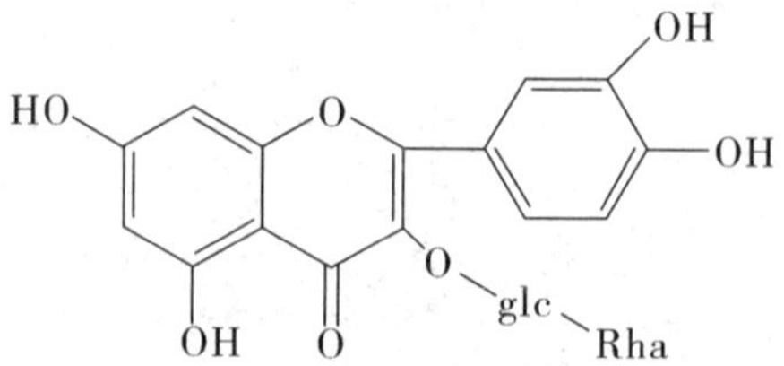

提取芦丁的方法有很多,有沸水提取或醇提法,其中多采用碱提取-酸沉淀的方法。利用芦丁结构中的酚羟基,与碱成盐后溶于水中,再向此盐溶液中加入适量酸,调节 pH,使芦丁又重新游离析出,从而获得粗制芦丁。

三、实验药品及仪器

1. 实验药品

槐花米、氧化钙、浓盐酸、甲醇、硝酸铝、亚硝酸钠。

2. 实验仪器与耗材

研钵、烧杯、锥形瓶、布氏漏斗、抽滤装置、试管、玻棒、冷凝管、玻璃漏斗、水浴锅等。

四、实验步骤

【实验流程图】

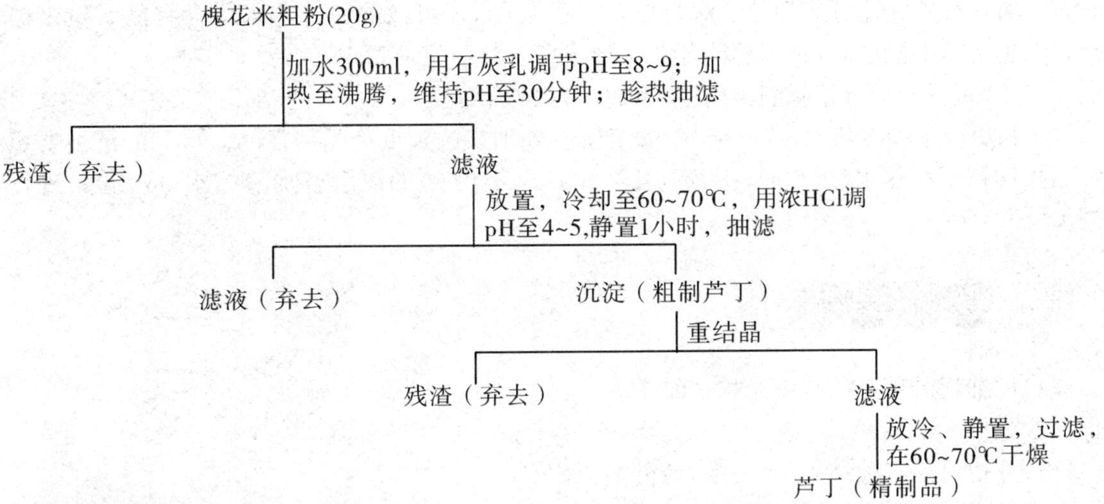

【操作步骤】

1. 芦丁的提取

称取槐花米 20 g，置于干燥的研钵中用钵棒挤压成粗粉备用。取 1～1.5 g 的石灰粉，置于干净的小研钵中，加入 10 mL 水后研成乳液备用。将粉碎的槐花米置于大烧杯（500～1 000 mL）中，加水 300 mL，在搅拌下加入上述制备的石灰乳，调节 pH 至 8，加热至微沸，维持 pH 约 30 min，趁热抽滤。弃去滤渣，滤液冷至 60 ℃，用浓盐酸调 pH 至 4，静置 1 h 以上，使芦丁充分析出，抽滤，弃去滤液，收集粗制芦丁。将粗制芦丁悬浮于蒸馏水中，加热煮沸 15 min，然后趁热过滤，弃去不溶物，充分静置，过滤，收集芦丁结晶，60 ℃干燥，得精制芦丁。（注：若芦丁提取量低，可将第一步弃去的滤渣继续用 150 mL 水，重复第一步提取）

2. 芦丁的检识

(1)Molisch 反应：取芦丁 1 mg，加乙醇 2 mL 使其溶解，然后加入等体积的 10% α-萘酚/乙醇溶液，摇匀，沿壁滴加浓硫酸，观察并记录两液面产生的颜色变化。

(2)盐酸-镁粉反应：取芦丁 1 mg，加乙醇 2 mL 使其溶解，然后滴加 2 滴浓盐酸，再加少许镁粉，观察并记录颜色变化。

(3) $ZrOCl_2$/枸橼酸反应：取芦丁 1 mg，加乙醇 2 mL 使其溶解，然后滴加 2% $ZrOCl_2$/甲醇溶液，观察颜色变化；再继续向试管中加入 2%枸橼酸/甲醇溶液，观察并记录颜色变化。

(4)紫外光谱解析：取适量芦丁溶于色谱纯甲醇中，加入规定的试剂，测定其 UV 光谱，试解析光谱并初步判断其结构。过程如下：量取芦丁试液 3 mL 置于 25 mL 的比色管中，用水稀释至 6 mL；加入 5%亚硝酸钠溶液 1 mL，摇匀，放置 6 min；再加入 10%硝酸铝 1 mL，摇匀，放置 6 min；然后加入 4%氢氧化钠试液 10 mL，最后用水定容至刻度，充分摇匀，放置 10 min。以不加供试品溶液为空白对照(基线校准)，使用紫外可见分光光度仪在 190～900 nm 范围内进行光谱扫描，确定芦丁的最大吸收波长。

【注意事项】

① 芦丁粉碎不可过细，以免过滤时速度过慢。

② 加入石灰乳即可达到碱溶解提取芦丁的目的，还可以除去槐花米中含有的大量多糖类黏液质，但 pH 不能过高，否则钙能与芦丁形成螯合物而沉淀析出。

③ pH 过低会使芦丁重新溶解，降低收率，最佳 pH 为 4。

④ 利用芦丁在冷热水(或乙醇)中的溶解度差别来达到重结晶的目的。得到的沉淀要粗称一下，按照芦丁在热水(或乙醇)中约为 1：200(或 1：60)的溶解度加蒸馏水(或乙醇)进行重结晶。

五、实验结果

(1)详细记录芦丁的得率及检识结果。

(2)分析 UV 谱图。

(3)分析讨论实验结果(若失败，请分析原因)。

六、思考题

(1)提取液为什么要趁热过滤？

(2)酸沉 pH 为什么不宜过低？

(3)槐米中的芦丁还能用什么方法提取？各有何特点？请设计方法验证。

实验 10-2　芦丁的水解及产物糖的鉴别

一、实验目的

(1)掌握黄酮苷水解制取苷元的方法。

(2)掌握黄酮苷、苷元和糖的鉴定方法。

二、实验原理

芦丁是由槲皮素 3 位上的羟基与芸香糖(1 分子的葡萄糖与 1 分子的鼠李糖)连接组成的双糖,脱水而成的苷。所以芦丁水解可得到槲皮素、葡萄糖和鼠李糖。

苷键的裂解方法有很多分类,按所用的方法可分为均相水解和双相水解,双相水解可避免苷元长时间受酸、碱等的作用,有利于提高苷元的收率或获得原苷元;按所用催化剂可分为酸催化水解、碱催化水解、酶解、乙酰解、过碘酸裂解等。其中酸催化水解常用的试剂是水或稀醇,常用的催化剂是稀盐酸、稀硫酸、乙酸、甲酸等。

三、实验药品及仪器

1. 实验药品

芦丁、硫酸、乙醇、苯酚。

2. 实验仪器与耗材

烧杯、锥形瓶、布氏漏斗、试管、玻棒、空气冷凝管、玻璃漏斗、水浴锅等。

四、实验步骤

【实验流程图】

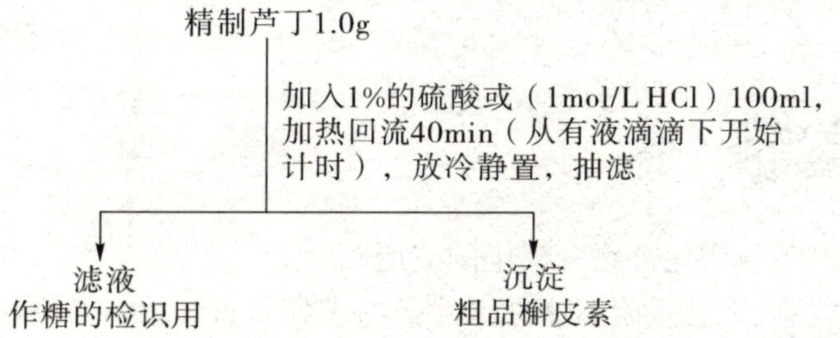

【操作步骤】

1. 水解方法

精密称取芦丁 1 g，加 1%硫酸 100 mL，加热 40 min，放冷静置，过滤。所得沉淀用少许水洗除酸，干燥称重，然后用乙醇(95%大约 10 mL)进行重结晶，即得苷元。

2. 糖的鉴别

从上述去槲皮素的水解母液中取出 20 mL，小心加 $BaCO_3$［或 $Ba(OH)_2$］细粉，边加边搅拌，中和 pH 至中性。过滤除去生成的 $BaSO_4$ 沉淀，滤液浓缩至 2 mL，为水解浓缩液，备用。(注意防止炭化)

(1)点样：①标准品：葡萄糖、鼠李糖的水溶液(2 mg/mL)。②样品液：酸水解浓缩液。

(2)展开剂：①正丁醇∶冰醋酸∶水(4∶1∶2 不分层)配制 14 mL。②正丁醇∶冰醋酸∶水(4∶1∶5 取上层)，配制 5 倍，放到分液漏斗中，平衡后取上层。

(3)展开方式：用径向纸色谱法，操作见附录 13。

(4)显色：喷邻苯二甲酸-苯胺溶液后，105 ℃烘干(或用电吹风加热)，显棕色或棕褐色斑点。

【注意事项】

① 加 $BaCO_3$ 或 $Ba(OH)_2$ 调 pH 时，注意不要过量。

② 用纸色谱法时，注意滤纸不能有折痕，不能用圆珠笔标记。

五、实验结果

(1)记录色谱结果。

(2)将样品色斑与标准品色斑对照并计算 Rf 值，做出结论。

六、思考题

(1)芦丁酸水解时溶液会呈现什么变化？为什么？

(2)苷键的裂解可以用哪些方法？最常见的方法是什么？影响酸水解速度的因素有哪些？

实验 10-3 柱色谱分离芦丁和槲皮素

一、实验目的

(1)掌握色谱法在黄酮类化合物分离中的应用。

(2)理解聚酰胺树脂、大孔吸附树脂在天然药物成分分离应用中的原理。

二、实验原理

色谱法亦称色层法、层析法等，是分离、纯化和鉴定有机化合物的重要方法之一。色谱法的基本原理是利用混合物各组分在某一物质中的吸附或溶解性能（即分配）的不同，或其他亲和作用性能的差异，当混合物的溶液流经该种物质时，进行反复的吸附或分配等作用，从而将各组分分开。

柱色谱常用的有吸附色谱和分配色谱两类。当加入的洗脱剂流下时，由于不同化合物吸附能力不同，因而以不同的速度沿柱向下流动，继续洗脱时，吸附能力弱的组分随溶剂首先流出。在连续洗脱过程中，不同组分或不同色带就能分别收集，从而达到分离纯化的目的。

三、实验药品及仪器

1. 实验药品

芦丁、聚酰胺树脂、大孔吸附树脂、乙醇、亚硝酸钠、硝酸铝、浓硫酸、萘酚等。

2. 实验仪器与耗材

层析柱、烧杯、容量瓶、紫外可见分光光度计等。

四、实验步骤

1. 装柱

聚酰胺 3 g，加水 20 mL，搅匀，倒入层析柱中（打开层析柱活塞，让水滴出，让聚酰胺自由沉降而填实。注意保持液面 1 cm 高度）。

2. 加样

芦丁和槲皮素各 30 mg，加甲醇 2 mL 溶解，加聚酰胺 30 mg，在水浴上除尽甲醇，将所拌样品轻轻地置于柱上端。

3. 洗脱

加好样品后，先用 50％的乙醇冲洗，待浅黄色的物质距离层析柱最底部的距离约 1 cm 时，再用 90％乙醇冲洗。

4. 收集

待浅黄色的物质距离层析柱最底部的距离约 1 cm 时用锥形瓶收集，每瓶接收 20 mL，连续收集 3 瓶。

5. 鉴别并比较

利用 Molish 反应鉴别流出液的成分及浓度变化；并同法比较大孔吸附树脂的分离效果。

【注意事项】

注意装柱过程中不要产生气泡。

五、实验结果

(1)记录各树脂对芦丁和槲皮素的分离效果。
(2)分析各树脂产生不同分离效果的原因。

六、思考题

几种树脂吸附分离的原理分别是什么?

第十一章　现代生物制药工艺学实验

实验 11-1　香菇多糖冻干粉针剂的制备

一、实验目的

(1)加强基本实验技能训练,提高学生分析和解决问题的综合能力。
(2)理解发酵工程制药的原理与过程。
(3)掌握微生物多糖的提取方法,掌握真空冷冻干燥的原理与方法。
(4)了解多糖冻干粉针剂制备的基本过程。

二、实验原理

真菌多糖是从真菌子实体、菌丝体、发酵液中分离出的一类天然高分子化合物,它广泛存在于真菌的细胞壁中,是由醛基和酮基通过糖苷键连接起来的高分子聚合物,有螺旋状的三维立体结构,其构型近似于 DNA,是一种 β 型的多糖。真菌多糖是控制细胞分裂分化,调节细胞生长衰老的一类活性多糖。因其进入体内后不会被消化、分解、吸收,能够和细胞膜上的受体结合,从而能发生药理活性。真菌多糖是一类具有广泛药理活性的活性物质,具有抗病毒、抗凝血、降血脂、抗肿瘤、调节免疫、延缓衰老等多种生物活性,现已被开发成多种药物和功能性食品添加剂。

真菌多糖存在于食(药)用真菌的菌丝体和子实体中,食(药)用真菌菌丝在液体发酵时,有的将多糖分泌到胞外,形成胞外多糖;有的只留在胞内,形成胞内多糖。若直接食用不易达到保健治疗作用,只有将其有效成分提取和纯化,才能提高功效。真菌多糖多以氢键、盐键等与其他多糖聚合在一起,因而须以各种有效方法破坏多糖链与其他物质的共价结合,方能达到提取多糖的目的。

大多数真菌多糖不溶于冷水,在热水中呈黏液态,遇乙醇能沉淀。因此,从真菌中分离、提取较为单一的多糖并鉴定其纯度极为困难。一般是根据原料的差别及对多糖品质要求的不同而采用不同的方法。目前提取的方法有水提取法、稀酸提取法、中性盐溶液提取法、碱提取法、水解酶消化提取法、蛋白酶水解提取法等。其中水提取法被采用得较多，适合于提取水溶性多糖；稀酸提取法适用于提取酸溶性多糖，提取时间宜短、温度不超过 50 ℃，以防止糖苷键断裂；稀碱法适合于提取碱溶性多糖。大部分多糖在有机溶剂中的溶解度极小，所以可用有机溶剂来沉淀。常用 4～5 倍的低级醇和丙酮，一般在 pH 为 7.0 左右沉淀，制得粗多糖。由于水提时间长且效率低，酸、碱提取易破坏多糖的立体结构及活性，而采用酶法提取真菌多糖(用复合酶与热水浸提相结合的方法)，此法具有条件温和、杂质易除及提取率高等优点。

多糖的纯化是将多糖混合物分离为单一的多糖，可采用的纯化方法有：①分步沉淀法：根据不同多糖在不同浓度的低级醇或酮中具有不同溶解度的性质，逐次按比例由小而大加入这些醇或酮进行分步沉淀提取。此法适用于分离各种溶解度相差较大的多糖。②盐析法：根据不同多糖在不同浓度盐溶液中具有不同溶解度而分离。

真菌多糖提取物中往往混有蛋白质、色素、低聚糖等杂质，必须分别除去。蛋白质一般常用醇析法和 Sevage 法、三氟二氯乙烷法等除去；真菌多糖的色素大多呈负性离子，不能用活性炭吸收剂脱色，可用 DEAE-纤维素或 DuoliteA-T 来吸附色素；低聚糖等小分子杂质可通过逆向流水透析法除去，然后可通过分部沉淀法、柱层析法、超过滤法等方法进行纯化。

香菇(*Lentinus edodes*)是侧耳科(Plearataceae)香菇属的子实体。1969 年日本学者千原证实了香菇热水提出物的抗肿瘤活性，羽田、佐木进一步研究证实其有效成分是香菇多糖(Lentinan)。香菇多糖是一种分子量为 60 万左右的 β-葡聚糖，是一种免疫调节型静脉给药的抗肿瘤药物，能够使机体免疫功能得到恢复和提高而杀灭肿瘤细胞，可用于辅助癌症治疗，具有剂量低、疗效好、毒副作用小等优点。临床上主要应用于不能手术的癌症患者，能显著延长患者的存活时间，防止手术后癌症的复发。

在临床应用时，由于香菇多糖水溶性差，为使冻干粉针剂能溶于注射用水中，在制备冻干粉针剂时必须加入大量辅料。这些辅料对香菇多糖的疗效无任何作用，纯粹作为助溶及赋形用。以日本香菇多糖冻干粉针剂制备为例：每瓶 1 mg 香菇多糖，含有主要辅料甘露醇 100 mg，次要辅料右旋糖酐(Dextran-40，Mw40000)2 mg。采用柠檬酸钠为助溶剂，可使甘露醇用量减少一半以上，同时省略了右旋糖酐。这样既降低了冻干粉针剂的成本，又使香菇多糖应用时安全性更高。目前，我国已将槐耳制剂(一类新药)、香菇多糖注射液(二类新药)、云芝糖肽胶囊(二类新药)、褐藻多糖硫酸酯、真菌多糖等多糖的研发列入高新技术产品开发的重点支持项目。

三、主要药品及器具

1. 药品

玉米粉、硫酸铵、蔗糖、葡萄糖、硫酸镁、磷酸二氢钾、酵母粉、蛋白胨、琼脂、3，5-二硝基水杨酸、氢氧化钠、酒石酸钾钠、苯酚、亚硫酸钠、氯仿、正丁醇、乙醇、甘露醇、柠檬酸。

2. 仪器

培养箱、恒温摇床培养箱、洁净工作台、恒温水浴锅、离心机、板框压滤机、磁力搅拌器、干燥箱、干燥器、标准筛、超微粉碎机、真空旋转蒸发浓缩仪、真空冷冻干燥机、旋涡混合器、可见分光光度计、天平、分析天平、电磁炉、pH 计等。

3. 用具

培养皿、试管、烧杯、量筒、三角烧瓶、容量瓶、试剂瓶、低硼玻璃安瓿瓶、玻璃棒、药匙、标签纸、移液管等。

四、实验步骤

1. 香菇的液体发酵培养

(1)培养基的配制

① 试管母种培养基：玉米粉 20％、磷酸二氢钾 0.1％、蔗糖 2％、琼脂 2％、蛋白胨 0.3％、硫酸镁(7 个结晶水)0.05％，pH 自然。

② 摇瓶种子培养基：玉米粉 1％、磷酸二氢钾 1％、蔗糖 2％、硫酸镁 0.05％、酵母粉 0.4％、pH 自然。

③ 发酵罐培养基：玉米粉 1％、硫酸铵 0.2％、蔗糖 2％、磷酸二氢钾 0.1％、酵母粉 0.1％、pH 自然。

(2)摇床培养种子液

其工艺流程如下：

香菇保藏菌种→25～28 ℃，5～7 d→斜面菌种→25～28 ℃，3～4 d→一级种子 25～28 ℃，3～4 d→二级种子。

采用恒温摇床培养箱，摇床频率 120 r/min，接种量为 15％，经 3～4 d、25～28 ℃恒温培养后，发酵液清亮透明，形成直径 0.2～0.5 cm 的菌丝球，发酵液有一种清香的气味。

(3)深层通气发酵：为了继续扩大培养，采用 5 L、50 L 的种子罐和 500 L 的发酵罐进行发酵，其工艺流程如下：

香菇保藏菌种→25～28 ℃，5～7 d→斜面菌种→25～28 ℃，3～4 d→一级种子、二级种子→25～28 ℃、3～4 d→种子罐→25～28 ℃、4～5 d→发酵罐。

(4)香菇深层培养条件

① 温度：香菇深层培养最适温度为 25～28 ℃，温度低于 27 ℃时，菌丝生长受到明显的抑制；高于 30 ℃时，菌丝生长易衰老自溶，培养液变成深色。

② pH：香菇深层培养以 pH 5～5.5 为最适宜，在这种条件下菌丝体生长迅速；培养基的 pH 为 3 时，菌丝不能生长；当 pH 降低到 2.5～3.0 时，便可终止发酵。

③ 通气量：香菇是好气性菌类，必须达到一定的通气量，香菇菌丝才能正常生长，通气量为发酵液：风量＝1：(0.5～1.0)。

(5)通风深层培养放罐标准

菌丝体含量≥20％(湿重)；发酵液 pH2.5～3.0；气味清香；残糖在 0.1％左右；发酵液外观清亮透明，菌丝球为 0.2～0.5 cm；菌丝衰老，少数自溶，菌丝体为无锁状联合。培养周期 4～5 d。

2. 香菇多糖的提取

放罐处理方法有两种：一种是以有效成分作为指标，按有效成分中的多糖或三萜类等物质的提取方法进行处理；另一种则以全液浓缩，烘干制成干物质供药用或将发酵液浓缩，经冷冻制成香菇发酵精粉。

(1)提取

① 多糖提取物：放罐后将菌丝体和发酵提取液分离(采用离心或板框压滤)，菌丝用 90～100 ℃热水提取 3 次，合并发酵液置于真空减压浓缩罐内浓缩，加入浓缩液量 2～3 倍的 95%乙醇，搅拌均匀，静置后，通过离心机设备，收集沉淀物烘干，为香菇粗多糖蛋白。若不需要含蛋白质成分时，可采用 Sevage 法[氯仿：正丁醇＝5：1(V/V)]除去蛋白质，逆向流水透析得香菇多糖。

② 醇提取物：发酵液置于真空浓缩罐进行真空减压，浓缩至一定体积，然后烘干制成干物质即可作为制药原料。也可以进行提取精制。将干物质投入提取器中，加入 95%乙醇，回流 4 h，得乙醇提取液，如此反复提取数次，至乙醇提取液无色或微带色为止；合并乙醇提取液，减压回收乙醇，至酒精熬尽，呈稠膏状，其主要成分为三萜类等化合物，提供制药原料。

(2) 香菇多糖测定

① 香菇胞外多糖测定：量取离心后的发酵清液 250 mL，浓缩至 50 mL，冷却，搅拌下加入 3 倍量 95%乙醇，于冰箱中静置过夜，次日离心，沉淀物(粗多糖)依次用无水乙醇、丙酮洗涤，真空干燥至恒重，精确至 0.001 g。

② 胞内粗多糖测定：取一定体积发酵液，离心或过滤分离其中菌丝体，以蒸馏水洗涤 3 次，60 ℃烘干，研细。称取菌丝体干粉 1 g，以 50 mL 蒸馏水于沸水浴中抽取 3 次，每次 2 h。离心，合并抽提液，浓缩至原体积的 1/5，以下操作同胞外粗多糖测定。

按下列公式计算：

$$\text{胞外(内)粗多糖(g/100mL)}=\frac{\text{粗多糖干物重(g)}}{\text{上清液(发酵液)体积(mL)}}\times 100$$

3. 多糖冻干粉针剂的制备

(1) 多糖冻干粉针剂的制备

【处方】多糖	100 mg
甘露醇	4000 mg
柠檬酸钠	900 mg

【制法】

取 100 mg 多糖，用 0.2 mol/L 氢氧化钠 100 mL 溶解。溶解后分别加入甘露醇 4 g，搅拌溶解，然后用 1 mol/L 柠檬酸调节溶液 pH 至 7.0，过滤，减压浓缩至 100 mL(根据氢氧化钠与柠檬酸中和反应化学方程式，中和反应产物柠檬酸钠应为 870 mg)，无菌过滤，消毒，按 1 mL 体积分灌于低硼玻璃安瓿瓶中，冷冻干燥，即得冻干粉针剂样品。样品分别测定含水量。用肉眼观察瓶中冻干粉针剂的饱满度，然后分别用 2 mL 注射水溶解，观察获得溶液的澄清度。

(2) 质量检查

【检查】

① 水分：按照烘干法测定，本品含水量不得超过5.0%。

② 饱满度：用肉眼观察瓶中冻干粉针剂的饱满度。

③ 澄清度：取本品3瓶，分别用2 mL注射水溶解，观察获得溶液的澄清度。注射液澄清度检查按中国药典2015年版附录ⅨB进行，澄清度与注射用水相同或未超过0.5号浓度标准液均为澄清。

④ 多糖含量测定：采用硫酸-苯酚法测定多糖含量。

⑤ 多糖纯度检测：称取0.0100 g纯化多糖配成0.1 g/L多糖水溶液，用紫外可见分光光度计在波长200～800 nm范围内扫描，分析紫外可见光谱，检测有无核酸、蛋白质等杂峰出现。

【功能与主治】

本品为免疫功能增强剂。具有益气健脾、补虚扶正等功效，主要用于慢性肝炎，对肿瘤也有一定疗效，配合放、化疗的辅助药。

【用法与用量】

肿瘤免疫治疗、胸腹腔积液时腔内注射，多糖注射液20 mg(5支)胸腹腔内注射，每周2次，多糖注射液8 mg，每日1次，肌肉注射。

六、思考题

谈谈制备多糖冻干粉针剂的体会。

实验11-2　氨基酸口服液的制备

一、实验目的

(1)理解蛋白质水解的原理。
(2)掌握氨基酸口服液的制备方法。

二、实验原理

蛋白质(protein)是生命的物质基础，没有蛋白质就没有生命。因此，它是与生命及各种形式的生命活动紧密联系的物质。机体中的每一个细胞和所有重要组成部分都有蛋白质参与。蛋白质占人体重量的16.3%，即一个60 kg重的成年人其体内约有蛋白质9.8 kg。人体内蛋白质的种类很多，性质、功能各异，但都是由20多种氨基酸按不同比例组合而成的，并在体内不断进行代谢与更新，其中包括必需氨基酸(赖氨酸，色氨酸，苯丙氨酸，甲硫氨酸，苏氨酸，异亮氨酸，亮氨酸和缬氨酸)与非必需氨基酸(甘氨酸，亲水性丙氨酸，酪氨酸，天冬氨酸，组氨酸，天冬酰胺，谷氨酸，谷氨酰胺，精氨酸，丝氨酸，半胱氨酸和脯氨酸)。被食入的蛋白质在体内经过消化分解成氨基酸，吸收后在体内主要用于重新组合成人体蛋白质，同时新的蛋白质又在不断代谢与分解，时刻处于动态平衡中。因此，食物蛋白质的质和量、各种氨基酸的比例，关系到人体蛋白质合成的量，尤其是青少年的生长发育、孕产妇的优生优育、老年人的健康长寿。

蛋白质在酸性、碱性、酶等条件下发生水解，可以生成多肽，但水解的最终产物都是氨基酸。蛋白质水解生成的氨基酸有 20 余种，天然蛋白质水解的最终产物都是 α-氨基酸。双缩脲法是一个用于鉴定蛋白质的分析方法，双缩脲试剂是一个碱性的含铜试液，呈蓝色，由 1%氢氧化钾、几滴 1%硫酸铜和酒石酸钾钠配制而成。凡具有两个酰胺基或两个直接连接的肽键，或能够以一个中间碳原子相连的肽键，这类化合物都有双缩脲反应。当底物中含有肽键时(多肽)，试液中的铜与多肽配位，配合物呈紫红色。水解后的溶液可用双缩脲法检查，观察是否有肽键反应，如无紫红色出现，说明水解反应已完成。

三、主要药品及器具

1. 药品

新鲜蚕蛹、硫酸、石灰乳、活性炭、双缩脲试剂。

2. 仪器

组织粉碎机、滤器、高压锅、天平、分析天平、电磁炉、pH 计。

3. 用具

烧杯、容量瓶、试剂瓶、量筒、玻璃棒、药匙、标签纸、小试管、移液管、搪瓷罐、微孔滤膜等。

四、实验步骤

1. 氨基酸口服液的处方

［处方］

新鲜蚕蛹	10 kg
4 mol/L 硫酸	10 kg
石灰乳	适量

2. 氨基酸口服液的制备方法

(1)称取新鲜的蚕蛹，用组织粉碎机绞碎，以滤布或适宜滤器过滤，除去残渣。

(2)滤液放入搪瓷罐内或适宜的容器内，按 1∶1 的比例加入 4 mol/L 硫酸液，搅拌均匀，盖严。将容器放入高压锅内，通入蒸汽，以 110 ℃高温高压水解 8～10 h。

(3)取已水解的上清液少许，用双缩脲法检查是否有肽键反应。如无紫红色出现，说明水解反应已完成。

(4)冷却后，用石灰乳中和硫酸，边加边搅拌，待中和到 pH4.0 时，要小心操作，继续用石灰乳中和，调节 pH 到 5.5 时即可。

(5)趁热过滤，除去硫酸钙沉淀，向滤液中加入 0.5%活性炭，煮沸 5～10 min，脱色除杂质。

(6)再趁热过滤，得浅黄色溶液，并保持滤液温度在 60～80 ℃，待含量测定后，调整溶液浓度为 3%，搅匀，灌装，密封即得。

五、思考题

(1)蛋白质的碱法水解和酸法水解对氨基酸产物的影响。

(2)在制备氨基酸口服液时，要注意哪些事项？

第十二章　遗传学实验

实验 12-1　植物有丝分裂过程中染色体行为的观察

一、实验目的

(1)通过洋葱根尖有丝分裂的观察,进一步了解和掌握有丝分裂过程中染色体的行为特点。
(2)掌握植物细胞的压片技术。

二、实验原理

染色质是经碱性染料染色可呈深色的物质。

细胞周期可以分为间期与分裂期,细胞周期中染色体的行为会呈规律的周期性变化。在间期,长长的染色质杂乱无章,相互缠绕在一起,染色后在显微镜下会是深色的一团物质;随着细胞周期的进行,染色质逐渐缩短变粗彼此分开,成为形态清晰可辨别的物质,这就是染色体(前期)。中期染色体会排列在赤道板上;后期染色体会逐渐分开;末期染色体会移动到细胞的两极,植物细胞会形成细胞板然后形成两个子细胞,而动物细胞的细胞膜会直接缢缩为两个子细胞。

三、实验材料及主要药品、器具

1. 材料

洋葱根尖。

2. 试剂及药品

乙醇、冰乙酸、盐酸、秋水仙素、改良的苯酚品红染色液和醋酸洋红染色液。

3. 仪器

普通光学显微镜。

4. 用具

载玻片、盖玻片、枪形镊子、单面刀片。

四、实验步骤

1. 获取良好生长的根尖

获取良好生长的根尖是本实验成功的关键。如果根尖的生长不良，后面的努力都是无用的。

洋葱根尖的获得：把洋葱表面干枯的表皮剥除干净，然后将洋葱放在一个装满水的烧杯上，烧杯的大小要合适，使洋葱正好卡在烧杯口而不掉落，水的多少要适宜，使水恰好没过洋葱1 mm。在培养的过程中要注意每天换水。当根尖生长至1～2 cm时，把根尖剪下来，一部分进行预处理，另一部分直接固定。

小麦或大麦根尖的获得：用水浸泡小麦或大麦种子1 d，注意中间要换水1～2次，将种子洗净，这时应该能看到胚萌动，即一小部分的胚能够冲破种皮，露出白色的尖。在培养皿中放入3张滤纸，加水润湿（水不能多，旱长根，湿长芽）。把种子均匀地撒到滤纸上，种子间距为0.5～1 cm，剪下根尖，一部分进行预处理，另一部分进行固定。

2. 预处理

预处理的方法有冰冻处理和药物处理两种。预处理的方法现在已经很成熟，无论哪种处理方法都能得到很好的结果。在药物处理的时候要注意，预处理的温度一般要在10～15℃之间，温度不能太高。预处理液不能太多，刚没过材料即可；根尖不能太多，在溶液中不要显得太密集。表12－1是各种常见材料的预处理方法，请大家在实验的时候进行参考。

表12－1　不同材料的预处理方法

植物名称	染色体数	处理因素	处理时间	温度
小麦	42	0.2%秋水仙素水溶液	9:00～11:00	25 ℃
小麦	42	对二氯苯饱和水溶液	10:00～14:00	室温
小麦	42	1～4 ℃冰箱	20～24小时	1～4 ℃
小黑麦	56	对二氯苯饱和水溶液	10:00～14:00	室温
豌豆	14	对二氯苯饱和水溶液	10:00～11:30	室温
烟草	48	对二氯苯饱和水溶液	8:30～11:30	室温
蚕豆	12	0.05%～0.1%秋水仙素水溶液	20:00～23:00	室温
蚕豆	12	0.05%～0.1%秋水仙素水溶液	14:30～17:30	8 ℃
洋葱	16	0.05%～0.1%秋水仙素水溶液	7:30～11:30	15 ℃
茄子	24	0.002 mol/L 8-羟基喹啉	9:00～13:00	15 ℃
大麦	14	0.05%～0.1%秋水仙素水溶液	8:00～11:00	25 ℃

3. 固定

经过预处理的材料要在清水中漂洗两次，然后转入卡诺氏固定液（乙醇：冰乙酸=3：1）中。卡诺氏固定液的体积是材料体积的10倍左右，固定的温度不宜过高。固定时间一般为2～24 h，然后用95%的乙醇清洗2次，最后在70%的酒精中于4 ℃冰箱中保存，保存时间最好不超过2个月；如果时间稍长，材料还想继续使用，建议使用前再重新固定一次。

4. 解离

解离的方法有几种，可以选择其中一种。拿一个eppendorf管，取1～2个根尖于eppendorf中，① 加入1 mol/L HCl在60 ℃水浴锅中水浴10～15 min，或加入5 mol/L HCl在60 ℃水浴锅中水浴5 min；② 酒精和浓盐酸的等体积混合液中处理2～10 min；③ 2.5%果胶酶和2.5%纤维素酶等量混合液中室温处理2～3 h（此步骤中要注意溶液要没过材料）。④ 解离之后的材料要在清水中充分漂洗3次，每次5 min。

5. 染色及压片

经过解离后的材料放在载玻片上。根尖经过解离后它的分生区的颜色会发白，而其他组织则会略显透明。这时如果材料过大，会影响压片效果，可以用手术刀将根尖切下，并可切成薄片。在材料上滴一滴改良的苯酚品红染色液染色5～10 min，如果是冬天气温较低，染色时间也可相应延长。然后放上盖玻片，拿一张吸水纸放在盖玻片上，用左手压住吸水纸，右手拿一根火柴棍对材料进行敲击，再用铅笔的橡皮头将材料敲散。注意此时的盖玻片不要移动。站起身，用拇指对准材料的位置，垂直按压，使足力气一次成型。

6. 镜检

制好的片子先在100X镜下观察，当调试清楚后，换到400X镜下再进行微调就可以看到清楚的图像。

五、实验结果

有丝分裂是一个连续的动态过程，在我们的实验中间期和前期有时很难分开，尤其用改良的苯酚品红染色的装片在前期是看不见核仁的，而核仁是前期的一个重要标志；但用改良的苯酚品红染色之后的装片背景清楚。相对于前期，中期、后期和末期的图像更好区分辨认。我们可以把实物图12－1与模式图12－2相对照来观察，就更容易在显微镜下辨认有丝分裂的各个时期了。在观察装片时要耐心细致，因为在细胞周期中大部分细胞所处的时间是间期，也就是说大部分镜下的细胞是间期，分裂期的细胞只是少数。

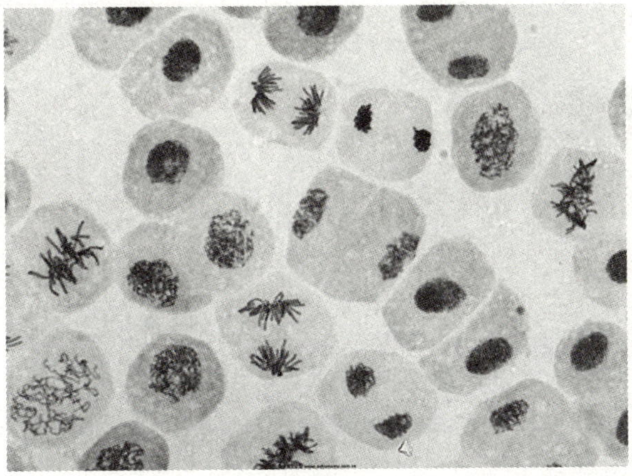

图 12-1 洋葱根尖有丝分裂

A间期 B前期 C中期 D后期 E末期

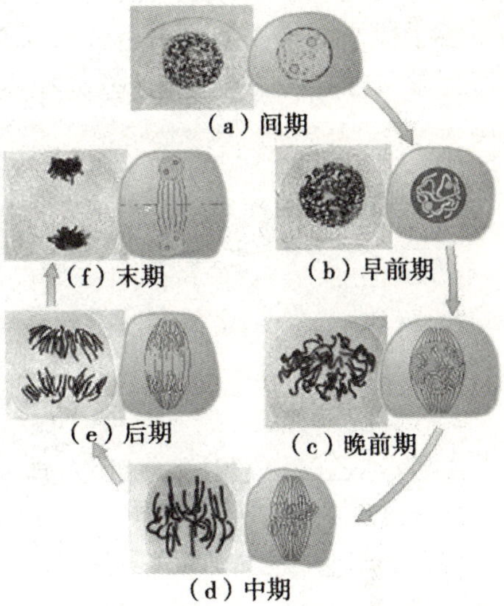

图 12-2 有丝分裂示意图

六、思考题

(1)预处理与没有预处理的材料制成的装片观察的实验结果有什么不同?

(2)中期的染色体有哪些不同的图像,我们在进行核型分析的时候用哪一种?

实验 12-2 核型分析

一、实验目的

(1)掌握染色体组型分析的各种数据指标,学习和掌握核型分析的方法。

(2)正确理解生物的遗传多样性——染色体多样性。

二、实验原理

不同物种的染色体都有各自特定的形态结构(包括染色体的长度、着丝点位置、臂比、随体大小等)特征,而且这种形态特征是相对稳定的,可以作为种的特征。染色体组型分析是细胞遗传学研究的基本方法，是研究物种演化、分类以及染色体结构、形态与功能之间关系所不可缺少的重要手段。进行核型分析后，可以根据染色体结构和数目的变异来判断生物的病因，比如由于基因缺失才导致的疾病。还可根据单个碱基的差异，精确判断染色体 DNA 链中的基因突变。

三、实验材料及主要药品、器具

1. 材料

牡丹种子。

2. 试剂及药品

乙醇、冰乙酸、盐酸、秋水仙素、改良的苯酚品红染色液和醋酸洋红染色液。

3. 仪器

普通光学显微镜。

4. 用具

载玻片、盖玻片、枪形镊子、单面刀片、剪刀、胶水、直尺。

四、实验步骤

1. 排列

选择一张较好的照片，打印出来，把上面的染色体逐一剪下。剪下的染色体按照从大到小或者从小到大的顺序进行排列。排列的时候短臂在上，长臂在下。如果几条染色体长度相同，则短臂长的排在前面，短臂短的排在后面。如果染色体带有随体，我们也是按照上面的规则进行排列。

2. 调整

我们可以借助坐标纸上面的线进行精细的调整。调整的时候要把同源染色体排在一起，非同源染色体要离得远一些。同源染色体是那些长度相同，着丝粒的位置、随体的位置都相同的染色体，即形态相同的染色体。把一对同源染色体编为一个编号，按照一定的顺序(从长到短或从短到长)逐一对同源染色体进行编号。

3. 粘贴

画上一条直线，直线的上方留出足够的空间用来粘贴染色体照片(图 12－3)。把排列好的染色体按照步骤 2 的原则进行粘贴，粘贴的时候要使着丝粒的位置置于直线上。

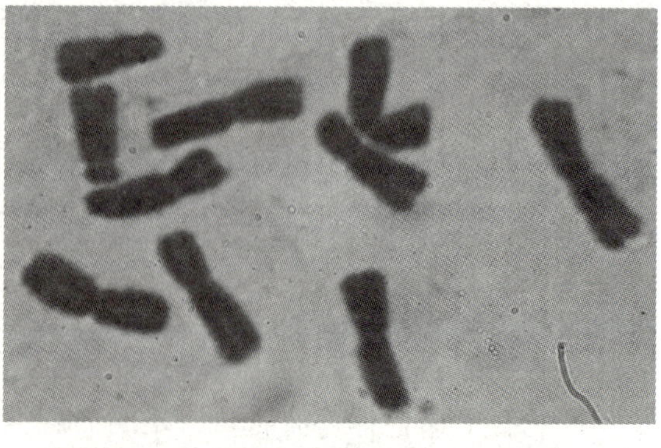

图 12－3　牡丹染色体有丝分裂中期照片

4. 测量

用直尺对染色体进行测量，测量的指标包

括长臂长度、短臂长度、总长度，分别记入表 12－3 中，精确到小数点后一位。如果染色体带有随体，则其长度要计入染色体的总长度。根据上述测量结果，计算下列各数值。

(1)染色体的相对长度

核型分析中常用染色体的相对长度表示染色体的总长度。染色体相对长度以百分比表示，通常采用 Levan(1964)的公式计算：

染色体相对长度＝(染色体长度/染色体组总长度)×100%

(2)臂比

臂比＝长臂/短臂(长臂与短臂的长度分别取两条同源染色体的平均长度)

臂比反映的是着丝粒的位置，这个位置在染色体中也是相对固定的，因而它也是判断染色体特征的最常用的指标之一。根据 Levan(1964)提出的划分方法如表 12－2：

表 12－2　染色体分类表

臂比	着丝粒位置	简写
1.00	正中部着丝粒	M
1.01～1.70	中部着丝粒	m
1.71～3.00	亚中部着丝粒	sm
3.01～7.00	亚端部着丝粒	st
大于 7.01	端部着丝粒	t
∞	正端部着丝粒	T

(3)核型公式 $2n=2X=10=6\text{m}+2\text{sm}+2\text{st}$(芍药)

5. 填表

表 12－3　染色体的测量指标

序号	相对长度	长臂长度	短臂长度	臂比	着丝点类型
1					
2					
3					
4					
5					

五、实验结果

以上介绍给大家的是传统的核型分析方法，随着科学技术的发展，现在已经有了专门的核型分析软件。当观察的图像比较好时，可以通过显微镜自带的照相系统将图像传至电脑中，然后由专业核型分析软件进行分析。但是这套系统比较贵，在普通的遗传学实验中没有得到广泛的应用。我们的实验会有一些很难解决的不利因素，例如所取得的图像会有染色体的重叠、交叉、折叠等现象，这样就需要我们对制片、图像的观察、图像的选择和处理要有较高的技巧和丰富的经验。

六、思考题

(1)核型分析时为什么使用相对长度而不用绝对长度?
(2)核型分析的应用有哪些?

实验 12-3 动植物细胞减数分裂过程中染色体行为的观察

一、实验目的

(1)了解高等植物减数分裂过程及染色体的动态变化。
(2)掌握制备植物细胞减数分裂玻片标本的技术和方法。

二、实验原理

减数分裂是性母细胞成熟时配子形成过程中一种特殊的有丝分裂。它包括连续两次的细胞分裂阶段:第一次分裂为染色体数目的减数分裂,第二次分裂为染色体数目的等数分裂。两次分裂可根据染色体变化特点各分为前期、中期、后期和末期。由于第一次前期时间较长,染色体变化比较复杂,故其前期又可分为五个时期。在整个过程中,同源染色体之间发生联会、交换和分离,非同源染色体之间进行自由组合。最终分裂为染色体数目减半的四个子细胞,从而发育为雌性或雄性配子。雌、雄配子通过受精又结合成为合子,发育为新的个体,这样又恢复了染色体数目。由于不同雌、雄配子染色体的重新组合,产生了大量的遗传变异,有利于生物的适应和进化。

三、实验材料及主要药品、器具

1. 材料

玉米雄花。

2. 试剂及药品

乙醇、冰乙酸、盐酸、秋水仙素、改良的苯酚品红染色液、醋酸洋红染色液。

3. 仪器

普通光学显微镜。

4. 用具

载玻片、盖玻片、枪形镊子。

四、实验步骤

(1)取材：在一朵花的减数分裂的全过程中能观察到染色体的时间是很短的，一般在终变期、中期Ⅰ、后期Ⅰ。因此，适时取材是观察花粉母细胞减数分裂的关键步骤，不同材料、不同地区或季节的取材适期略有差异。北方的玉米5月份取材，时间为上午8:30为好。夏玉米一般在7月份取材，以上午7:00—8:00为好。在玉米雌穗未抽出前的7～10 d手摸上部(喇叭口下部)有松软感觉，表明雄花序即将抽出。用刀在顶叶近喇叭口处纵向划一刀，切开长10～15 cm，剥出雄花序，顶端花药长3～5 mm，花药尚未变黄时取材为适期。

(2)固定：将采集的雄穗浸入卡诺氏固定液中固定12～24 h后，用95%酒精清洗净醋酸气味，保存于70%酒精中置冰箱保存备用。

(3)制片及观察：取1～3枚花药放在洁净的载玻片上，用清洁刀片压在花药上向一端抹去，涂成薄层，然后滴1滴改良苯酚品红染色液，也可在花药上滴上染色液。然后用镊子把花药镊碎，去掉肉眼见得到的残渣，数分钟后盖上盖玻片，包被吸水纸，用大拇指匀力压片，或用铅笔的橡皮头垂直轻敲。为了加深染色，可把载玻片平放在酒精灯火焰上来回摆动几次，使之略加热。

片子制成后先在100X镜下观察，调试清楚后，转到400X镜下观察。

五、实验结果

减数分裂同样分为间期和分裂期，在分裂期中的第一次减数分裂前期(前期Ⅰ)比较复杂，它可以细分为细线期、偶线期、粗线期、双线期、终变期。细线期染色质逐渐浓缩，变为清晰可见的细线，与间期比其染色质变得清晰；偶线期染色质进一步变粗变短，虽然还是彼此缠绕在一起，但在好的片子上可以看到配对的同源染色体；粗线期的染色质彼此之间清晰可分开，有时候此时的染色体图可以作为核型分析的材料，在不用改良苯酚品红染料染色时，可以看到核仁；双线期的染色体由于细胞周期向中期进行，同源染色体彼此之间要逐渐分开，会出现交叉的现象；终变期的染色体缩短得更粗，在镜下基本呈粒状，但会看到交叉端化的现象。中期Ⅰ染色体排列在赤道板的两侧，后期Ⅰ同源染色体逐渐向两极移动而分开，末期Ⅰ染色体移动到细胞的两极，并逐渐形成细胞板，两个子细胞形成。第二次减数分裂与有丝分裂过程中染色体行为的变化极为相似。减数分裂过程中染色体行为的变化如图12-4所示。

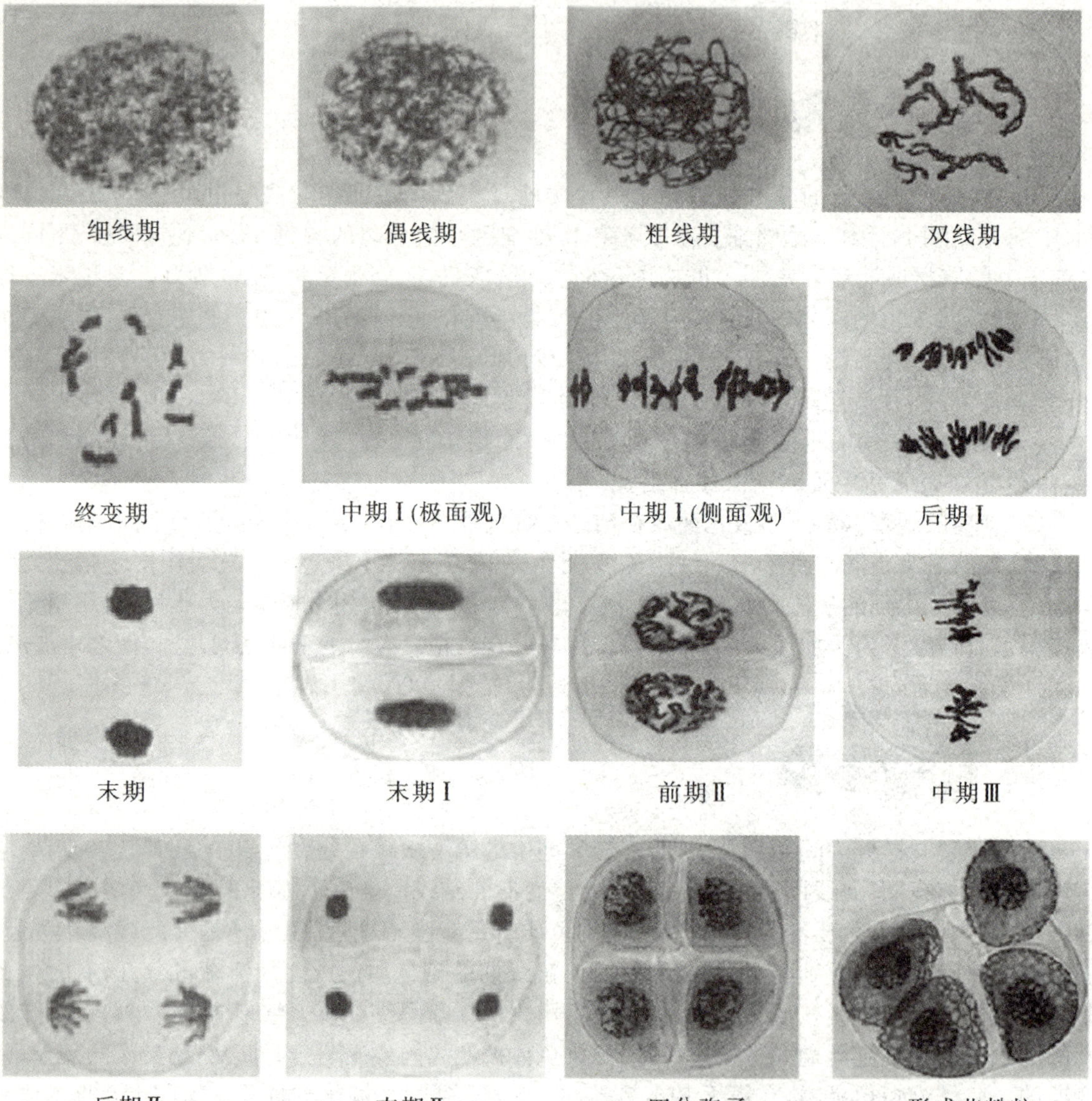

图 12－4　玉米花粉母细胞减数分裂各时期染色体图

六、思考题

(1)第一次减数分裂与第二次减数分裂在显微镜下有什么区别?

(2)第一次减数分裂前期Ⅰ染色体的行为有哪些变化?

实验 12-4　果蝇唾腺染色体的观察

一、实验目的

(1)了解果蝇唾腺染色体的形态学及遗传学特征。

(2)掌握分离果蝇幼虫唾腺的技术。

二、实验原理

唾腺染色体(salivary gland chromosome，alivary chromosome)为双翅类昆虫唾腺细胞的间期核中所看到的巨型染色体。E. G. Balbiani(1881)首次看到了它的带状结构，但到后来，E. Heitz 和 H. Bauer(1933)以及 T. S. Parnter(1933)才指出它在细胞学上的意义。唾腺染色体的显著特征是:①形状为带状，宽达 5 微米、长达 2 000 微米，它相当于普通染色体的 100～200 倍;②细胞核不分裂，但是染色质还要不断复制，形成了多条染色体的融合而成的巨大染色体，染色体的宽度增加，同时长度也增加;③染色体带的全长几乎都有明显的嗜碱性的横纹，横纹的宽度有大有小，疏密相间，但是它的数目、位置等在同一种中是恒定的。横纹被认为是染色小粒横向排列而成的。横纹是详细研究染色体的部分缺失、倒位、重复、易位等染色体结构变异的良好材料;④由于 2 条同源体细胞染色体联会，摇蚊($2n=8$)中可认出四条染色体。在黑腹果蝇($2n=8$)中，V 形的第二染色体和第三染色体各有两条臂，各条染色体在异染色质多的着丝粒附近互相靠拢，与核仁一起在核的中央形成一个染色中心。唾腺染色体的一条或几条横纹常显著膨起，这部分称为 Bal-biani 环。一般把多线性的巨大染色体中的这种膨起称为疏松结构。许多双翅类以及二、三种脉翅类昆虫的食管、肠、马氏管和神经细胞中，以及在植物界的 Rhinanthus(胡麻科)的胚盘细胞(chalaza-haustorial cell)、虞美人草的反足细胞中都能看到具有这样特征的染色体。

三、实验材料及主要药品、器具

1. 材料

黑腹果蝇三龄幼虫。

2. 试剂及药品

乙醇、冰乙酸、盐酸、秋水仙素、改良的苯酚品红染色液、醋酸洋红染色液、0.9%的生理盐水。

3. 仪器

普通光学显微镜和实体显微镜。

4. 用具

载玻片、盖玻片、枪形镊子。

四、实验步骤

1. 取材

(1)在载玻片上滴上一滴生理盐水,取一只三龄幼虫放入生理盐水中。

(2)在解剖显微镜下,观察三龄幼虫,其中头部有黑色的口沟,头部略尖,尾部有一对黄色的后气门,略圆。左右手各持一只解剖针,左手解剖针压住幼虫近口器端,右手解剖针压住约身体靠头部的三分之一处,左右手的解剖针迅速向两端拉扯,唾腺会被拖出。唾腺为一段透明的棒状腺体。

(3)迅速剥离唾腺周围的脂肪组织。

2. 解离

用吸水纸吸去生理盐水,然后加 1 滴 1 mol/L HCl 于材料上,5 min。

3. 染色

用吸水纸吸去盐酸,滴加蒸馏水于材料上,作用 10 min,吸去蒸馏水,此过程重复一次。然后滴加 1 滴改良苯酚品红染色液,染色 5～10 min。

4. 制片及压片

将染色后的材料盖上盖玻片,在盖玻片上盖上两层吸水纸,将多余的染液吸干。用大拇指对准材料的位置用力压下去,一次成型。

5. 镜检

片子制成后先在 100X 镜下观察,调试清楚后,转到 400X 镜下观察。

五、实验结果

在实体显微镜下会看到拉出的唾腺及其他组织,如图 12－5。经染色后的唾腺染色体如

图 12－6、图 12－7 所示。

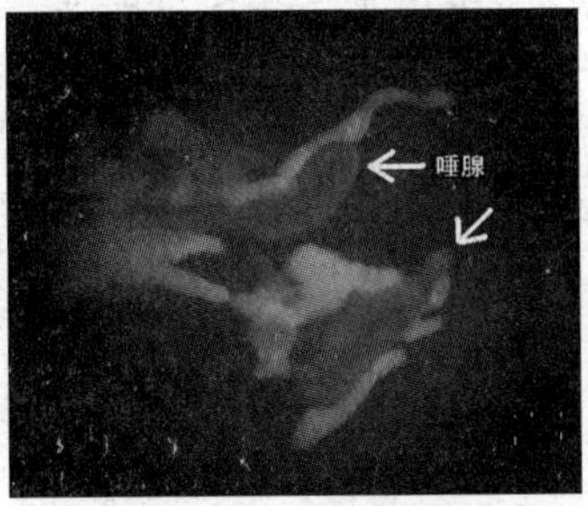

图 12－5　果蝇唾腺

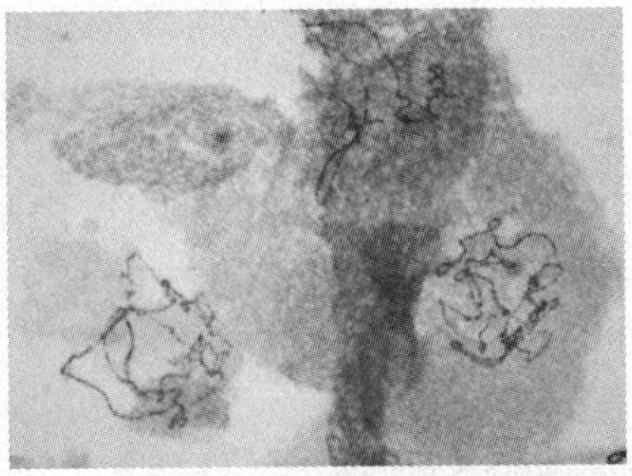

图 12－6　果蝇唾腺染色体(10×40)

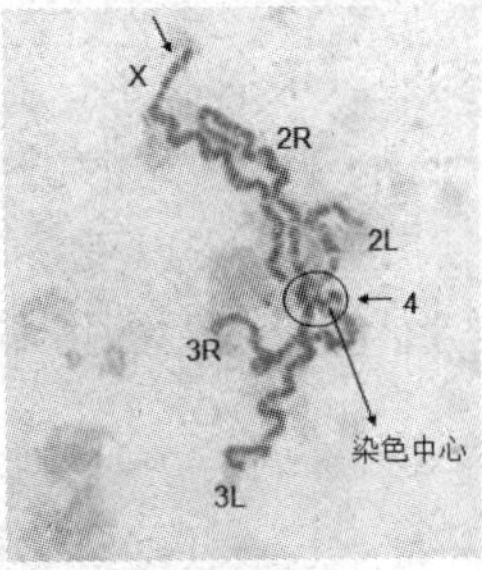

图 12－7　唾腺染色体臂(10×40)

六、思考题

(1)唾腺染色体是果蝇特有的巨大染色体吗?

(2)果蝇唾腺染色体的臂怎样区分?

实验 12–5　人类 X 小体的检测

一、实验目的

(1)了解有关 X 染色体失活的 Lyon 假说,失活染色体上基因所控制的性状的遗传特点。

(2)掌握观察与鉴定失活染色质的方法,巴氏小体的形态特征及所在部位。

二、实验原理

在哺乳动物体细胞核中,其中的一条 X 染色体保持常染色质的活性,另一条 X 染色体常浓缩成染色较深的异染色质,这条异染色质称为巴氏小体,又称 X 小体,通常位于间期核膜边缘。1949 年,美国学者巴尔(M. L. Barr)等发现雌猫的神经细胞间期核中有一个深染的小体而雄猫却没有。在人类,男性细胞核中很少或根本没有巴氏小体,而女性则有 1 个。研究表明,巴氏小体就是性染色体异固缩(细胞分裂周期中与大部分染色质不同步的螺旋化现象)的结果。体育运动会上的性别鉴定主要采用巴氏小体方法。

英国学者莱昂(M. F. Lyon)认为,这种异固缩的 X 染色体(巴氏小体)缺乏遗传活性,提出“莱昂氏假说”,其内容主要是:

(1)正常雌性哺乳动物体细胞中的两个 X 染色体之一在遗传性状表达上是失活的。

(2)在同一个体的不同细胞中，失活的 X 染色体可来源于雌性亲本，也可来源于雄性亲本。

(3)失活现象发生在胚胎发育的早期，一旦出现则从这一细胞分裂增殖而成的体细胞克隆中失活的都是同一来源的染色体。

通过显微镜可以观察巴氏小体的数目及形态，从人的口腔内刮取少许上皮细胞或取头发的发根，经染色处理后即可看到。巴氏小体直径约 1 μm，位于细胞核周缘部，略呈三角形、尖端向内。

三、实验材料及主要药品、器具

1. 材料

女性口腔黏膜细胞或毛囊细胞。

2. 试剂及药品

乙醇、冰乙酸、盐酸、改良的苯酚品红染色液、醋酸洋红染色液。

3. 仪器

普通光学显微镜、离心机、微量移液器。

4. 用具

载玻片、盖玻片、枪形镊子、牙签、离心管。

四、实验步骤

1. 取材

刮取口腔黏膜细胞：受检者清水漱口数次，用灭菌牙签从女性口腔两侧刮取黏膜细胞，原位刮 2～3 次，第一次刮下的物质舍去，第二及第三次刮下的细胞分别涂于干净载玻片上。

发根细胞：拔取女性头发，必须带有毛囊，剪下毛囊端(约 2 cm)，置于载玻片上。

2. 固定

(1)将离心管中的细胞以 2 000 r/min 离心 20 min，弃上清液。

(2)加入新配制的固定液(甲醇∶冰醋酸＝3∶1)，37 ℃下静置 30 min。

(3)1 000 r/min 离心 15 min 弃上清液。

(4)加入 1 mL 固定液(甲醇∶冰醋酸＝3∶1)制成细胞悬液。

(5)吸取细胞悬液于载玻片上，待材料干后滴加固定液(95%乙醇∶乙醚＝1∶1)固定 1 h，空气中干燥。

3. 染色、制片

口腔上皮细胞：在材料表面滴加 1 滴染色液，染色 20～30 min(勿干)，加盖玻片，压片。

头发细胞：剪掉毛干，滴加 1 滴 5 mol/L 盐酸于毛囊细胞处，作用 5 min，用吸水纸吸去盐酸，用清水漂洗 3 次，每次 5 min。滴加 1 滴染色液于材料上，染色 20 min，加盖玻片，压片。

五、实验结果

在光学显微镜下巴氏小体是一个轮廓清晰、染色很深的致密结构。常附着于核膜内侧：靠近核膜、靠近核仁或者自由地处于核区内。这种位置，对于每一物种来说是相对固定的。(图 12－8)

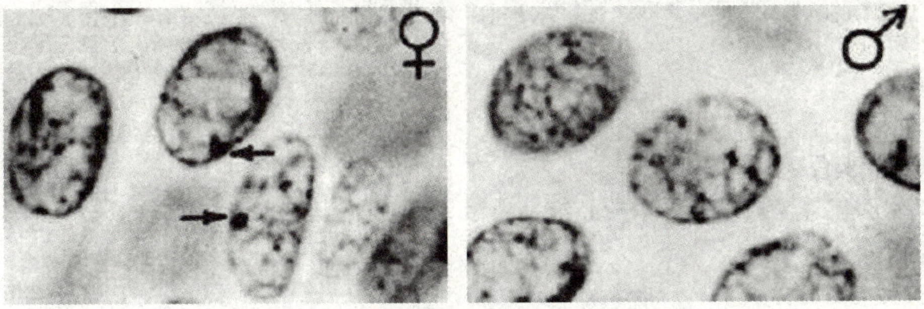

图 12－8　口腔上皮细胞(箭头所指为巴氏小体)

六、思考题

(1)为什么不是所有的细胞都可以观察到巴氏小体？
(2)为什么巴氏小体一般出现在核膜边缘？

实验 12-6　人工诱导植物多倍体

一、实验目的

(1)了解人工诱导植物多倍体的原理、方法及其在植物育种中的作用。
(2)掌握利用秋水仙素诱导植物多倍体的方法。

二、实验原理

自然界各种生物的染色体数目一般是相对稳定的，这是物种的重要遗传学特征。在长期的进化过程中，偶有发生配子未减数的现象，这样的配子自交就会形成同源多倍体，这样的配子杂交就会形成异源多倍体。在人工育种的过程中常采取一些方法诱导多倍体的形成，包括物理因素，如温度的剧变、射线处理、嫁接和切断等，还有化学因素，如植物碱、植物生长激素、秋水仙素、茶嵌戊烷、异生长素、富民农等。秋水仙素的作用是抑制细胞分裂(cell division)时纺锤体的形成，没有纺锤丝牵拉的染色体不会向细胞的两极移动而被保留在细胞分裂的中期，染色体数目加倍。把根尖用秋水仙素处理，则在根尖分生区内可以检测到大量染色体加倍的细胞；植物幼苗的芽用秋水仙素处理，则可以得到染色体加倍的植株。

三、实验材料及主要药品、器具

1. 材料

大蒜幼根。

2. 试剂及药品

乙醇、冰乙酸、盐酸、改良的苯酚品红染色液、醋酸洋红染色液、0.02%的秋水仙素。

3. 仪器

普通光学显微镜。

4. 用具

载玻片、盖玻片、枪形镊子、牙签。

四、实验步骤

1. 大蒜幼根的培养

剥去大蒜瓣外边的膜质枯皮，在大蒜瓣的下端可以看见许多微微凸起的根，将蒜瓣架在烧杯(烧杯大小与大蒜适宜，使大蒜放在烧杯口恰好不能掉落)口上，杯中盛满清水，使蒜瓣的根部浸入水中，置温暖处，注意每天换水，经3～5 d后，即可长出嫩根。

2. 秋水仙素处理

根长2～3 cm时，在1 cm处用剪刀剪下根尖，用水洗净。吸干水，浸入0.02%的秋水仙素中，25 ℃浸泡24 h。

3. 根尖的观察及固定

取膨大如鼓槌的根尖，用甲醛：冰醋酸(3：1)固定液固定6 h。

4. 根尖处理及压片

把根尖从固定液中取出，放在载玻片上，用清水漂洗2～3次，每次5 min。用吸水纸吸净水分。在材料上滴加一滴60 ℃预热的1 mol/L盐酸，解离10 min，用吸水纸吸去盐酸，漂洗根尖3次，每次5 min，彻底洗净盐酸。置载玻片上用解剖针压散根尖组织，用改良苯酚品红染色液染色5 min后盖上盖玻片。盖玻片上放上一张吸水纸，把整个材料放在桌面上，伸出大拇指，对准材料的位置，使劲压下，一次成型。然后取下吸水纸，将压好的片子在显微镜下观察。

五、实验结果

在光学显微镜下可以看到有些根尖细胞已经加倍。(图 12-9)

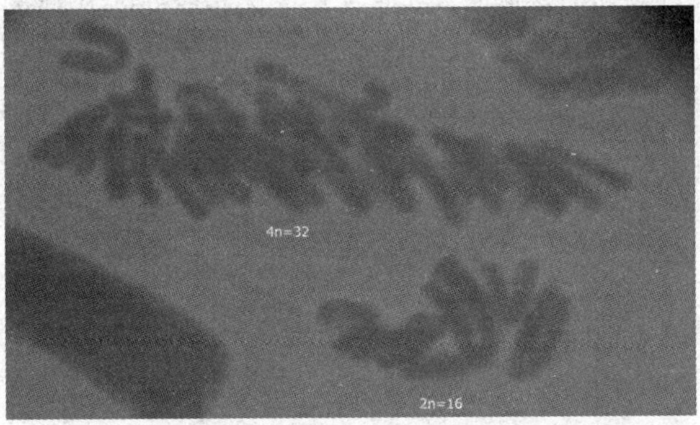

图 12-9　大蒜根尖二倍体和四倍体细胞染色体(10×40)

六、思考题

(1)多倍体植物的营养器官是否一定巨大化?
(2)统计诱变结果,计算诱变率。

实验 12-7　人类 ABO 血型的检查

一、实验目的

(1)掌握血涂片的制作,了解各种血细胞的结构特点。
(2)掌握 ABO 血型的鉴定方法。

二、实验原理

根据红细胞膜表面特异性抗原(凝集原)的有无可以把人类的血型分为 A 型、B 型、AB 型、O 型四种。A 抗原决定簇在糖链的终末端是一个 N-乙酰半乳糖胺,而 B 抗原决定簇在糖链的终末端却是一个 D-半乳糖,而 O 型则不包含任何抗原。在人类的血液里含有凝集原(又称抗原)A、B和凝集素(又称抗体)A、B,红细胞表面存在着抗原,血浆(或血清)中存在着相应的抗体。同名的抗原和抗体(如凝集原A和凝集素B)会发生红细胞凝集现象(凝血反应)。

血型鉴定可用红细胞凝集试验,通过正、反定型准确确定ABO血型。所谓正定型:即血清试验,用已知抗A、抗B分型血清来确定红细胞上有无相应的A抗原和B抗原;所谓反定型:即细胞试验,是用已知A细胞和B细胞来测定血清中有无相应的抗A或抗B。

三、实验材料及主要药品、器具

1. 材料

血液。

2. 试剂及药品

抗A、抗B单克隆抗体。

3. 仪器

显微镜。

4. 用具

载玻片、脱脂棉、针、酒精棉球、生物显微镜、冰箱等。

四、实验步骤

(1)标记凹载玻片:在凹载玻片的左上角写A,右上角写B。

(2)在凹载玻片的左端和右端分别滴上一滴抗A、抗B单克隆抗体于凹槽内。

(3)左手无名指尖或耳垂用采血针刺破,挤出血液后,用2支毛细滴管吸取血液或消毒后的牙签挑取血液,把血液样本分别加入到凹载玻片左、右两侧的单克隆抗体试剂内,并用牙签搅拌,使血液与单克隆抗体试剂混合均匀(切勿把搅拌了左侧液体的牙签再去搅拌右侧液体)。然后置室温下5min后观察结果。

(4)肉眼观察:如果液体外观略呈花边状或锯齿状,看上去有沉淀,则多为凝集;如果血滴呈均匀状态,边缘整齐,则多为不凝集。

(5)在低倍镜下观察:在低倍镜下,如果观察到红细胞凝集成团,或尚有少数游离细胞,则为凝集现象;如果红细胞均为游离状态,则为不凝集。根据镜下所见有无凝集现象判定血型。

五、实验结果

在载玻片上可以根据自己的实验观察结果,图12-10为血型鉴定的示意图。

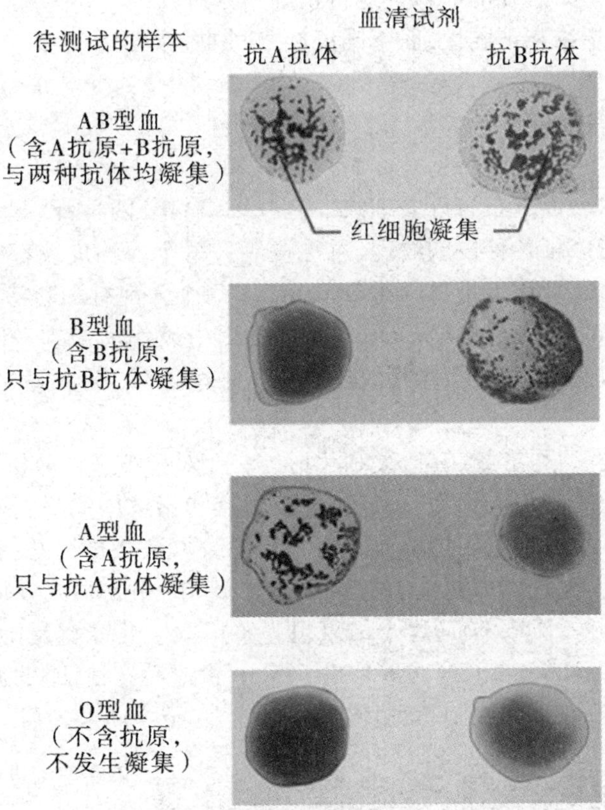

图 12－10　血型鉴定图

六、思考题

(1)假如父母的血型为 A＋B,那么其后代的血型可能是什么？并按示例写出其过程。

(2)你还了解哪些血型系统？自己查阅资料、互联网。

实验 12-8　人类指纹花样的遗传分析

一、实验目的

(1)掌握人类指纹的特点并能够分辨指纹的类型。

(2)掌握指纹的采集方法并能够对其进行正确的分析。

(3)通过分析了解指纹在不同性别、不同民族之间的差异。

二、实验原理

在人类的手指皮肤表面分布着许多细纹。这些细纹可分两种:凸起的嵴纹和凹陷的沟纹。由不同的嵴纹和沟纹形成了各种皮肤纹理,总称皮纹。每个人的皮纹都各具特征,可以分类识别。在手指端部的皮肤纹理称为指纹(finger print)。每个人都有一套特定的指纹,且这套指纹的纹理终生不变。因而早在1890年Galton就提出用指纹作为识别一个人的标志。在19世纪,警察就开始用指纹进行破案。至今指纹还是确认嫌疑犯、死者、失踪的儿童或进出某些重要部门的凭证。

指纹有三种基本类型:弓形纹、箕形纹和斗形纹。在对指纹进行分析的时候发现,箕形纹和斗形纹有不同方向走向的交汇点称为三叉点,把三叉点与指纹中心进行连线,连线所经过的指纹嵴数就是一个手指的纹嵴数也叫指嵴数。将十指的纹嵴数相加得总指嵴数。对亲属间的总指嵴数进行相关性分析,发现同卵双生子与异卵双生子间的相关系数分别为0.924±0.037(理论相关1.00)、0.535±0.082(0.50)(这个结果也为鉴定双生儿究竟是同卵还是异卵提供了一种方法),而父母与子女间为0.48±0.03(0.50)(Song,1987)。目前认为指嵴数是多基因控制的数量性状,但究竟由哪些基因控制、其遗传方式是什么,至今尚未弄清。

三、实验材料及主要药品、器具

1. 材料

十指指纹。

2. 仪器

放大镜。

3. 用具

剪刀、直尺、胶带、滤纸、2B铅笔。

四、实验步骤

(1)用肥皂洗净双手,擦干,用铅笔在滤纸上涂一个黑的3~4 cm见方的小块。用手指在涂黑的区域从手指的一侧滚到另一侧,将整个指尖涂黑。揭一条宽度与手指第一指节长度相当的透明胶带,从指尖的一侧裹至另一侧,轻压,再揭下来,上面即附着你的指纹。将这条透明胶带贴在表12-3"我的指纹"一栏中相应的位置上。

(2)重复第1个步骤,直至获得10个手指的指纹。

(3)参照"结果辨析及统计分析"中的有关内容,在放大镜下检查、分析你的指纹类型。算出总指嵴数，并统计分析同班同学的指嵴数的情况。

五、实验结果

1. 指纹的类型

人类的指纹主要有三种类型。

(1)弓形纹(arch)：纹线由指的一侧延伸到另一侧，中间隆起成弓形。弓形纹又可分成两种。一种中央隆起很高形成帐篷状，称帐形弓(tented arch)；另一种是中间隆起较平缓的则称弧形弓(simple arch)。

(2)箕形纹(loop)：几种嵴纹从手指一侧发出后绕过中心点，再折回发出的一侧，形成一组簸箕状的纹线。箕口的开口方向有两种：一种朝着本手尺骨一侧(即小指方向)，这种箕形纹称尺箕(ulnar)或正箕；而开口朝着桡骨一侧(即拇指方向)的称桡箕(radial loop)或反箕。

(3)斗形纹(whorl)：又称螺纹或涡形纹，有几条环形或螺线形的嵴纹绕着一个中心点组成。根据构成斗形纹的嵴纹的形态，又可将斗形纹分成环形斗、螺形斗、囊形斗等类型。环形斗由几条呈同心圆环状的嵴纹组成；螺形斗则由螺线形嵴纹组成。如果在斗形纹的中心，有一条闭合的曲线形嵴纹与其内部的几条弧形线共同组成一个囊状结构，则此斗形纹为囊形斗。

除了这三种基本类型的指纹外，还有其他类型。它们有的由这三种指纹混合而成(如箕、斗混合，箕、箕并列等)，有的形状奇特，无法归类。在总指嵴数的计数中，无法归类的不做统计。(图 12－11)

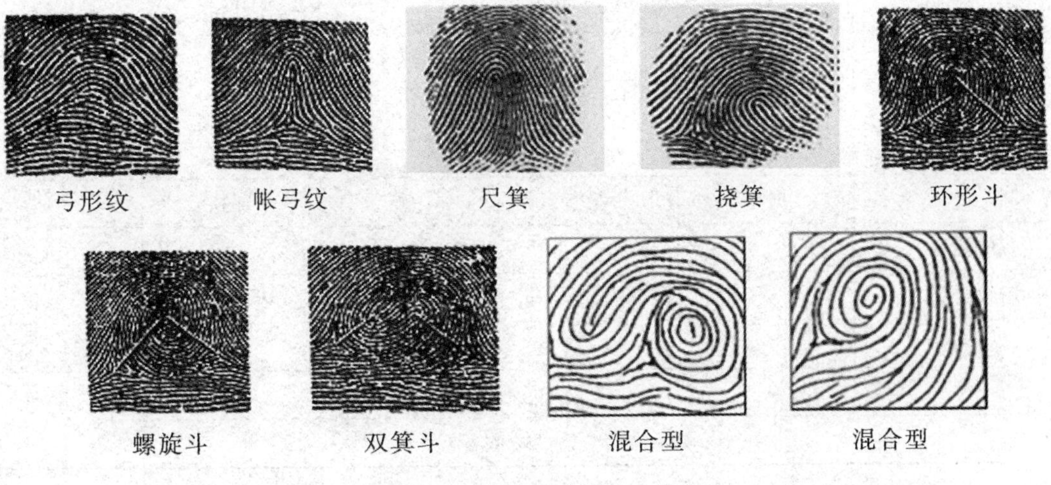

图 12－11　人类各种指纹分类图

2. 总指嵴数统计

皮纹中 3 种不同走向的嵴纹汇聚交叉于一点叫三叉点(tritadius)。用铅笔从指纹中心点到距中心最远的一个三叉点之间画一条连线，连线所经过的纹嵴数目(连线起止点处的嵴线数不计算在内)称纹嵴数(ridge count)。具体方法参见图 12－12。弓形纹没有圆心和三叉点，纹嵴数为零。斗形纹有两个甚至更多的三叉点，则取数值较大的一个作为其纹嵴数。双箕斗嵴线计数时，分别将两圆心与各自的轴作连线，计算出两条连线的嵴线数。两条嵴线数之和除以 2，其得数为该指纹的嵴线数。将 10 个手指的嵴纹数相加，综合称为总指嵴数(total ridge count，TRC)。

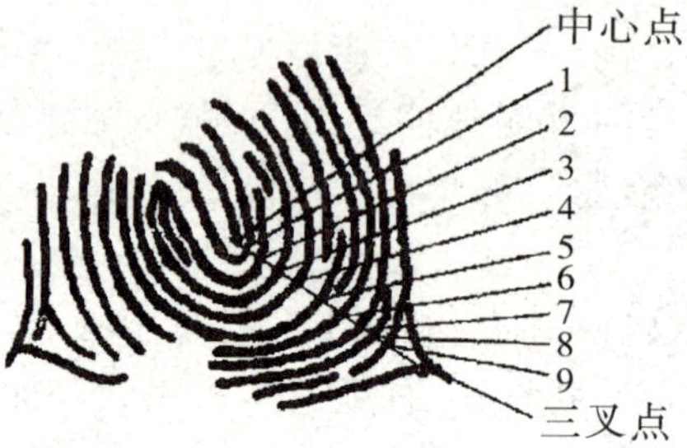

图 12－12　指脊数的计算方法

3. 把采集的指纹和统计的指脊数填入表 12－4。

表 12－4　我的指纹

左　手					
	拇指	食指	中指	环指	小指
我的指纹					
指纹类型					
纹嵴数					
左手纹嵴数小计：					
右　手					
	拇指	食指	中指	环指	小指
我的指纹					
指纹类型					
纹嵴数					
右手纹嵴数小计：					
总指嵴数：					

六、思考题

(1)在现代生活中，哪些方面用到指纹？从遗传学角度讨论应用的原因。

(2)指纹在不同群体间有规律可循吗？从遗传学角度分析。

实验 12-9 果蝇的饲养与性状观察

一、实验目的

(1)了解果蝇的生活史,学会果蝇的饲养和管理方法。

(2)学会辨别果蝇的雌雄及其性状,为做果蝇的杂交实验打基础。

二、实验原理

果蝇是双翅目昆虫,具有生活史短、繁殖率高、饲养简便等特点,是研究遗传学的经典好材料。果蝇的生活史:卵→幼虫→蛹→成虫,最适温度 20～25 ℃。从卵到成虫约 10 d,在 25 ℃时成虫约活 15 d。连续 30 ℃以上的温度能使果蝇不孕或死亡。

卵:果蝇卵约长 0.5 mm,外围是一层由细胞组成的六角形小格的包膜的卵壳,在背面的前端伸出一对触丝,使卵生产在柔软的食物上不致下沉。

幼虫期:幼虫从卵中孵化出来要经过两次脱皮,所以幼虫包括三个阶段(一龄幼虫、二龄幼虫、三龄幼虫)。

蛹化:当幼虫准备化蛹时,它们从培养基中爬出来附在较干燥的表面。果蝇在三龄幼虫的皮中化蛹,起初白、软,后渐色深、硬,最后发育成一个有成虫体型与器官的成体,这些转变完成以后,成体就从蛹壳的前端强挤出来。

三、实验材料及主要药品、器具

1. 材料

野生型果蝇。

2. 试剂及药品

乙醚、酵母粉、玉米粉、琼脂、丙酸、蔗糖。

3. 仪器

普通体视显微镜。

4. 用具

滤纸、毛笔。

四、实验步骤

1. 培养基的制作

称量 7.5 g 琼脂，放入 500 mL 水中煮沸。加入 75 g 蔗糖，边搅拌边加热。注意这时的蔗糖一定在水沸腾后放入，以防止蔗糖煳掉。称取 105 g 玉米粉与 500 mL 水混合搅拌均匀，倒入正在加热的琼脂糖溶液，边倒入边搅拌。当煮沸成糊状时，停止加热。加入 6.25 mL 丙酸，不断搅拌 2～3 min，待培养基稍凉一些，加入 20 g 酵母粉，搅拌均匀。趁热分装于经过高压灭菌的干燥培养瓶中（勿使瓶口及瓶壁沾上培养基，以防止污染）。倒入培养基的厚度约 2 cm，在培养基中插入一张灭过菌的干燥滤纸，以扩大果蝇的活动场所。待培养基冷却后，用灭过菌的棉花擦去瓶壁上的水珠，以防止新移入的果蝇淹死或粘住。（表 12－5）

表 12－5　果蝇培养基成分

成分	含量	成分	含量
水	1000 mL	琼脂	7.5 g
玉米粉	105 g	丙酸	6.25 mL
蔗糖	75 g	酵母粉	20 g

2. 果蝇的观察和饲养

麻醉瓶的制备：取一个与培养瓶口径大小一致的试剂瓶，在试剂瓶的瓶塞内塞入脱脂棉，这样麻醉瓶就做成了。在对果蝇进行性状观察之前，先在麻醉瓶的瓶塞上滴几滴乙醚，注意乙醚不能滴太多，以防止麻醉过量，导致果蝇死亡。

果蝇的麻醉：把麻醉瓶的瓶塞打开，把瓶口倒转朝下倒扣在果蝇培养瓶上，瓶底向强光源。因为果蝇有趋光性，果蝇会向麻醉瓶爬入。当麻醉瓶中的果蝇达到一定数量时，迅速拿下麻醉瓶，盖上盖子。同时把培养瓶的棉塞塞上。果蝇对乙醚特别敏感，当麻醉瓶中的果蝇都不动时，麻醉结束。

果蝇的观察：把麻醉瓶中的果蝇倒在滤纸（或白瓷板）上，用放大镜或体视显微镜仔细检查其性状。

五、实验结果

1. 果蝇的生活周期

果蝇是完全变态昆虫。生活周期的长短受温度影响很大，一般以 20～25℃为宜。生活周期与饲养温度的关系见表 12－6。

表 12-6　果蝇的生活周期与温度之间的关系

	10 ℃	15 ℃	20 ℃	25 ℃
卵—幼虫			8 d	5 d
幼虫—成虫	57 d	18 d	63 d	42 d

在 25 ℃条件下，果蝇各发育阶段所需时间大致是：羽化成虫 12 小时后交配，2 天产卵（培养基表层），1 天一龄幼虫，1 天二龄幼虫，1 天三龄幼虫，3 天化蛹（化蛹纸或贴在瓶壁上），3～4 天成虫（成虫可活 15 天左右，低温时可活 1 个月左右）。

2. 果蝇的性别鉴定

性梳是区分雌雄果蝇的关键器官，它是雄果蝇的第二性征，位于雄果蝇的第一对前足的第一个跗节上，因形状与梳头的梳子非常相似，又与性别有关而得名。雌果蝇没有这个器官。但是性梳这一性状只有在体视显微镜下才能看得清楚，如图 12-13。

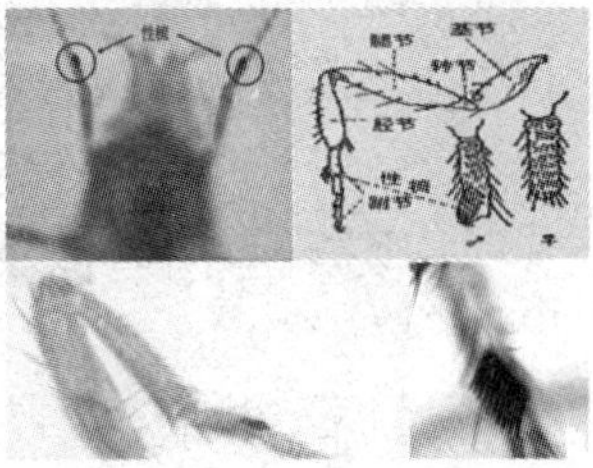

图 12-13　果蝇的性梳

除了性梳之外，还有一些其他性状可以区分雌雄果蝇，如图 12-14。

雄果蝇，个体较小，腹部有 3 条条纹（腹片 4 片），腹部末端圆钝，颜色深；有交尾器；腹部末端黑色，腹背 3 条条纹，最后一条极宽，并延伸到腹面，呈一明显黑斑。

雌果蝇，个体较大，腹部有 5 条条纹（腹片 6 片），腹部末端尖，颜色浅；有产卵管；腹部末端色浅，腹部背面呈 5 条黑色条纹。

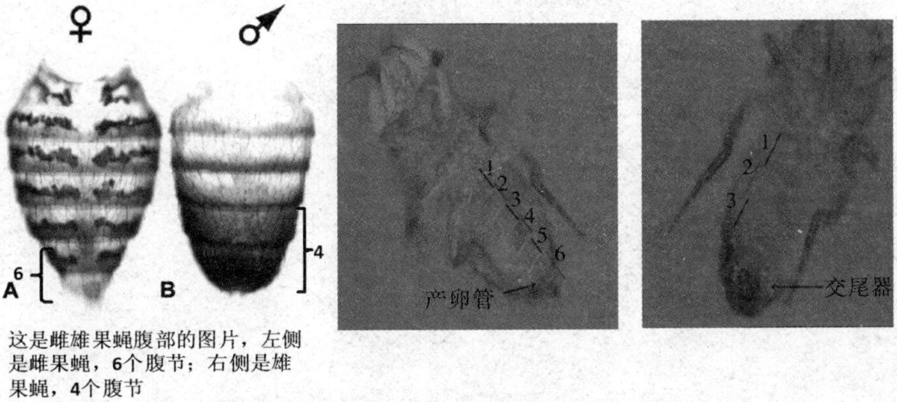

图 12-14　雌雄果蝇的区别

六、思考题

（1）果蝇的生活史分哪几个阶段？你所观察的各阶段有何特点？

（2）你认为该实验的注意事项有哪些？

实验 12-10 孟德尔规律的验证

一、实验目的

(1)通过实验验证分离规律、自由组合规律。
(2)掌握果蝇杂交的实验技术,在实验中熟练运用生物统计的方法对实验数据进行分析。

二、实验原理

果蝇的突变体很多,野生型果蝇的性状为红眼、灰身、长翅、直刚毛;有一种突变体叫黑体,其体色为黑色。野生型的灰身(+)与黑体的黑身(b)是一对相对性状,且灰身对黑身为完全显性,控制这对相对性状的基因位于第二号染色体上。用野生型与黑体的两纯合亲本杂交,其遗传规律应符合孟德尔的分离定律。

黑体果蝇还有另一突变性状为焦刚毛(sn),野生型的性状为直刚毛(+),控制这对相对性状的基因位于第一号染色体上,直刚毛对焦刚毛为完全显性。用具有以上两种相对性状的纯合亲本杂交,其性状的遗传行为应符合孟德尔的自由组合定律。

三、实验材料及主要药品、器具

1. 材料

野生型果蝇和黑体果蝇。

2. 试剂及药品

乙醚、酵母粉、玉米粉、琼脂、丙酸、蔗糖。

3. 仪器

普通体视显微镜。

4. 用具

滤纸、毛笔。

四、实验步骤

1. 处女蝇的挑选

雌蝇的生殖器中有贮精囊,当雌蝇交配后贮精囊中可保留交配所得的大量精子。雌蝇一次交配所得的精子，足够它多次排出的卵受精，因此在做杂交试验前，必须挑选处女蝇（没有交配过的雌蝇）。把培养瓶内的成蝇清除干净。雌蝇羽化后 8 h 内不会交配，在这个时间段内把羽化的果蝇移入麻醉瓶，挑出雌雄果蝇，单独饲养，这时收集的雌蝇就是处女蝇。

2. 独立分配规律的验证

将所选处女蝇按品系分别麻醉，按不同杂交组合分别选取雌、雄蝇各 5 只移入杂交瓶中。为了防止昏迷果蝇被培养基粘住，可将培养瓶放倒，将果蝇置于瓶壁，待其苏醒后再将培养瓶直立，贴上标签：

反交	正交
♀bb×BB♂ 日期： 姓名：	♀BB×bb♂ 日期： 姓名：

(1)将杂交瓶放在 20～25 ℃恒温箱内培养。

(2)培养 7～8 d，清除杂交亲本。

(3)再过 4～5 d，F_1 代成蝇出现，观察 F_1 代性状是否和预期结果一致，观察至少 30 只。

(4)在一个新的培养瓶中放入 5 对 F_1 代果蝇，在 20～25 ℃恒温箱内继续培养（正反交做相同处理）。

(5)继续培养 7～8 d 后，移去 F_1 代。

(6)4～5 d 后，F_2 代成蝇出现，开始观察并统计 F_2 代的性状表现类型及数目，至少统计 100 只。

3. 自由组合规律的验证

将所选处女蝇按品系分别麻醉，按不同杂交组合分别选取雌、雄蝇各 5 只移入杂交瓶中。为了防止昏迷果蝇被培养基粘住，可将培养瓶放倒，将果蝇置于瓶壁，待其苏醒后再将培养瓶直立，贴上标签：

反交	正交
♀bb SNSN×BB snsn♂ 日期： 姓名：	♀BB snsn×bb SNSN♂ 日期： 姓名：

(1)将杂交瓶放在 20～25 ℃恒温箱内培养。

(2)培养 7～8 d，清除杂交亲本。

(3)再过 4～5 d，F_1 代成蝇出现，观察 F_1 代性状是否和预期结果一致，观察至少 30 只。

(4)在一个新的培养瓶中放入 5 对 F_1 代果蝇，在 20～25 ℃恒温箱内继续培养（正反交做相同处理）。

(5)继续培养 7～8 d 后，移去 F_1 代。

(6)4～5 d 后，F_2 代成蝇出现，开始观察并统计 F_2 代的性状表现类型及数目，至少统计 100 只。

五、实验结果

根据实验记录请填写表 12－7 和表 12－8。

表 12－7　独立分配规律实验分析表

<table>
<tr><td rowspan="6">正交</td><td>基因</td><td colspan="3">体色基因(B/b)</td></tr>
<tr><td>F_2 表型</td><td>灰体</td><td>黑体</td><td>合计</td></tr>
<tr><td>实得数 O</td><td></td><td></td><td></td></tr>
<tr><td>预期数 E</td><td></td><td></td><td></td></tr>
<tr><td>χ^2</td><td colspan="3"></td></tr>
<tr><td>P</td><td colspan="3"></td></tr>
<tr><td rowspan="6">反交</td><td>基因</td><td colspan="3">体色基因(A/a)</td></tr>
<tr><td>表型</td><td>灰体</td><td>黑体</td><td>合计</td></tr>
<tr><td>实得数</td><td></td><td></td><td></td></tr>
<tr><td>预期数</td><td></td><td></td><td></td></tr>
<tr><td>χ^2</td><td colspan="3"></td></tr>
<tr><td>P</td><td colspan="3"></td></tr>
</table>

表 12－8　自由组合规律实验分析表

<table>
<tr><td colspan="7">表型</td></tr>
<tr><td rowspan="5">正交</td><td></td><td>灰体直刚毛</td><td>黑体焦刚毛</td><td>灰体焦刚毛</td><td>黑体直刚毛</td><td>合计</td></tr>
<tr><td>实得数</td><td></td><td></td><td></td><td></td><td></td></tr>
<tr><td>预期数</td><td></td><td></td><td></td><td></td><td></td></tr>
<tr><td>χ^2</td><td colspan="5"></td></tr>
<tr><td>P</td><td colspan="5"></td></tr>
<tr><td rowspan="4">反交</td><td>实得数</td><td></td><td></td><td></td><td></td><td></td></tr>
<tr><td>预期数</td><td></td><td></td><td></td><td></td><td></td></tr>
<tr><td>χ^2</td><td colspan="5"></td></tr>
<tr><td>P</td><td colspan="5"></td></tr>
</table>

六、思考题

(1)请说出孟德尔规律的伟大之处。

(2)根据你的实验谈谈你对孟德尔规律的思考。

实验 12-11 果蝇的伴性遗传与三点测验

一、实验目的

(1)掌握实验果蝇的杂交技术,学会记录交配结果和掌握统计处理方法。

(2)正确认识伴性遗传的正、反交差别,掌握伴性遗传的特点。

二、实验原理

生物体的某些性状总是伴随性别一起遗传的现象叫伴性遗传(sex-linked inheritance)。果蝇有四对染色体,第一对为性染色体,其余三对为常染色体。雌果蝇的性染色体为XX,雄果蝇为XY。控制果蝇眼色的基因位于X染色体上,而Y染色体没有与之相应的等位基因。将红眼(+)果蝇和白眼(w)果蝇杂交,其后代眼色的表现与性别有关。而且,正反交的结果不同。

连锁遗传是摩尔根发现的另一个遗传学规律,它是指亲本的性状在形成配子时有一起遗传给后代的倾向。不完全连锁基因在形成配子时,基因会随同源染色体非姊妹染色体单体之间发生交换而交换,产生一定比例的重组型配子,在子代中会有性状的重新组合。通过杂交和测交,统计子代各种表型的个体数,可估算出连锁基因间的交换值,由此确定基因在染色体上的相对位置,绘制出连锁遗传图。三隐性突变体果蝇在X染色体上具有三个隐性基因白眼(w)、焦刚毛(sn)、小型翅(m),若将白眼(w)、焦刚毛(sn)、小型翅(m)三隐性突变体雌蝇(Xw-sn-m,Xw-sn-m)与红眼(+)、直刚毛(+)、长翅(+)野生型雄蝇(X+++Y)杂交,则 F_1 可产生三杂合体雌蝇(Xw sn mX+++)和三隐性雄蝇(Xw sn mY)。由于Y染色体上不携带相应的等位基因,因而表现出X染色体上三个隐性基因所控制的性状,相当于一个三隐性纯合体。用 F_1 代杂交(相当于测交),F_2 代表现出的8种表型及数目与 F_1 雌蝇产生的8种配子及数目一致。通过观察和统计 F_2 代(相当于测交子代)8种表型的个体数,就可估算出这三对基因间的交换率,由此确定这三对基因在染色体上的相对位置,绘制出连锁遗传图。

三、实验材料及主要药品、器具

1. 材料

野生型果蝇、三隐性果蝇。

2. 试剂及药品

乙醚、酵母粉、玉米粉、琼脂、丙酸、蔗糖。

3. 仪器

普通体视显微镜。

4. 用具

滤纸、毛笔。

四、实验步骤

1. 果蝇的伴性遗传实验

将所选处女蝇按品系分别麻醉，按不同杂交组合分别选取雌、雄蝇各 5 只移入杂交瓶中。为了防止昏迷果蝇被培养基粘住，可将培养瓶放倒，将果蝇置于瓶壁，待其苏醒后再将培养瓶直立，贴上标签：

反交
♀ $X^{W}X^{W} \times X^{+}Y$♂
日期：
姓名：

正交
♀ $X^{+}X^{+} \times X^{W}Y$♂
日期：
姓名：

(1)将杂交瓶放在 20～25 ℃恒温箱内培养。

(2)培养 7～8 d，清除杂交亲本。

(3)再过 4～5 d，F_1 代成蝇出现，观察 F_1 代性状是否和预期结果一致，观察至少 30 只。

(4)在一个新的培养瓶中放入 5 对 F_1 代果蝇，在 20～25 ℃恒温箱内继续培养(正反交做相同处理)。

(5)继续培养 7～8 d 后，移去 F_1 代。

(6)4～5 d 后，F_2 代成蝇出现，开始观察并统计 F_2 代的性状表现类型及数目，至少统计 100 只。

2. 果蝇的三点测验实验

将所选处女蝇按品系分别麻醉，按不同杂交组合分别选取雌、雄蝇各 5 只移入杂交瓶中，为了防止昏迷果蝇被培养基粘住，可将培养瓶放倒，将果蝇置于瓶壁，待其苏醒后再将培养瓶直立，贴上标签：

反交
♀ $X^{+++}X^{+++} \times X^{w-m-sn}Y$♂
日期：
姓名：

正交
♀ $X^{w-m-sn}X^{w-m-sn} \times X^{+++}Y$♂
日期：
姓名：

(1)将杂交瓶放在 20～25 ℃恒温箱内培养。

(2)培养 7～8 d，清除杂交亲本。

(3)再过 4～5 d，F_1 代成蝇出现，观察 F_1 代性状是否和预期结果一致，观察至少 30 只。

(4)在一个新的培养瓶中放入 5 对 F_1 代果蝇，在 20～25 ℃恒温箱内继续培养(正反交做相同处理)。

(5)继续培养 7～8 d 后,移去 F_1 代。

(6)4～5 d 后,F_2 代成蝇出现,开始观察并统计 F_2 代的性状表现类型及数目,至少统计 100 只。

五、实验结果

根据实验记录请填写表 12－9 和表 12－10。

表 12－9　伴性遗传实验分析表

			红眼		白眼		
正交	F_1	表型	雌	雄	雌	雄	合计
		实得数					
		预期数					
		χ^2					
		P					
	F_2	表型	雌	雄	雌	雄	合计
		实得数					
		预期数					
		χ^2					
		P					
反交	F_1	表型	雌	雄	雌	雄	合计
		实得数					
		预期数					
		χ^2					
		P					
	F_2	表型	雌	雄	雌	雄	合计
		实得数					
		预期数					
		χ^2					
		P					

表 12-10 三点测验实验分析表

F_2 表型	数量	比例	重组发生在基因		
			w—sn	sn—m	w—m
+ + +					
w sn m					
+ + m					
w sn +					
+ sn m					
w + +					
+ sn +					
w + m					
总计					

六、思考题

(1)请根据表 12-10 的数据,写出三个基因之间的距离,并用图示表示。

(2)写出并发系数和干扰率。

第二部分　实　训　篇

第十三章　化工制图综合实训

实训 13-1　CAD 软件入门

一、简介

CAD 是 COMPUTER AIDED DESIGN 的缩写，即计算机辅助设计。计算机辅助设计是指利用计算机及其图形设备帮助设计人员进行设计工作。在设计中通常要用计算机对不同方案进行大量的计算、分析和比较，以决定最优方案。各种设计信息，不论是数字的、文字的或图形的，都能存放在计算机的内存或外存里，并能快速地检索；设计人员通常用草图开始设计，将草图变为工作图的繁重工作可以交给计算机完成；由计算机自动产生的设计结果，可以快速地做出图形，使设计人员及时对设计做出判断和修改；利用计算机，可以进行与图形的编辑、放大、缩小、平移和旋转等有关的图形数据加工工作。

近十几年来，美国 Autodesk 公司开发的 AutoCAD 软件一直占据着 CAD 市场的主导地位，其市场份额在 70%以上，主要应用于二维图形绘制、三维建模造型的计算机设计领域，其具有的开放型结构，既方便了用户的使用，又保证了系统本身不断的扩充与完善，而且提供了用户应用开发的良好环境。AutoCAD 软件自 1982 年问世以来，从 AutoCAD1.0 版开始，先后更新了 20 多个版本，功能日趋完善，不论从图形的生成、编辑，人机对话、编程和图形交换，以及与其他高级语言的接口方面均具有非常完善的功能。作为一个功能强大、易学易用、便于二次开发的 CAD 软件，AutoCAD 已成为计算机辅助设计的标准，在我国的各行各业中产生了强大的促进作用。

二、AutoCAD 基础知识

AutoCAD 的文件扩展名是 *.DWG(保存位置：我的文档)，模板扩展名为：*.DWT

1. 启动

(1)开始—程序—找到 Autodesk 目录,单击 AutoCAD2010 启动。

(2)在桌面找到 AutoCAD 快捷图标双击启动。

2. 退出

(1)单击右上角"×"关闭按钮(注意软件关闭和文件关闭)。

(2)文件—退出或 ALT+F4。

(3)在 AutoCAD 命令行下输入 Quit 或 Exit。

3. AutoCAD 文件常用操作

(1)新建文件:Ctrl+N 或在命令行输入 New。

(2)保存文件:保存(另存为)/命令行输入 Save(密码添加/清除)。

(3)打开文件:Ctrl+O 或命令行输入 Open。

4. 键盘、鼠标在 AutoCAD 中的运用

(1)鼠标:左键(执行命令)、右键(快捷菜单)、中键(放大/缩小、移动)。

(2)键盘:ECS(退出)、空格、回车(注意在实际绘图时应灵活掌握)。

(3)AutoCAD 数字的输入(要求输入法为英文状态)。

5. AutoCAD 界面认识

(1)标题栏。

(2)菜单栏。

(3)工具栏(TO)。

(4)工具栏的显示、隐藏、移动,工具栏的其他设置。

(5)绘图区域。

(6)十字光标。

(7)坐标系(Ucsicon)。

(8)命令行。

(9)状态栏。

6. AutoCAD 的选项(OP)或工具栏——选项

(1)OP 选项对话框。

(2)AutoCAD 制图单位为两种:英制(英寸、英尺)/公制(毫米、厘米)(1 英寸=2.54 cm=25.4 mm,1 mm=0.03937 英寸)。

(3)显示、打开与保存、系统、草图等各个选项的参数设置。

(4)AutoCAD 绘图精确度(小数点后四位)、AutoCAD 的默认绘图方向(逆时针)、绘图区域(A3=420 * 297),可以栅格为参照。

(5)单位设置(UN)、图形界限(Limits)[菜单—格式]。

7. 草图设置(OS)

(1)捕捉(F9)、栅格(F7)、正交(F8)、极轴(F10)、对象捕捉(F3)、对象追踪(F11)[常用正交、对象捕捉、对象追踪]。

(2)对象捕捉要素(常见:端点、中点、圆心、象限点、交点、垂足、切点)。
(3)对象捕捉的快捷菜单(Shift+鼠标右键)。

8. 绘图状态设定

状态行中功能图标是设置绘图状态的。
捕捉、栅格:在绘图中不常用,建议关闭;
正交 F8:开启后控制光标只能绘制水平、垂直线条;
极轴:打开后控制绘图光标沿用户设定的角度方向移动;
对象捕捉:开启后绘图时自动为用户查找对象上的特征点,如直线的中点、圆的圆心等;
对象追踪:打开后让计算机为用户找出沿极轴设定路径上与其他对象的交点;
DUCS:打开或关闭用于用户坐标系的动态显示;
DYN:打开后切换为动态输入,替代命令行操作;
线宽:打开后用于图层中设定的线宽是否显示;
模型:在绘图中必须常开,其打开或关闭用于模型空间与图纸空间的切换。

实训 13-2 二维图形的绘制 Ⅰ

一、AutoCAD 辅助命令

(1)删除:E 或按 Delete,按 E 后输入 All 则可删除全部对象。
(2)F8 正交开关:绘制水平线和垂直线(绘图时要求打开 F8)。
(3)显示缩放图形:命令行输入 Z,按空格键后按 A(全部)或 E(范围)。
(4)实时缩放:Z 或鼠标中键滚轮键(向前放大图形,向后缩小图形)。
(5)实时平移:P(按住鼠标中键不放可实行移动)。
(6)撤销操作(Ctrl+Z)或 U,一次只能撤销一次,Undo 可一次撤销多步操作。

二、AutoCAD 绘图中选择对象方法

(1)左框选:要全部框住整个对象。
(2)右框选:只要接触到对象就被选中。
(3)右键:表示确定或重复上一次命令(在 OP 命令中取消右键快捷菜单功能)。
(4)点选:为直接点击对象(对象出现虚线状态并显示夹点)。
(5)加选:直接点选多个。
(6)减选:按住 Shift 不放,再点击减选对象。

(7)全选：Ctrl＋A。

(8)快速选择(过滤、颜色、图层选择物体)。

三、AutoCAD绘图命令

1. 线命令

(1)直线(L)：全称(Line)。

打开“正交模式”，输入长度(十字光标控制线的方向)；

封闭(C)(注意：直线命令不能断开，要连续操作)；

撤销(U)(注意：此功能是在命令中的撤销，与 Ctrl＋U 有不同之处)。

(2)构造线(XL)：全称(XLine)(两端无限延长，不能标注角度)。

水平(H)垂直(V)角度(A)(输入 R 可以参照现有线段确定角度)等分角度(B)偏移(O)。

(3)多段线(PL)：全称(Pline)。

2. 形命令

(1)多边形(POL)：全称(Polygon)，边数(3～1 024)。根据边绘制多边形(E)，外切(C)内接(I)来画多边形。

【注意事项】

内接圆，标注顶点到顶点；外接圆，标注边到边。

(2)矩形(REC)：全称(Rectang)。

3. 圆命令

(1)圆(C)全称(Circle)，默认为圆心半径画圆，绘圆的种类：半径、直径、两点(2P)、三点(3P)、相切半径(T)；

(2)椭圆(EL)全称(Ellipse)。

轴端点：先给长轴的总长，再给短轴的一半。

以中心画：长短轴各给一半(AutoCAD 中圆弧都是通过修剪圆或椭圆来实现的)。

4. 点的绘制

(1)点分为单点和多点，在执行点命令之前先设置点样式。

(2)格式——点的样式；点的大小，相对于屏幕的比例给 10%比较合适。

(3)定数等分(DIV)：通过点将一个对象等分成 N 等份。

(4)定距等分(ME)：将一个对象按距离作等分。

实训 13-3　二维图形的绘制Ⅱ

(1)修剪(TR)(不选择边界即默认互为边界，输入 F 连线方式修剪)。

(2)复制(CO)(复制时请务必选择好基点)。

(3)镜像(MI)[镜像线的选择(开正交 F8),镜像的图形要求左右对称]。

(4)偏移(O)(偏移时方向的选择和封闭图形的偏移:圆、长方形、多边形、多段线)。

(5)阵列(AR)。

①矩形阵列:(Y 轴的正负值)。

②环形阵列:(中心线的选择及角度、个数、阵列个数包括自身)(环形阵列时要注意选择."复制时旋转物体")。

(6)移动(M)(直线可通过夹持点移动,圆可通过圆心移动)。

(7)旋转(RO)(选择旋转中心点)。

(8)延伸(EX)(边界的选择及隐含边的延伸模式)。

(9)倒角(CHA)。

(10)圆角(F)(多段线、半径、修剪、多个;半径为 0 时,也为修剪)。

(11)图形缩放(SC)(默认比例为:1)。

(12)拉伸(S)[拉伸时只能采用框选,不能全部选到图形(移动)]。

(13)打断(BR)(封闭图形要注意顺序)。

(14)格式刷(MA)(选择对象格式,再单击需要改变格式的对象)。

(15)加长(LEN){(输入需要加长或缩短的距离,正值加长,负值减少);(每次加长或缩短的百分比)T(线段总长)DY(动态加长)}。

(16)刷新(RE)(注意当圆放大 N 倍后,圆线会变得粗糙)。

(17)分解(X)。

实训 13-4 图层与对象特性

(1)图层的含义。

(2)图层命令:LA。

(3)图层管理:新建图层后可设置图层的名称、颜色、线型、线宽。

(4)开/关图层:关闭后不在屏幕显示(通过灯泡来操作)。

(5)设当前图层:在需要设置的图层上双击。

(6)冻结:冻结层上的物体不被显示也不参与内部运算。

(7)锁/解锁:只能观察,不能进行编辑和修改(可以增加图形)。

(8)图层打印机:设置是否打印出该图层上的对象。

(9)线型比例:LTS(主要应用于中心线,比例大小以当前图形为参照)。

(10)常用图层:[Center(中心线)Dim(标注)Obj(对象)Text(文本)Title(标题栏)]。

(11)删除图层:要求图层上没有对象存在。

(12)重命名图层:F2 或在该图层上点击右键弹出快捷菜单,点"重命名"。

实训 13-5　尺寸标注

(1)线性标注:DLI。

(2)对齐标注:DAL。

(3)基线标注:DBA(在 D 中设基线距离,须先有一个标注,或有一个基准点)。

(4)连续标注:DCO。

(5)标注半径:DRA(一般标注小于 1/2 的圆)。

(6)标注直径:DDI(一般标注大于 1/2 的圆)。

(7)角度标注:DAN(射线、构造线不能标注角度)。

(8)坐标标注:DOR(通常不用)。

(9)引线标注:LE(注意子命令设置)。

(10)中心标注:DCE(在圆心显示十字符号)。

(11)形位公差:TOL(常用于机械再加工)。

(12)快速标注:QDIM(可以进行各种标注)。

(13)编辑尺寸命令:DED(旋转尺寸文本,倾斜尺寸界线)。

实训 13-6　工艺流程图的绘制

一、绘制前的准备工作

绘制前应先确定工艺流程图中各种设备、管道、仪表及相关各种数据,并将要绘制的工艺流程图的大致内容在纸上绘制好。在此基础上,启动 AutoCAD 2010,开始绘制工作。

二、设置图层、范围及图框

(一)图层

在下拉菜单“格式”中选取“图层”或在工具栏中直接单击图层图标,均会出现图层特性管理器对话框,我们可从对话框中进行图层设置。图层设置要根据具体的需要,本图中共设计 9 个图层,其中 0 图层是不能重命名的图层,故实际使用的是 8 个图层。每一个图层均以中文名表示，中文名基本上代表了图层的主要内容。图层名的修改可通过鼠标单击已选中的图层的名称进行修改。至于颜色和线宽的设置和名称修改一样，不再重复，详细内容可参看第一章和第四章。本图层置中中心线用细实线(0.3 mm)表示，物料管道用粗实线(0.9 mm)表示，辅助物料管道用中粗实线(0.6 mm)表示，其余用细实线(0.3 mm)表示，以符合化工工艺流程图对线宽的要求。

(二)范围

从下拉菜单“格式”中选取“图形界限”，在系统弹出的命令栏中输入绘图范围的起点和终点即可。

(三)图框

按工艺车间或工段，原则上一个主项画一张图，其幅面一般采用1号或2号图纸，如流程复杂，可分成几部分进行绘制。在AutoCAD 2010绘制过程中，图框的大小可自行规定，然后根据具体的绘制过程进行调整，再次体现了计算机绘图比手工绘图的优越性。具体命令如下。

1. 命令：_rectang　　启动“rectang”命令

指定第一角或[倒角(C)/标高(E)/圆角(F)/厚度(T)/宽度(W)]：100,100　　指定起点坐标

指定另一角或[尺寸(D)]：D　　选择尺寸

指定矩形的长度(0.0000)：203　　输入所要矩形长度

指定矩形的宽度(0.0000)：132　　输入所要矩形宽度

指定另一个角或[尺寸(D)]：　　回车确定

2. 画中心线

首先，把中心线图层设置为当前图层，将流程图中的主要设备如塔、泵等中心线或中心位置确定下来。例如其中一条水平中心线的绘制过程如下。

命令：_line 指定第一点：120,142

// 启动“line”命令并指定起点坐标

指定下一点或[放弃(U)]：228,142

// 指定直线端点坐标

指定下一点或[放弃(U)]：

// 按回车键确定

由此指定各主要设备的位置，由于工艺流程图各设备的位置没有要求绝对精确，只要符合合理、美观的原则即可，结果见图13-1。

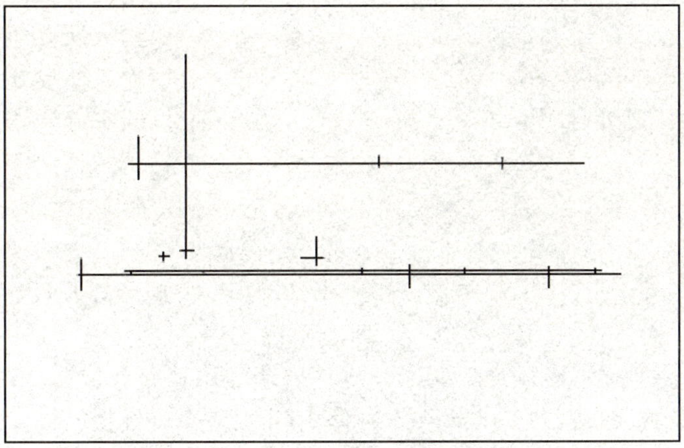

图 13-1 中心线绘制结果示意图

三、设备示意图绘制

把“设备及附件”图层设置为当前图层。

(一)浮阀塔的绘制

浮阀塔主体见图 13-2,其由一个矩形塔体和两个半圆形封头组成,其绘制的具体命令及操作步骤如下。

1. 矩形的绘制

图 13-2 浮阀塔主体

命令：_rectang　　　　启动“rectang”命令

指定第一角或[倒角(C)/标高(E)/圆角(F)/厚度(T)/

宽度(W)]：　　　　以定位点为矩形的一个顶点

指定另一角或[尺寸(D)]:D　　选择输入尺寸
指定矩形的长度(0.0000):2.8　　输入所要矩形长度
指定矩形的宽度(0.0000):60　　输入所要矩形宽度
指定另一个角或[尺寸(D)]:　　回车确定

2. 封头的绘制

命令:_explode　　启动"explode"命令
选择对象:　　点击矩形
选择对象:回车　　回车确定,将矩形炸开,以便于后续操作
命令:_fillet
当前设置:模式=修剪,半径=0.0000　　启动"fillet"命令
选择第一个对象或[多段线(P)/半径(R)/修剪(T)/多个(U)]:　　点击矩形一侧边
选择第二个对象:　　点击矩形另一侧边,圆弧修剪,另一端也如此操作

(二)回流罐的绘制

类似塔的绘制过程,结果见图 13-3。

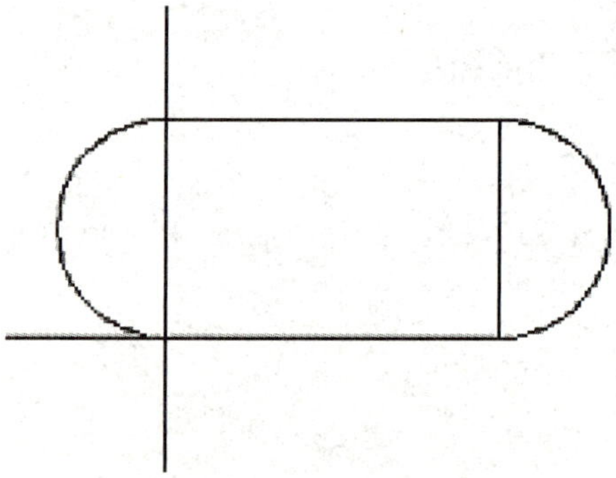

图 13-3　回流罐的绘制

(三)贮槽的绘制

贮槽示意图由三角形的上顶和下部矩形组成,绘制的具体命令及操作步骤如下。

1. 矩形的绘制

命令:_rectang　　启动"rectang"命令
指定第一角或[倒角(C)/标高(E)/圆角(F)/
厚度(T)/宽度(W)]:　　以定位点为矩形的一个顶点
指定另一角或[尺寸(D)]:D　　选择输入尺寸
指定矩形的长度(0.0000):7.5　　输入所要矩形长度
指定矩形的宽度(0.0000):7.5　　输入所要矩形宽度
指定另一个角或[尺寸(D)]:　　回车确定

2. 槽顶的绘制

命令：_line 指定第一点：_mid	启动“line”命令并捕捉到中点击矩形顶边
指定下一点或[放弃(U)]：<正交　开>	点击贮槽顶点
指定下一点或[放弃(U)]：	按回车键确定，见图 13-4 中(a)
命令：_line 指定第一点：<对象捕捉　开>	启动“line”命令并捕捉到端点
指定下一点或[放弃(U)]：	点击要连接的两点的另一端点
指定下一点或[放弃(U)]：	按回车键确定，见图 13-4 中(b)
命令：_line 指定第一点：	启动“line”命令并捕捉到端点
指定下一点或[放弃(U)]：	点击要连接的两点的另一端点
指定下一点或[放弃(U)]：	按回车键确定，见图 13-4 中(c)
命令：_erase	启动“erase”命令
对象：找到 1 个	点击所要删除的直线
选择对象：	回车确定，见图 13-4 中(d)

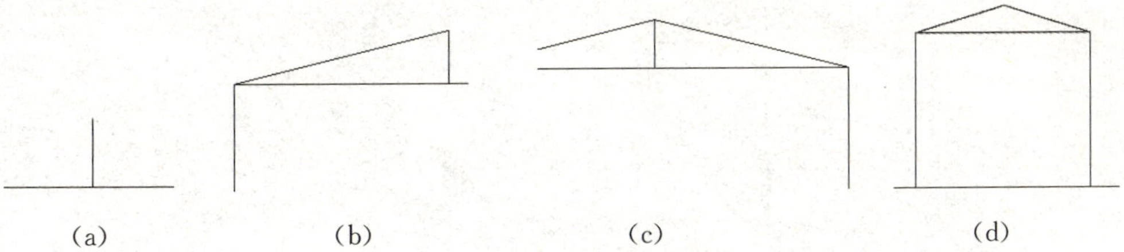

图 13-4　贮槽绘制过程示意图

(四)泵的绘制

命令：_circle 指定圆的圆心或[三点(3P)/两点(2P)/相切、相切、半径(T)]：	启动“circle”命令，确定圆心
指定圆的半径或[直径(D)]<0.0000>：1	输入圆的半径，见图 13-5(a)
命令：_line 指定第一点：_qua 于	启动“line”命令并捕捉到象限点
指定下一点或 [放弃(U)]：	点击线段另一点
指定下一点或 [放弃(U)]：	回车确定，见图 13-5(b)
命令：_line 指定第一点：_nea 到	启动“line”命令并捕捉到圆上一点
指定下一点或 [放弃(U)]：	点击线段另一点
指定下一点或 [放弃(U)]：	回车确定，见图 13-5(b)
命令：_line 指定第一点：	启动“line”命令并确定第一点
指定下一点或 [放弃(U)]：	确定另一点
指定下一点或 [放弃(U)]：	回车确定，见图 13-5(c)，修剪后见图 13-5(d)

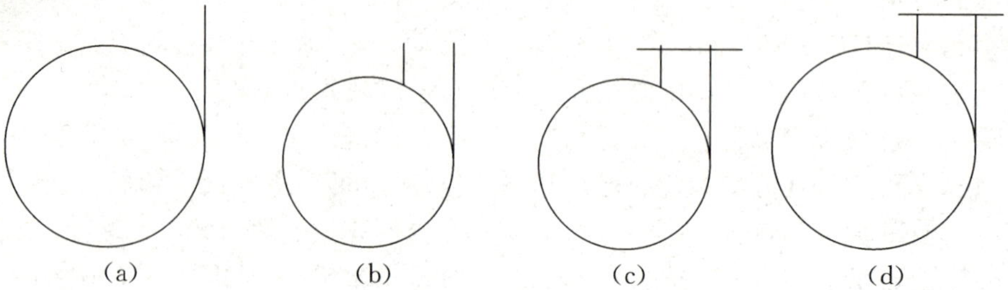

图 13－5　泵绘制过程示意图

(五)换热器的绘制

换热器绘制过程见图 13－6。可用“circle”命令、“line”命令、“pline”命令和“rotate”命令进行绘制，具体绘制步骤如下：

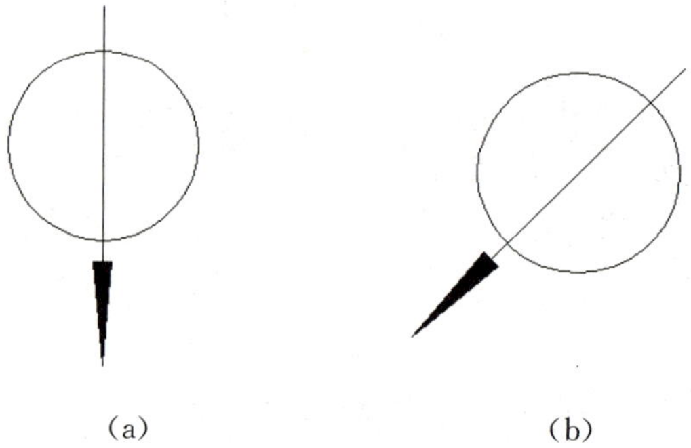

图 13－6　换热器绘制过程示意图

命令：_circle 指定圆的圆心或［三点(3P)/两点(2P)/相切、相切、半径(T)］:点击圆心所在点，该点在图 6－1 中确定。

指定圆的半径或［直径(D)］＜0.0000＞:2.5　　输入半径数据

(可以先在垂直或水平方向绘制，再进行旋转)

命令：_line　　启动“line”命令

指定第一点：　　点击线段的起点

指定下一点或［放弃(U)］：　　点击线段的端点

指定下一点或［放弃(U)］：　　回车确定

命令：_pline　　启动“pline”命令

指定起点：　　点击箭头的顶点

当前线宽为 0.0000

指定下一个点或［圆弧(A)/半宽(H)/长度(L)/

放弃(U)/宽度(W)］：w　　选择设置箭头宽度

指定起点宽度 ＜0.0000＞：0　　输入箭头顶点宽度

指定端点宽度 <0.0000>：0.5　　输入箭头尾端宽度

指定下一个点或［圆弧(A)/半宽(H)/长度(L)/放弃(U)/宽度(W)］：　　<对象捕捉 关> 点击箭头尾端所在位置

指定下一个点或［圆弧(A)/闭合(C)/半宽(H)/长度(L)/放弃(U)/宽度(W)］：　　回车确定，见图 13－6(a)

命令：_rotate　　启动“rotate”命令

UCS 当前的正角方向：ANGDIR＝逆时针 ANGBASE＝0

选择对象：找到 1 个　　点击箭头

选择对象：找到 1 个，总计 2 个　　点击箭头所在线段

选择对象：　　回车确定

指定基点：<对象捕捉 开>　　点击旋转基点

指定旋转角度或［参照(R)］：－45　　输入旋转角度，见图 13－6(b)

(六)多个塔设备排列的画法

本流程图共有三个塔设备成阵列排列，其形状相同，故可以简化为先画一个塔设备，然后利用阵列命令即可。一个塔设备的绘制前面已经介绍过，关于列阵的具体绘制步骤如下：

命令：_array　　启动“array”命令，出现如图 13－7(a)所示对话框

点击“选择对象”

选择对象：指定对角点：找到 9 个　　选取前面已经绘好的塔

点击鼠标右键，返回到对话框，设置参数，1 行 3 列及列偏移数据，见图 13－7(b)。

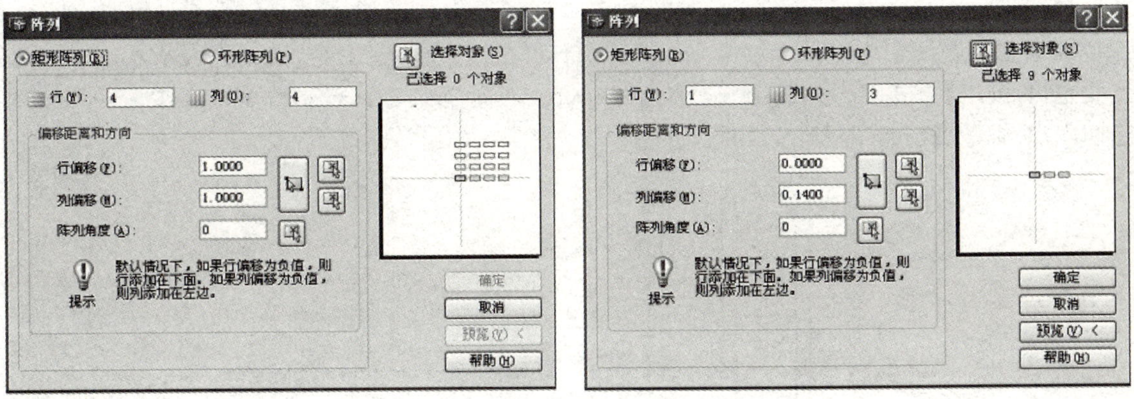

(a)　　(b)

图 13－7　列阵设置对话框

点击“确定”，见图 13－8。

也可以从下拉菜单中点击“修改”中的“阵列”，得到对话框。

另外也可以先在“设备及附件”图层中把塔设备阵列，再在“物料管道”图层把相同的管道阵

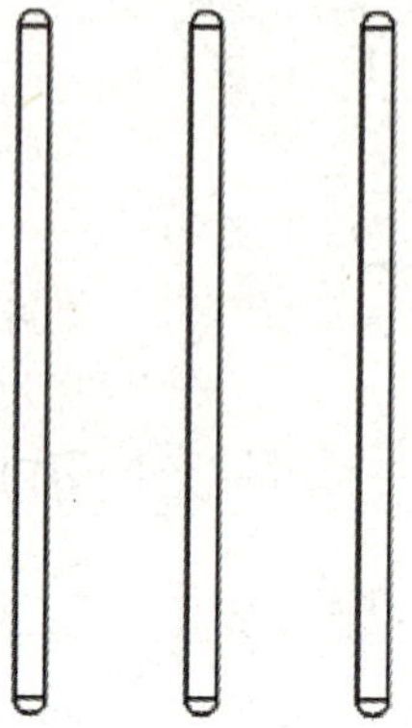

图 13－8　塔设备列阵

列，以区分不同图层中的不同内容。

(七)贮槽的排列

虽然贮槽不是成等距排列，但是都在同一水平线上，这样就可以使用“带基点复制”命令来完成其绘制，操作过程如下：

命令：_copybase	
指定基点：	启动“带基点复制”命令，并确定基点
选择对象：找到 3 个，总计 3 个	利用从右上向左下拖动，选中前面绘制好的贮槽
选择对象：	回车确定
命令：_pasteblock	
指定插入点：	启动“带基点插入”命令，点击插入基点

也可用快捷方式 Ctrl＋Shift＋c 弹出“copybase”命令和 Ctrl＋Shift＋v 弹出“copybase 指定插入点”命令，经过两次插入，如图 13－9。

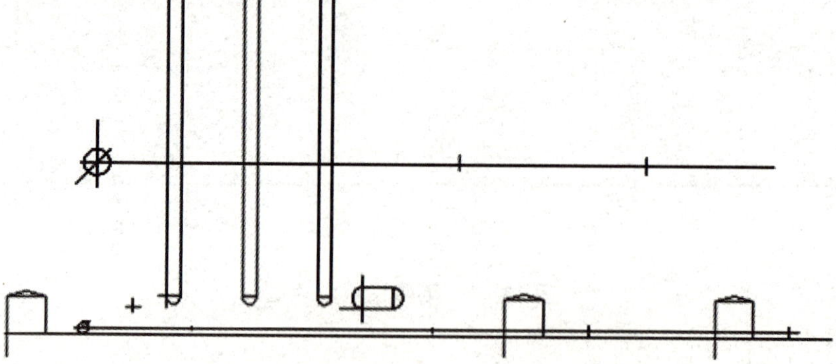

图 13－9　贮槽排列后全局效果图

(八)泵的排列

泵的排列也可以用“复制”“插入”命令完成。注意泵的方向，对称性可用“镜像”命令完成，泵排列结果见图 13－10。

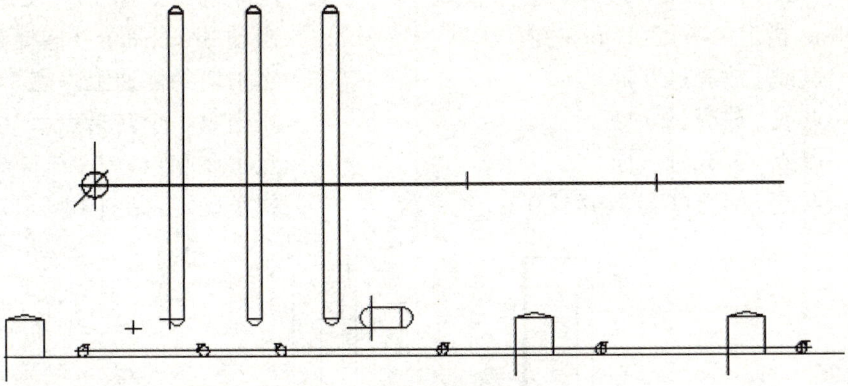

图 13－10　泵排列后全局图

(九)各热交换器的排列

将换热器复制插入到各个位置，方法如贮槽的插入，箭头的不同方向可以通过“rotate”命令完成如下，全局结果图见图 13－11。

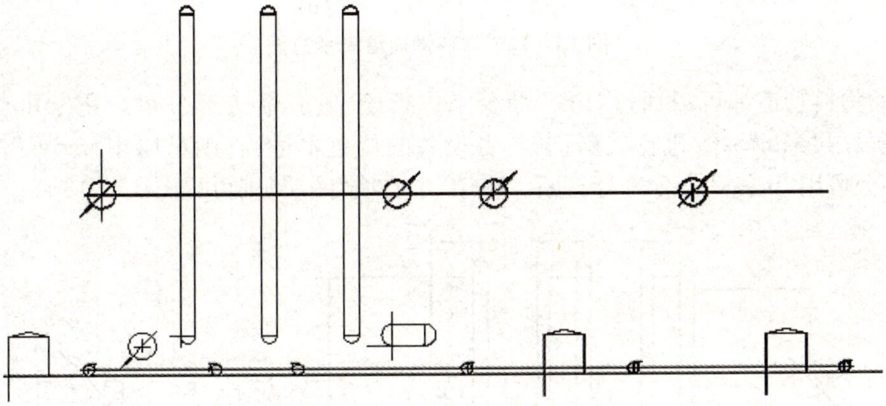

图 13－11　换热器排列后全局图

四、物料管道的绘制

命令：_line 指定第一点：_qua 于　　　　　　　　捕捉到封头的顶点

指定下一点或 [放弃(U)]：	点击第一个转折点
指定下一点或 [放弃(U)]：	点击第二个转折点
指定下一点或 [闭合(C)/放弃(U)]：	点击第三个转折点
指定下一点或 [闭合(C)/放弃(U)]：_per 到	捕捉到垂点并点击
指定下一点或 [闭合(C)/放弃(U)]：	回车确定如图 13-12(a)
命令：_line 指定第一点：_ nea 到	启动“line”命令并捕捉到最近点
指定下一点或 [放弃(U)]：	点击塔的侧边上一点
指定下一点或 [放弃(U)]：	点击第一个转折点
指定下一点或 [放弃(U)]：	点击尾端点
指定下一点或 [闭合(C)/放弃(U)]：	回车确定，见图 13-12(b)

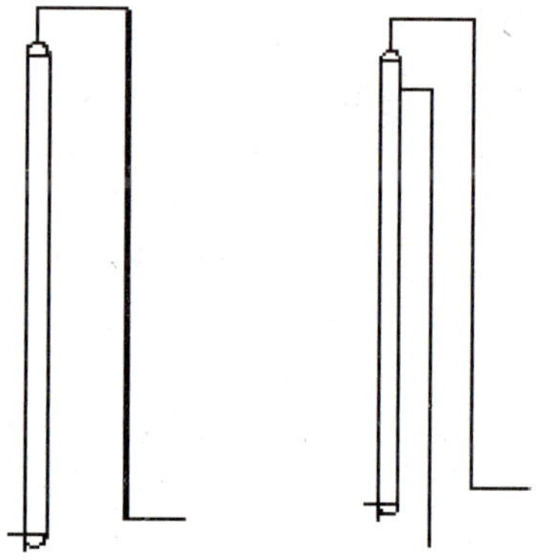

(a)　　(b)

图 13-12　物料管道绘制示意图

所有的物料管道都可以通过“line”命令来进行绘制；其箭头部分可以用“pline”命令来绘制；多余线段用“trim”命令进行裁剪；若是各设备的位置不适当，则可以用“move”命令进行移动；断裂部分可用“break”命令进行打断。冻结“中心线”图层，则可得图 13-13。

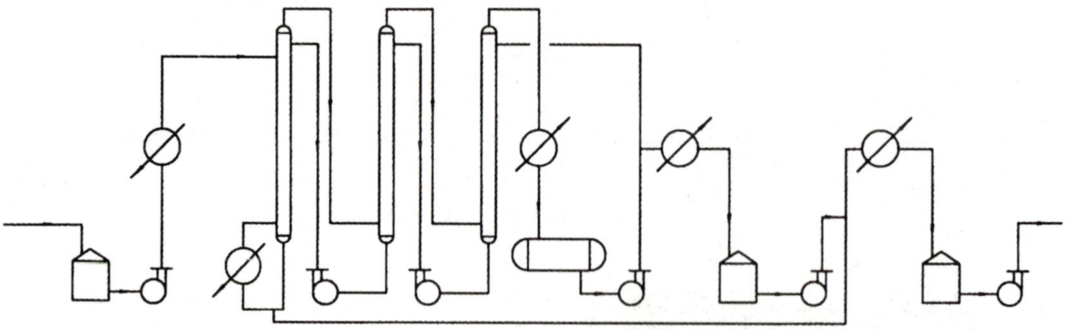

图 13-13　绘制好物料管道线后的全局图

第十四章　生物技术制药综合实训

实训 14-1　北冬虫夏草的固体发酵

一、实训目的

(1)理解食药用真菌固体发酵的原理。

(2)掌握食药用真菌固体发酵的方法。

二、实训原理

北虫草(*Cordyceps militaris* L.)又名北冬虫夏草、蛹虫草,与冬虫夏草同属异种。北虫草富含虫草素、腺苷、虫草多糖、虫草酸、麦角固醇和甾体等,其中虫草素为其特征功能成分,具有抗肿瘤、抗菌、抗病毒、降血脂和清除自由基等多种药理作用。因此,开发富含虫草素的营养保健食品成为研究的热点。目前,人们主要通过从北虫草子实体或菌丝体中提取纯化虫草素,随后将其作为功能成分添加至食品中,然而虫草素提取率低且纯化工艺繁杂,导致虫草素保健食品价格昂贵。

利用可食性基质固态发酵北虫草获得富含虫草素的菌丝体,将培养基粉碎并作为辅料添加至发酵原料中共同发酵,生产富含虫草素的功能保健食品,从而避免虫草素的提取纯化工序,降低生产成本。

三、仪器和材料

1. 仪器

培养箱、恒温摇床培养箱、洁净工作台、恒温水浴锅、离心机、干燥箱、干燥器、真空旋转蒸发浓缩仪、真空冷冻干燥机、天平、分析天平、电磁炉、pH 计等。

2. 材料

北虫草菌种、烧杯、量筒、玻璃棒、药匙、标签纸、试管、移液管、搪瓷罐等。

四、实训内容

1. 培养基的制备

母种培养基：马铃薯琼脂(PDA)培养基。

液体培养基：20%马铃薯汁 1 L，葡萄糖 20 g，KH_2PO_4 1 g，$MgSO_4 \cdot 7H_2O$ 0.5 g，Vit B_1 微量。

米饭培养基：每 500 mL 罐头瓶加入大米 30 g＋营养液 45～47 mL＋蚕蛹粉 1g。

营养液：马铃薯 200 g，葡萄糖 20 g，KH_2PO_4 1 g，$MgSO_4$ 0.5 g，Vit B_1 5 粒，水 1 000 mL，pH5～7。

2. 菌种的培养

将原种接种于 PDA 培养基上，25 ℃温箱培养 2 周，生长表现为菌丝纯白、浓密、健壮。

3. 液体菌种培养

250 mL 锥形瓶内装 100 mL 液体培养液，pH 5～7，以 1.03×10^4 Pa 蒸气压力灭菌 30 min。冷却后常规接种，静置 12 h 后，于 24 ℃、120 r/min 振荡培养 6 d，培养液呈浑浊状态，微浅褐色，有明显菌丝球。

4. 米饭培养基装瓶

按照试验设计将培养基装瓶，装好瓶后瓶口包扎薄膜。

5. 灭菌接种

高压灭菌 0.12～0.15 MPa 保持 30～40 min。灭菌后移入接种室，温度降至 30 ℃以下即可接种。接种室甲醛＋$KMnO_4$ 熏蒸过夜，接种前母种要活化 1～2 d，然后接种，每支母种接 10～14 瓶，液体菌种每瓶接入 5 mL。

6. 菌丝培养

将接完种的瓶子放于 22～25 ℃的环境中，绝对避光培养。接种后 68 h，在培养基的表面及瓶壁周围出现短的绒毛状菌丝，15 d 后，瓶壁处的气生菌丝开始分泌黄色色素，22～24 d 菌丝即可完全吃透培养基。

7. 菌丝体基质的干燥

将培养好的菌丝体基质放入干燥箱内，60 ℃烘干备用。

实训 14-2　北冬虫夏草硬胶囊剂的制备

一、实训目的

(1)掌握硬胶囊制备的一般工艺过程,用胶囊板手工填充胶囊的方法。

(2)掌握硬胶囊剂的质量检查内容及方法。

二、实训原理

硬胶囊剂系指将药物盛装于硬质空胶囊中制成的固体制剂。

药物的填充形式包括粉末、颗粒、微丸等,填充方法有手工填充与机械灌装两种。硬胶囊剂制备的关键在于药物的填充,以保障药物剂量均匀,装量差异合乎要求。

三、仪器和材料

1. 仪器

干燥器、恒温干燥箱、分析天平、胶囊手工填充板、定量数胶囊板、抽滤漏斗、超微粉碎机。

2. 材料

北虫草固态发酵基质、淀粉、空胶囊等。

四、实训内容

1. 硬胶囊的填充

采用超微粉碎机将北虫草固态发酵基质粉碎,添加适量淀粉、糊精,搅拌均匀。

采用有机玻璃制成的胶囊板填充。板分上下两层,上层有数百孔洞。先将囊帽、囊身分开,囊身插入胶囊板孔洞中,调节上下层距离,使胶囊口与板面相平。将药粉铺于板面,轻轻振动胶囊板,使药粉填充均匀。填满每个胶囊后,将板面多余药粉扫除,顶起囊身,套合囊帽,取出胶囊,即得。

2. 质量检查

【外观】表面光滑、整洁,不得粘连、变形和破裂,无异臭。

【装量差异检查】《中国药典》2015 年版规定:

	平均装量	装量差异限度
小于	0.3 g	±10%
大于或等于	0.3 g	±7.5%

检查方法：取供试品 20 粒，分别精密称定重量后，倾出内容物（不能损失囊壳），硬胶囊壳用小刷或其他适宜的用具（如棉签等）拭净，再分别精密测定囊壳重量，求得每粒内容物装量与平均装量。每粒装量与平均装量相比较，超出装量差异限度的胶囊不得多于 2 粒。并不得有 1 粒超出装量差异限度的 1 倍。

实训 14-3 淀粉水解葡萄糖的制备（高压水解法）

一、实训目的

（1）理解淀粉水解葡萄糖的制备原理。
（2）掌握淀粉水解葡萄糖的制备方法和质量要求。

二、实训原理

淀粉是由葡萄糖分子缩合而成的大分子化合物，在酸或酶的作用下，最终可水解成葡萄糖。淀粉与碘作用呈蓝色，是由于淀粉与碘作用形成了碘-淀粉的吸附性复合物，这种复合物是由淀粉分子的每 6 个葡萄糖基形成的 1 个螺旋圈束缚 1 个碘分子。淀粉被加热或降解后，都可以使淀粉螺旋圈伸展或解体，失去淀粉对碘的束缚，因而蓝色消失。

三、仪器和材料

1. 仪器

烧杯（1 000 mL），水循环真空泵，抽滤器，标准筛，玻棒，塑料密封袋，量筒（100 mL），离心机，干燥器，烘箱，水浴锅，高压灭菌锅等。

2. 材料

玉米粉，硫酸，活性炭，碘溶液等。

四、实训内容

1. 淀粉水解葡萄糖的制备

取干燥玉米淀粉(60 目)10 g,加蒸馏水漂洗,除去杂质;搅拌,倾取悬浮液,弃去残渣:加入 0.3 ml 浓硫酸,搅拌均匀,加煮沸蒸馏水至 100 mL,使成糊状,置高压锅内,用 120～130 ℃高压水解 0.5 h,使淀粉完全转化成葡萄糖。用碘试液检查,不显蓝色即表示水解完全。向转化液中加 4 g 碳酸钙,中和沉淀,调节 pH=5.0 加 0.5%活性炭,煮沸吸附脱色 10 min,过滤,除去硫酸钙、炭末等沉淀。用微孔滤膜滤器过滤,自滤器上添加蒸馏水至全量即得。

2. 质量检查

淀粉应水解完全,pH 为 3.2～5.0,无色澄清,无颗粒状悬浮物。

【注意事项】

正确取用浓硫酸,滴加浓硫酸时应该边加入边搅拌,防止暴沸。

实训 14-4　机械搅拌式发酵罐的使用操作

一、实训目的

(1)认识发酵罐结构和管路布置。

(2)掌握发酵过程的控制技术。

(3)培养学生独立进行仪器操作的能力。

二、仪器

50 L 发酵罐、烧杯(1 000 mL)、玻棒、离心机、干燥箱、天平等。

三、实训内容

(一)培养基的配制

(1)摇瓶种子培养基:玉米粉 1%、磷酸二氢钾 1%、蔗糖 2%、硫酸镁 0.05%、酵母粉 0.4%、pH 自然。

(2) 发酵罐培养基:玉米粉 1%、硫酸铵 0.2%、蔗糖 2%、磷酸二氢钾 0.1%、酵母粉 0.1%、

pH 自然。

(二)实罐灭菌参数设置,灭菌操作

1. 50 L 发酵罐的罐体装置

(1)总体积为 50 L,工作容积为 40 L。

(2)罐体高(H)为 600 mm,罐径(D)为 300 mm,高径比 H∶D 为 2∶1。

(3)罐体侧面有两个直径 Φ25 mm 的标准电极插孔,用于安装 pH 及 DO 电极(进口、国产通用),及一个直径 Φ19 mm 的温度电极插孔,罐顶上安有消泡电极接口。

(4)罐体正面装有矩形视镜,背面配有圆形灯镜和专用照明灯具,以便观察罐内培养液的情况与液面上部的泡沫情况。

(5)罐体下部为取样/放料底阀,能进行蒸汽灭菌,可以在培养过程中取无菌样,也可以在培养结束后进行移料和排污。

(6)罐体夹套装有进、出水口各一个,用于培养过程中冷却循环水的进出,以及灭菌时蒸汽的进出。罐体夹套出水口的另一侧接口用于安装压力表,以便观察蒸汽及补充冷水时夹套内的压力变化。

(7)搅拌器为二挡六平叶可拆卸式涡轮桨。

(8)罐体内壁装有可拆卸的四块挡板,以增强搅拌效果。

(9)罐体下部装有单管通气管,培养过程中通入无菌空气。

(10)罐体上部有多个补料口,用于发酵培养过程中的补料。

(11)罐体上装有接种口,用于火焰接种。

2. 灭菌过程

(1)升温(升压)

① 打开夹套排水阀,关闭夹套进出水阀;缓缓打开夹套蒸汽阀,将蒸汽(压力约为0.2 MPa)通入夹套,加热罐内液体。

② 打开底阀蒸汽阀、取样阀,将蒸汽管路中的冷凝水排尽,取样阀灭菌 15 min;取下排气冷凝器进水阀,放掉冷凝器夹套内的水。

③ 当罐温高于 90 ℃时,罐内开始沸腾。关闭空气流量计阀门和发酵罐进气阀。打开空气过滤器蒸汽阀、排污阀排掉冷凝水(触摸过滤器排污阀下端的管子烫手即可)后,关闭过滤器排污阀,打开进罐空气阀,使蒸汽经过滤器进入罐内。打开过滤器排气阀,灭菌 15 min。关闭接种口或加料口。

④ 当罐温超过 100 ℃时,关小发酵罐排气阀、取样阀,缓慢打开底阀,罐内开始鼓泡翻腾,此时视具体情况降低搅拌转速或关闭"搅拌"开关停止搅拌,并关闭夹套蒸汽进气阀,升高罐温(压)。

(2)保压

① 罐温达到 121 ℃时开始计时。调整进气管、底阀与排气口的蒸汽进出平衡,使压力稳定在 0.11～0.12 MPa,尽量避免液面的波动。

② 至 15 min 时，关闭空气进罐阀门、过滤器蒸汽进气阀；适当排放过滤器压力后打开过滤器空气进气阀，缓慢打开过滤器排气阀，将过滤器吹干待用。

(3)冷却

① 至 30 min 时，关闭底阀，关闭夹套排水阀，打开夹套进出水阀及进出水电磁阀进行强制降温。

② 在罐压下降的同时，关闭过滤器排气阀，缓缓开启空气进气阀通入无菌空气，与罐的尾气排气阀联合控制罐压，以维持罐压在 0.08～0.1 MPa。

③ 根据冷却水温度与培养温度的差距，当罐温降至高于培养温度 3～6 ℃时(差距大则切换时的温度应略高)，将控制面板上的冷却状态切换到自控状态，打开加热开关，使罐温自动控温至培养温度，待接种。

【注意事项】

① 在消毒过程中切记：所有相关管道或区域均应有蒸汽的进和出，即液面以下管路进气、液面以上管路出气，使蒸汽形成“活路”，不能留有“死角”。

② 对进罐空气过滤器进行消毒时，根据滤芯特性，消毒时间不宜超过 15 min，消毒温度不宜超过 125 ℃，并使蒸汽流动(将进罐阀开大)。

③ 经常短时微微开启过滤器排污阀，排放过滤器中的冷凝水，随后迅即关闭此阀。

④ 根据微生物发酵的特点，所有与无菌物料直接接触的主要管道阀门均采用橡胶隔膜阀。由于橡胶受热胀冷缩的影响，消毒完毕后隔膜阀均应紧密关闭，并在阀门逐渐冷却后再关紧一次。

(三)火焰接种操作

(1)用金属丝制成直径较接种口外径大 15～20 mm 的圆环，缠以纱布，制成接种火焰环，用酒精浸润，套于接种口。

(2)关闭罐的尾气排气阀，适当旋松接种口盖，同时调节空气流量计加大进气流量至 0.3 VVM。控制罐压在 0.01 MPa 左右。

(3)点燃接种环，打开接种口盖(悬于接种口上方火焰区)。

(4)去掉接种口的牛皮纸，混匀接种瓶中的种子悬浮液，在火焰区拔出棉花塞，将种子液倒入接种口。

(5)盖上接种口盖并旋紧，开大罐的尾气排气阀，调节罐压到工艺要求值。将接种火焰环取下，用湿布压灭余火。

【注意事项】

① 在进行火焰接种操作时，由于开孔口径较大，致使罐内压力量跌至零。此时应加大进气量并关闭排气阀，使罐内保持正压状态；但也不可过大，以免将种子液反吹至罐外。同时，必须使接种口处于火焰保护状态(注意防止火焰对电机、电极及导线等的损伤)。

② 操作时动作要快，时间不宜过长，且不要在火焰上方进行其他操作，避免因操作因素造成污染。

③ 倒入种子液时应避免将种子液倒至接种口外以避免染菌。

④ 接种时应尽量减少环境的空气流通。

⑤ 为确保灭菌、补料、取样过程中物料压力降低造成杂菌入侵污染，阀门操作应遵照“从高压开到低压、从低压关到高压”的顺序。

实训 14-5 构树汁的制备

一、实训目的

(1)理解植物药的制备原理。

(2)掌握构树汁的制备方法和质量要求。

二、实训原理

构树(*Broussonetia papyrifera*)别名褚桃等，为落叶乔木，高 10～20 m；树皮暗灰色；小枝密生柔毛；树冠张开，卵形至广卵形；树皮平滑，浅灰色或灰褐色，不易裂，全株含乳汁；为强阳性树种，适应性特强，抗逆性强。

构树叶是很好的猪饲料，其韧皮纤维是造纸的高级原料，材质洁白，其根和种子均可入药，树液可治皮肤病，经济价值很高。中医学上称果为楮实子、构树子，与根共入药，功能补肾、利尿、强筋骨。主治：补肾、明目、强筋骨。构树以乳液、根皮、树皮、叶、果实及种子入药。夏秋采乳液、叶、果实及种子；冬春采根皮、树皮，鲜用或阴干。

三、仪器和材料

1. 仪器

烧杯(1 000 mL)、采集瓶、水循环真空泵、抽滤器、标准筛、玻棒、塑料密封袋、量筒(100 mL)、离心机、干燥器、烘箱、水浴锅、旋转蒸发器、真空冷冻干燥机等。

2. 材料

构树、酒精。

四、实训内容

1. 树液的采集

掰掉树叶，把采集小瓶瓶口对准伤口，使树液流入瓶中。

2. 树叶的采集与提取

把掰掉的树叶带回实验室，称重、研磨，按 1∶3 比例加入蒸馏水，煮沸，100 ℃保温 2 h。1 000 r/min 离心 10 min 去除固形物。加入 2 倍体积的无水酒精，搅拌均匀，4 ℃静置过夜。1 000 r/min 离心 10 min 去除沉淀，旋转蒸发浓缩，浓缩液冷冻干燥即得。

附　　录

附录 1　测序及测序文件解读

克隆测序是鉴定所得序列是否正确的一种方法，也是获取未知序列的一种方法。通常是将目的基因或未知序列通过某种克隆方法克隆到已知序列的载体上，使用插入片段两端载体上的序列作为引物进行测序反应。关于测序的原理，可以直接查阅互联网进行了解。

公司返回克隆测序的结果通常包括两个文件，一个是以 ab1 为扩展名的文件，一个是以 seq 为扩展名的文件，seq 文件是 ab1 文件的衍生文件，不太重要。用软件 chromas 打开 ab1 测序文件就可以看到测序的结果。下图是一个 ab1 文件使用 chromas 打开的界面，图中的碱基序列就是测序的结果，下面为测序峰。因为测试涉及使用四种特异的荧光染料，所以测序峰也就出现四种颜色，绿红黑蓝代表着 ATGC。

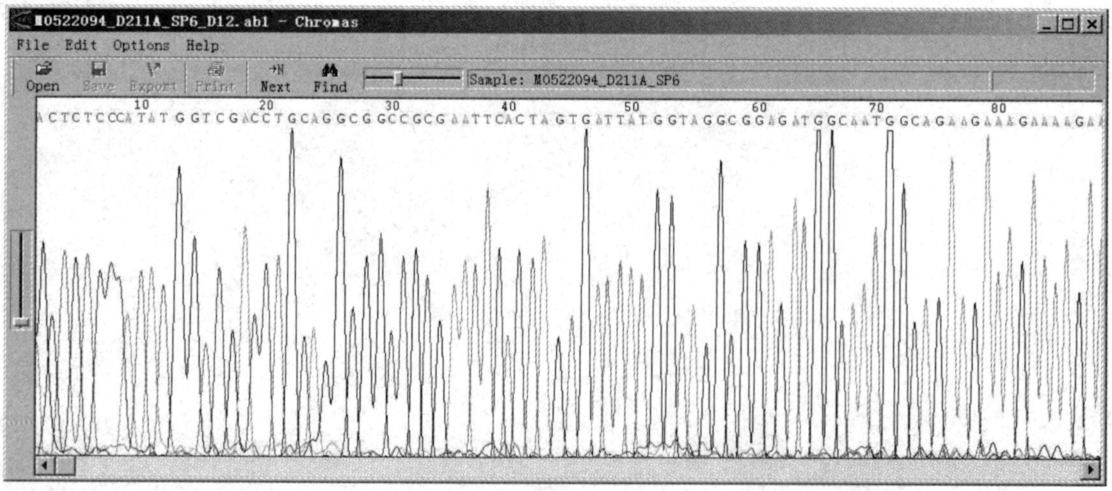

通常一个测序反应的有效长度为 800 bp(取决于试剂、模板、引物和测序员的技术)，开始和结束两端的序列不太准确，真正可用的只有 700 bp 左右。如图，如果序列是单峰，而且是一个

峰对应一个碱基,那么就是可信的;如果出现套峰或者乱峰,那么结果就是不可信的,需要重新测序。如果所测的序列长度较长,比如 1 500 bp,那么就考虑使用 2 个反应来测序,通常是从左右两端进行测序,然后再使用软件进行拼接。如果序列更长,那么就使用多个反应进行拼接,在一个测序结束后设计引物继续向前测序,直到所测的反应可以完成拼接。对于单个克隆的测序,如果少于 700 bp,不建议双端测序。

对于可用的测序结果(序列为单峰),通过查找去除载体最末端的序列,剩下的就是所测目的基因的序列,在 chromas 的操作界面上依次选择 File-Export 就可以把序列文件输出为 seq 类型的文件,进而使用一些序列比对软件对测序的目的序列和预期的原始序列进行比对,以确定测序的克隆是否发生突变。

附录 2　常用缩写词

缩写	英文	中文
ABA	Abscisic acid	脱落酸
AC	activated charcol	活性炭
Acr	acrylamide	单体丙烯酰胺
ampr	ampicillin resistance	氨苄青霉素抗性基因
AP	ammonium persulfate	过硫酸铵
ATP	adenosine triphosphate	腺苷三磷酸
BA	6-benzyladenine	6-苄基腺嘌呤
BAC 载体	bacterium artificial chromosomevector	细菌人工染色体载体
BAP	6-benzylaminopurine	6-苄氨基嘌呤
bp	base pair	碱基对
BSA	bovine serum albumin	牛血清白蛋白
CaMV	cauliflower mosaic virus	花椰菜叶病毒
CCC	chlorocholine chloride	氯化氯胆碱(矮壮素)
CCC DNA	covalently closed circular DNA	共价闭合环状 DNA
cDNA	complementary DNA	互补 DNA
CM	coconutmilk	椰子汁
CMC	Carboxymethyl cellulose	羧甲基纤维素
CPW	cell—protoplastwashing(solution)	细胞-原生质体清洗液
2,4-D	2,4-Dichlorophenoxyacetic acid	2,4-二氯苯氧乙酸
dATP	deoxyadenosine triphosphate	脱氧腺苷三磷酸
dCTP	deoxycytidine triphosphate	脱氧胞苷三磷酸
DEAE-纤维素	Diethylaminoethyl cellulose	二乙氨乙基纤维素
dGTP	deoxyguanosine triphosphate	脱氧鸟苷三磷酸
DMSO	dimethyl sulfoxide	二甲基亚砜
DNA	deoxyribonucleic acid	脱氧核糖核酸
dNTP	deoxy nucleoside triphosphate	脱氧核苷三磷酸
ds-DNA	double stranded DNA	双链 DNA
DTT	dithiothreitol	二硫苏糖醇
dTTP	deoxythymidine triphosphate	脱氧胸苷三磷酸

续表

缩写	英文	中文
EB(EtBr)	ethidium bromide	溴化乙锭
EDTA	ethylene diamine tetraacetic acid	乙二胺四乙酸
ELISA	enzrme-linked immunosorbent assay	酶联免疫吸附测定
FDA	fluorescein diacetate	荧光素双醋酸酯
GA3	Gibberellic acid	赤霉素
GUS	β-glucurondase	β-葡萄糖醛酸酶
HSCCC	High-speed countercurrent chromatography	高速逆流色谱
IAA	Indole-3-aceticacid	吲哚乙酸
IBA	Indole-3-butyricacid	吲哚丁酸
In vitro		离体
In vivo		活体
IgM,IgA:	immunoglobulin ,immunoglobulin A	免疫球蛋白 M,免疫球蛋白 A
2-iP	6-(γ,γ-dimethylallylamino)purine	甲基丙烯嘌呤
	或 2-isopentenyladenine	异戊烯腺嘌呤
kb	kilo base	千碱基对
KT	kinetin	激动素
L-DNA	line DNA	线形 DNA
LH	lactalbumin hydrolysate	水解乳蛋白
lx	lux	勒克司(照度单位)
met	methionine	蛋氨酸
MCS	multiple cloning site	多克隆位点
ME	malt extract	麦芽浸出物
MT	metallothionein	金属硫蛋白
NAA	a-naphthaleneacetic acid	萘乙酸
NAD	nicotinamide adenine dinucleotide	烟酰胺腺嘌呤二核苷酸
OC DNA	open circles DNA	开环 DNA
Oligo (dT)	Oligo deoxy thymidine	寡聚脱氧胸苷酸
Ori	Origin of replication	复制起点
PAGE	polyacrylamide gel electrophoresis	聚丙烯酰胺凝胶电泳
PAA	polyacrylamide	聚丙烯酰胺
PCR	polymerase chain reaction	聚合酶链式反应
PEG	polyethylene glycol	聚乙二醇
PG	phloroglucinol	间苯三酚

续表

缩写	英文	中文
PP3333	paclobutrazol	多效唑
PVP	polyvinylpyrrolidone	聚乙烯吡咯烷酮
PVX	potato virus X	马铃薯 X 病毒
Ri 质粒	root-inducing plasmid	产生毛根的质粒
r/min	rotation per minute	每分钟转数
RNA	ribonucleic acid	核糖核酸
RNase	ribonuclease	核糖核酸酶
RT-PCR	reverse transcription-PCR	反转录 PCR
SDS	sodium dodecyl sulfate	十二烷基磺酸钠
SOD	super oxide dismutase	超氧化物歧化酶
ss-DNA	single stranded DNA	单链 DNA
TDZ	thidiazuron	噻苯隆
Tet^r	tetracycline resistance	四环素抗性基因
TGMV	tomato golden mosaic virus	番茄金色花叶病毒
TMTED	N,N,N',N'-Tetramethylethylenediamine	N,N,N',N'-四甲基乙二胺
Ti 质粒	tumor-inducing plasmid	产生肿瘤的质粒
TLC	thin layer chromatogranhy	薄层层析
TMV	tobacco mosaic virus	烟草花叶病毒
Tris	Trihydroxy methyl amino methane	三羟甲基氨基甲烷
Tween85	Polyoxyethylene sorbitan fatty acid esters	去水三梨糖醇三油酸酯
$\mu E/m^2 s$	微爱因斯坦/平方米·秒	光通密度单位
X-gluc	5-bromo-4-chloro-3-indoly-β-D-glucuronide	5-溴-4-氯-3-吲哚-β-D-葡萄糖苷酸
YE	yeast extract	酵母浸提物
ZT	zeatin	玉米素

附录 3　植物组织培养常用的培养基

（单位：mg/L）

成分	White	Heller	MS	ER	B_5	Nitsch	N_6
NH_4NO_3			1650	1200		720	
KNO_3	80		1900	1900	2527.5	950	2830
$CaCl_2 \cdot 2H_2O$		75	440	440	150		166
$CaCl_2$						166	
$MgSO_4 \cdot 7H_2O$	750	250	370	370	246.5	185	185
KH_2PO_4			170	340		68	400
$(NH_4)_2SO_4$					134		463
$Ca(NO_3)_2 \cdot 4H_2O$	300						
$NaNO_3$		600					
Na_2SO_4	200						
$NaH_2PO_4 \cdot H_2O$	19	125			150		
HCl	65	750					
KI	0.75	0.01	0.83		0.75		0.8
H_3BO_3	1.5	1.0	6.2	0.63	3	10	1.6
$MnSO_4 \cdot 4H_2O$	5	0.1	22.3	2.23		25	4.4
$MnSO_4 \cdot H_2O$					10		
$ZnSO_4 \cdot 7H_2O$	3	1	8.6		2	10	1.5
$ZnNa_2 \cdot EDTA$				15			
$Na_2MoO_4 \cdot 2H_2O$			0.25	0.025	0.25	0.25	
MoO_3	0.001						
$CuSO_4 \cdot 5H_2O$	0.01	0.03	0.025	0.0025	0.025	0.025	
$CoCl_2 \cdot 6H_2O$			0.025	0.0025	0.025		
$AlCl_3$		0.03					
$NiCl_2 \cdot 6H_2O$		0.03					
$FeCl_3 \cdot 6H_2O$		1					
$Fe_2(SO_4)_3$	2.5						
$FeSO_4 \cdot 7H_2O$			27.8	27.8		27.8	27.8
$Na_2 \cdot EDTA \cdot 2H_2O$			37.3	37.3		37.3	37.3
$NaFe \cdot EDTA$					28		
肌醇			100		100	100	
烟酸	0.05		0.5	0.5	1	5	0.5
盐酸吡哆醇	0.01		0.5	0.5	1	0.5	0.5
盐酸硫胺素	0.01		0.1	0.5	10	0.5	1
甘氨酸	3		2	2		2	2
叶酸						0.5	
生物素						0.05	
蔗糖	2%		3%	4%	2%	2%	5%

附录 4　凝胶层析的原理

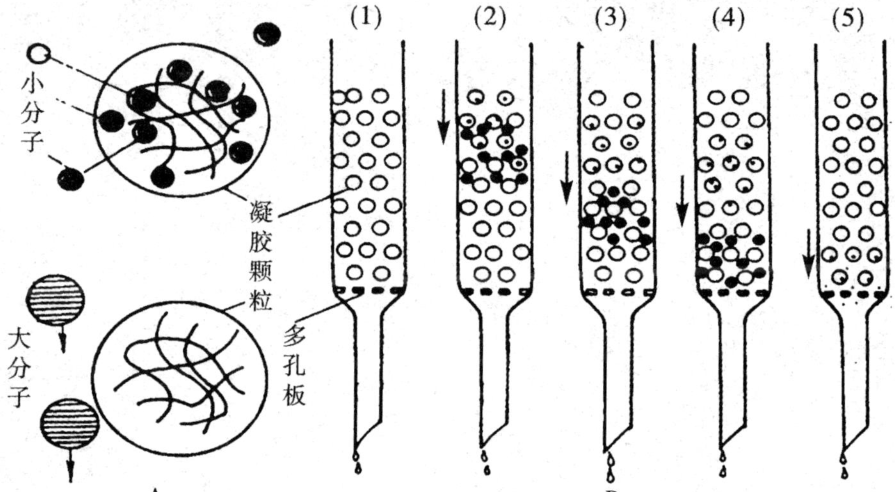

A　　B

附录5 常用凝胶及性能

种类	化学组成	部分型号	颗粒大小（目数）	分离性能(Da)	溶胀时间(h)	
					20～25 ℃	90～100 ℃
葡聚糖凝胶（S离心管 hadex G-）	由葡聚糖和甘油基通过醚桥交联而成	G-10	100～200	<700	3	1
		G-15	120～200	<1500	3	1
		G-25	50～400	100～5,000	3	1
		G-50	50～400	500～30,000	3	1
		G-75	120～400	1,000～8,000	24	3
		G-100	120～400	1,000～15,000	72	3
		G-150	120～400	1,000～30000	72	5
		G-200	120～400	1,000～60,000	72	5
聚丙烯酰胺凝胶（Bio-gel p-）	由丙烯酰胺和双丙烯酰胺共聚而成	P-2	50～400	200～1,800	4	2
		P-4	50～400	800～4,000	4	2
		P-6	50～400	1,000～6,000	4	2
		P-10	50～400	1,500～20,000	4	2
		P-30	50～200	2,500～40,000	12	3
		P-60	50～200	3,000～60,000	12	3
		P-100	50～200	5,000～100,000	24	5
		P-150	50～200	15,000～150,000	24	5
		P-200	50～200	50,000～20,000	48	5
		P-300	50～200	60,000～400,000	48	5
琼脂糖凝胶（S离心管 harose gio-gel ）	由D-半乳糖和3,6脱水的L-半乳糖连接而成，为中性琼脂糖	A 0.5m	50～400	<10,000～500,000		
		A 1.5m	50～400	<10,000～1,500,000		
		A 5m	50～400	10,000～5,000,000		
		A 15m	50～400	10,000～15,000,000		
		A 50m	50～400	100,000～50,000,000		
		A 150m	50～200	1,000,000～150,000,000		

附录6　鸡蛋清蛋白质组成

	蛋白质种类	百分比	等电点	分子量(kd)	备注
	卵清蛋白质	56.80	4.7	45	
	卵转铁蛋白	13.70	6.6	80	
	类卵黏蛋白	11.60	4.8	28	抑制胰凝乳蛋白酶
	卵黏蛋白	3.15	3.83～4.41	28	胰蛋白酶的抑制剂
糖蛋白	卵糖蛋白	0.55			
	卵巨球蛋白质	0.55			
	卵抑制素	0.10			
	抗生物素蛋白质	0.05			与生物素结合
	黄素蛋白质	0.85			
蛋白质	溶菌酶	3.50	11	14.3	
	未确定蛋白质	9.10			

附录7　绘制蛋白质标准曲线的溶液及其用量

管号	标准蛋白质/mL	蒸馏水/mL	蛋白质含量/μg
1	0.00	1.00	0
2	0.20	0.80	20
3	0.40	0.60	40
4	0.60	0.40	60
5	0.80	0.20	80
6	1.00	0.00	100

附录 8 比色皿编号及反应体系

比色皿	1	2	3	4
PBS 缓冲液/mL	3	—	—	—
细胞 PBS 悬液/mL	—	3	2.9	2.9
分别用酶液 S1～S4/mL	—	—	0.1	0.1

附录 9 分离胶和浓缩胶的配比

	分离胶(12%,30 mL)	浓缩胶(4%,10 mL)
H_2O	10 mL	6 mL
30%Acr	12 mL	1.3 mL
浓缩胶缓冲液	—	2.5 mL
分离胶缓冲液	7.5 mL	—
10%SDS	300 μL	100 μL
TEMED	50 μL	15 μL
10%Ap	160 μL	100 μL

附录 10 Tris 缓冲溶液(0.25 mol/L,25 ℃)

50 mL 0.50 mol/L Tris 溶液与 X mL 0.50 mol/L 盐酸混匀后,加水稀释至 100 mL

pH	X (mL)	pH	X (mL)	pH	X (mL)
7.1	45.7	7.8	34.5	8.5	14.7
7.2	44.7	7.9	32.0	8.6	12.4
7.3	43.4	8.0	29.2	8.7	10.3
7.4	42.0	8.1	26.2	8.8	8.5
7.5	40.3	8.2	22.9	8.9	7.0
7.6	38.5	8.3	19.9		
7.7	36.6	8.4	17.2		

附录 11　磷酸缓冲溶液(0.05 mol/L)

X mL 0.5 mol/L 磷酸氢二钠溶液与 *Y* mL 0.05 mol/L 磷酸二氢钠溶液混匀

pH	*X*(mL)	*Y*(mL)	pH	*X*(mL)	*Y*(mL)
5.8	8.0	92.0	7.0	61.0	39.0
5.9	10.0	90.0	7.1	67.0	33.0
6.0	12.3	87.7	7.2	72.0	28.0
6.1	15.0	85.0	7.3	77.0	23.0
6.2	18.5	81.5	7.4	81.0	19.0
6.3	22.5	77.5	7.5	84.0	16.0
6.4	26.5	73.5	7.6	87.0	13.0
6.5	31.5	68.5	7.7	89.5	10.5
6.6	37.5	62.5	7.8	91.5	8.5
6.7	43.5	56.5	7.9	93.0	7.0
6.8	49.5	51.0	8.0	94.7	5.3
6.9	55.0	45.0			

附录 12　醋酸缓冲溶液(200 mmol/L)

X mL 200 mmol/L 醋酸钠溶液与 *Y* mL 200 mmol/L 醋酸混匀

pH	*X*(mL)	*Y* (mL)
3.6	75	925
3.8	120	880
4.0	180	820
4.2	265	735
4.4	370	630
4.6	490	510
4.8	590	410
5.0	700	300
5.2	790	210
5.4	860	140
5.6	910	90
5.8	940	60

附录 13 圆形(径向)纸色谱技术

(1)准备仪器及试剂:培养皿、色谱滤纸、毛细管、相关试剂等。

(2)准备色谱滤纸:取直径 12.5 cm 的普通圆形滤纸,将滤纸划分出数个区间(根据所点样品的数目划分区间,滤纸不得折叠),在此色谱滤纸中心处用铅笔轻轻画直径为 1.5~2.0 cm 的圆,作为点样的起始线。在此圆的中心打一小孔,将一个长方形的滤纸条搓成一个滤纸芯,插在色谱滤纸的小孔中,纸芯与色谱滤纸成直角,纸芯的高度要比培养皿上下合盖后的内部高度稍低。

(3)点样:用毛细管将样品及对照品溶液点在色谱滤纸上所画的圆形起始线上,晾(吹)干。做好标记。

(4)选择及配制展开剂。

(5)展开:将适量展开剂倒入培养皿中,上下盖好,平衡放置,保持 5 min 左右,使其内部达液一气饱和。然后将色谱滤纸小心"扣盖"在培养皿的下皿中,色谱纸保持水平,纸芯保持直立并插入展开剂中,扣好培养皿上盖。展开剂将沿小纸芯向上浸湿,到达色谱滤纸后以一个圆形的湿斑慢慢向四周扩展。在展开剂浸湿色谱纸一定距离(一般接近培养皿边沿)时,即可结束展开。将色谱滤纸取出,做好展开剂到达前沿标记,自然晾干或吹干。

(6)显色:根据所测样品性质选择合适的显色方法,观察色斑的位置。

(7)观察实验结果:确定出化合物斑点的位置后,用尺子测量距离,计算比移值(Rf)或与标准品对照。

参考文献

[1] Ahmed I, Islam M, Arshad W, *et al*. High-quality plant DNA extraction for PCR: an easy approach[J]. Journal of Applied Genetics, 2009, 50: 105-107.

[2] Carter MJ, Milton ID. An inexpensive and simple method for DNA purifications on silica particles[J]. Nucleic Acids Res, 1993, 21: 1044.

[3] Chadha A, Venkataraman S, Preetha R. Candida parapsilosis: A versatile biocatalyst for organic oxidation-reduction reactions[J]. Bioorganic Chemistry, 2016, 68: 187-213.

[4] Chauhan PS, Puri N, Sharma P, *et al*. Mannanases: microbial sources, production, properties and potential biotechnological applications[J]. Applied Microbiology and Biotechnology, 2012, 93(5): 1817-1830.

[5] Chen JL, Xie L, Cai JJ, *et al*. Enzymatic synthesis of glutathione using engineered Saccharomyces cerevisiae [J]. Biotechnology Letters, 2013, 35(8): 1259-1264.

[6] Chomczynski P, Sacchi N. Single-step method of RNA isolation by acid guanidinium thiocyanate-phenol-chloroform extraction[J]. Anal Biochem, 1987, 162: 156-159.

[7] Chomczynski P, Sacchi N. The single-step method of RNA isolation by acid guanidinium thiocyanate-phenol-chloroform extraction: twenty-something years on[J]. Nat Protoc, 2006, 1: 581-585.

[8] Chong BF, Blank LM, Mclaughlin R, *et al*. Microbial hyaluronic acid production[J]. Applied Microbiology and Biotechnology, 2005, 66: 341-351.

[9] Diaz-Malvaze FI, Garcia-Alemendarez BE, Hernandez-Arana A, *et al*. Isolation and properties of β-xylosidase from Aspergillus niger GS1 using corn pericarp upon solid state fermentation[J]. Process Biochemistry, 2013, 48(7): 1018-1024.

[10] Ding L, Sun Q, Wang Z, *et al*. Using silica particles to isolate total RNA from plant tissues recalcitrant to extraction in guanidine thiocyanate[J]. Anal Biochem, 2008, 374: 426-428.

[11] Feofilova EP, Usov AI, Mysyakina IS, *et al*. Trehalose: chemical structure, biological functions, and practical application[J]. Microbiology, 2013, 83(3): 184-194.

[12] Gehrig HH, Winter K, Cushman J, Borland A, Taybi T. An improved RNA isolation method for succulent plant species rich in polyphenols and polysaccharides[J]. Plant Molecular Biology Reporter, 2000, 18: 369-376.

[13] Li JF, Li L, Sheen J. Protocol: a rapid and economical procedure for purification of plasmid or plant DNA with diverse applications in plant biology[J]. Plant Methods, 2010, 6: 1-8.

[14] Liu GQ, Wang XL, Han WJ, *et al*. Improving fermentation production of individual key triterpene, ganoderic acid Me by medicinal fungus Ganoderma lucidum in submerged culture[J]. Molecules, 2012, 17(11): 12575-12586.

[15] Lorenz E, Schmacht M, Stahl U, *et al*. Enhanced incorporation yield of cysteine for glutathione overproduction by fed-batch fermentation of Saccharomyces cerevisiae[J]. Journal of Biotechnology, 2015, 216: 131-139.

[16] Ivanova, N. V., J. R. Dewaard, *et al*. An inexpensive, automation-friendly protocol for recovering high-quality DNA[J]. Molecular Ecology Notes, 2006, 6(4): 998-1002.

[17] Penninckx MJ, Elskens MT. Metabolism and functions of glutathione in micro-organisms[J]. Advances in Microbial Physiology, 1993, 34(34): 239-301.

[18] Xiao ZJ, Lu JR. Strategies for enhancing fermentative production of acetoin: A review[J]. Biotechnology Advances, 2014, 32(2): 492-503.

[19] Yang QY, Zhao MM, Lin LZ. Adsorption and desorption characteristics of adlay bran free phenolics on macroporous resins[J]. Food Chemistry, 2016, 194: 900-907.

[20] Pan L, Fang YK, Zhou P, *et al*. Strategy of oxygen transfer coefficient control on the L-erythrulose fermentation by newly isolated Gluconobacter kondonii[J]. Letters in Applied Microbiology, 2016, 24: 26-31.

[21] Peng J, Xia Z, Chen L, *et al*. Rapid and efficient isolation of high-quality small RNAs from recalcitrant plant species rich in polyphenols and polysaccharides[J]. Plos One, 2014, 9: e95687.

[22] Varma A, Padh H, Shrivastava N. Plant genomic DNA isolation: an art or a science[J]. Biotechnol J, 2007, 2: 386-392.

[23] Wang C, Zhang J, Wu H, *et al*. Heterologous gshF gene expression in various vector systems in Escherichia coli for enhanced glutathione production[J]. Journal of Biotechnology, 2015, 214: 63-68.

[24] Wang J, Xu R, Liu A. IRDL cloning: a one-tube, zero-background, easy-to-use, directional cloning method improves throughput in recombinant DNA preparation[J]. Plos One, 2014, 9: e107907.

[25] Wei Xiao. Yeast Protocol[M] (2nd). Methods in molecular biology, 2006.

[26] Zhang L, Sun J, Hao Y. Microbial production of 2,3-butanediol by a surfactant (serrawettin)- eficient mutant of Serratia marcescens H30[J]. Journal of Industrial Microbiology and Biotechnology, 2010, 37(8): 857-862.

[27] 陈慧，杨海龙，刘高强. 灵芝三萜的生物合成和发酵调控[J]. 菌物学报，2015，34(1)：1-9.

[28] 陈洲，贾会勇，闫巧娟，等. 重组大肠杆菌高效分泌表达β-木糖苷酶发酵条件的优化[J]. 微生物学通报，2013，40(2)：212-219.

[29] 陈汝民，龙程，王小菁. 绿豆下胚轴原生质体的培养[J]. 华南师范大学学报(自然科学版)，1996，1：51-53.

[30] 陈欣佳，杨跃生. 金线莲原生质体游离的研究[J]. 华南农业大学学报(自然科学版)，2006，3：70-72.

[31] 崔福德. 药剂学实验指导[M]. 3版. 北京：人民卫生出版社，2011.

[32] 崔福德. 药剂学[M]. 7版. 北京：人民卫生出版社，2011.

[33] D. C. 安伯格等. 酵母遗传学实验指南[M]. 2版. 北京：科学出版社，2005.

[34] 董坤，朱希强，王凤山. 发酵法生产还原型谷胱甘肽的研究进展[J]. 中国生化药物杂志，2012，33(4)：511-514.

[35] 范园园，李秀婷，滕超. 微生物产β-木糖苷酶的研究进展[J]. 食品研究与开发，2013，34(12)：116-121.

[36] 冯杰，冯娜，唐庆九. 氧载体正十二烷对灵芝三萜液态深层发酵的影响[J]. 食用菌学报，2016，23(3)：52-58.

[37] 巩涛，刘德海，王继雯，等. 海藻糖合成途径及分子生物学研究进展[J]. 中国农学通报，2016，32(14)：62-67.

[38] 频艳红. 草莓胚状体诱导及形态发生中的生理研究[D]. 四川：四川农业大学，2003.

[39] 简兴，苗永美，隋益虎，等. 黄瓜 *LDC* 克隆、表达载体的构建及烟草转化研究[J]. 广西植物，2015(2)：255-260.

[40] 盖琼辉. 马铃薯茎尖脱毒技术体系优化研究[D]. 重庆：西南农业大学，2005.
[41] 国家药典委员会. 中华人民共和国药典(二部)[M]. 2010 年版. 北京：中国医药科技出版社，2010.
[42] 何光源. 植物基因工程实验手册[M]. 北京：清华大学出版社，2007.
[43] 洪潇，余若黔. 溶菌酶的活性测定方法[J]. 生物技术通报，2004，5：40-42.
[44] 黄云霞，张民，张倩，等. α-葡萄糖苷酶抑制剂筛选及其抑制类型研究[J]. 中国食品添加剂，2014，(3)：96-99.
[45] 李华. 酿造酒工艺学[M]. 北京：中国农业出版社，2011.
[46] 李蓉，陈国亮. 高效阳离子交换色谱法分离纯化蛋清中的溶菌酶[J]. 色谱，2002，20(3)：259-261.
[47] 刘丹丹，刘思国，陈建泉，等. 人血清白蛋白及其重组表达研究进展[J]. 生物技术通讯，2016，27(4)：572-575.
[48] 刘叶青. 生物分离工程实验[M]. 北京：高等教育出版社，2007：83-91.
[49] 刘源岗，邓倩莹，廖问陶，等. 溶菌酶的活性测定[J]. 食品科技，2005，10：71-73.
[50] 聂琼，杨川龙，徐如宏，等. 聚乙二醇法诱导烟草原生质体融合的条件优化[J]. 山地农业生物学报，2012，31(4)：288-292.
[51] 牛书操，段超，张倩. 透性化处理对酵母细胞谷胱甘肽分泌能力的影响[J]. 食品工业科技，2016，17(37)：175-179，184.
[52] 宋尚伟，牛姗姗，郑先波. 原生质体技术在园艺植物育种中的应用[J]. 中国农学通报，2007，23：321～325.
[53] 田康明，周丽，陈献忠，等. L-乳酸的发酵生产和聚 L-乳酸的化学加工[J]. 中国生物工程杂志，2011，31(2)：102-115.
[54] 孙维景，段超，孙怡然，等. 能量策略对酶法合成谷胱甘肽效率影响[J]. 中国酿造，2017，36(3)：49-53.
[55] 夏海武，陈庆榆. 植物生物技术[M]. 合肥：合肥工业大学出版社，2008.
[56] 夏海武. 生物工程·生物技术综合实验[M]. 北京：化学工业出版社，2009.
[57] 肖美添，黄雅燕，郭养浩. 固定化细胞海藻酸钙凝胶内的扩散特性[J]. 华侨大学学报(自然科学版)，2005，26(4)：408-411.
[58] 谢丽，张帆，朱建航，等. 产朊假丝酵母高产 GSH 发酵条件优化研究[J]. 食品工业科技，2014，35(5)：158-162.
[59] 王关林，方宏筠. 植物基因工程实验技术指南[M]. 2 版. 北京：科学出版社，2016.
[60] 魏芳勤，沙志鸿，张选明. 影响水稻花药培养出愈率的多因子正交试验研究[J]. 陕西农业科学，2015，61(02)：4-6，15.
[61] 王璞，林红，朱滨. 凝胶过滤层析实验中 Sephadex 的溶胀与回收保存[J]. 实验技术与管理，2006，23 (2)：24-25.
[62] 吴敬，段绪果. 淀粉加工用酶研究进展[J]. 中国食品学报，2015，15(6)：14-25.
[63] 吴立军. 天然药物化学实验指导[M]. 3 版. 北京：人民卫生出版社，2011.
[64] 吴立军. 天然药物化学[M]. 6 版. 北京：人民卫生出版社，2011.
[65] 吴明霞，邓静，吴华昌. 温度对发酵生产透明质酸的影响[J]. 氨基酸和生物资源，2010，32(1)：1-4.
[66] 杨淑慎. 细胞工程[M]. 北京：科学出版社，2009.
[67] 于滨，迟玉杰. 高活力蛋清溶菌酶制备技术的研究[J]. 农产品加工学刊，2006，4：4-6.
[68] 张惠展，欧阳立明，叶江. 基因工程[M]. 3 版. 北京：高等教育出版社，2015.
[69] 张兰威. 发酵食品工艺学[M]. 北京：中国轻工业出版社，2014.
[70] 张文会，王艳辉，马润宇. 离子交换法提取鸡蛋清溶菌酶[J]. 食品工业科技，2003，23(6)：57-59.